Schubert 2203.

Serarts Nº 1764. c.

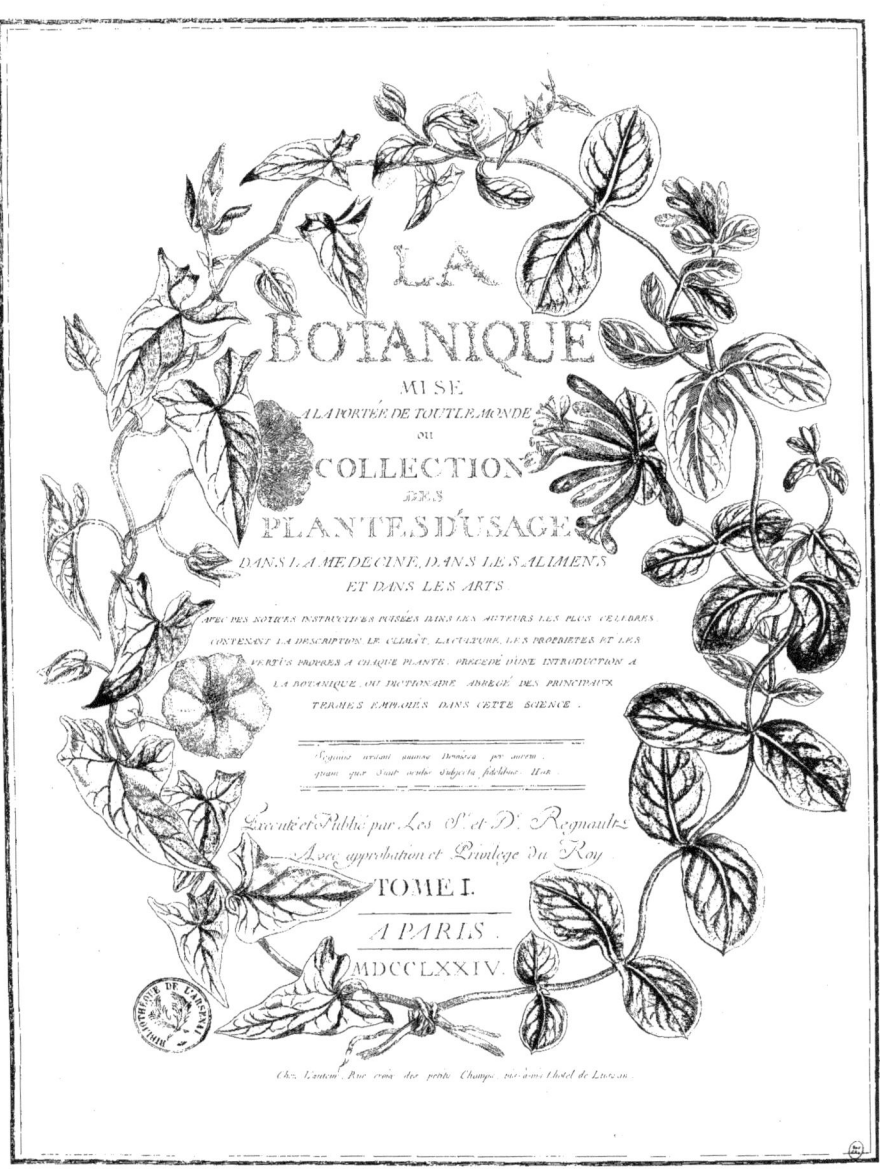

Introduction à la Botanique

ou Dictionnaire abrégé des principaux Termes employés en Botanique, accompagnés de Figures pour les rendre sensibles. La première Colonne indique la Planche, et la seconde indique la Figure.

A

	Planche	Figure
Aigrette est ce amas de poils ou soies qui couronnent la graine	I	1
Aigrette (Semence) dit.		
Ailes (feuille)	I	2
Ailes c'est le nom des deux pétales latérales qui concourent à former la Corolle des fleurs légumineuses	III	55
Ailes des Semences	I	3
Aisselle des feuilles, c'est la section de la feuille avec la Tige, dont quelle soit pétiolée ou sessile	I	4
Aloënes, feuille en forme D'	I	5
Alternativement ou Alternes, feuilles ou fleurs rangées l'une après l'autre et tour à tour des deux cotés d'une branche	I	6
Amande Semence enfermé dans un Noyau	I	7
Annuelle, Voyez plante		
Anthère sommet de l'Etamine	I	8
Articulations, nœuds qui se trouvent de distance à autre aux racines et aux tiges	I	9
Articulés (Tige, Racine)		
Axillaire (fleur) qui naît dans l'aisselle d'une feuille	I	10

B

Baye, fruit charnu ou succulent, à une ou plusieurs loges	I	12
Bâle ou Balle est la robe des graminées, comme, froment, Seigle &c	I	12
Bassine (fleur en)	I	13
Bisannuelle, Voyez plante		
Bourgeon est le germe des feuilles et des Branches		
Bouton est le germe des fleurs		
Bulbeuses (Racines) sont celles des oignons, des Lis, du colchique &c	I	10

C

Calice est un Corps creux, dans le quel sont rassemblées les parties de la fructification, il est Monophylle quand il est formé d'une seule feuille comme et Polyphylle de plusieurs feuilles	I	14
Campaniforme (fleur) de la forme d'une Cloche	I	15
Canelée (tige)	I	16
Capsule, espece de fruit, il est à une ou plusieurs loges	I	17
Carène est un des pétales de la fleur légumineuse	III	56
Caryophillée (fleur) qui a les caractères de l'œillet	I	18
Caeque Voyez Heaume		
Caulinaires (feuilles) Voyez feuilles		
Cayeux sont les Bulbes par lesquelles les racines bulbeuses se reproduisent		
Cellule Voyez loge		
Chaton est un assemblage de fleurs males rangées sur un axe commun comme dans le chêne, le noyer &c	I	19
Chaume est la tige des graminées		
Chevelures sont les plus petites fibres des racines		
Cloche (fleur en) Voyez Campaniforme		
Cloison est la séparation qui forme les loges dans le fruit, elle est ou solide ou membraneuse. Voyez Silique, loge		
Cœur (feuille en) ou Cordiforme	I	20
Pétale en Cœur	I	21
Cordiforme Voyez Cœur	I	22
Cordon ombilical, c'est par lui que s'opère l'inspection des Semences dans les fruits, dans les capillaires il suit la capsule où les renferme par un Elasticité	I	23
Cornet ou Nectar est un corps creux qui accompagne quelques espèces de fleurs, comme l'Ellébore, l'Ancolie &c.a il contient ordinairement une liqueur mielleé que les abeilles se plaisent à butiner	II	24
Corolle avec l'assemblage des pétales de la fleur, elle est polypétale quand elle a plusieurs pétales conservés à la fleur ou est monopétale quand ses pétales sont d'un seul pétale	II	25
Corymbe, est la disposition des fleurs qui sont le milieu entre l'ombelle et la grappe, puis qu'elle n'est ni l'une ni l'autre, les pédicules montent graduellement comme ceux de la grappe, et arrivent tous à la même hauteur comme ceux de l'Ombelle	II	26
Cotyledons sont les lobes des Semences qui accompagnent la jeune plante en sortant de terre sous la forme de deux feuilles différentes de celles que doit porter la plante ensuite, ces feuilles seminales sont comme deux mamelles destinées à allaiter le jeune Sujet, on les apperçoit facilement dans les plantes potagères dans les melons concombres &c	III	72
Cruciforme (fleur) ou Cruciforme est composée de quatre pétales égaux disposés en croix	III	73

D

Digitée (feuille) ou Palmée elle représente en quelque sorte une main ouverte	II	28
Disque est le centre de la fleur radiée lequel est composé de fleurons ordinairement hermaphrodites	II	29
Duquet est aussi un corps charnu qui se trouve dans quelques genres de plantes au fond du calice dessous l'embryon, quelque fois les etamines sont attachées autour de ce duquet	II	30

E

Ecailles ce sont des petites feuilles coriaces qui forment quelques espèces d'envelopes; on nomme des Ecailles à différentes parties des plantes		

Embryon ou Germe est la partie inferieure du pistil, il est les fondemens d'interieur du matrice, il contient les ovaires des Semences et les organes propres à la fécondation	II	31
Entonnoir (fleur en) on appelle ainsi fleur infundibuliforme	II	32
Enveloppe c'est une espèce de calice qui contient plusieurs fleurs, comme le pied de veau, le figuier, les fleurs d'fleurons &c	II	33
les fleurs s'ouvrant par une enveloppe on lui doit pour cela se prononce de calice		
Enveloppe generale ou universelle est celle qui accompagne l'origine des Rayons de l'Ombelle		
Enveloppe partielle est celle qui accompagne les pedicules des fleurs en ombelle		
Eperon corne prolongation du Petale dans quelques espèces de fleurs, comme la Linaire &c	II	34
Epi (fleurs en) disposées alternativement sur un axe commun comme dans les Graminées	II	35
Etamines sont les agens maculins de la fecondation, dans le système visuel leur forme est l'arrangement, celle du filet qui supporte une tête appelée anthère ou sommet, cette anthère est une espèce de capsule dans laquelle réside la poussière prolifique, cette poussière est d'Espèce d'œuf dont l'explosion s'est par dilatation et se communique, dès qu'agace pour les porter jusqu'aux ovaires qu'elle féconde		
Pistil (fleurs) voyez ce mot	III	56
Etendard pétale supérieur des fleurs légumineuses	III	57
Exotique (plante) qui ne croit pas naturellement dans nos Climats		

F

Faisceau les Racines, les feuilles et les fleurs sont quelquefois en faisceau, les Etamines des fleurs légumineuses sont rassemblées en faisceau sur leur Base	III	59
Feuilles sont les organes necessaires aux plantes pour pomper l'humidité de l'air pendant la nuit, et faciliter la transpiration durant le jour, elles sont ou simples	II	37
ou composées, c'est à dire formées par la réunion de plusieurs feuilles, on nomme foliolles les petites feuilles qui les composent	II	38
Feuilles caulinaires sont celles qui naissent sur tige de la Tige		
Feuilles florales sont celles qui accompagnent les fleurs		
Feuilles radicales sont celles qui sortent du Collet de la Racine	II	39
Feuilles seminales Voyez Cotyledons		
Feuilles irreguliéres	I	48
Fibres des racines sont les corps spongieux qui la servent à pomper les sucs nourriciers		
Filet Voyez Etamine		
Fleur est la partie de la plante qui renferme les organes de la fructification, elle est hermaphrodite ou mâle quand elle n'a que des étamines, ce femelle quand elle n'a pour les et des ovaires		
Fleuron est un petale ou un monopetale	II	40
le fleuron se trouve toujours accompagné d'un nombre d'autres dans une enveloppe commune, cet assemblage constitue les fleurs à fleurons		
Fleuron (demi) est une fleur monopetale terminée en languette	II	41
Sa dénomination est de former la Circonférence des fleurs radiées dont les fleurons occupent le Disque		
Foliole Voyez feuille		
Fruit est une production qui succède à la fleur et qui est destiné à propager la plante, le fruit proprement dit est la Semence, quoiqu'on confonde presque toujours d'une autre dénomination de l'agenda la baye, la silique &c les capsules		
Fusiforme (racine) qui a la forme des Fuseaux		

G

Gaine (feuille en) les feuilles sont en gaine lorsque leur Base forme une espèce de tigon qui entoure la Tige		
Generation (parties de la) Voyez Etamines, Pistil		
Germe Voyez Embryon		
Glabre (feuille) lisse, une luisante		
Godet (fleur en) est monopetale	II	42
Graine Voyez Semence		
Gramen Voyez Epi		
Grappe (fleur en)	II	43
Grelot (fleur en)	II	44
Gueule (fleur en) Voyez labiée		

H

Hampe espèce de pedicule qui tient lieu de Tige à plusieurs espèces de plantes, il sort de la racine immediatement comme dans le Colchique	II	46
Heaume ou Casque nom donné au petale supérieur de plusieurs espèces qui discent à cause de sa ressemblance avec cette armure	II	46

I

Imbriqué est la disposition de plusieurs feuilles ou écailles composés comme des tuiles		
Indigène (plante) est celle qui croit naturellement dans nos climats		

	Planche	Figure

I

Irregulieres (fleur) elles sont composées d'un ou plusieurs petales et n'ont point de simetrie dans leur assemblage. Voyez Labiées ... II. 67
Irregulieres (feuilles) ... I. 48

L

Labiées (fleur) elles sont monopetales irregulieres, partagées en deux levres, quelques especes ressemblent à une Gueule ouverte c'est pourquoi on les appelle aussi fleurs en Gueule ... II. 49
Lancéolées (feuilles) de la forme d'un fer de Lance ... III. 51
Legume est le fruit des plantes legumineuses, il est composé de deux pannneaux ou valves dont les Bords sont réunis par deux Sutures longitudinales, les semences sont attachées à la Suture superieure ... III. 53
Legumineuse (fleur) ... III. 54
Elle est composée de quatre petales qui ont chacun leur forme particuliere, l'Etendard, les deux ailes et la Carene. Voyez ces mots. les parties sexuelles sont comme cachées dans la Carene, on nomme aussi cette fleur papilionacée.
Ligneux, ligneuse qui a la consistance du Bois.
Liliacée (fleur) qui porte les Caracteres du lys ... III. 60
Limbe, ce terme s'employe pour designer une Corolle monopetale ... III. 61
Lineaire (feuille) ... II. 52
Lobes dans les semences sont des corps reunis, applatis d'un coté, convexes de l'autre, ils sont distincts dans les Semences legumineuses ... III. 67
Lobes des feuilles sont les differentes portions d'une même feuille qui n'en sont pas séparément ... III. 62
Loge, est l'interieur du fruit, il est à plusieurs loges quand il est partagé par des cloisons ... III. 63
Lyre (feuille en forme de) ou lyriforme ... III. 64

M

Mains Voyez Vrilles
Masque (fleur en) elle est monopetale et irreguliere ... III. 65
Monopetale Voyez Corolle
Monophille Voyez Calice
Mufle (fleur en) voyez masque

N

Napiforme (Racine) qui a la forme du navet.
Nectar Voyez Cornet
Nœuds sont les articulations des Tige et des Racines
Noyau est un fruit osseux qui renferme une amande.

O

Oeil Voyez umbilic
Oignon Voyez Bulbeuses
Ombelle, est un assemblage de Rayons qui partent du même centre et qui divergent comme ceux d'un parasol ... III. 66
L'ombelle generale ou universelle est celle qui sort de la Tige ou du rameau. Les Ombelles partielles sont celles qui sortent des rayons de l'ombelle universelle. Les fleurs en ombelle sont rosacées et hermaphrodites.
Opposées (feuilles) elles sont placées à la même hauteur de deux cotés de la tige ou des Branches ... III. 67
Ovaire est la partie du Pistil destinée à recevoir la fécondité. Voyez Etamines, Pistil.
Ovoide qui a la forme d'un œuf.

P

Palmée Voyez Digitée
Panicule (fleur en) c'est une espece d'épi, branchu composé de petites tiges attachées le long d'un pedicule commun ... III. 68
Panneaux Voyez Legume, Silique
Papilionacée Voyez legumineuses
Parasites (plantes) elles croissent sur differents arbres et sur plusieurs plantes, et se nourrissent de la substance de la plante même le Gui, l'Epithym, quelques mousses &c. Sont des plantes parasites.
Parasol Voyez Ombelle
Parenchime Substance pulpeuse en Tissu Cellulaire qui forme le corps de la feuille et de la petale. il est renfermé dans l'un et dans l'autre d'une epiderme.
Partielle Voyez Ombelle.
Parties de la fructification Voyez Etamines, Pistil
Pavillon, synonyme d'Etendard Voyez Etendard.
Pedicule ou Pedunculle s'employent indifferemment pour designer la queue des fleurs ou de quelques Semences.
Perforées (plante) dont la Tige refuse les feuilles ... I. 69
Perianthe espece de Calice
Petales sont les feuilles colorées qui forment la Corolle, ils varient à l'infini par la forme, la Couleur, le nombre, la disposition.
Petiole est la queue de la feuille
Pinnée (feuille) Synonyme d'ailée
Pistil est l'organe feminin de la fructification, il est composé de Germe, du Style et du Stigmate. le Stigmate reçoit la poussière prolifique du Sommet des Etamines et la transmet par le Style dans l'interieur du germe pour feconder les ovaires. Suivant le Systeme de Van-Lovius la fecondation des plantes ne peut s'operer que par le concours indispensable des deux sexes, et l'acte de la fructification n'est plus que celui de la generation. les filets des Etamines sont les Vaisseaux Spermatiques les matieres sont les Testiculles la poussiere qu'elles repandent est la liqueur Seminale. le Stigmate devient la vulve, le Stil est la Trompe ou le Vagin et le Germe fait l'office d'uterus ou de matrice.
Placenta c'est le Centre de la cavité du calice ou du Limivelope, il est aussi souvent convexe, c'est sur lui que reposent les fleurs et les fruits dans plusieurs especes de plantes ... III. 71
Plante nom donné à toutes les productions Vegetales.
Plantes annuelles sont celles qui naissent et qui meurent dans

	Planche	Figure

le courant d'une année les Bisannuelles vivent deux ans &c.
Plantes Vivaces Vivent un nombre d'années indeterminé
Poils ou soies sont des filets plus ou moins solides qui couvrent certaines parties des plantes, ils sont ou Cylindriques ou courbes, les uns sont petites les autres en hameçon &c.
Poussiere fecondante ou prolifique. Voyez Pistil
Pulpe, c'est la Substance de plusieurs fruits et racines

R

Racine est la partie de la plante qui lui sert à pomper les sucs de la Terre, qui sont propres à son accroissement ... I. 22
Radicales Voyez feuilles
Radicale racine naissante ... III. 72
Radice Voyez fleuron
Regulieres (fleurs) elles sont simetriques dans toutes leurs parties comme les Cruciferes ... III. 73
Liliacées &c. ... III. 74
Reniforme de la figure d'un Rein ... III. 75
Rosacée (fleur) qui a les caracteres de la Rose. elle est composée de cinq petales egaux ... III. 76
Rosette (fleur en) est monopetale ... III. 78

S

Semence est le fruit proprement dit de la plante. la Semence contient le Rudiment d'une nouvelle plante. et la nature à veillé à sa conservation en la mettant à couvert de tout ce qui pourroit nuire à son accroissement. Soit en l'environnant d'une pulpe, soit en l'enfermant dans un Noyau. dans plusieurs plante la calice se referme, dans d'autres, la graine reste enfermée dans une capsule. la Silique contient la Semence dans les Cruciferes dans les Legumineuses c'est le Legume &c. ... III. 67
Sessile (feuille ou fleur) attachée à la tige par sa Base
Sexe Voyez Pistil
Silique est le fruit des Plantes cruciferes. elle est composée de deux panneaux ou valves reunis par deux Sutures longitudinales, une cloison membraneuse partage la Silique et sert de placenta aux Semences ... III. 77
Soies Voyez Poils
Solitaire (fleur) est celle qui naît seule dans quelque partie de la plante
Sommet se prend ordinairement de chaque partie de la plante
Sommet de la Tige, des Branches
Sommet de l'Anthère. Voyez Anthère
Spathe espece de calice membraneux ou feuille florale propre à quelques liliacées ... III. 83
Spirale ligne courbe qui forme plusieurs circonvallations l'une dans l'autre comme un Limaçon ... III. 83
Stigmate est la partie superieure du pistil. c'est dans le Stigmate que s'épanouis repand la poussiere prolifique Voyez Pistil
Stil ou Style est un corps organique plus ou moins allongé qui porte l'Embryon et qui se termine par le Stigmate. il est quelquefois si court qu'il paroit nul. il est comparé au Vagin dans le Systeme de la generation des plantes Voyez Pistil
Stipule est une petite production qui naît à l'insertion des petioles ou des pedicules, elles paroissent faire pour la forme de tres petites feuilles, les unes tombent avant les feuilles les autres persistent jusqu'à leur chute

T

Terminale (fleur) est celle qui naît à l'extremité de la Tige ou d'une Branche ... III. 79
Ternée (feuille) qui est composée de trois folioles attachées à un même petiole ... III. 80
Testiculaire (fruit) plusieurs fruits sont appellés testiculaires à cause de leur forme ... III. 81
Tête (en maniere de) ou capité disposition de certaines fleurs en tête d'où l'épanouissant qui improprement tête de Paon, en parlant de son fruit
Tige est le corps principal de la plante, c'est elle dans plusieurs plantes qui soutient les parties de la fructification. Sa forme differe dans presque tous les Vegetaux. plusieurs plantes n'ont point de Tige quelques unes n'ont que des feuilles radicales et les fleurs sont soutenues par des hampes Voyez hampe, d'autres portent les fleurs attachées sur le dos des feuilles &c.
Tissu cellulaire Voyez Perenchime
Tronc de la Tige des arbres
Tuilé Voyez imbriqué

V

Umbilic ou nombril est la petite cavité qui se trouve à certains fruits à l'extremité opposée au pedicule. dans les fruits qui sont dix au renflement du calice ce sont les demeures du calice même qui forme l'umbilic comme le coing la pomme &c. à dans ceux qui sont formés par le Pistil. l'umbilic est l'insertion du Style à vec l'embryon
Valves Voyez Silique, Legume
Verticillées (feuilles) rangées à plusieurs étages et disposées circulairement autour de la Tige ou d'une Branche ... I. 82
Vivaces Voyez Plante
Vrilles ou mains sont des productions filamenteuses qui servent à accrocher la plante à d'attacher à d'autres corps. elles sont en rouleau en spirale, et susceptibles d'extension en denticulées en plusieurs Rameaux ... III. 83
... II. 84

FIN.

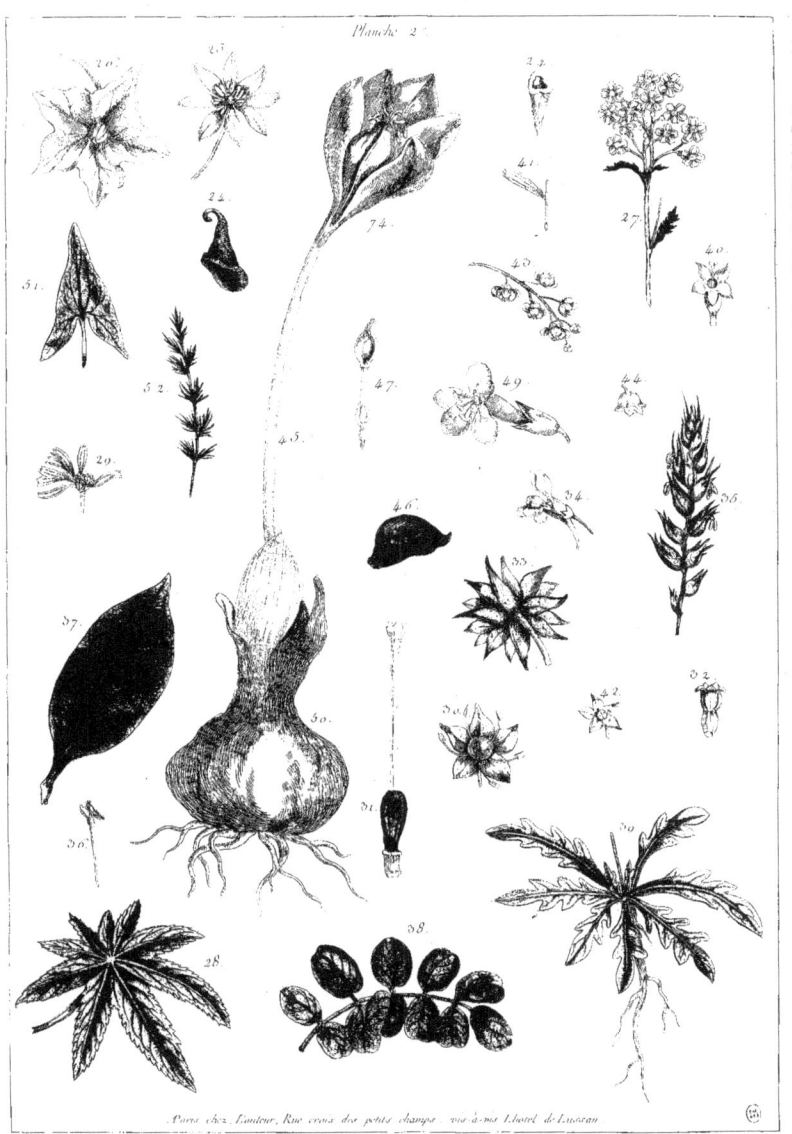

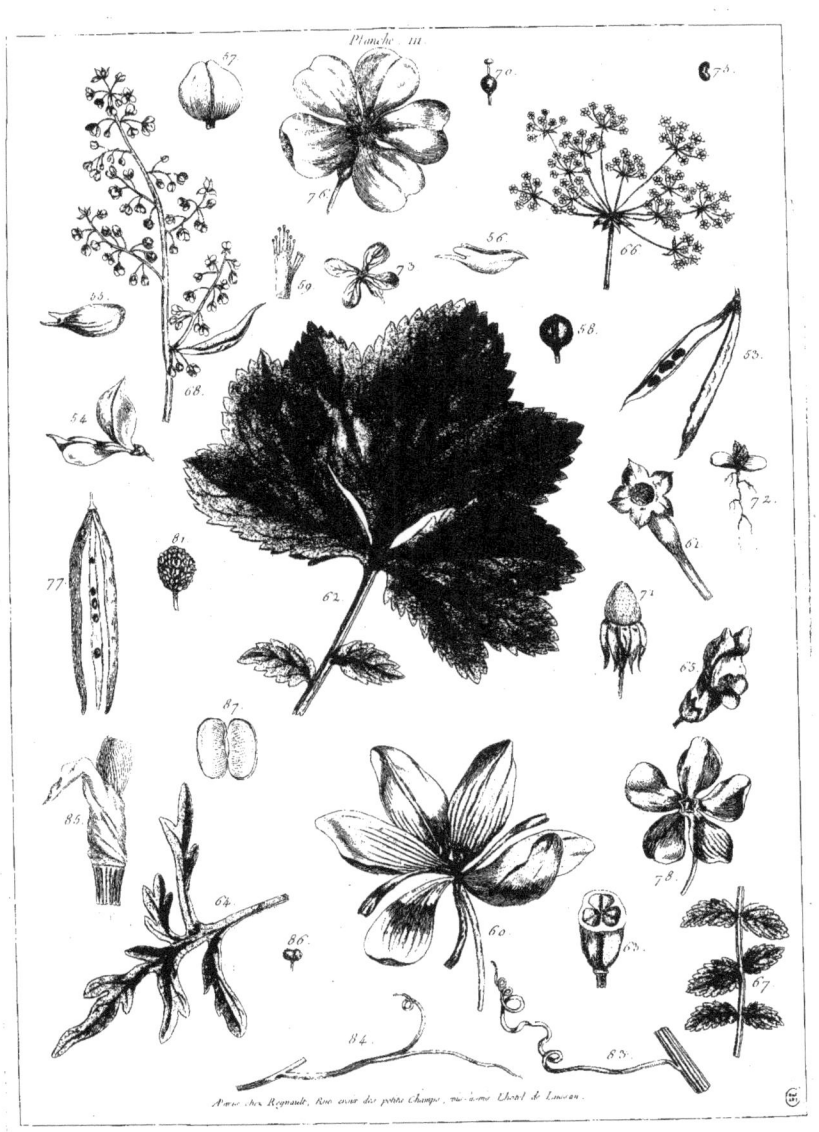

La Belladone

Lat. Ital. Esp. Angl. } *Belladona. Allem. Dollkraut*

LA BELLADONE.

Plante vivace, du nombre des Somniferes.

Solanum melanocerafos. C. B. P. 166. *Belladona majoribus foliis & floribus.* I. R. H. 77.
Atropa Belladona. Linn.

Tournef. claff. 1. fect. 1. gen. 2. Linn. Pentadria monogynia. Adans. 10. fam. de la Morelle.

La Belladone fe trouve dans les bois, près des vieilles carrieres, auprès des murailles, le long des haies très épaiffes, & en général dans les lieux ombrageux. Sa racine (*a*), qui fe divife quelquefois en plufieurs branches rampantes près de la fuperficie de la terre, eft longue, affez groffe, blanchâtre, & pleine d'un fuc aqueux : elle pouffe d'abord quelques feuilles, & enfuite plufieurs groffes tiges herbacées, rondes, partagées en beaucoup de rameaux fort minces & creux dans leur origine, & revêtues de feuilles femblables aux premieres. Ces feuilles font ovales, terminées en pointe, & plus larges à mefure qu'elles font plus près de la racine. Les fleurs fortent des aiffelles des feuilles : leur pétale unique (*b*), de la figure d'une cloche allongée, eft découpé en cinq petits lobes à fon bord : il porte fur un difque attaché au-deffous de l'embryon. Le calice (*c*) eft auffi découpé en cinq, & perfiftant. Il naît, en place de la fleur, au bas du piftile (*d*), une baie arrondie qui devient noire en mûriffant, de verte qu'elle étoit d'abord : on l'a repréfentée (*e*) attachée au fond du calice & coupée tranfverfalement. Cette baie, dont la fubftance pulpeufe répand un fuc rougeâtre, renferme plufieurs menues femences lenticulaires. Toute la plante contient beaucoup d'huile & de fel volatil : elle eft au rang des plus puiffants fomniferes. On ne doit s'expofer à l'employer intérieurement qu'avec beaucoup de circonfpection : voilà ce qui en rend la connoiffance très utile. Son ufage interne peut caufer la perte de la vue, au moins pour un tems. On cite en Angleterre, en Italie, à Leyde & ailleurs, plus d'un exemple terrible des funeftes effets de fon fruit : fi-tôt qu'on en a mangé, on tombe dans un court délire, on rit & on gefticule d'une maniere convulfive ; on paffe enfuite d'une vraie folie à un abrutiffement ftupide, pareil à celui que procure l'ivreffe, & de cet abrutiffement à la mort. Pour prévenir la fuite de ces triftes accidens, il faut avoir recours au vinaigre. L'ufage de cet acide a été reconnu comme un remede fouverain dans les cas dont je parle. Il s'eft trouvé des perfonnes qui en faifoient un fecret & qui vouloient s'en approprier la découverte, quoiqu'il eût été indiqué auparavant dans la *Matiere médicale* de Geoffroi. Il y a dans toutes les Sciences des plagiaires de cette efpece, qui fondent leur réputation fur le mérite d'autrui & fur la crédulité des ignorans. La Médecine, qui fait forcer les plantes les plus dangereufes à devenir utiles, a fait fur la Belladone des tentatives heureufes. Ses feuilles, à l'extérieur, font réfolutives. Leur décoction guérit les ulceres les plus invétérés & diffipe les éruptions fcorbutiques, fi l'on en croit un Chirurgien Anglois, à qui nous devons des obfervations à ce fujet ; felon lui, un grain de cette feuille, infufé dans une once d'eau bouillante, pouffe par la tranfpiration & par les urines ; deux grains manquent rarement de faire vomir, & pourroient même produire de finiftres événements. Ces feuilles peuvent fervir encore en cataplafme, comme celles de la Morelle ordinaire, fur les hernies & les cancers, en les faifant bouillir avec du fain-doux : chauffées fous la cendre, elles font eftimées pour calmer les inflammations, ainfi que pour réfoudre les tumeurs & les durillons des mammelles. Il y a des pays où l'on mange ces feuilles, quand elles font encore jeunes, fans qu'elles produifent aucun mauvais effet. Au refte, il femble que la Nature ait voulu dédommager la Belladone de fes dangereufes propriétés, en lui en accordant de plus agréables. On dit, par exemple, que le fuc rouge de fes baies eft un fard dont fe fervent les Dames en quelques contrées d'Italie : ce fervice qu'elles rendent à la beauté a fait donner à la plante le nom de *Bella-dona*. Ses fruits, macérés dans l'eau, font une couleur verte qui fert aux Peintres en miniature. M. Duchêne ajoûte que le beau feuillage de la Belladone, contraftant avec fes baies noires & luifantes, peut la faire rechercher dans les Parterres, & l'orner fur la fin de l'été : nous croyons au contraire qu'il faut l'en bannir, parcequ'elle trompe les enfans & beaucoup d'autres perfonnes, d'une maniere funefte, par la reffemblance de fes baies avec une efpece de cerifes connues fous le nom de guignes. Un autre Anglois, nommé Bromfield, a donné un écrit fur la Belladone, où il prétend qu'elle n'eft point du tout le *Solanum furiofum* des Anciens, & même qu'elle leur a été inconnue : cette opinion eft directement oppofée à celle de J. Bauhin, homme très favant, dont l'autorité eft d'un grand poids en Botanique, & que l'on compte parmi les oracles de cette Science avec les Tournefort, les Juffieu & les Linnæus.

La Roquette Sauvage.
Lat. *Eruca Silvestris*. Esp. *Oruga*. Ang. *Great Rocket*. Ital. *Ruchetta*. Allem. *Rauchen*.

LA ROQUETTE SAUVAGE,

Plante vivace et anti-scorbutique.

Eruca tenuifolia perennis, flore luteo, J. B. 861. Inst. R. H. 227. *Sisymbrium tenuifolium*, Linn. Tournef. class. 5. sect. 1. gen. 2. Linn. Tetradynamia siliquosa. Adans. 28. fam. des Crucifères.

La Roquette sauvage croît abondamment aux environs de Paris, & en général, dans les terres incultes, aux lieux secs & sablonneux, sur les grands chemins, & le long des murailles. Son odeur est fétide & rebutante. Sa racine est représentée (*a*) de grandeur naturelle; elle pousse quantité de tiges hautes de près de deux pieds, fermes, divisées en plusieurs rameaux. Les feuilles sont étroites, découpées avec assez peu de régularité, lisses, d'une saveur piquante. Les fleurs, dont l'odeur est agréable, & qui sont souvent butinées par les abeilles, naissent aux sommets des tiges. Leurs quatre pétales (*b*) sont disposés en croix: elles se développent au mois de Juin & de Juillet, & se succedent jusqu'à la fin de l'automne. Les parties de la génération, les étamines (*c*) au nombre de six, dont deux sont plus courtes que les quatre autres, & le pistile (*d*) qui est au centre des étamines, sont peints une fois plus grands que nature. Il succede au pistile des siliques (*e*) longues, menues, anguleuses, & qui renferment, en deux loges séparées par une membrane mitoyenne, une quantité de semences (*f*) presque rondes, piquantes comme celles de la moutarde, & un peu ameres. La Roquette sauvage est distinguée de la Roquette des jardins, non-seulement parceque ses fleurs sont jaunes, mais parcequ'elle a dans toutes ses parties une saveur plus forte. La culture affoiblit médiocrement ses vertus. La Roquette sauvage contient beaucoup de sel & médiocrement d'huile; ses feuilles, cuites & un peu sucrées, sont recommandées pour la toux opiniâtre des enfans. On dit qu'il seroit utile, dans les fiévres intermittentes, d'en faire tenir au Malade une poignée pendant tout le tems de l'accès, avec la précaution d'envelopper sa main d'un linge. Leur décoction est bonne pour le scorbut; elle soulage les hydropiques, accelere la sécrétion des urines, & emporte les obstructions des visceres. La graine, qui est très âcre, est plus propre encore que les feuilles pour les scorbutiques; on leur en donne jusqu'à un gros dans un verre d'eau distillée de cochléaria, ou de telle autre boisson convenable. Cette graine peut remplacer la moutarde dans les remedes qui excitent à cracher, & se mêler comme elle aux aliments, pour réveiller l'appétit & favoriser la digestion. Elle passe pour être propre à faire mourir les vers: elle s'emploie sur-tout en Pharmacie pour la composition de deux Electuaires, dont l'effet est d'exalter singulierement les esprits animaux, & dont l'un s'appelle pour cette raison *Electuarium magnanimitatis*. La propriété aphrodisiaque de la Roquette étoit connue & fameuse dans l'antiquité. Attestée par les Médecins, elle l'est même encore dans les écrits des Poëtes. De-là vient que l'un d'eux lui attribue le pouvoir d'exciter à l'amour les maris tardifs: *excitat ad venerem tardos Eruca maritos*. Martial célebre aussi dans ses Epigrammes cette Plante qui rallume les flammes éteintes de Vénus: *& venerem revocans Eruca morantem*. L'ingénieux Ovide compte parmi les remedes de l'amour, d'éviter avec soin la Roquette lascive: *nec minùs Erucas jubeo vitare salaces*. Ces vers me rappellent l'idée d'un Poëte Italien, qui, décrivant les avenues du Temple de Gnide, fait un long panégyrique de la Roquette, parmi les Roses & les fleurs de toute espece dont il suppose que Vénus a semé ces riantes avenues.

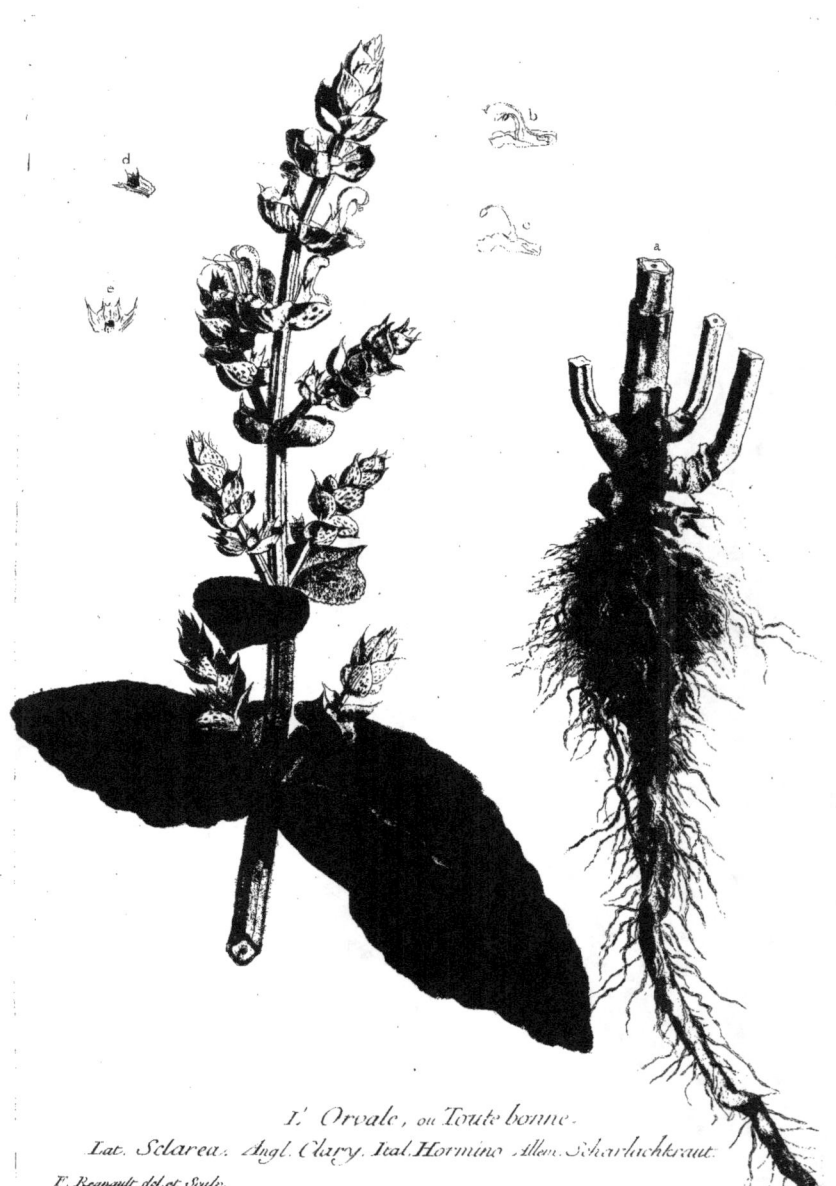

1.º Orvale, ou Toute bonne.
Lat. Sclarea. Angl. Clary. Ital. Hormino. Allem. Scharlachkraut.
F. Regnault del. et Sculp.

L'ORVALE, SCLARÉE ou TOUTE-BONNE.

Plante bisannuelle. Du nombre des Ophthalmiques.

Horminum sclarea dictum. C. B. P. 238. *Gallitricum sativum.* J. B. 3. 339. I. R. H. 179.
Salvia sclarea, Linn.

Tournef. class. 4. sect. 1. gen. 2. Linn. Diandria monogynia. Adans. 17. fam. de la Morgeline.

Cette Plante, qui croit communément dans les pays méridionaux, aux lieux incultes, aux pieds des murs des villages, & le long des grands chemins, se cultive ici dans les jardins & les vergers. Sa racine (*a*), ligneuse, garnie de fibres, produit une tige haute d'environ deux pieds. Cette tige, qu'on a représentée (*b*) de sa grosseur naturelle, est à quatre angles, roide, velue, pleine d'une moëlle blanche, & divisée en rameaux opposés l'un à l'autre, ainsi que ses feuilles, qui sont grandes, oblongues, chagrinées, légèrement découpées en leur bord, larges en leur base, se terminant en pointe obtuse, & inclinées du côté de la terre. Celles qui sortent de la racine sont attachées à de longues queues. Les fleurs, rangées à l'extrémité des tiges par étages, ou comme par anneaux enveloppés chacun de deux feuillets concaves & écailleux, sont découpées en deux lèvres, dont la supérieure est allongée en forme de faucille & beaucoup plus grande que l'autre, qui est divisée en trois parties. Les deux étamines apparentes (*c*) sont renfermées vers le fond de la lèvre inférieure ; le pistile (*d*) sort du fond d'un calice (*e*) en tuyau rayé, glutineux, à cinq dents ou pointes. Ce pistile est composé de quatre embryons, qui, lorsque la fleur est passée, deviennent autant de semences (*f*), assez grosses, lisses & presque rondes. Cette plante, dont l'odeur est forte, pénétrante, peu agréable, & le goût très amer, contient beaucoup d'huile exaltée & de sel essentiel. On l'a surnommée Toute-Bonne, parcequ'effectivement elle est toute d'usage. Hoffmann la compte parmi les remèdes spasmodiques. Elle est bonne en lavement pour les vapeurs hystériques & hypocondriaques. Schvencfeldius en approuvoit beaucoup l'usage dans l'épilepsie. Son infusion est apéritive, propre à pousser le flux menstruel & les urines, & à soulager les femmes dans les accouchements laborieux. Ses feuilles, détrempées dans du vinaigre, & appliquées seules ou avec du miel, peuvent résoudre les furoncles & les autres duretés. Quand ces feuilles sont tendres, on les mange en salade, pour réveiller l'appétit & fortifier l'estomac. Les Anglois en composent des gâteaux en les faisant frire dans la poële, avec de la farine, des œufs & un peu de crême. Rai dit que ces gâteaux se mangent au dessert, flattent agréablement le goût, & disposent à l'amour. L'inflammation des yeux s'appaise en y appliquant ces feuilles fraîches ; mais ses semences sont encore plus ophthalmiques. Une graine introduite dans l'œil que l'on frotte ensuite doucement, s'imbibe de l'humidité superflue qui forme un nuage entre le globe de l'œil & les paupières, & la vue en devient plus nette. L'Orvale est en usage dans le nord pour faire la bière quand le houblon manque, ou du moins pour la rendre plus forte. Ce mélange donne en effet une liqueur très forte, dont une petite quantité enivre, & qui peut rendre absolument fous ceux qui en ont bu. Les fleurs mêlées avec le vin blanc, ainsi que celles du sureau, lui donnent un goût de muscat, en y ajoûtant un peu de miel. Ethmuller nous apprend que cette pratique est commune parmi les Cabaretiers Allemands, sur-tout pour les vins du Rhin. Tragus assure que ces vins sont alors d'un grand secours pour les tempéramens froids & pour les femmes stériles. Suivant Lobel, il ne faut user de cette boisson qu'avec la plus grande réserve, parcequ'elle porte à la tête & y cause des pesanteurs. Nos Marchands de vin ont employé quelquefois d'autres sophistications plus dangereuses ; une telle mauvaise foi doit être punie comme un empoisonnement public. Corbius nous apprend à composer avec de l'orvale & du beurre frais un onguent estimé pour guérir les fleurs blanches, en observant de mettre environ une demi-livre de beurre pour une livre d'herbe, de faire bouillir ce mélange après l'avoir laissé pourrir, de le passer dans un linge & d'en frotter le bas-ventre, en prescrivant en même-tems l'usage intérieur de la même plante en tisanne. Cet onguent est recommandé par Craton contre les suffocations de matrice, pourvu qu'on y ajoûte de la gomme ou résine tacamaque. L'Orvale est recherchée dans les Parterres : ses fleurs paroissent au commencement de l'été, & forment d'assez belles touffes bleuâtres : elle convient d'autant mieux dans les Jardins d'ornement, que là, comme par-tout ailleurs, le grand point est de réunir l'utile & l'agréable. *Omne tulit punctum qui miscuit utile dulci.* Hor.

l'Origan Sauvage.
Lat. Origanum Angl. Wild Marjoram Ital. Origano Allem. Dorten

L'ORIGAN ou LA MARJOLAINE SAUVAGE,

Plante vivace, du nombre des Céphaliques.

Origanum sylvestre, cunila bubula Plinii. C. B. P. 223. Inst. R. H. 198. *Origanum vulgare.* Linn.

Tournef. class. 4. sect. 3. gen 32. Linn. Didynamia gymnospermia. Adans. 17. fam. des Labiées.

L'Origan se plaît sur les montagnes, comme le signifient en grec les deux mots dont son nom est formé. On le trouve encore le long des haies, dans les bosquets, aux lieux secs & exposés au soleil. Sa racine (*a*), menue, ligneuse, filamenteuse, trace obliquement en terre, & pousse plusieurs rejettons (*b*). Ses tiges, qui sont dures & à quatre angles, s'élevent à la hauteur de deux ou trois pieds. Les feuilles, velues ainsi que les tiges, naissent des nœuds de ces dernieres, & sont d'une saveur âcre & aromatique: aux sommités, sur des épis grêles & écailleux, paroissent les fleurs, très petites, formées en tuyau, & dont la couleur varie. La fleur représentée d'abord (*c*) avec ses quatre étamines & le pistile, ensuite (*d*) dans son calice, le calice lui-même (*e*) avec les graines qui succedent à la fleur, & la graine elle seule (*f*), sont grossis au microscope. L'Origan contient beaucoup d'huile exaltée & de sel essentiel. Les gens du Nord s'en servent dans les sauces au lieu de Marjolaine, & substituent ses feuilles rôties à celles du thé. Ses fleurs, mêlées aux ragoûts un peu salés, se mangent avec plaisir, diminuent les maux de cœur, aiguisent l'appétit, & sont très bonnes pour l'estomac: on dit qu'elles sont utiles lorsqu'on a mangé des champignons venimeux. Cette observation nous fait ressouvenir des funestes effets que l'usage des champignons renouvelle sans cesse sous nos yeux: dans ces circonstances, les meilleurs remedes sont ceux qui excitent le vomissement. On prétend que ce n'est pas la seule espece de poison à laquelle l'Origan résiste, & que les fleurs & les feuilles de cette plante sont bonnes, surtout contre les morsures des bêtes venimeuses ; on assure même que la Tortue mordue par la vipere, se guérit avec l'Origan sauvage. Si le fait étoit vrai, ce seroit une nouvelle preuve de cet instinct admirable dont la nature a doué les animaux, & qui confond à tout moment l'orgueil de la raison humaine. L'Origan a des avantages plus avérés ; ses fleurs & ses feuilles, séchées à l'ombre, se réduisent en une poudre céphalique, propre à faire couler par le nez les sérosités dont la tête est quelquefois embarrassée. Cette plante sert encore pour les rhumes de cerveau & pour le rhumatisme du col appellé torticolis: on fait alors sécher l'Origan au feu, & on l'enveloppe tout chaud dans un linge dont on couvre la tête. L'infusion de ses fleurs s'emploie avec succès dans la suppression des regles & des urines: cette infusion théiforme facilite la respiration, fait cracher les asthmatiques avec moins de peine, résout les obstructions de la matrice & du foie, remédie à la toux opiniâtre, chasse par les sueurs les humeurs nuisibles, & augmente le lait des nourrices. On prépare contre les vapeurs, les pâles couleurs & la paralysie, des demi-bains où cette plante est employée. Le syrop & la conserve d'Origan, son eau distillée, son huile essentielle, sont d'un secours merveilleux dans les rapports aigres, les vents & les indigestions. Cette huile essentielle est très agréable, au rapport de Chomel, & porte la joie dans tous les sens: elle appaise les douleurs de dent causées par la carie, en mettant un peu de coton qui en soit imbu, dans le creux de la dent gâtée. L'huile de génievre est d'un meilleur usage encore en cette circonstance. L'Origan entre dans beaucoup de compositions de Pharmacie ; telles que le syrop d'armoise, l'électuaire de baies de laurier & autres. Il peut faire l'honneur de nos bosquets par le doux parfum de ses fleurs & par ses touffes élégantes couronnées de beaucoup de petits épis rougeâtres. M. Linnæus nous apprend qu'en Suede les gens de la campagne se servent de ses sommités pour donner à leurs laines une teinture rouge: cette teinture doit être fort au-dessous de celle de la Garance. Il y a une espece d'Origan beaucoup plus petite que celle-ci, mais qui lui ressemble d'ailleurs, & qui vient dans les pays chauds.

La Saponaire

Lat. Ital. { Saponaria. Angl. Soap Wort. Allem. Seyffenkraut.

LA SAPONAIRE, ou SAVONAIRE.

Plante vivace, du nombre des Vulnéraires détersives.

Lychnis sylvestris quæ Saponaria vulgò. Inst. R. H. 336. *Saponaria officinalis.* Linn.

Tournef. class. 8. sect. 1. gen. 2. Linn. Decandria digynia. Adans. 36. fam. de la Morgeline.

La Saponaire naît communément dans les endroits humides, le long des rivieres & des torrens, au bord des étangs & des fossés, & quelquefois aux lieux sablonneux. Sa racine (*a*) est longue, noueuse, garnie de fibres comme celle de l'Ellébore noir, & serpente obliquement dans la terre. Les rejettons qu'elle pousse (*b*) forment ensuite des tiges hautes d'un à deux pieds, remplies de moëlle, & qui se soutiennent à peine. Ses feuilles sont sans queue, ovales, & à trois nervures. Ses fleurs, agréablement odorantes, & dont la couleur varie, naissent aux sommités des tiges ; elles renferment les étamines (*c*) au nombre de dix : ces fleurs sont attachées au bas du pistile, dans un calice (*d*) oblong, d'une seule piéce & découpé en cinq. Les cinq pétales (*e*) dont elles sont composées, sont disposés comme les pétales de l'Œillet : il leur succede une capsule oblongue, enveloppée dans le calice, où l'on trouve les semences (*f*) menües, presque rondes, & en grand nombre. Cette Plante a un goût nitreux ; elle contient beaucoup de sel essentiel, d'huile & de flegme. Son nom est emprunté du Savon, parcequ'elle a, comme lui, la propriété d'enlever les taches de la peau & des étoffes. On appelle en général *Savon naturel*, les Stéatites & les Smectites, c'est-à-dire les pierres & les terres savonneuses qui se trouvent dans le voisinage des Vosges & ailleurs, ainsi que le Savonier, *Sapindus*, espece d'arbrisseau commun dans l'Amérique, & la Plante dont nous parlons. Lémery dit qu'elle atténue les humeurs, & qu'elle excite la sueur & les urines. Il n'y a gueres de plus puissant résolutif pour les obstructions, que des matieres épaisses, grasses, visqueuses, peuvent produire dans les vaisseaux & les visceres. Elle appaise les dartres, la gratelle & les autres demangeaisons, en la prenant intérieurement, ou en bassinant avec sa décoction les parties qui souffrent. Sa racine, au rapport de Schroder, est apéritive & résolutive, bonne pour garantir de l'asthme, & pour procurer aux femmes l'écoulement périodique qui les soulage de la plénitude du sang. Selon Zapata, elle peut résoudre & ramollir les écrouelles. Elle sert à la composition de l'huile d'Euphorbe, décrite dans la Pharmacopée de Londres. Ses feuilles séches, broyées, & mises dans le nez, excitent l'éternument comme le tabac, & comme toutes les plantes âcres en général ; mais cette propriété des feuilles de la Savonaire n'est rien en comparaison de celle qu'Ethmuller leur attribue. Il les regarde comme un spécifique assuré contre cette maladie horrible, qui nous a été apportée avec l'or du nouveau Monde, & qui venge encore aujourd'hui l'Amérique de l'avarice & de l'inhumanité des Européens. Si l'observation d'Ethmuller étoit exactement vraie, la Savonaire deviendroit, sans contredit, de toutes les Plantes, la plus utile & la plus précieuse. Les secours tirés des Végétaux, ne paroissent pas suffisans pour arrêter les ravages de cette honteuse & funeste maladie : cependant la Savonaire s'emploie utilement pour guérir les gonorrhées. Borel recommande les semences contre l'épilepsie : elles se prennent alors en poudre & au poids d'un gros, dans six onces de quelqu'eau anti-épileptique. Au reste, les fleurs de cette Plante paroissent aux mois de Juin & de Juillet, & ne sont pas à dédaigner dans les Parterres, sur-tout celles qui deviennent doubles. Elles sont rassemblées en bouquets, tantôt d'un gris de lin clair, tantôt d'un beau pourpre, & quelquefois blanches. La Savonaire subsiste long-tems dans les Jardins où on la cultive. On a observé qu'elle y est désagréable par sa maniere de serpenter ; mais les Jardiniers peuvent y remédier, en élaguant le superflu de ses racines.

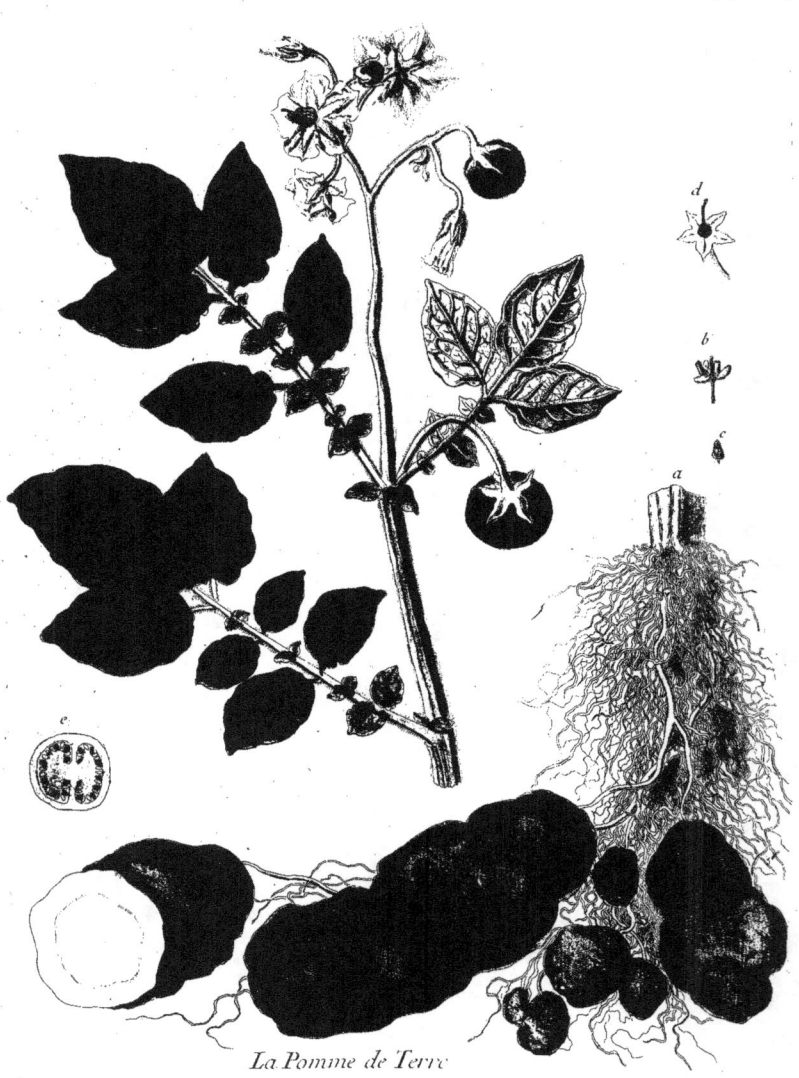

La Pomme de Terre

Lat. *Solanum Tuberosum* Allem. *Grundbir* Angl. *Potatoe* Amerie *Papas*.

G. de Nangis del et Sc.

6

LA POMME DE TERRE.

PLANTE ANNUELLE, DU NOMBRE DES RÉSOLUTIVES ANTI-SCORBUTIQUES.

Solanum tuberosum, esculentum. C. B. P. 167. Inst. R. H. *Solanum tuberosum.* Linn.

Tournef. class. 1. sect. 6. gen. 1. Linn. Pentandria monogynia. Adans. 23 fam. de la Morelle.

Cette Plante, originaire du Chily, fut apportée en Europe au commencement du dix-septieme siécle: cultivée d'abord par les Irlandois, elle s'est répandue ensuite en Angleterre, en Flandres, en Suisse, en Lorraine & dans quelques autres Provinces de France. Elle se plaît dans les pays froids, & s'accommode sur-tout des terres meubles & un peu humides. Les racines chevelues de la plante (*a*) partent de beaucoup de tubercules, qui ressemblent en quelque sorte à un rognon de veau, qui sont souvent au nombre de trente ou quarante, & que l'on nomme truffes blanches ou rouges, selon la couleur. Les tiges s'élevent quelquefois à la hauteur de trois pieds: de leurs rameaux sortent des feuilles lanugineuses & composées de plusieurs folioles inégales. La pétale unique de la fleur représente une étoile de couleur gris de lin. Le pistil est au centre du calice. Les étamines (*b c*), qui forment par leur réunion une espece de clou, sont rassemblées autour du pistil. Il se change en une baie assez grosse, où se trouvent quantité de semences, & que l'on voit (*e*) coupée transversalement. La Pomme de terre est nourrissante, légere, facilite le sommeil, tient le ventre libre, & passe pour un excellent anti-scorbutique. Elle a peu d'usages en Médecine; mais combien de ressources n'offre-t-elle pas aux Amateurs de l'économie champêtre? avec quelle usure & par quelle heureuse abondance ne paie-t-elle pas leurs soins & leur industrie? On la seme, aux approches du printems, dans une terre labourée: au mois d'Août, on fauche les feuillages pour les donner aux bestiaux. La récolte des Pommes de terre se fait en Novembre & dans tout le cours de l'hiver. Non-seulement cette récolte est d'une fécondité merveilleuse, puisque le même espace de terrein qui donne douze quintaux de froment, peut en donner deux cents de Pommes de terre; mais ce qui n'est pas moins étonnant, c'est qu'elle n'épuise point le sol, & n'empêche pas qu'on y cultive du bled l'année d'après. Au reste, on a beaucoup écrit depuis quelque tems sur la culture & les avantages de la Pomme de terre: voilà les sujets sur lesquels on ne sauroit trop écrire. Ne cessons donc pas de remettre tous les yeux de tous nos Compatriotes l'exemple des Provinces où cette plante est regardée comme l'espoir des cultivateurs & la manne des campagnes. Ses tiges & ses racines fournissent une excellente nourriture à nos animaux domestiques & même aux chevaux, qui s'accoutument à manger les Pommes de terre avec le même plaisir que l'avoine: on les fait cuire d'abord, pour habituer les bestiaux à les manger crues & pour engraisser la volaille: cuites à l'eau ou sous la cendre chaude, assaisonnées de beurre ou de laitage, mêlées avec la soupe ou avec des ragoûts, elles sont infiniment plus délicates & plus saines que les navets, & peuvent être servies sur toutes les tables. Elles ne sont point négligées dans les festins des grands Seigneurs, qui les mangent par goût, tandis que le pauvre y a recours par nécessité: on ne se lasse point d'un mets aussi simple qu'il est salutaire. Des considérations si frappantes méritent sans doute, en faveur de cette culture, l'attention du Citoyen, & celle même du Gouvernement; sur-tout si l'on observe que la Pomme de terre pourroit être d'une utilité plus grande encore en cas de disette. Selon M. Duhamel, on en retire une farine très blanche, qu'il est possible de substituer ou de mêler à celle du froment pour en faire du pain. Un Académicien de Rouen a donné un Mémoire intéressant sur ce pain économique, & sur la machine qu'il a imaginée pour réduire les Pommes de terre en une bouillie qui puisse s'allier & se pêtrir avec de la farine ordinaire, au lieu de les réduire elles-mêmes en farine par la dessication; méthode sujette à de grands inconvéniens, & qui doit faire perdre à ce légume, naturellement aqueux & sans consistance, beaucoup de sa qualité & de son suc. Les recherches de cet Académicien méritent d'être applaudies, & sur-tout d'être imitées. Est-il un seul homme qui voye avec indifférence ceux qui s'occupent ainsi du premier besoin de tous les hommes? est-il des objets que l'on doive proposer de préférence à la méditation des Philosophes & au zele des Citoyens? non sans doute; & celui d'entr'eux qui sera parvenu à perfectionner quelques branches de l'agriculture, sera nommé à juste titre l'ami des hommes & le bienfaiteur du monde. Cette réflexion paroîtra déplacée aux yeux de quiconque ne sait point apprécier la gloire & peser le mérite réel des hommes: ceux qui ont réfléchi eux-mêmes sur ces objets, partageront sans doute notre maniere de penser à cet égard: nous ne les choquerons point en disant que la culture de la Pomme de terre est peut être le seul avantage dont les Européens soient redevables à la découverte de l'Amérique. Ce qui sert aux besoins de la nature, voilà le vrai trésor de l'homme: les vains trésors du nouveau monde ne sont que les instrumens du luxe, du malheur & du crime.

Le Souci de Jardin.

Lat. Caltha. Ital. Calendola. Angl. Garden Marygolds. All. Rengel Gold Blumen.

LE SOUCI DE JARDIN,

PLANTE ANNUELLE, DU NOMBRE DES HYSTÉRIQUES.

Caltha vulgaris. C. B. P. 275. Inst. R. H. *Calindula officinalis.* Linn.

TOURNEF. class. 14. sect. 4. gen. 1. LINN. Syngenesia polygamia necessaria. ADANS. 13 fam. des Composées.

LE SOUCI, que l'on cultive dans les Jardins, se multiplie de semence & croît très facilement. Sa racine (*a*) est assez longue, ligneuse & garnie de fibres. Ses tiges sont grêles, rameuses, cylindriques, & un peu gluantes. Les feuilles embrassent la tige par leur base, & sont sans queue, oblongues, d'une saveur & d'une odeur fortes. L'odeur des fleurs est forte aussi, mais balsamique, quoiqu'elle excite un peu à vomir, & se dissipe en grande partie lorsqu'elles sont desséchées; ce sont des fleurs radiées; leur disque est un amas de fleurons (*c*), portés chacun sur un embryon. Les demi-fleurons (*bc*), qui portent la couronne, sont aussi portés sur un embryon; toutes ces piéces sont soutenues par le calice. La fleur passée, les embryons deviennent des capsules (*d*) bordées quelquefois de deux grandes ailes (*e*), & le plus souvent courbes (*f g*). La figure (*h*) fait voir la semence enchâssée dans une de ces capsules coupée en travers: la même semence est représentée (*i*) sans son enveloppe. L'analyse chymique fait sortir de cette plante beaucoup de liqueur acide, & très peu de sel volatil. Selon Cartheuser, il entre dans la composition des fleurs une grande quantité d'un principe spiritueux très tendre, & très peu d'huile éthérée substantielle. Les principes fixes, résineux, gommeux y sont en plus grande quantité: l'extrait en est tenace, & a l'odeur du pain d'épice. La teinture spiritueuse est plus active, & laisse, en s'évaporant, une masse brunâtre d'un goût un peu amer & légerement astringent. Le Souci est utile pour la nourriture; les feuilles échauffent quand elles sont mangées en potage; on les emploie quelquefois avec les fleurs en salade & dans des bouillons. Le suc des fleurs sert à donner au beurre une couleur jaune, qui le rend en même-tems plus apéritif & plus sain; confites dans le vinaigre, elles rappellent l'appétit. Le Souci a beaucoup d'usages en Médecine; ses feuilles sont émollientes & applicables sur toutes sortes de tumeurs; on les met sur les ulceres dont les bords sont calleux, & sur les cors qui viennent aux pieds. Les fleurs, surtout lorsqu'elles sont fraîches, sont comptées parmi les remedes alexipharmaques, expulsifs & utérins: on les recommande sur-tout contre les palpitations de cœur, les fiévres malignes, la petite vérole, la rougeole & les autres éruptions qui se font par la peau; comme leur effet est d'agir en discutant & resserrant légerement, elles sont spécifiques dans la suppression des regles, la rétention de l'arriere-faix, l'accouchement laborieux & les fleurs blanches. Suivant Cartheuser encore, elles résolvent doucement les humeurs, & chassent les impuretés mobiles par les pores de la peau, & sont intérieurement d'un usage merveilleux lorsqu'on en fait infuser dans le vin, le vinaigre ou l'eau bouillante: l'infusion aqueuse est propre dans les fiévres, & la vineuse convient dans les maladies plus froides. Cette derniere est souveraine pour appaiser l'extrême douleur de tête & des dents; il faut en user alors en forme de lotion. La teinture de cette fleur, avec l'esprit-de-vin, son extrait & sa conserve sont utiles dans la jaunisse & dans les obstructions des visceres. Le vinaigre qu'on en prépare est reconnu pour avoir la propriété de résister au venin, aux maladies contagieuses: c'est un excellent préservatif contre la peste & contre les autres fiévres qui sont à la fois putrides & malignes. Ray prétend qu'on se garantit aussi de la peste en mangeant ces fleurs en salade, & qu'on s'en guérit avec la boisson chaude de leur suc: il nous apprend qu'en Angleterre on se sert de leur décoction dans de la bierre & du lait, pour se garantir de la petite vérole. Suchs assure que le simple parfum de ses fleurs suffit pour donner aux cheveux une couleur blonde; ce qui a tout l'air d'une exagération. Elles servent à l'extérieur en cataplasme. Chomel dit qu'on dissipe les verrues naissantes en les frottant pendant six ou sept jours avec des fleurs de Souci. Cesalpin en faisoit seringuer le suc dans les oreilles pour détruire les vers qui s'y forment, & laissoit appliquer la poudre desséchée sur les dents. Tragus en recommandoit l'eau distillée contre la rougeur & l'inflammation des yeux. Ces différentes vertus sont bien plus sûres dans le Souci sauvage; l'autre semble devoir être destiné plus particulierement pour l'ornement des Jardins: on les seme aux mois de Mars & d'Avril. En les éclaircissant & en les sarclant à propos, ils développent leurs belles fleurs depuis le commencement de Mai jusqu'aux premieres gelées, & servent encore à la décoration de nos Parterres, lorsque les approches de la mauvaise saison nous privent de presque toutes les autres fleurs. Le nom Latin *Calendula* vient de ce que le Souci fleurit dans les premiers jours du mois, que les Romains nommoient *Calendes*; & celui de *Chrysanthemum* vient de deux mots grecs qui signifient *fleur dorée*; & il paroît que cette fleur servoit pour les bouquets chez les Anciens, témoin ce vers de Virgile: *Mollia luteolâ pingit vaccinia calthâ*. Le *Vaccinium* dont il est parlé encore dans un autre endroit des Eglogues de Virgile, est l'arbuste que nous nommons *Airelle*: ses fruits noirs & succulents, sont nommés aussi *Raisins de bois*.

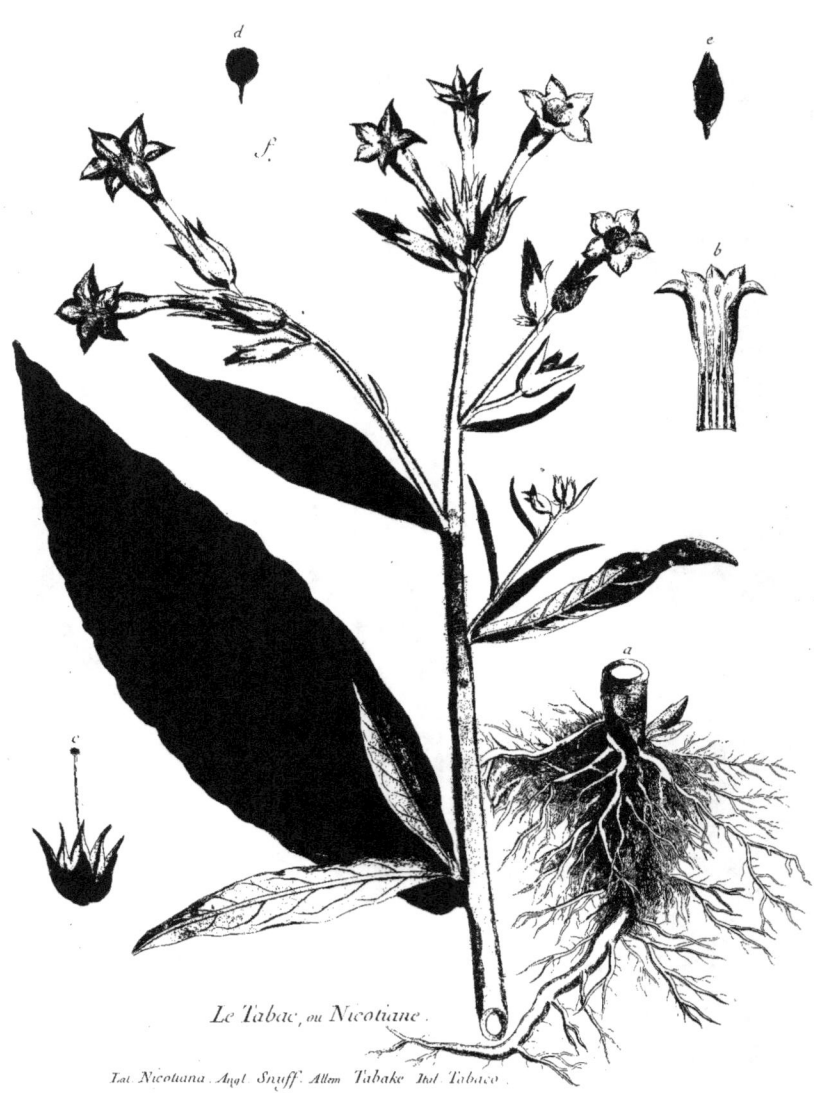

Le Tabac, ou Nicotiane.

Lat. *Nicotiana*. Angl. *Snuff*. Allem. *Tabake*. Ital. *Tabaco*.

G. de Nangis del. et Sc.

LE TABAC, ou LA NICOTIANE.
PLANTE ANNUELLE, DU NOMBRE DES STERNUTATOIRES.

Nicotiana major latifolia. C. B. P. 169. Inſt. R. H. 117. *Nicotiana Tabacum.* Linn. 3. 258.

TOURNEF. claſſ. 2. ſect. 1. gen. 3. LINN. Pentandria monogynia. ADANS 17 fam. des Perſonnées.

CETTE Plante, inconnue aux Anciens, & originaire d'Amérique, a été apportée en Europe au milieu du ſeizieme ſiécle; on l'y a naturaliſée par la culture: elle vient facilement, & ſe plaît dans les terreins gras. Elle a éprouvé dans ce pays la même révolution que preſque toutes les autres plantes venues des pays chauds: de vivace qu'elle eſt au Breſil, au Pérou, & aux autres contrées des Indes Occidentales, elle n'eſt qu'annuelle en France. Sa racine (*a*) blanche, fibreuſe, d'une ſaveur âcre, pouſſe une tige haute de cinq à ſix pieds. Cette tige eſt groſſe comme le pouce, & pleine d'une moëlle blanche. Ses feuilles ſont très amples, attachées à la tige par de larges appendices, âcres au goût, glutineuſes au toucher, & qui teignent la ſalive. Les rejettons du haut de la tige ſoutiennent des fleurs en godet, découpées en cinq, & de couleur purpurine. Les cinq étamines (*b*), le piſtil (*c*), le fruit coupé tranſverſalement (*d*) & vu dans ſa longueur (*e*), les graines (*f*) qu'il renferme en grand nombre; tous ces différents objets ſont repréſentés de grandeur naturelle. Le Tabac eſt une plante d'été parmi nous; il fleurit aux mois de Juillet & d'Août, & ne ſouffre que les hivers très modérés. Son odeur eſt forte, & ſon uſage en Médecine très délicat: ſon caractere âcre & cauſtique doit le faire ſuſpecter: c'eſt un purgatif violent. Cartheuſer parle du Tabac, dans la ſection des vapoureux enivrans ou narcotiques: ſelon lui, cette plante eſt compoſée de parties terreuſes, vulgaires & inertes, d'une ſubſtance réſineuſe, gommeuſe, d'un principe mobile vaporeux, & quelquefois même de quelques molécules très tendres d'embryon de nitre, manifeſtées par le bruit qui ſe fait, & par les étincelles qu'elle jette lorſqu'on la brûle. La proportion des éléments qui ſe ſéparent du Tabac varie ſelon la différence des eſpeces & des lieux où elles croiſſent. Par une violente diſtillation, on retire du Tabac ſec beaucoup d'huile, qui n'eſt rien mions qu'eſſentielle, comme l'ont cru Lémery & quelques autres. Cette huile eſt ſi virulente, qu'il ſuffit de quelques gouttes pour tuer les animaux, ſur-tout ſi l'on en inſinue une petite quantité par l'ouverture d'une veine ou d'une plaie. L'uſage modéré du Tabac fumé & en poudre eſt propre pour diſſiper de la pituite du cerveau & les maladies qui en dépendent, de même que celles qui viennent d'une ſurabondance de limphe âcre & viſqueuſe; mais ſon abus peut cauſer de funeſtes accidents. Il altere beaucoup la ſanté, & nuit ſur-tout aux perſonnes ſéches, maigres & coleriques. Sa fumée eſt remplie de particules chaudes, fétides, empyreumatiques, âcres. La fumée & la pouſſiere du Tabac picotent & deſſechent la membrane tendre des poumons & de la trachée artere, offuſquent les eſprits animaux du cerveau par leurs mauvaiſes exhalaiſons, corrompent le ferment de l'eſtomac, alterent ſon acide, excitent dans les nerfs un mouvement convulſif, affoibliſſent la mémoire, & détruiſent preſqu'entierement la fineſſe de l'odorat. Malgré le prodigieux uſage qu'on en fait partout & continuellement, il s'eſt trouvé des Médecins ſages & inſtruits qui ont oſé réclamer avec force contre cette coutume, & qui en ont expoſé les dangers avec beaucoup de vérité & de chaleur. Il faut ſavoir gré de cette noble hardieſſe qui ſecoue le joug des opinions vulgaires; mais il me ſemble qu'en cette diſcuſſion, comme en bien d'autres, on a plus ſouvent pour guide l'amour de la diſpute que l'amour de la vérité. Les partiſans du Tabac exagerent ſes avantages; ſes antagoniſtes n'exagerent pas moins ſes inconvénients. On ſait la plaiſante hiſtoire du Médecin qui ſoutenoit une theſe ſur le Tabac, & qui en prenoit à chaque argument qu'il avançoit contre ſon uſage. Il faut avouer que cette maniere de raiſonner n'étoit pas tout-à-fait démonſtrative. Ce qu'il y a de certain, c'eſt que la ſageſſe ni la vérité ne ſe trouvent point dans les excès, & qu'on peut recommander utilement l'uſage du Tabac, pourvu qu'il ſoit pris avec modération. Nous reviendrons ſur cet objet dans l'article du Tabac à feuilles étroites; mais avant de terminer celui-ci, nous devons obſerver que la nature n'a jamais rien produit dont l'uſage ſe ſoit répandu ſi univerſellement & avec tant de rapidité. Ce n'étoit autrefois qu'une ſimple production ſauvage d'un petit coin de l'Amérique: en moins d'un ſiécle, cette plante a été connue, cultivée & recherchée par toutes les Nations de l'Europe; de-là vient qu'elle a reçu tant de dénominations diverſes. On l'a toujours appellée & on l'appelle encore *Petun* dans les Indes Occidentales. Les Eſpagnols lui donnerent le nom de Tabac, de l'iſle de Tabayo, où ils l'avoient trouvée; & il ſemble que ce nom ait prévalu en France ſur ceux qu'elle y a portés d'abord. Elle fut connue ſous celui de *Nicotiane*, d'herbe du *Grand Prieur*, d'herbe *à la Reine*, parceque M. Nicot, Ambaſſadeur en Portugal, la préſenta au Grand Prieur, & enſuite à Catherine de Médicis: en Italie, elle prit auſſi les noms du Cardinal de Sainte-Croix & du Nonce Ternabon, qui l'y avoient introduite les premiers: quelques-uns l'ont nommée la Bugloſe ou Panacée antarctique, l'herbe ſainte ou ſacrée, vraiſemblablement à cauſe des propriétés miraculeuſes qu'on lui attribuoit. Sa vertu narcotique l'a fait appeller auſſi, par quelques Botaniſtes, la Juſquiame du Pérou.

Le Raisin d'Amerique.
Phytolacca.

Lat.
Angl.
Ital.
Allem.

N. Regnault del. et Sculp.

LE PHYTOLACCA, ou RAISIN D'AMÉRIQUE.

Plante vivace, du nombre des Assoupissantes.

Phytolacca Americana, majori fructu, Inft. R. H. 299. *Phytolacca decandra*. Linn.

Tournef. claff. 6. fect. 9. gen. 2. Linn. Décandria decagynia. Adans. 20 fam. de la Morelle.

Le Phytolacca, ainfi appellé de la couleur que fourniffent fes baies rougeâtres, n'a été connu en Europe qu'après la découverte de l'Amérique. La culture a, pour ainfi dire, naturalifé dans nos Jardins cette Plante apportée de la Virginie; quoiqu'elle s'accoutume difficilement à l'exceffive froidure de ce climat, je l'ai vue réuffir très bien en Lorraine & ailleurs. Sa racine eft blanche, longue d'un pied, communément très groffe, ce qui n'a pas permis de la repréfenter dans l'eftampe. Sa tige, qui s'élève à la hauteur de cinq pieds, eft ronde, ferme, divifée en plufieurs rameaux, garnie de feuilles le long de la tige, fans régularité. Ces feuilles font très amples, oblongues, pointues, veineufes, douces au goût & au toucher. Ses fleurs affez petites, à plufieurs feuilles, difpofées en grappe, font foutenues fur des pédicules qui naiffent au haut de la tige. Cette fleur (a) avec fes dix étamines, & la baie (b) pleine de fuc, applatie en deffus & en deffous, qui fuccede au piftil, font repréfentées beaucoup plus grandes que nature: cette baie eft vue (c) coupée tranfverfalement. La graine eft peinte (d) de grandeur naturelle, & plus bas (e) groffie au microfcope. M. Valmont de Bomare, dans l'article de fon *Dictionnaire raifonné univerfel* qui concerne le Phytolacca, lui donne encore les noms de Morelle à grappes, de grande Morelle des Indes, de Vermillon plante, de Lacque en herbe, & de Méchoacan du Canada; cet article eft inféré dans le troifieme volume de fon Ouvrage, & il y a beaucoup d'apparence qu'il ne s'en eft pas fouvenu, lorfqu'il a reparlé de cette plante dans fon Supplément fous la dénomination de Raifin d'Amérique, fans nous en apprendre autre chofe que ce qu'il en avoit déja dit. La racine de Phytolacca eft mife, par l'illuftre M. de Juffieu, au rang des plantes purgatives médiocres, qui ne conviennent point dans les inflammations internes, mais qui font employées dans les fiévres malignes, putrides & intermittentes, & dans les menaces de léthargie. Prefque tous les Botaniftes n'ont regardé cette plante que comme une efpece de Morelle. Lémery n'eft point de leur fentiment, & fe fonde fur ce que le Phytolacca paroît ne tenir gueres des qualités narcotiques de la Morelle; cependant il eft employé dans une compofition célebre, connue fous le nom de baume tranquille, & c'eft ce qui a déterminé Chomel à en faire mention parmi les Affoupiffantes. Le fuc que l'on tire des baies du Phytolacca eft d'une couleur purpurine affez agréable, & peu différente du Carmin: ce fuc qui eft purgatif, fert plus utilement dans la teinture. On a propofé de fubftituer les baies de Phytolacca aux coques de l'infecte nommé Kermès, dans la confection Alkermès, qui fe fait ordinairement en mêlant le fuc de ces coques encore récent & cuit à la confiftance du miel, avec du fantal, de l'ambre gris, du mufc, des huiles de macis & d'œillet; on y joignoit beaucoup d'autres chofes, telles que des cocons de foie, de l'eau de rofe, des perles, du lapis lazuli & des feuilles d'or. Lémery a fort bien remarqué l'inutilité de ces derniers ingrédiens. Au refte, le Phytolacca doit plaire à tous les regards dans les Jardins d'ornemens, par la beauté de fon feuillage & par l'heureufe fingularité de fes grappes, qui offrent à la fois, fur le même pédicule, des fleurs purpurines, des fruits verts, & d'autres fruits mûrs & rougeâtres. Il y a une efpece de Phytolacca, dont les baies font plus petites, & que les Créoles de Cayenne nomment épinars, parcequ'ils en mangent les feuilles dans le potage en guife d'épinars, après en avoir ôté le premier bouillon, qui en eft noirci.

La Grande Linaire.

Lat. Ital. Esp. } *Linaria* Angl. *Toad Flax.* Allem. *Flachskraut.*

LA LINAIRE COMMUNE, ou LIN SAUVAGE.

Plante vivace, du nombre des émollientes.

Linaria vulgaris, lutea, flore majore. C. B. P. 212. *Tourn.* 170. *Antirrhinum Linaria.* Linn. Sp. 33. 858.

Tournef. claff. 3. fect. 4. gen. 2. Linn. Dydinamia angiofpermia. Adans. 19 fam. des Perfonnées.

Cette Plante, dont parlent Pline & Dioscoride, eft très commune dans les environs de Paris : elle croît le long des haies & des chemins, aux lieux incultes ou cultivés. Ses racines (*a*) menues, ligneufes, ferpentent dans la terre, & pouffent plufieurs tiges hautes environ d'un pied & demi. Ces tiges font garnies irrégulierement de feuilles oblongues étroites, d'une faveur amere : aux fommités des tiges naiffent des fleurs fermées en devant par un mufle à deux mâchoires, & dont le fond eft terminé par un éperon ou queue femblable à la pointe d'un capuchon. Le piftil (*b*) fort du milieu du calice, entre la partie fupérieure de la fleur (*c*) & l'inférieure (*d*), dans chacune defquelles fe trouvent deux étamines : la coque (*e*) qui paroît lorfque les fleurs font paffées, eft partagée en deux loges (*f*) remplies de quelques femences plates (*g*) qui ont la figure d'un petit rein entouré au bord d'un feuillet membraneux. La Linaire, avant d'être fleurie, reffemble à la petite éfule, au point que l'on confondroit prefque ces deux plantes au premier afpect ; mais il y a entr'elles des différences caractériftiques ; par exemple, l'Efule qui eft une efpece de tithymale, eft remplie d'un fuc laiteux, au lieu que celui de la Linaire eft verdâtre ; ce que l'on a exprimé dans un mauvais vers latin, qui eft paffé en proverbe (*Efula lactefcit, fine lacte Linaria crefcit*). Les feuilles de la Linaire tiennent beaucoup auffi de celles du Lin, ce qui lui a fait donner fon nom. Celui d'*Antirrhinum*, que Linnæus lui donne, & qui lui eft commun avec beaucoup d'autres plantes, vient de deux mots grecs, & a rapport à la reffemblance qu'on trouve entre la fleur des plantes de cette efpece & les narines de veau. La Linaire eft réfolutive & adouciffante ; elle contient beaucoup d'huile & de fel effentiel ; fa faveur eft un peu âcre ; fon odeur, quand on la froiffe entre les doigts, eft à-peu-près celle du fureau, & le fuc de fes fleurs rougit le papier bleu. Elle a reçu de quelques Botaniftes l'épithete d'*urinalis*, parcequ'elle eft extrêmement diurétique. On en applique un cataplafme paffé par la poêle avec du fain-doux, fur le ventre menacé d'inflammation, dans la gravelle & dans la difficulté d'uriner. On emploie dans le même cas & avec fuccès de fimples fomentations avec la décoction de Linaire. Cette plante eft eftimée par Cefalpin pour le cancer & pour l'éréfipele ; & par Tragus, pour la fiftule, la jauniffe & les obftructions du foie ; mais fa propriété la plus recommandable eft de fervir à un onguent très utile dans les hémorrhoïdes ; après avoir laiffé infufer des efcarbots ou des cloportes dans de l'huile, on y fait bouillir des feuilles de Linaire ; on paffe l'huile par un linge, en y ajoutant un jaune d'œuf durci & affez de cire neuve pour donner à ce mêlange la confiftance d'onguent : d'autres mêlent la Linaire avec du fain-doux, qu'ils font bouillir jufqu'à ce qu'il devienne d'une belle couleur verte, & y mettent un jaune d'œuf lorfqu'ils veulent s'en fervir : d'autres encore prennent de la Camomille & de la Linaire féches pour en remplir des fachets, qu'ils font enfuite bouillir dans du lait, pour les appliquer fur les hémorrhoïdes. Le fuc & l'eau diftillée de la Linaire fervent pour les inflammations des yeux : un verre de cette eau bue avec un gros d'écorce d'hyéble en poudre, précipite par les urines les eaux qui incommodent les hydropiques, fi l'on en croit Chomel, à qui nous devons une grande partie des faits énoncés dans cet article. La Linaire eft cultivée dans les jardins pour l'agrément de fes fleurs, qui forment des épis jaunâtres, & qui reffemblent à une gueule ouverte, dont la barbe remue comme la mâchoire des animaux, lorfqu'on preffe le tube entre les doigts.

La Viperine

Lat. Echium. Ital. Echio. Angl. Vipers Bugloss. Esp. Yerva del Bivora. Allem. Vild Ochsenzum.

LA VIPERINE, ou HERBE AUX VIPERES,

PLANTE VIVACE, DU NOMBRE DES BÉCHIQUES FROIDES ET INCRASSANTES.

Echium vulgare, C. B. P. 254. Linn. sp. 4. p. 200.

TOURNEF. class. 2. sect. 4. gen. 4. LINN. Pentadria monogynia. ADANS. 27 fam. de la Bourache.

LA VIPÉRINE, que certains Auteurs ont encore appellée du nom de Buglose sauvage, croît dans les terreins incultes & sablonneux, près des murailles & le long des grands chemins. Sa racine (*a*), longue & ligneuse, pousse, à la hauteur de deux pieds, des tiges marquées de taches rouges. Ses feuilles sont rudes au toucher, & d'un goût fade. Ses fleurs, qui ont la forme d'un entonnoir courbé & découpé par les bords en cinq parties inégales, ont au milieu (*b*) quatre étamines & un pistil, & sont portées sur des calices fendus (*c d*) en cinq parties jusqu'à leur base. Les quatre embryons dont le pistil est composé, deviennent autant de semences jointes ensemble (*e*), & qui ont séparément la figure d'une tête de Vipere. Il est probable que les Anciens sont partis de cette conformité apparente pour donner à la plante le nom d'Echium, ou d'herbe aux Viperes. Ce n'est pas tout, on a cru que cette identité de figure annonçoit je ne sais quelle analogie entre la plante & l'animal, & l'on a conclu que la semence de cette derniere devoit guérir des morsures de la Vipere, parce-qu'elle ressembloit à la tête de ce reptile. Il s'est trouvé des Ecrivains illustres qui ont adopté, sans examen, ces traditions vulgaires & hasardées. Ce n'est pas, à beaucoup près, le seul exemple de ce genre que nous rencontrions dans les Annales de la Philosophie. On feroit un gros livre des mensonges imprimés en Physique & en Histoire Naturelle, qui souvent n'ont eu d'autres fondemens que des bruits populaires ou des conjectures vagues : l'ignorance les adopte, la crédulité les répete, & de très graves Philosophes consacrent par leur suffrage des chimeres si ridicules. Les observateurs de la Nature participent ainsi à ce juste reproche qu'on fait aux voyageurs, de se copier aveuglément les uns les autres, & de songer moins à suivre la vérité dans leurs relations, qu'à étonner notre curiosité par de belles descriptions faites à plaisir. De quelque côté que nous tournions les yeux dans le cercle des connoissances humaines, affligés de leur incertitude & environnés d'erreurs, nous finissons, malgré nous, par regarder le pyrrhonisme comme la base de la Philosophie. Quoi qu'il en soit, il est des remedes, tels que les sels volatils en général, beaucoup plus efficaces contre la morsure de la Vipere, que la plante dont je parle, & cette plante elle-même a d'autres propriétés qui ne sont point du tout équivoques. La VIPÉRINE est humectante, émolliente & très pectorale ; elle purifie le sang & en adoucit l'âcreté. Ses fleurs sont agréables à la vue, d'une belle couleur bleue, tirant quelquefois sur le purpurin, & quelquefois cendrée : elles paroissent au mois de Mai, de Juin & de Juillet. Il y a en Virginie une racine qui s'appelle aussi Vipérine & Serpentaire, & dont les vertus contre la morsure des reptiles vénimeux paroissent plus avérées. On l'emploie sur-tout comme un spécifique certain contre la morsure du fameux serpent à sonnette nommé *Boicininga*.

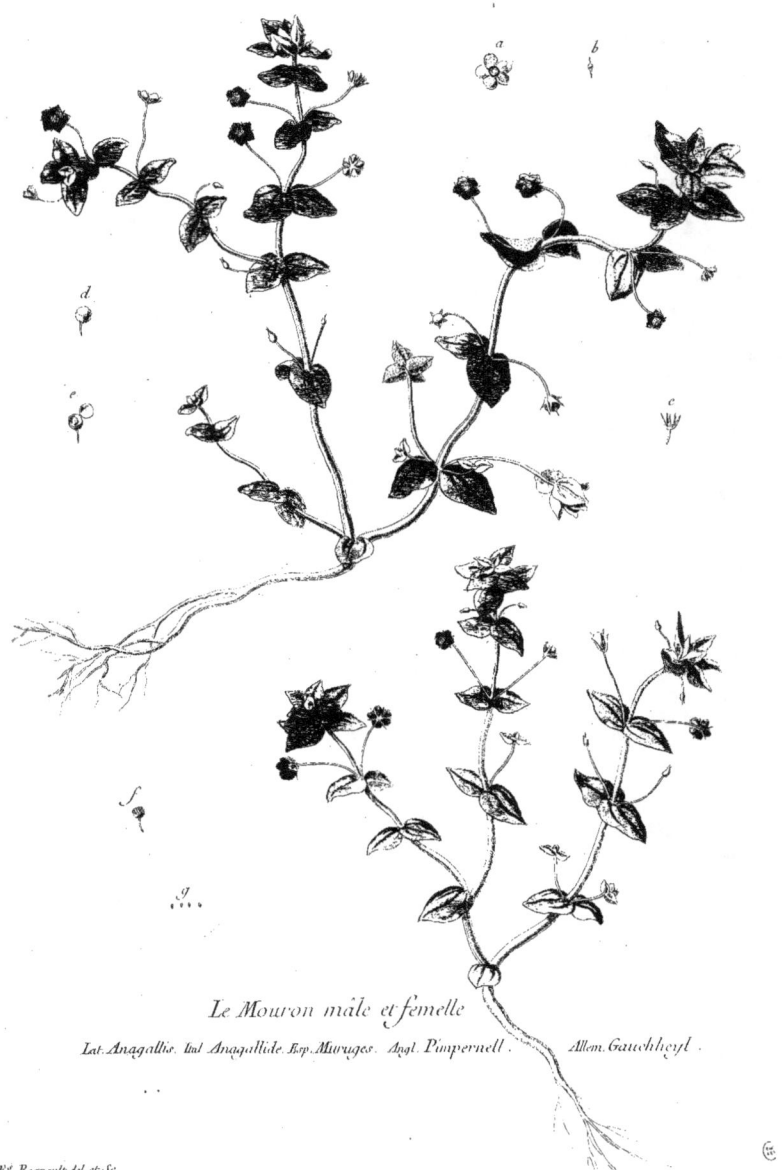

Le Mouron mâle et femelle

Lat. Anagallis. Ital. Anagallide. Esp. Muruges. Angl. Pimpernell. Allem. Gauchheyl.

LE MOURON MALE & LE MOURON FEMELLE,

PLANTES ANNUELLES, DU NOMBRE DES CÉPHALIQUES.

I. *Anagallis cœruleo flore*, Inft. R. H. C. B. P. 252. II. *Anagallis cœruleo flore*, Inft. R. H. C. B. P. 252. *Anagallis arvenfis*. Linn. 221.

TOURNEF. claff. 2. fect. 5. gen. 1. LINN. Pentandria monogynia. ADANS. 22 fam. de la Lyfimachie.

CES deux efpeces de plante croiffent naturellement au milieu des champs, le long des foffés, dans les vignobles, dans les jardins, & font très communes aux environs de Paris. La racine du Mouron mâle (*a*), blanche & garnie de fibres, pouffe plufieurs petites tiges tendres & couchées par terre. Les feuilles font oppofées le long de tiges deux à deux, & d'un goût âcre. Les fleurs font en rofette à cinq quartiers, & paroiffent au mois de Mai, Juin & Juillet. Le pédicule auquel elles font attachées fort des aiffelles des feuilles : en place du piftil qui s'élève au milieu du calice, il fuccede de petits fruits fphériques qui s'ouvrent en mûriffant & fe partagent en deux coques remplies de femences menues & auguleufes entaffées fur un placenta. Cette defcription peut s'appliquer auffi au Mouron femelle, fi ce n'eft que les feuilles de ce dernier font plus grandes & que fes fleurs font bleues ou quelquefois blanches ; mais plus rarement de cette derniere couleur ; tandis que celles de l'autre efpece font toujours rouges ; toutes les deux ont à-peu-près le même ufage en Médecine, & contiennent beaucoup de fel, médiocrement de l'huile & du phlegme : elles ont un goût d'herbe falée & rougiffent le papier bleu. Les graines le rougiffent encore davantage ; ce qui a fait conjecturer qu'elles approchoient de la terre foliée de tartre de Muller. Le mouron eft vulnéraire & fudorifique ; on l'emploie par poignées dans les tifanes & les apozemes qu'on ordonne aux hypocondriaques ; bouilli légèrement dans un verre de vin, felon Tragus, c'eft un bon remede contre la pefte. Le même recommande le fuc de Mouron dans l'hydropifie & dans les obftructions du foie & des reins. On emploie dans l'epilepfie la teinture de fes fleurs faite avec de l'efprit-de-vin ; & l'extrait de toute la plante, mêlé avec celui des fleurs de millepertuis : l'eau diftillée qui eft bonne auffi dans l'hypocondriacie, fert pour les fluxions des yeux, appaife les tranchées des enfants, & remédie à la fuppreffion des régles ; on confeille encore l'ufage interne du Mouron dans la manie & la phrénéfie qui accompagne quelquefois les fievres continues. Elles entrent dans l'onguent d'ache dont on fe fert pour nettoyer & pour cicatrifer les plaies & les ulceres ; & qui pour cette raifon eft appellé mondificatif; mêlées avec une égale quantité de lait de vache, c'eft un remede éprouvé pour les phtifiques & pour ceux qui ont des abcès dans la poitrine. Villeneuve prétend que pour raffermir les gencives, lorfque les dents vacillent dans leurs alvéoles, il faut mâcher la racine du Mouron mâle. Les deux efpeces font vulnéraires ; on les prend intérieurement en infufion, & on les applique à l'extérieur pour les morfures des ferpens & des chiens enragés. Simon Pauli dit qu'on applique un cataplafme de Mouron bouilli dans l'urine fur les pieds & les mains des gouteux, que ce remede eft d'un ufage familier dans fon pays. Au refte, il ne faut pas confondre ces deux efpeces avec le Mouron d'eau, qui eft une plante différente, qui croît aux lieux aquatiques & marécageux, & qui eft eftimée antifcorbutique. On donne auffi le nom de Mouron à la Morgeline, plante très commune, qui fert à la nourriture des oifeaux, & fur-tout des ferins. En Normandie, on donne le même nom à cette efpece de lézard appellé communément Salamandre.

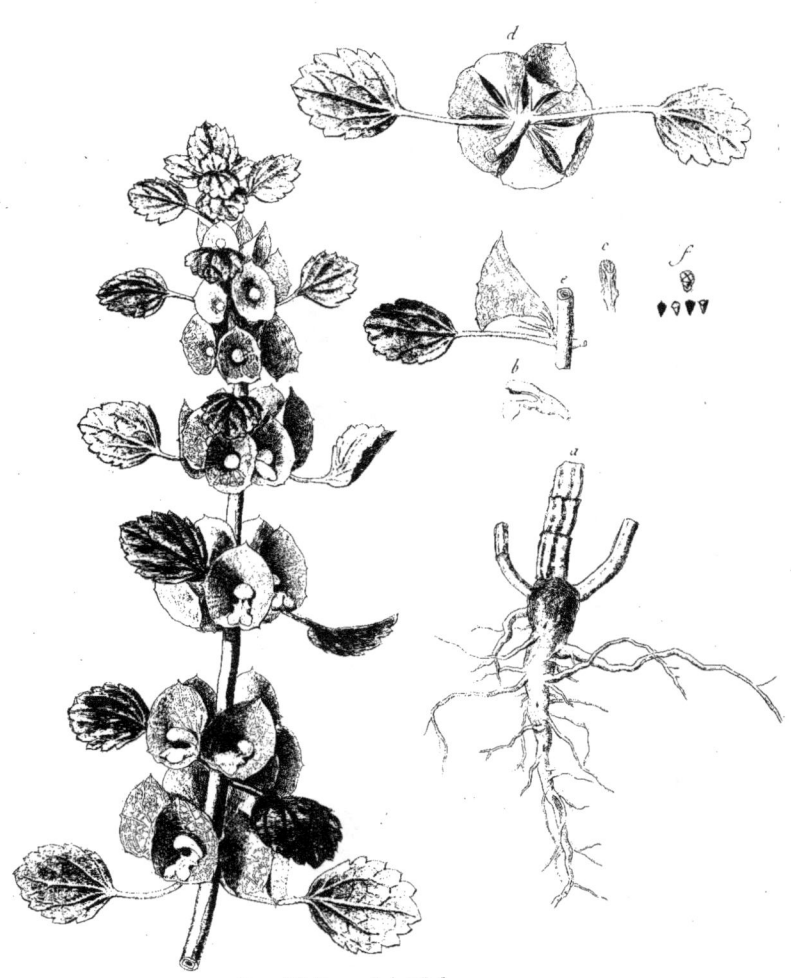

La Melisse des Moluques.
Lat. et autres Langues. *Molucca*

LA MOLUQUE ODORANTE, ou MÉLISSE DES MOLUQUES,

PLANTE BIS-ANNUELLE, DU NOMBRE DES CORDIALES.

Melissa moluccana odorata. C. B. P. 229. *Molucca lævis.* Inst. R. H. 187. *Molucella lævis.* Linn. 1. 821.

TOURNEF. class. 4. sect. 2. gen. 8. LINN. Didynamia gymospermia. ADANS. fam. des Labiées.

LA MOLUQUE odorante, ou Mélisse des Moluques, est ainsi appellée parcequ'elle croît dans les Isles de ce nom, découvertes par les Portugais en 1511, & dont à présent les Hollandois sont les maîtres. Elle tient beaucoup de notre Mélisse ordinaire, par la figure, l'odeur & les propriétés de ses feuilles, & depuis que les semences en ont été apportées en Europe, on l'a multipliée & cultivée avec succès dans nos jardins. Sa racine (*a*), ligneuse & garnie de fibres, produit plusieurs tiges à la hauteur d'un pied & demi : ces tiges sont fermes, à quatre angles & pleines de moëlle. Les feuilles, qu'elle porte en assez grand nombre, sont attachées à de longues queues dentelées en leurs bords ; le goût en est amer, mais elles répandent une odeur agréable. Ses fleurs sont rangées par étage le long des tiges & entre les feuilles, chacune d'elles est un tuyau (*b*) découpé par le haut en deux lèvres, dont la supericure (*c*) cache les quatre étamines & le pistil. Elles sont renfermées dans des calices à des campanes. On les a représentés (*d*) vus en dessous & de la maniere dont ils tiennent à la tige, avec les petites épines ; le calice (*e*) est peint vu de profil. L'embryon qui succede à la fleur est représenté (*f*) avec les quatre graines dont le pistil est composé. La Moluque contient beaucoup d'huile & de sel : elle résiste au venin, fortifie le cerveau, & a les mêmes propriétés en général que les plantes cordiales & céphaliques, dont l'effet est de réveiller les oscillations des solides & de donner au sang qu'elles échauffent & raréfient, une fluidité qui ranime la circulation. La Moluque s'emploie aussi extérieurement ; elle est sur-tout estimée pour l'odeur aromatique & le bon goût qu'elle donne aux liqueurs. L'autre espece de Moluque, connue sous le nom de Moluque épineuse, differe de celle-ci par son odeur désagréable, par la fermeté & le verd foncé de ses feuilles, & par ses calices plus longs, plus étroits & armés de piquants longs & ronds ; elle n'est presque pas d'usage. Au reste, ces deux especes ne subsistent ici que deux ans, tandis qu'elles sont vivaces aux lieux où elles viennent naturellement. Cette remarque particuliere doit s'étendre à presque toutes les plantes transportées d'un climat très chaud en un climat qui l'est beaucoup moins ; elles ne peuvent s'accoutumer à ces nouvelles influences, sans qu'il se fasse dans l'économie végétale des révolutions plus ou moins frappantes. On sait qu'il en est de même pour l'économie animale, même par rapport à l'espece humaine. Jusqu'à la raison, cette faculté de l'ame, dont nous sommes si fiers, tout varie en nous avec les climats : la couleur, la forme & le naturel des différens Peuples semblent dépendre de l'air qu'ils respirent, de la nouriture qu'ils prennent, & de la température des pays qu'ils habitent. L'immortel Montesquieu avoit puisé dans Hippocrate & dans Bodin, le beau système de l'influence des climats ; mais peut-être a-t-il un peu trop généralisé les conséquences morales qu'il fait découler de ce principe physique. On ne sauroit en effet l'adopter sans beaucoup de modifications ; car des causes étrangeres & des institutions politiques, ont pu souvent aider ou détruire, augmenter ou affoiblir l'influence du climat sur les hommes ; ce qu'est le gouvernement & l'éducation à ces derniers, la culture l'est aux végétaux, & ne doit laisser admettre l'influence du climat à leurs égards qu'avec les mêmes exceptions.

La Pomme Epineuse.
Lat. *Stramonium.* Angl. *Thorn-apple.* Ital. *Stramonio.* Allem. *Dorrenopfel.*
G.^{de} De Nangis Regnault del. et sculp.

LA STRAMOINE, ou POMME ÉPINEUSE,

Plante annuelle, du nombre des assoupissantes.

Stramonium fructu spinoso oblongo, flore albo. Inst. R. H. 119. *Datura Stramonium.* Linn. 2. 255.

Tournef. class. 2. sect. 1. gen. 5. Linn. Pentandria monogynia. Adans 3 fam. de la Morelle.

La Stramoine, ou Pomme épineuse, croît naturellement dans les terreins gras de la campagne & peu éloignés des maisons. Presque tous les Curieux en cultivent dans leurs jardins de différentes espèces. Celle que l'on a représentée ne diffère des autres que par la forme oblongue de son fruit. La racine (*a*), ligneuse & garnie de fibres, pousse une tige grosse comme le doigt, qui se divise en plusieurs petits rameaux, & qui s'élève quelquefois à la hauteur de quatre pieds. Les feuilles attachées à de longues queues, sont amples, anguleuses, molles, grasses, & rendent une odeur stupéfiante, dont la force & la fétidité portent à la tête. Cette odeur sert à distinguer les Stramoines, avant que leur fleur ou leurs fruits puissent les faire reconnoître. Un calice long & dentelé par en haut, soutient les fleurs : ce sont de grandes campanes blanches, dont la forme ressemble en quelque sorte à celle d'un verre à boire, & dont l'odeur n'est pas tout-à-fait si stupéfiante que celle des feuilles : leur pistil, représenté (*b*) avec les étamines, devient un fruit armé tout autour de pointes grosses & peu piquantes, d'où vient le nom de Pomme épineuse. Ce fruit s'appelle aussi Noix Metelle, parcequ'il est du volume de la noix encore revêtue de sa première écorce. Il est peint, coupé transversalement (*c*) avec ses quatre loges & leurs séparations : on voit dans l'intérieur du fruit (*d*) les graines & les placentas auxquels elles sont attachées. Toute cette plante, qui contient beaucoup d'huile & de phlegme, & du sel essentiel ou volatil, est narcotique & stupéfiante. L'odeur des feuilles, écrasées entre les doigts, excite des envies de vomir. Le suc de la plante, exprimé & réduit sur le feu par l'évaporation, à la consistance d'extrait, forme, en se refroidissant, une masse noire, friable, où l'on voit briller une infinité de particules salines, oblongues & pointues. M. Stork, qui a éprouvé sur lui-même les propriétés de cet extrait, a démontré que l'usage en est salutaire dans beaucoup de maladies qui ne cedent point à d'autres remedes ; il donne une faim très vorace, & a guéri souvent les convulsions & les accès de fureur involontaire : il paroît sur-tout être l'antidote le plus efficace de la folie, cette maladie si terrible en ses effets, & dont la cause est encore si peu connue ; c'est un des fléaux le plus cruel & le plus humiliant dont l'humanité soit accablée : quelle reconnoissance ne mériteroit pas l'homme qui découvriroit enfin les moyens de soulager ceux de ses semblables dont la folie aliène l'esprit & semble éteindre la raison ? Nous devons savoir gré à M. Stork des tentatives qu'il a faites pour y parvenir. Au reste, il semble que les continuateurs de M. Geoffroy n'aient pas eu tort de souhaiter que l'usage intérieur de la Stramoine fût absolument interdit, car elle peut causer les événements les plus sinistres, soit qu'on la prenne par la bouche, soit en lavement : elle coagule le sang, lui donne lieu de comprimer le cerveau & les nerfs, altere les organes, cause des sueurs froides, des convulsions, des léthargies, & donne la mort, si l'on n'étoit pas secouru à tems. Dans ce cas, les contre-poisons qu'il faut employer, sont les sels volatils, la thériaque & les vomitifs : on peut user aussi des applications de vin & d'Eau de la Reine de Hongrie. La Stramoine s'emploie sans danger à l'extérieur ; en cataplasme, elle est émolliente & résolutive, utile contre les érésipeles & les inflammations. On fait, avec le suc de ses feuilles & le sain-doux, un onguent pour les hémorrhoïdes. On recommande le vinaigre où ses graines ont trempé pendant une nuit, contre les dartres vives & les ulceres ambulans. La Stramoine figureroit bien dans les Parterres par la beauté de son port, de son feuillage & de ses fleurs ; mais son insupportable & dangereuse puanteur doit l'en éloigner, quoiqu'on lui attribue, comme à l'odeur du sureau, la propriété de faire fuir les taupes ; c'est ce qui a fait appeler la Stramoine l'herbe à la taupe, la chasse-taupe ; on l'a nommée encore herbe des Magiciens, ou herbe du Diable, à cause des abus pernicieux qu'on peut faire de son fruit. Les Courtisannes & les voleurs s'en servent, si l'on en croit Acosta & Garet, pour jetter dans le délire & tromper plus aisément ceux qui ont le malheur de tomber entre leurs mains.

l'Ortie Blanche.

Lat. Lamium. Ital. Ortica morté ò fetida. Esp. Ortiga nuesta. Angl. Stinking dead nettle. Allem. Todnessel.

F.^{ois} Regnault.

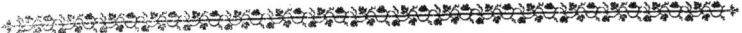

LE LAMIER, ou L'ORTIE BLANCHE,

Plante vivace, du nombre des vulnéraires astringentes.

Lamium vulgare album, *sive Archangelica*, *flore albo*. Park. th. 604. Inst. R. H. *Lamium album*. Linn.

Tournef. class. 4. sect. 1. gen. 1. Linn. Didynamia gymnospermia. Adans. 15 fam. des Labiées.

Le Lamier, ou l'Ortie blanche, est une plante très commune, à laquelle on a donné encore les noms d'Ortie morte, & d'Archangélique. Elle croît, ainsi que les autres especes de Lamier, le long des chemins, des haies & des murailles, dans les jardins, aux lieux incultes & vers les marais. Sa racine (*a*), fibreuse, menue, rampante, pousse plusieurs tiges hautes d'un pied & demi, à quatre angles, plus greles & plus foibles vers la terre qu'en haut, ce qui fait qu'elles ont peine à se soutenir, un peu velues, vuides, entre-coupées par quelques nœuds, & de couleur purpurine vers leur base. Ses feuilles sont semblables à celles des autres especes d'Ortie, mais leur duvet ne fait pas la même impression de douleur sur les nerfs de ceux qui les touchent. Les fleurs sont verticillées le long des tiges, & formées en gueule. On a représenté (*b*) la lévre supérieure de la fleur, pour faire voir le pistil composé de quatre embryons, & les quatre étamines dont les sommets bordés de noir rendent à-peu-près la figure du chiffre 8. Le calice, qui est un cornet à cinq pointes, est vu fermé & de profil (*c*) ; on l'a représenté (*d*) ouvert, avec les semences triangulaires & luisantes, qui tombent d'elles-mêmes, quand elles sont mûres. Le Lamier contient, suivant Lémery, beaucoup d'huile & médiocrement de sel. On prétend que son nom vient des *Lamies*, especes de lutins célebres dans l'antiquité, & dont on faisoit peur aux petits enfants ; & l'on dit que la fleur du Lamier ressemble au visage de ce prétendu lutin. Tournefort a eu grande raison de tourner en ridicule de pareilles étymologies. Ces opinions populaires, ces traditions absurdes ne sont que trop communes dans les Sciences : il est fâcheux que l'on trouve par-tout moins de vérités à annoncer que d'erreurs à détruire. L'étymologie du nom d'*Ortie* est plus avérée ; on la dérive du mot latin qui signifie *brûler*, parceque le poil fin, roide & velu dont l'Ortie est couverte, paroît *brûler* la peau, par les démangeaisons importunes qu'il y excite en s'y attachant. L'espece dont il est question ici n'a été appellée Ortie morte, qu'à raison de ce que ses feuilles ne produisent point cet effet. Son odeur est aussi moins fétide que celle des autres Orties. Il y a quelques pays où l'on mange ses feuilles après les avoir fait cuire. Ses feuilles & ses fleurs sont utiles dans les pertes de sang & dans les fleurs blanches : on en fait bouillir une poignée dans un bouillon de veau. Chomel recommande ce remede, parcequ'il lui avoit souvent réussi. L'expérience journaliere vient à l'appui de son observation. Il ajoûte, d'après Dodart, que l'huile d'olive dans laquelle on a fait infuser au soleil des fleurs d'Ortie blanche, est un baume excellent pour les blessures des tendons. En général, cette plante résout les tumeurs, déterge & cicatrise les ulceres, & adoucit les inflammations. Les Médecins en conseillent l'usage pour les maladies du poumon, les tumeurs & les duretés de la rate, les hémorrhagies de la matrice, & la consolidation des plaies. On se sert aussi de ses sommités fleuries en infusion théiforme. L'autre espece de Lamier ne differe guere de celle dont nous parlons, que parceque ses fleurs sont purpurines.

Le Mufle de Veau ou Mufleaude.
Lat. *Antirrhinum.* Ital. *Antirrhino.*
Esp. *Cabezza de ternera.* Angl. *Snapdragon.* Allem. *Kalbsnase.*

G.^{me} de Nangis Regnault del et sc.

LA MUFLEAUDE, ou MUFLE DE VEAU;

Plante vivace, du nombre des ophtalmiques.

Antirrhinum vulgare, J. B. 3. 462. Inft. R. H. *Antirrhinum majus*. Linn.

Tournef. claff. 3. fect. 4. gen. 1. Linn. Didynamia angiofpermia. Adans. 19. fam. des Perfonnées.

Cette Plante croît communément dans les campagnes, aux lieux incultes & dans les vignobles. La racine (*a*), blanche, ligneufe, pouffe à la hauteur d'un pied & demi, & quelquefois même de deux pieds, des tiges remplies d'une moëlle blanche. Ses feuilles, affez longues & larges, font d'un goût un peu âcre; fes fleurs font en épis, de figure oblongue, ou en tuyaux. On a repréfenté (*b*) la lévre fupérieure du pétale avec les quatre étamines; on voit (*c*) le calice, le piftil & l'embryon. La figure (*d*) montre le fruit qui fuccede à la fleur, & qui eft partagé en deux loges, par une cloifon couverte d'un placenta commun, chargé de femences. La différente configuration de quelques parties de cette Plante lui a fait donner plufieurs noms différents. On trouve que fa fleur reffemble par un bout à un mufle de veau ou de lion, & fon fruit à la tête d'un cochon ou d'un chien; de-là viennent les dénominations de Cynocéphale, de Mufle de veau, de tête de veau, de gueule de lion; dénominations qui, pour le dire en paffant, ne font pas moins bifarres que ridicules. Il y en a beaucoup de cette efpece, qu'on a empruntées du regne animal, pour caractérifer des plantes. Chercher à détruire cet abus, & fubftituer à ces noms, qui jettent de la confufion dans l'étude de la Botanique, des noms plus convenables, feroit une réforme utile, & non pas une innovation dangereufe. Tel eft le fentiment de M. de Juffieu, l'un des hommes les plus éclairés dans cette partie, & le plus digne, à tous égards, de fa grande célébrité. C'eft à des Savans tels que lui qu'il appartient de commencer la réforme propofée, jufqu'à ce qu'enfin elle foit accréditée par le tems, & fur-tout par l'ufage, qui eft, comme le dit Horace, l'arbitre & l'oracle des Langues : *Quem penès arbitrium eft, & jus, & norma loquendi*. Au refte, la Mufleaude n'a pas beaucoup de propriétés reconnues en Médecine : fa racine eft bonne pour adoucir les fluxions qui tombent fur les yeux. On dit des fleurs, mêlées avec les feuilles de la Rue des Jardins, & bouillies enfemble, produifent le même effet. Quelques perfonnes en portent fur elles pour fe préferver de la contagion & du mauvais air; auffi tenoit-on autrefois pour certain que, portant cette plante pendue au cou, il n'y avoit plus de charme qui pût nuire. Dans ces tems d'ignorance, on n'ofoit douter de l'exiftence & du pouvoir des Enchanteurs, des Sorciers & des Fées malignes. La même crédulité qui faifoit redouter ces phantômes, enfans d'une imagination foible & déréglée, donnoit auffi de la confiance pour les vains remedes qu'on oppofoit à ces vaines illufions. Les plantes tenoient un rang diftingué parmi ces remedes; on leur forgeoit à plaifir des propriétés chimériques & miraculeufes, & la Botanomancie n'étoit pas une des moindres branches de l'Art magique. Heureufement, notre fiécle eft devenu un peu moins aveugle, les Sorciers font devenus de jour en jour plus rares, depuis qu'on a perdu l'habitude de les brûler, & l'on n'a plus befoin de fachets de Mufleaudes pour fe garantir de leurs nuifibles influences; mais en revanche, on cultive beaucoup cette plante dans les Jardins. Elle les décore en été de longs épis de fes belles fleurs purpurines, dont la couleur varie quelquefois. Elle fe multiplie par fes graines, fans avoir befoin de culture, & vient très aifément, quand on la feme, quoique la terre ne foit pas bien préparée.

La Belle de Nuit.
Lat. Jalapa, autres Langues Jalap.

LA BELLE DE NUIT,

PLANTE ANNUELLE, DU NOMBRE DES PURGATIVES.

Solanum mexicanum flore magno, C. B. P. 168. *Jalapa flore purpureo*, Inft. R. H. 129. *Mirabilis Jalapa*. Linn. 1. 252.

TOURNEF. claff. 2. fect. 3. gen. 1. LINN. Pentandria monogynia. ADANS. 36. fam. des Jalaps.

LA BELLE DE NUIT eft une plante que l'on cultive dans les jardins, & que l'on rapporte au genre du Jalap. Sa racine (*a*) produit une tige de la hauteur de deux pieds ; les feuilles font larges, fe terminant en pointe, & d'un affez beau verd. Selon Tournefort, la fleur eft un tuyau évafé en entonnoir à pavillon crenelé. Cette fleur (*b*), foutenue par l'embryon du fruit, renferme cinq étamines (*c*) & un piftil, & fort du fond du calice (*d*) qui eft découpé en cinq lobes. La fleur paffée, l'embryon devient un fruit (*e*) dont la cavité (*f*) contient la femence (*g*). Cette plante, originaire du Pérou, a été appellée, par quelques Botaniftes, *la Merveille* ou *la Violette Péruvienne* & *le Jafmin du Méxique*. Le nom de Belle de nuit lui a été donné parceque fes fleurs ne commencent à s'épanouir qu'aux approches de la nuit, & que le moindre rayon de lumiere les oblige à fe refermer. Cette fingularité peut faire appliquer à cette plante ce qu'un Poëte Italien a dit d'une autre fleur : moins elle veut paroître, & plus elle a d'éclat : *quantò fi moftrà men, tantò è piu bella*. On a cru, fur le rapport de Clufius, que la racine de la Belle de nuit étoit le Jalap dont on fe fert communément en Médecine. Il affure que Cortufus prefcrivoit l'ufage de cette racine pour purger les férofités, & l'ordonnoit à la dofe de deux gros. Le fentiment reçu, c'eft que le Jalap employé dans les boutiques, eft la racine d'une plante Américaine, prefqu'entierement femblable à la Belle de nuit, fi ce n'eft que cette derniere a les fruits moins ridés & les feuilles plus liffes. On a eu raifon d'obferver que la plus grande différence qui exifte entre ces deux efpeces de *Liferon*, vient fans doute de l'influence du climat. La racine du Jalap d'Amérique, que les Marchands mêlent quelquefois avec celle de la Bryone ou avec d'autres, pour en impofer aux ignorants, nous eft apportée de la nouvelle Efpagne. On dit qu'elle croît abondamment & fans culture dans l'isle de Madere. Une once de cette racine bien choifie, contient environ une demi-once de principes actifs gommeux, & deux fcrupules d'une fubftance réfineufe. C'eft la combinaifon de ces deux fubftances qui produit un excellent purgatif ; on le prefcrit en poudre pour les adultes, depuis un fcrupule jufqu'à un demi-gros & même jufqu'à deux fcrupules, fuivant la tempérament & la circonftance. La dofe doit être moins forte pour les enfans. La racine de jalap, réduite en poudre, & infufée avec de l'iris, dans de l'eau-de-vie, foulage les hydropiques : elle entre dans beaucoup d'autres compofitions médicales, où notre Belle de nuit feroit bien moins efficace. On l'éleve dans les jardins, pour les décorer dans l'automne ; fon feuillage & fes fleurs font très agréables. La remarque que nous avons faite fur l'épanouiffement de fes dernieres, n'eft pas difficile à expliquer, en fuppofant que le foleil deffeche & faffe diffiper une humidité néceffaire à cette fleur pour que fes parties foient étendues. Voilà une maniere bien fimple de rendre raifon d'un fait qui femble d'abord extraordinaire. Au refte, le contraire arrive précifément à l'herbe *vive* ou *mimeufe*, connue fous le nom de Senfitive, qui, comme l'a dit M. de Voltaire, *fe flétrit fous nos mains, honteufe & fugitive*. Cette plante femble aimer le jour autant que la Belle de nuit femble le redouter : quand le foleil fe couche, elle fe deffeche comme fi elle étoit morte ; mais elle reprend fon état naturel au retour de la lumiere, & reverdit d'autant plus que le foleil eft plus brillant & le Ciel plus ferein. A l'arrivée fubite d'un gros nuage, elle tombe dans un état de recueillement, regardé par quelques Botaniftes comme une efpece de fommeil. La Belle de nuit, par un effet oppofé, ne tient pas fes fleurs ouvertes pendant la journée, à moins qu'il ne pleuve & que le Ciel ne foit couvert. L'examen de ces phénomenes & la recherche de leur caufe ont déja occupé d'excellents Phyficiens ; mais cette matiere n'a pas été approfondie au point de ne pas laiffer defirer encore de nouvelles expériences & d'autres obfervations.

La Balsamine.

Lat. Balsamina. Ital. Garanza. Ang. Balsame. Allem. Balsamapffel.

LA BALSAMINE.

PLANTE ANNUELLE, DU NOMBRE DES VULNÉRAIRES DÉTERSIVES.

Balsamina fœmina. C. B. P. 306. Inst. R. H. *Impatiens Balsamina.* Linn.

TOURNEF. class. 11. sect. gen. LINN. Syngenesia monogamia. ADANS 19. fam. du Pavot.

CETTE Plante se cultive dans les jardins, & se trouve quelquefois à la campagne, dans les environs de Paris. La racine (*a*) est fibreuse, & produit des tiges hautes d'un pied & demi, droites & pleines de suc. Des aisselles des feuilles qui sont oblongues & légerement dentelées, & d'un goût un peu amer, sortent des fleurs composées de quatre pétales inégaux : le supérieur (*b*) est vouté, l'inférieur (*c*) ressemble à une chausse d'hypocras ; les autres (*d*) tombent en devant, en maniere de rabat, & sont garnis chacun d'une oreillette. Le pistil (*e*) se trouve au milieu des pétales, & devient un fruit (*f*) composé de piéces assemblées comme les douves d'un muid. Le fruit jaunit en mûrissant, &, si-tôt qu'on le touche, ses piéces, en se recourbant par une sorte d'effort & d'élasticité, s'ouvrent & laissent voir plusieurs graines lenticulaires (*g*) attachées au placenta. M. de Bomare remarque que cette tension de toutes les parties d'un fruit, que la maturité ou le contact détendent, est un des moyens dont la Nature se sert dans certaines plantes pour semer les graines ; celle-ci a été nommée Balsamine du nom latin *Balsamum*, comme qui diroit plante propre à faire du baume. Elle est vulnéraire, détersive & fortifiante ; mais on s'en sert peu en Médecine. On emploie le fruit d'un autre simple à qui les Anciens avoient donné le nom de Balzamine mâle ou sauvage ; elle est connue sous celui d'herbe impatiente, de merveille à fleur jaune, de *noli me tangere*, & peut être placée entre les plus puissants diurétiques : quant à la Balzamine femelle, on lui attribuoit autrefois beaucoup de propriétés, & sur-tout celle de guérir les blessures. Selon Mathiole, ses fruits infusés dans de l'huile, ferment les plaies & rassemblent les parties séparées. La fleur donne un suc médiocrement doux, atténué, qui n'a rien de trop acre, & dont un gros, pris avec du sucre commun, est un bon remede dans les toux violentes. La Balsamine sert sur-tout à la décoration des jardins ; & c'est par cette raison que les Curieux la cultivent soigneusement : des mêmes graines que l'on seme, il leve des plantes, dont les unes donnent des fleurs simples, les autres des fleurs doubles. Les fleurs paroissent aux mois de Juillet & d'Août, & sont de la plus belle couleur purpurine, tantôt mêlée de rouge & de pourpre, & quelquefois blanches.

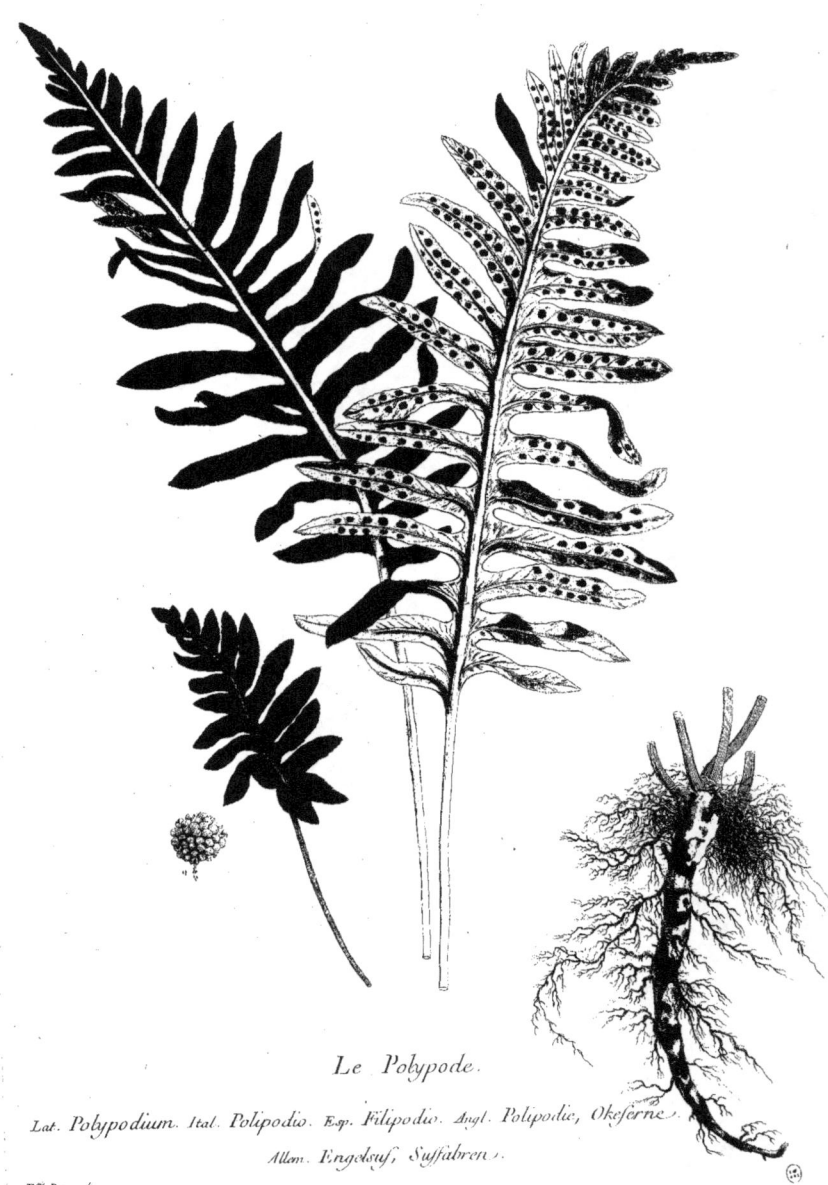

Le Polypode.

Lat. *Polypodium*. Ital. *Polipodio*. Esp. *Filipodio*. Angl. *Polipodie, Okeferne*.
Allem. *Engelsuſs, Suſsfabren*.

P.^{re} Regnault.

LE POLYPODE VULGAIRE,

Plante vivace, du nombre des hépatiques.

Polypodium vulgare. C. B. P. 359. Inſt. Rei Herbar. 540. Linn. Sp. 1544. 13.

Tournef. claſſ. 16. ſect. 1. gen. 4. Linn. Cryptogamia filices. Adans. 5. fam. des Fougeres.

Le Polypode eſt une eſpece de fougere qui croît communément ſur les vieilles murailles, ſur le tronc à demi-pourri des vieux arbres, & dans les fentes des rochers couverts de mouſſe ; elle ſe plaît dans les terres ſéches & à l'ombre. Sa racine, qui eſt à-peu-près de la groſſeur du petit doigt, longue d'un demi-pied & rampante à fleur de terre, jette de tous côtés des fibres très déliées ; elle eſt d'une couleur obſcure & jaune au dehors, & intérieurement verdâtre. Sa tige n'eſt pas diſtinguée de la côte des feuilles ; on pourroit dire, comme le remarque M. Adanſon, que ces ſortes de plantes n'ont point de tiges, à moins qu'on ne donne ce nom à leur maîtreſſe racine. Cette racine, qui ſe rompt aiſément, eſt d'un goût herbeux & doux, ſelon M. de Bomare qui ne la trouve point déſagréable, & aromatique ſelon Lémery, qui aſſure au contraire qu'elle n'eſt point agréable. Son odeur nous a paru dégoûtante, & ſa ſaveur nauſéabonde. Des extrémités de ſes rameaux, ſortent des feuilles découpées profondément en parties longues & étroites. M. de Bomare dit que le Polypode eſt de la claſſe des plantes qui ne fleuriſſent point. M. Adanſon remarque que ſes paquets de fleurs ſont ronds & diſpoſés ſur deux rangs ſous chaque diviſion des feuilles. Il reſte encore beaucoup d'expériences à faire ſur les fleurs, les étamines & les graines des fougeres, & l'on a eu raiſon de propoſer pour modele à ceux qui veulent épier la Nature dans ſes petits détails, les obſervations de M. de Juſſieu ſur quelques-unes de ces plantes. De tels travaux ne peuvent ſembler minutieux qu'à des hommes peu inſtruits ; ils exigent beaucoup de ſagacité & d'exactitude de la part de l'Obſervateur, & ſouvent ces petits objets offrent de grandes merveilles. On a groſſi dans l'Eſtampe, à l'aide du microſcope, un de ces tas de poudre rougeâtre, qui ſont appliqués ſur le dos des feuilles du Polypode, & que M. de Tournefort regarde comme l'aſſemblage de ſes fruits. Ce ſont de très minces coquilles ſphériques, dont les deux parties s'ouvrent, comme celles d'une boîte à ſavonete, & laiſſent tomber quelques ſemences jaunes & en forme de rein. Cette Plante d'ailleurs conſerve toute l'année ſa verdure, & ſe peut ramaſſer en toute ſaiſon. Elle ſe revêt de nouvelles feuilles au commencement du printems ; les anciennes feuilles laiſſent pour veſtiges de leur chûte, ces petites verrues ou tubercules dont la racine eſt relevée. Cette racine eſt particulierement d'uſage en Médecine. Elle eſt plus laxative que celle de régliſſe, dont les vertus ſont à-peu-près les mêmes, mais qui eſt plus adouciſſante & plus pectorale. Son infuſion aqueuſe eſt très douce ; ſon infuſion ſpiritueuſe eſt un peu plus forte, & d'une douceur mêlée d'une foible acreté ; l'extrait eſt d'une ſaveur un peu auſtere & aſtringente. C'eſt dans les parties âcres de la plante que réſide ſa vertu laxative & diurétique ; ſa vertu expectorante vient de ſes parties douces. Il faut donc s'en ſervir comme d'un très bon remede contre la toux, l'aſthme pituiteux, la dyſurie & la pierre. Elle eſt encore utile dans les obſtructions de la rate, du foie & du méſentere. Son infuſion, aqueuſe ou vineuſe, ſe prend depuis un gros juſqu'à une demi-once ; elle purge doucement, & ſert dans beaucoup de compoſitions médicales. On ſubſtitue ſouvent ſes feuilles à celles des capillaires ; mais elles n'ont pas tant d'efficacité. Dodonée eſtime la décoction de Polypode dans la goûte, & l'on aſſure qu'elle eſt en uſage le long du Rhin & de la Moſelle contre cette maladie. D'autres la recommandent dans la mélancolie, la fiévre quarte, les écrouelles, la galle, l'hypocondrie, &c. ; ces aſſertions ſont peut-être un peu haſardées. Les fougeres en général ſont hépatiques & au rang des diurétiques froids. Ce ſont de ces plantes qui tiennent à leur famille, non-ſeulement par le rapport de leur configuration extérieure, mais encore par l'analogie de leurs vertus. D'après cette analogie plus ou moins grande, les Médecins ſe déterminent, ſelon qu'ils ſont plus ou moins éclairés. Au reſte, le mot de Polypode vient de deux termes grecs qui expriment la quantité de fibres par le moyen deſquelles cette plante s'attache, & ſe cramponne, pour ainſi dire, aux arbres & aux murailles. Ces eſpeces de pattes ſe multiplient à l'infini, & préſervent d'une prompte déſtruction les chaperons des murs où croiſſent les Polypodes.

La Fêve de Marais.

Lat. Faba. Ital. Fava. Esp. Havas. Angl. Bean. Allem. Bonen.

LA FÉVE DE MARAIS,

PLANTE ANNUELLE, DU NOMBRE DES RÉSOLUTIVES.

Faba major recentiorum. Vicia faba. Linn. 18. 1039.

TOURNEF. claff. 10. fect. 1. gen. 1. LINN. Diadelphia decandria. ADANS 46. fam. des Légumineufes.

CETTE Plante légumineufe fe cultive communément dans tous les jardins, & dans ceux qu'on appelle *Marais* à Paris, ce qui la fait appeller Féve de Marais, pour la diftinguer des autres. Sa racine (*a*), en partie droite & en partie ferpentante, fibreufe, & garnie de tubercules, pouffe des tiges hautes de près de trois pieds, fermes, à quatre angles, & creufes en-dedans ; ces tiges font couvertes de plufieurs côtes auxquelles font attachées les feuilles, un peu épaiffes, liffes, rangées par paires. Ses fleurs font légumineufes & varient pour la couleur ; la feuille fupérieure (*b*), les feuilles latérales (*c*), & la feuille inférieure (*d*) fortent du fond du calice (*e*), qui eft un cornet ordinairement dentelé. Ce calice pouffe un piftil (*f*) qui, lorfque la fleur eft paffée, devient une gouffe charnue (*g*), compofée de deux coffes qui renferment quatre ou cinq groffes Féves (*h*). On a repréfenté (*i*) la Féve dépouillée de fa pulpe. Cartheufer n'eft pas d'accord avec Goffroy fur l'analyfe chymique des Féves. Selon ce dernier, elles contiennent beaucoup de fel fixe, urineux & volatil ; c'eft ce que Cartheufer révoque en doute, & regarde comme une vaine imagination. Quoi qu'il en foit, la maniere de cultiver la Féve de Marais & fon utilité pour la nourriture font très communes. On la feme ordinairement dans les terres que l'on fait repofer. Les Anciens nous apprennent qu'elle y tient lieu d'engrais, & leur récit eft d'accord avec l'expérience. Si l'on en croit Ifidore, les Féves ont été le premier légume dont les hommes ont fait ufage. Il eft univerfel aujourd'hui, & on les fert fur toutes les tables, préparées de plufieurs manieres différentes. Etant vertes, elles font venteufes & ne fe digerent facilement que par les perfonnes robuftes. C'eft un mets dont ne s'acommoderoient point les eftomacs foibles & délicats ; il faut s'en abftenir auffi avec le mal de tête, le refferrement de ventre & la colique. Les gouffes, les tiges & les feuilles font apéritives, ainfi que les fleurs ; ces dernieres font encore adouciffantes & rafraîchiffantes ; les graines font aftringentes, & déterfives : elles donnent, par trituration, une farine dont on avoit effayé autrefois de faire du pain, & qui eft au nombre des quatre farines réfolutives. Elle s'emploie dans les cataplafmes, pour amollir, digérer & faciliter la fuppuration. Les Parfumeurs la font entrer dans la poudre de Cypre ; on la compte encore parmi les cofmétiques pour la peau du vifage. L'eau diftillée de fes fleurs, qu'on trouve dans les Boutiques, produit le même effet. Chez les Egyptiens, les Féves étoient regardées comme impures, & leurs Prêtres fe feroient fait un crime d'en manger. Il eft remarquable que dans prefque toutes les Religions & les Sectes différentes, il y a de pareilles fuperftitions fur certains alimens. Au refte, l'Ecole Pythagoricienne vengea bien les Féves du mépris des Prêtres d'Ifis : on fait que Pythagore, le Chef de cette Ecole, & le défenfeur du fyftême abfurde & féduifant de la Métempfycofe, fit mourir, avec de certaines paroles, un bœuf qui gâtoit un champ de Féves. Ce beau miracle doit être mis au rang des autres qu'on attribue à ce Philofophe, qui, fi l'on en croit fes difciples, aprivoifoit les monftres, fe faifoit faluer des fleuves, & paroiffoit avec une cuiffe d'or, quand il le trouvoit bon. Nous traiterons plus au long de la culture de ce Légume & de fes avantages, à l'article de la Féverolle. Autrefois les Féves ont fervi pour donner les fuffrages dans l'élection des Magiftrats.

Le Bluet ou Aubifoin.
Lat. Cyanus. Ital. Cyano. Angl. Blowbotle. Allem. Kornblum.

LE BLEUET, ou BARBEAU,

Plante annuelle, du nombre des ophtalmiques.

Cyanus segetum, *flore cœruleo*. C. B. P. 273. Inst. R. H. 446. *Cyanus hortensis*, *flore simplici*. ibid. *Centaurea cyanus*. Linn. sp. 1289. 14.

Tournef. class. 12. sect. 1. gen. 4. Linn. Syngenesia: polygamia frustranea. Adans. 16. fam. des Composées, sect. 4. des Immortelles.

Le Bleuet croît naturellement parmi les bleds, le seigle, l'orge & les autres grains ; on le seme aussi dans les jardins, où la culture l'a rendu très commun. Sa racine (*a*) est ligneuse & fibrée ; ses tiges s'élevent à la hauteur d'une coudée & demie, & sont creuses, cotoneuses & branchues. Les feuilles inférieures sont découpées profondément ; les supérieures sont longues, & garnies de nervures multipliées. Des têtes en forme de poire formées de beaucoup de petites écailles non pointues, occupent les sommets des tiges. C'est de ces especes de cônes que sortent des fleurs à fleurons de différentes sortes. Ceux qui occupent le milieu de la fleur (*b*) sont plus petits que les autres. Le pistil est dans leur centre, & ils sont partagés en cinq lanieres égales. Ceux qui se trouvent à la circonférence sont beaucoup plus grands (*c*), & partagés en deux lévres qui sont à leur tour découpées en moindres parties. Ces deux sortes de fleurons, qui distinguent le Bleuet de la Jacée, comme nous le faisons remarquer dans l'article de cette derniere, portent également sur des embryons de graine, dont chacun devient une semence aigretée. La couleur de ces fleurs varie beaucoup par la culture : elles sont quelquefois blanches, quelquefois purpurines, & le plus souvent d'un beau bleu. Cette couleur dominante & particuliere a fait donner le nom de Bleuet à cette plante. Leur odeur est foible, & leur saveur peu digne de remarque. Suivant Cartheuser, le peu de propriétés qu'elles peuvent avoir réside uniquement dans leur substance fixe, gommeuse & résineuse. Il ajoûte qu'il n'ose presque leur attribuer d'autres vertus que des vertus douces détersives, rafraîchissantes, un peu astringentes & diurétiques. Il doute avec raison que leur infusion aqueuse & vineuse soit aussi efficace que le prétendent certains Auteurs, contre l'ictere, l'hydropisie, le calcul, les obstructions des regles, la galle, le sang grumelé & autres maladies semblables que l'on ne peut guérir qu'avec des remedes beaucoup plus puissants. Au reste, il y a une observation générale à faire sur les plantes aussi communes que le Bleuet, c'est précisément parcequ'elles se trouvent par-tout facilement & en abondance que le Peuple s'en est servi plus souvent, faute de mieux, & cette multiplicité d'expériences hasardées a fait attribuer à ces mêmes plantes une foule de propriétés qui leur sont absolument étrangeres, ou qu'elles ne possedent qu'en un degré très médiocre. De toutes celles qu'on a long-tems données aux fleurs de Bleuet, celles dont on fait le plus d'usage en Médecine, est de relâcher la tension inflammatoire des yeux, & même de fortifier ou d'éclaircir la vue. On se sert pour cet objet de l'eau de Bleuet, qui se conserve dans les Boutiques, & que le Peuple appelle eau de casse-lunette, à raison de cette propriété. Cette eau, se fait en distillant à un feu de sable modéré, des fleurs de Bleuet qu'on a pilées avec leurs calices & que l'on a fait macérer pendant vingt-quatre heures dans la neige ; elle a très peu ou même point de parties balsamiques. Quelques-uns recommandent encore l'infusion de Bleuet & d'Eufraise, prise intérieurement pour les nuages de la vue ; mais nous croyons, avec M. Adanson, que l'on reviendra de l'usage intérieur de l'Eufraise, lorsqu'on aura plus d'exemples du dérangement & des désordres que cette plante cause à la longue à l'estomac. On applique à l'extérieur les fleurs de Bleuet, toutes fraîches & pilées, sur les parties gorgées de sang. Leurs pétales fournissent une encre bleue, contre l'ordinaire des plantes de cette famille, qui donnent presque toutes une encre & une teinture jaune. Les variétés de cette espece de Bleuet, qui se trouvent en grand nombre dans les prés, & qui sont toutes distinguées par l'élégance de leur fleurs, servent à la décoration des parteres, sur la fin du printems & au commencement de l'été. On obtient des fleurs doubles par la culture, comme dans beaucoup d'autres plantes. Le nom que les Anciens donnoient au Bleuet (*Cyanus*), a la même étymologie en latin que celui de Bleuet en françois ; c'est-à-dire, qu'il se rapporte à la couleur de la fleur. Le Bleuet ou Barbeau est encore connu dans nos différentes Provinces sous les dénominations de Blavcole, d'Aubifoin, d'Aubiton, de Chevalot & de Casse-lunette. Quand une plante a reçu tant de noms populaires, c'est un signe infaillible qu'elle est très commune & d'un usage continuel parmi le Peuple. Chaque classe de l'Etat a, pour ainsi dire, un vocabulaire qui lui est annexé ; & l'on sait qu'une telle nomenclature forme une sorte d'idiôme à part beaucoup plus riche que tous les autres en synonymes propres à exprimer les objets familiers à ceux qui emploient cet idiôme.

La Ballote.

Lat. *Marrubium Nigrum Foetidum.* Ital. *Marrobio.* Esp. *Marruio.*
Angl. *Horehound.* Allem. *Andorn.*

LA BALLOTE, ou MARRUBE NOIR,

PLANTE VIVACE, DU NOMBRE DES HYSTÉRIQUES.

Marrubium nigrum, fœtidum, Ballote Dioscoridis. C. B. P. 230. Inst. R. H. 185. *Ballota nigra.* Linn. 814. 1.

TOURNEF. classe. 4. sect. 2. gen. 3. LINN. Didynamia gymnospermia. ADANS. 25. fam. des Labiées, 3 sect.

La Ballote, que l'on appelle encore Marrube noir ou Marrube puant, est une plante qui naît communément aux lieux ombrageux, sur les décombres, auprès des murailles & dans les haies qui bordent les chemins. Sa racine (*a*), ligneuse & fibrée, pousse des tiges hautes d'un pied & demi ou de deux pieds, fermes, velues, & à quatre angles. Les feuilles, opposées deux à deux le long des tiges, sont plus grandes & plus oblongues que celle du Marrube blanc, semblables à celles de l'Ortie rouge & à celles de la Mélisse, mais plus obtuses que ces dernieres, ridées, dentelées à leur bord, & de différentes grandeurs. Les fleurs sont également verticillées ; ce sont des tuyaux découpés par le haut en deux lévres, dont la supérieure est creusée en cuillier, & l'inférieure partagée en trois piéces. L'intérieur de la fleur (*b*) se voit avec les étamines ; le calice fermé (*c*) est entr'ouvert (*d*) pour laisser voir le pistil composé de quatre embryons (*e*), qui deviennent autant de semences (*f*). Ces semences mûrissent dans cette espece de cornet plissé & découpé en cinq, qui a servi de calice à la fleur. Cette plante contient beaucoup d'huile à demi-exaltée & du sel volatil ; elle exhale une odeur fétide & rebutante, dont ses feuilles sont sur-tout imprégnées ; cette odeur infecte & la saveur désagréable de la Ballote font cause qu'elle ne sert guere qu'à l'extérieur. Elle étoit fort connue des Anciens, & Dioscoride en prescrit les feuilles pilées & mêlées avec du sel pour être appliquées sur la morsure des chiens enragés. Aujourd'hui même on attribue encore à ces feuilles amorties la propriété de guérir les condylômes & les hémorrhoïdes. La Ballote est, comme toutes les Labiées en général, pleine d'un sel âcre, sulfureux & lixiviel, qui la rend très propre à augmenter la chaleur du sang, & à suspendre les hémorrhagies par le resserrement des vaisseaux. Tel est l'effet des vulnéraires astringentes. La Ballote est plus précisément détersive, aussi l'emploie-t-on pour résoudre les tumeurs & pour mondifier les vieux ulceres. Ray assure que sa décoction est très recommandable dans les affections hypocondriaques & dans la passion hystérique. Cette décoction est encore estimée contre les gales de la plus mauvaise qualité, les dartres, & en général, contre les maladies de la peau. Cette plante s'applique sur la teigne avec succès. Chomel assure que le Marrube noir bouilli dans l'huile, est excellent pour l'esquinancie. L'infusion des feuilles du Marrube blanc & de celui dont nous parlons, est estimée par quelques-uns pour diminuer la fréquence & le danger des attaques de goutte. Nous revenons sur toutes ces vertus dans l'article du Marrube blanc. Il y a une espece de Ballote à fleur blanche (*Ballota alba*), qu'on peut regarder comme une variété de celle-ci. La Ballote dont la tige est couverte d'une sorte de laine blanche, croît en Sybérie. La Mélisse en épis & à odeur de Lavande, dont parle Plumier, a reçu aussi de M. Linnæus le nom de Ballote (*Ballota suaveolens*), & se trouve dans l'Amérique méridionale. Observons, avant de finir cet article, que l'étymologie du mot de Marrube est assez incertaine. Il y en a qui prétendent le faire dériver de l'hébreu *Marrob*, qui signifie *suc amer* ; un autre, se fondant sur ce que les feuilles de ces sortes de plantes sont ridées & comme flétries, tire ce nom du latin *Marcidum*, qui signifie *flétrie*. Toutes minucieuses que paroissent ces discussions étymologiques, elles ont aussi leur avantage ; quelquefois même elles sont de la derniere importance ; elles flattent notre curiosité, parcequ'elles nous forcent, pour ainsi dire, de remonter en haut de l'arbre généalogique des connoissances humaines, & qu'elles nous menent au berceau des Sciences, à travers les ténèbres profondes de l'antiquité ; mais souvent on s'égare dans ces ténèbres, & l'érudition des Etymologistes ne s'appuyant le plus souvent que sur des conjectures, prête en ce sens le flanc au ridicule. Il y a dans la Langue beaucoup de façons de parler qui s'y sont introduites, sans qu'on sache d'où elles arrivent, & dont l'origine ne nous est pas plus connue que ne l'étoient autrefois les sources du Nil.

La Guimauve.

Lat. *Althœa*. Ital. *Malvavisco*. Esp. *Hierva Cannamera*. Angl. *Marsh Mallows*. Allem. *Ibisch*.

LA GUIMAUVE ORDINAIRE,

Plante vivace, du nombre des émollientes.

Althæa Dioscoridis & Plinii. C. B. P. 315. Inst. R. H. 97. *Althæa officinalis.* Linn. sp. 966. 1.

Tournef. class. 1. sect. 5. gen. 2. Linn. Monadelphia polyandria. Adans. 50. fam. des Mauves.

La Guimauve croît très communément dans les prés humides, aux lieux marécageux ou maritimes, & le long des ruisseaux. Sa racine (*a*) est longue, divisée en plusieurs rameaux, cendrée en dehors, blanchâtre intérieurement, mucilagineuse, & inodore. Elle renferme un cœur ligneux, qui est à-peu-près comme une corde. Les tiges qu'elle pousse s'élevent à la hauteur de trois ou quatre pieds; elles sont grêles, rondes, lanugineuses, creuses en dedans & revêtues de feuilles qui sont faites comme celles de la Mauve ordinaire, mais plus grandes & plus épaisses. Ces feuilles alternes, blanches, dentelées tout autour, cotoneuses, mollasses, se terminent en pointe & sont portées sur une longue queue. Des aisselles des feuilles, naissent les fleurs en cloche & échancrées à cinq parties. On a représenté (*b*) un pétale de grandeur naturelle, le pistil (*c*) terminé par une houpe d'étamines, le calice de la fleur (*d*) découpé en cinq comme elle, le fruit (*e*) composé de beaucoup de capsules rassemblées autour d'une espece de poinçon, la semence (*f*) contenue dans chacune de ces capsules, enfin le placenta (*g*) auquel le fruit est attaché & qui porte sur un calice différent de celui qui soutient les fleurs. Le nom latin de cette plante (*Althæa*) est dérivé du grec & indique la propriété qu'elle a de guérir plusieurs maladies. La Guimauve est effectivement d'un grand usage en Médecine, graces au mucilage dont toutes ses parties abondent. Le suc des feuilles ne change rien à la couleur du papier bleu; mais celui des racines la rougit. C'est ce principe mucilagineux à qui l'on doit sur-tout faire attention, & qui l'emporte sur les parties terreuses & résineuses de la plante. En laissant évaporer son infusion aqueuse, elle laisse une masse jaunâtre, onctueuse, inodore, fort émolliente. Le mucilage fin, gluant & douceâtre de cette racine la fait employer dans les lavemens, les bains, les cataplasmes, les onguents anodyns & en d'autres compositions de Pharmacie, dont l'effet est d'amollir & de relâcher les fibres trop tendues. Elle appaise les inflammations que causent les piquûres des guêpes, des abeilles, des cousins & autres insectes, & s'applique avec succès sur les tumeurs. Il convient d'en user intérieurement, en forme de décoction, dans la dyssenterie, l'ictere spasmodique, la stranguire, l'ulcere des reins, les excoriations du gosier & des intestins, la colique néphrétique, le tiraillement que causent les douleurs de la pierre, les épreintes, la toux âcre, & contre les poisons corrosifs. La dose est depuis un demi-gros jusqu'à deux selon Cartheuser, de qui nous empruntons quelques-unes de ces observations. En général, l'usage intérieur de la Guimauve est de calmer l'ardeur du sang, les irritations, les ardeurs d'urine, & de corriger l'âcreté des humeurs, par la douceur salutaire & lubrifiante de son mucilage. Les tisanes qui se font avec cette racine sont apéritives, pectorales & très estimées dans tous les cas où il s'agit de remédier à cette effervescence des humeurs. La dose est d'une once sur deux pintes d'eau, avec les autres plantes relatives au mal que l'on veut combattre. On ordonne de même, & dans les mêmes circonstances, les fleurs & les semences de Guimauve, dont la dose est d'une dragme sur une livre d'eau. Le syrop & les tablettes de Guimauve se préparent de plusieurs manieres. Les tablettes composées sont préférables à celles qui se font tout simplement avec la pulpe des racines bouillies & le sucre cuit dans l'eau rose; car la fadeur de la Guimauve a besoin d'être animée par les plantes qu'on y joint dans les tablettes & dans le syrop composés. Au reste, cette plante fleurit & graine aux mois de Juin & de Juillet. On l'appelle encore en latin *Bis-malva*, comme qui diroit, Mauve qui a le double des qualités de la Mauve commune. Il y a quelques contrées de France où on lui donne le nom de vive Marue. La fausse Guimauve (*Abutilon*) ressemble à la plante que nous décrivons ici par les fleurs. La Guimauve Royale (*Althæa frutex*) est un petit arbrisseau, dont les feuilles ressemblent à celles de la vigne. Ses fleurs agréables font l'ornement des jardins & des bosquets de printems. La Guimauve veloutée des Indes (*Abels-mosch*) est l'Ambrette, plante qui se trouve dans les Isles Antilles, & qui est sur-tout commune en Arabie & en Egypte.

La Morelle a Fruit Noir.

Lat. *Solanum, Officinarum.* Ital. *Solatro.* Esp. *Yerva, Mora.* Angl. *Nigt-Schade.* Allem. *Rachtschatten.*

F.^{me} *Regnault.*

LA MORELLE A FRUIT NOIR,

PLANTE ANNUELLE, DU NOMBRE DES ASSOUPISSANTES.

Solanum officinarum acinis nigricantibus. C. B. P. 166. Inft. R. H. 148. *Solanum nigrum.* Linn. Sp. 266. 15.

TOURNEF. claff. 2. fect. 6. gen. 1. LINN. Pentandria monogynia. ADANS. 28. fam. des Solanum.

LA MORELLE eſt une plante ainſi appellée, à ce que prétendent les Etymologiſtes, parceque ſon fruit eſt noir comme un Maure. On la trouve le long des chemins, auprès des haies, dans les jardins & autres lieux cultivés. Sa racine (*a*), longue, fibreuſe, chevelue & d'un blanc ſale, pouſſe une tige haute d'environ un pied & demi, pleine de moëlle, & diviſée en pluſieurs branches. Les feuilles alternes dont cette tige eſt garnie, ſont oblongues, aſſez larges, molles, d'un verd foncé, quelquefois noirâtres, & ſe terminent en pointe. Les fleurs ſortent des branches mêmes un peu au-deſſous des feuilles : ce ſont des roſettes, découpées communément à cinq pointes, au centre deſquelles on remarque (*b*) le piſtil & cinq étamines. Ce piſtil ſort du fond du calice (*c*), & devient, la fleur paſſée, un fruit rond ou ovale, gros comme une baie de genièvre, & qui eſt d'abord verd, mais que la maturité rend noir. Ce fruit, mou & plein de ſuc, eſt peint (*d*) coupé transverſalement, & l'on a repréſenté (*e*) les ſemences qui s'y trouvent. La racine de cette plante eſt inſipide, d'un goût herbeux & un peu ſalé ; les feuilles donnent un ſuc verd, qui a la même ſaveur herbeuſe, mais plus fade. Les fruits ont quelque choſe de vineux & une légère acidité ; toute la plante a une odeur aſſoupiſſante. Elle contient beaucoup de phlegme & d'huile & peu de ſel. L'eſpèce que nous décrivons eſt celle qu'on emploie le plus ordinairement en Médecine, quoiqu'on puiſſe lui ſubſtituer la Morelle grimpante (*Dulcamara*) dont l'uſage intérieur n'eſt pas ſi ſuſpect que celui de la Morelle ordinaire. En général, l'uſage interne des plantes de cette famille eſt bien moins recommandable que leur application extérieure. Céſalpin aſſure pourtant, que l'on peut faire boire l'eau ou le ſuc de Morelle dans les inflammations du ventricule, & que trois onces de cette même eau, priſes avec pareille quantité d'eau d'abſinthe, pouſſent les ſueurs. Tragus dit au contraire que cette eau a été mortelle pour les cochons, ſur leſquels il en avoit fait l'eſſai. Il ajoûte qu'il n'eſt permis d'en faire uſage qu'un certain tems après l'avoir diſtillée. Depuis, il y a eu des perſonnes attaquées de convulſions très dangereuſes pour avoir mangé imprudemment des baies de Morelle ; ce qu'il y a de certain, c'eſt que cette plante, appliquée à l'extérieur, eſt un répercuſſif. Ses feuilles & ſes fruits ſont très anodyns, & on les emploie dans la plûpart des cataplaſmes émolliens. On les met ſur les hémorrhoïdes, après les avoir ſimplement pilés & écraſés. Le ſuc qu'on en exprime produit d'auſſi bons effets : on en baſſine les cancers, après l'avoir remué quelque tems dans un mortier de plomb. Selon Chomel, cette eau, animée avec une ſixième partie d'eſprit-de-vin bien rectifié, s'emploie avec ſuccès pour l'éréſipèle, le feu volage, les dartres, les boutons & les démangeaiſons de la peau. Sa vertu répercuſſive & ſa froideur naturelle agiroient trop fortement ſans le mêlange de l'eſprit-de-vin. Le ſuc de Morelle ſert à pluſieurs préparations médicales, indiquées dans les Pharmacopées. L'eau diſtillée qui ſe trouve dans les Boutiques, a les mêmes uſages que le ſuc ; mais Chomel, que nous conſultons à ce ſujet, dit qu'elle n'a pas les mêmes vertus. Les propriétés anodynes & narcotiques de la Morelle ſont exprimées dans ſon nom latin (*Solanum*), qui veut dire ſoulager, conforter, parceque cette plante adoucit les humeurs & fortifie. Nous aurons occaſion de revenir pluſieurs fois ſur les vertus utiles ou nuiſibles de ces ſortes de plantes aſſoupiſſantes, & de faire voir la vérité de ce qu'a dit M. Adanſon ; que ce ſont, à l'extérieur, les calmans & les réſolutifs peut-être les plus puiſſans que l'on connoiſſe. On ne ſauroit trop bien apprendre à les diſtinguer, parceque leurs baies ont preſque toujours une apparence ſéduiſante, qui trompe les ignorans d'une manière funeſte. Ce n'eſt pas là un des moindres motifs qui doivent inſpirer un zele ardent pour cette partie de l'Hiſtoire Naturelle ; car s'il eſt bon de connoître les plantes utiles, il n'eſt pas moins eſſentiel de s'accoutumer à diſtinguer les dangereuſes. C'eſt en quelque ſorte imiter ce qu'on nous raconte de Mithridate & ſe familiariſer avec le poiſon.

Le Pied d'Alouette.

Lat. Delphinium. Esp. Cornuette. Angl. Larkesclave. Allem. Rittersporen.

LE PIED D'ALOUETTE,

PLANTE ANNUELLE, DU NOMBRE DES OPHTALMIQUES.

I. *Delphinium segetum, flore cœruleo.* Inst. Rei Herbar. 426. *Delphinium consolida.* Linn. 1. 748.
II. *Delphinium hortense, flore majore simplici cœruleo. Idem Delphinium ajaces* .Linn. 2. 748.

TOURNEF. class. 11. sect. 2. gen. 3. LINN. Polyandria trigynia. ADANS. 31. fam. de la Renoncule.

LA premiere espece de Pied d'Alouette (I), qui s'appelle encore la Delphinette des Bleds & la Confoude Royale champêtre, est une plante qui se multiplie par ses graines, sans être cultivée. Elle se trouve communément dans les terres labourables. Sa tige est petite, ses feuilles sont déliées & ses fleurs irrégulieres; & de leurs pétales inégaux & disposés en rond, le supérieur s'allonge sur le derriere en une sorte d'éperon, où s'emboîte l'éperon d'un autre pétale voisin; ce qui a fait appeller cette plante en Italien l'Eperon de Chevalier. Quand la fleur est tombée, le pistil qui en occupoit le centre devient un fruit. Les trois graines dont il est composé, s'ouvrent, & renferment des semences anguleuses, ameres & désagréables au goût : cette plante contient peu de sel, mais beaucoup d'huile & de phlegme. Ses fleurs son principalement d'usage en Médecine; on les fait macérer dans l'eau rose, pour les appliquer sur les yeux & en ôter l'inflammation. Cette propriété bien avérée a déterminé Chomel à ranger cette plante parmi les Ophtalmiques; quelques-uns, à ce qu'il dit lui-même, prétendent qu'elle est vulnéraire apéritive; d'autres la comptent parmi les vulnéraires apéritives; d'autres la comptent parmi les vulnéraires astringentes; ce qu'il y a de certain, c'est qu'elle excite & favorise l'accouchement. Son eau distillée est un remede contre les toux violentes; & sa conserve, mangée avec le pain, a la même vertu. Les gens de la campagne connoissent le Pied d'Alouette, & se servent de l'infusion de la graine dans le vinaigre, pour détruire la vermine qui infecte les cheveux des enfans.

Le Pied d'Alouette des bleds differe peu de celui des jardins (II), quant aux principaux signes caractéristiques. Ils ont les mêmes propriétés l'un que l'autre; mais ce dernier à un moindre degré. Sa tige est beaucoup plus haute, ses feuilles plus longues & ses fleurs infiniment plus belles. On a représenté le pistil (*b*) & une des étamines (*e*) plus grands que nature. Ses sommités garnies de fleurs, forment des especes d'épis bleuâtres & quelquefois bleus ou couleur de chair, agréables à la vue & qui font rechercher cette plante pour les Jardins d'ornemens. On la seme en automne dans les platebandes, en observant de ne pas la gêner & l'étouffer en mettant les graines trop près les unes des autres; les fleurs paroissent depuis le mois de Juin jusqu'au mois d'Août. Celles qui sont bleues peuvent donner une encre de la même couleur, & servent en Médecine comme celles de l'espece sauvage; ses fleurs sont amies de nos yeux à tous égards; non-seulement elles flattent la vue, mais elles servent à la guérir. Tant d'agrémens & d'avantages doivent réunir pour cette plante tous les goûts & tous les suffrages. Au reste, le nom de *Delphinium* lui a été donné, parceque le bouton prêt à s'épanouir, ne ressemble pas mal à un Dauphin, tel qu'il est représenté par les Peintres.

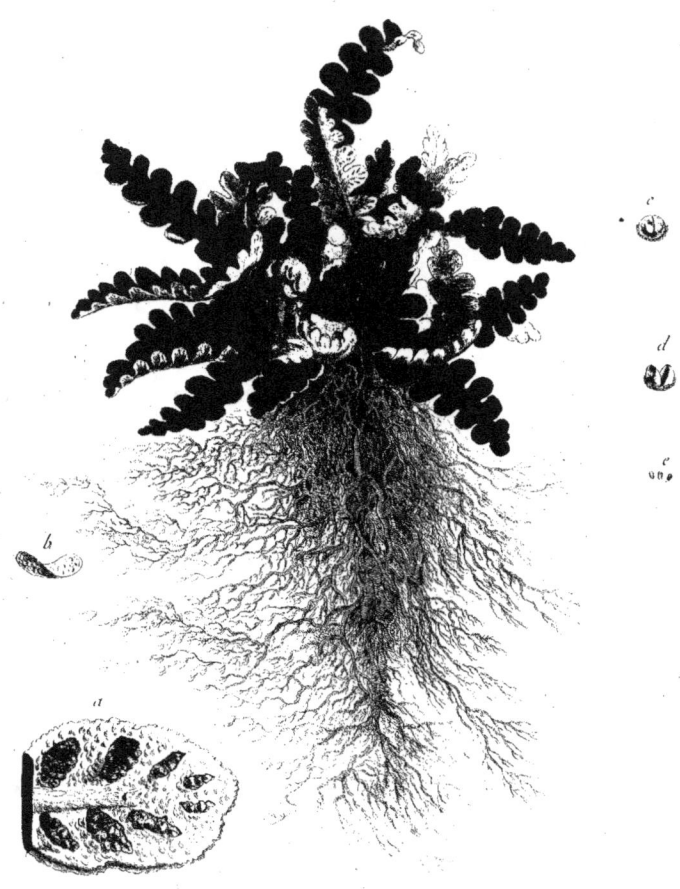

Le Cétérac.
Asplenium ceterach. Linn.
Ital. *Aspleno* Esp. *Doradilha* Angl. *Spleenwort* Allem. *Hirschzungen*.

François Regnault del. et Sc.

LE CÉTÉRAC,

Plante vivace, du nombre des béchiques ou expectorantes.

Ceterach officinarum. C. B. P. 354. *Afplenium Ceterach.* Linn. fp. 1538. 8.

Tournef. claff. 16. fect. 1. gen. 8. Linn. Cryptogamia filices. Adans. 5. fam. des Fougeres, fect. 1.

Cette plante aime les climats chauds, & fe trouve fur les murailles, aux lieux rudes & dans les fentes humides des rochers. Elle eft commune aux environs de Montpellier, en plufieurs endroits d'Italie, & fur-tout en Efpagne. Sa racine, noirâtre & filamenteufe, pouffe un grand nombre de feuilles, qui approchent beaucoup de celles du Polypode, mais qui font plus petites. Ces feuilles, portées fur des tiges rondes & dures, dont la réunion forme une touffe affez groffe, font liffes, découpées jufques vers leurs côtes en parties rondes & comme ondées, vertes en-deffus, couvertes en-deffous de petites écailles entre lefquelles s'élevent des amas de capfules fphériques, qui contiennent une pouffiere, femblable à celle des fougeres. Les paquets de fleurs font ovales & difpofés fur deux rangs fous chaque divifion des feuilles. On voit une de ces divifions groffie au microfcope (a) avec l'écaille qui couvre les fentes par où s'échappe cette efpece de pouffiere qu'on a reconnue être le fruit (b). C'eft une petite boule membraneufe, environnée d'un cordon à grains de chapelet (c), qui, par fa contraction, le fait ouvrir (d) en deux parties, comme une boîte à favonnettes, & répand quelques femences fort menues (e). Nous fuivons ici, en grande partie la defcription de Tournefort, qui a remarqué le premier les petits fruits ou globules membraneux du Cétérac. Cette plante donne, à l'analyfe chymique, beaucoup d'huile & de fel effentiel, prefque fans phlegme. Le fyrop, les tifanes & l'infufion de Cétérac font en ufage. Il eft reconnu, comme les autres capillaires, pectoral & apéritif, propre pour les maladies de la rate & pour la toux invétérée; auffi l'emploie-t-on dans ces différens cas, comme le Polytric, & la Sauve-vie, qui, d'ailleurs, ne font qu'un même genre avec lui, fi l'on s'en rapporte à ce que dit M. Adanfon dans *fes Familles des Plantes.* Mais indépendamment de ces vertus communes, le Cétérac en a de particulieres, qui le rendent très recommandable en Médecine. Mathiole dit que la pouffiere dorée qui fe trouve fous fes feuilles eft utile dans la gonorrhée, en la prenant à la dofe d'un gros, & délayée dans un verre d'eau de plantain. Un Anglais prétend que la conferve des feuilles tendres du Cétérac peut fervir contre la nouure des enfants. Des obfervations modernes ont fait ranger cette plante dans la claffe des diurétiques. Un Seigneur Efpagnol s'en eft fervi avec fuccès contre la gravelle; & cette belle vertu a mis le Cétérac fort à la mode. On ne doit ufer que des feuilles, felon M. Morand, les préparer à la maniere du thé, en prendre deux taffes le matin à jeun, & plus ou moins long-tems, fuivant l'effet qu'elles produifent. L'expérience heureufe que nous avons faite nous-mêmes de ce remede nous autorife à en confeiller l'ufage. Il charrie doucement les fables, diffipe les embarras dans les reins, & adoucit les douleurs que caufent les maladies néphrétiques dans les voies urinaires. A nos propres obfervations fur ce fujet fe joignent celles qu'on a faites depuis quelques années dans plufieurs villes de France & qui ont eu beaucoup de fuccès. Au refte, cette plante a reçu divers noms, fuivant les divers pays où elle croît le plus communément. La dénomination de Cétérac eft dûe aux Arabes; celle de Dourade, Douradille, ou herbe dorée, aux Languedociens, qui ont appellé cette plante ainfi de la couleur d'or que donnent à fes feuilles les rayons du foleil. On l'a nommée encore la vraie Scolopendre; & l'on fait que cette derniere dénomination a été donnée aux plantes, dont les feuilles deffechées imitent, par leur figure, le corps & les pattes de l'infecte appellé Scolopendre. Une chofe affez remarquable fur le Cétérac, c'eft qu'il vient en bien plus grande abondance dans les années pluvieufes que dans les féchereffes, quoiqu'il fe plaife en général fous une température chaude & dans les contrées méridionales.

L'œil de Christ.

Lat. *Aster Atticus*. Ital. *Aster Attico*. Esp. *Estrallada*. Allem. *Sternkraut*.

L'ASTER, ou ŒIL DE CHRIST,

PLANTE VIVACE, DU NOMBRE DES DIURÉTIQUES.

Aster atticus, cœruleus, vulgaris. C. B. P. 267. Inft. R. H. 481. *Aster Amellus.* Linn. fp. 1226. 10.

TOURNEF. claff. 14. fect. 1. gen. 1. LINN. Syngenefia polygamia fuperflua. ADANS. 16. fam. des Compofées, Sect. 8. des Jacobées.

CETTE plante croît communément dans les vallées incultes, fur les montagnes, aux lieux rudes & pierreux, & fe cultive avec fuccès dans les Jardins. Sa racine (*a*), déliée & très fibreufe, pouffe plufieurs tiges hautes d'un pied & demi, fermes, un peu velues, ainfi que les feuilles dont elles font revêtues. Ces feuilles font oblongues, entieres, & à trois nervures. Les tiges fe partagent, vers leurs fommités, en plufieurs petites branches terminées par des fleurs radiées. Des demi-fleurons (*b*) portés chacun fur un embryon, forment la couronne de ces fleurs qui font des amas de fleurons (*c*) portés auffi chacun fur un embryon. Le calice (*d*), compofé de feuilles en écailles, foutient toutes ces pieces. La fleur paffée, chaque embryon devient une femence aigrettée (*e*). Cette plante contient beaucoup de fel & d'huile. Ses feuilles ont un goût légerement amer & aromatique. L'After eft compté par les Médecins dans les remedes apéritifs, réfolutifs & déterfifs. L'application extérieure de fes fleurs, & leur décoction prife intérieurement, peuvent être utiles dans les inflammations de la gorge & contre les morfures des bêtes venimeufes. Diofcoride parle de l'After dans fon livre des defcriptions des plantes, qu'il compofa fous le regne d'Augufte. Il dit que celle-ci étoit appellée par quelques-uns l'herbe des Bubons, à caufe de fon utilité dans l'inflammation des aînes. Il ajoûte qu'elle remédie aux effervefcences d'eftomac, & que l'efpece de reffemblance que l'on a remarquée entre la dipofition de fes fleurs & les rayons des aftres, lui a valu le nom d'After. La même raifon a fait donner le nom d'Afterie & d'Aftroïtes à certains corps pierreux qui fe trouvent dans la mer. Les Naturaliftes ne font pas encore tout-à-fait convenus du regne auquel appartiennent ces efpeces de plantes pierreufes, s'il eft permis d'employer cette dénomination finguliere. Ceux-ci fe contentent fimplement de les regarder comme des pierres organifées avec une régularité étonnante ; ceux-là fe fondent fur cette régularité même pour affilier, en quelque forte, au regne végétal, ces productions marines. Enfin M. Peiffonel les a revendiquées pour le regne animal, ainfi que les coraux & les corallines. Ceci peut faire voir qu'il y a toujours eu dans les Sciences, beaucoup plus d'opinions que de vérités. Mais revenons à notre plante, dont cette difcuffion nous a peut-être trop écartés. Ses agrémens l'emportent fur fes propriétés médicinales, & la font rechercher pour l'ornement des Jardins. Ses touffes de fleurs charment la vue, non-feulement par l'arrangement de leurs fleurons, mais encore par leur couleur qui eft tantôt bleue, tantôt violette ou purpurine, quelquefois blanche & jaune dans le milieu. L'After fe multiplie de femences au commencement de l'automne, ou fe marcote comme les œillets. Il s'accomode de toutes fortes de terreins, & pullule beaucoup. On le place pour l'ordinaire dans les plates-bandes & dans les bordures, & on le releve tous les trois ans. Le P. Rapin ne l'a pas oublié dans fon beau Poëme des Jardins, qui n'a d'autre défaut peut-être que d'être écrit dans une langue morte, où l'on ne peut guere fe flatter aujourd'hui d'écrire fupérieurement, ni d'avoir beaucoup de Lecteurs. Nous ne faurions trop inviter quelques uns de nos Poëtes à réparer la difette de notre Littérature à cet égard. Il femble que de tous les fujets de Poëmes didactiques, celui-ci fur-tout auroit dû tenter les Mufes Françoifes. C'eft la partie de l'Agriculture, fi non la plus utile, du moins la plus brillante, & celle que nos injuftes préjugés ont le moins avilie ; mais il faut pour la traiter en beaux vers, réunir les connoiffances du Phyficien à l'enthoufiafme du Poëte. Des mains ignares & pefantes ne fauroient que flétrir les dons de Flore & les richeffes du Printems.

l'Ellebore noir, Pied de Griffon.
Lat. Helleborus niger. Ital. Elleboro nero. Esp. Yerva de Vallasteros.
Angl. Orehele and Setterwort. Allem. Schwartz-niesewurt.

L'ELLEBORE-GRIFFON, ou LE PIED DE GRIFFON,

Plante vivace ou bis-annuelle, du nombre des purgatives.

Helleborus niger fœtidus. C. B. P. 185. Inst. R. H. 272. *Helleborus fœtidus.* Linn. sp. 784. 4.

Tournef. class. 6. sect. 7. gen. 11. Linn. Polyandria polygynia. Adans. 55. fam. des Renoncules, sect. 1.

L'Ellebore-Griffon se trouve communément à la campagne, & diffère en beaucoup de choses du véritable Ellébore. Il a reçu, en différents endroits, les noms d'herbe du Cru, de Marcioutte, de Pommelée, & enfin il est connu vulgairement sous celui de Pied de Griffon. Nous avons souvent occasion de remarquer, d'après l'avis de M. de Jussieu, le ridicule de ces dénominations empruntées du règne animal pour caractériser des végétaux, & qui jettent une singulière confusion dans l'étude de l'Histoire Naturelle. La racine de l'Ellébore-Griffon (*a*) jette de tous côtés une grande quantité de fibres. Cette racine, noire en dehors, est tout-à-fait blanche intérieurement, & c'est une des particularités qui servent à distinguer cette plante du véritable Ellébore, dont les tiges d'ailleurs sont moins hautes & moins chargées de feuilles & de fleurs que celles de l'Ellébore-Griffon. Ces dernières sont garnies de beaucoup de feuilles étroites & de fleurs verdâtres qui paroissent dès le mois de Février. Les froides influences de l'hiver, si funestes à presque tous les végétaux, semblent respecter cette espèce d'Ellébore : singularité qui n'a pas échappé à Jean Bauhin dans la phrase qu'il emploie pour désigner la plante dont nous parlons. Les cinq pétales de sa fleur (*b*) sont représentés avec les cornets qui naissent entre ces pétales & les étamines ; les étamines elles-mêmes (*c*), sont attachées au placenta ; le pistil (*d*), à la base duquel ces cornets sont disposés en couronne, devient un fruit (*e*) formé de plusieurs gaînes membraneuses ; ces gaînes, ramassées en manière de tête, s'ouvrent dans leur longueur, & renferment des semences ovales (*f*) ou arrondies, qui mûrissent aux mois de Juin & de Juillet. Cette plante a reçu de plusieurs Botanistes des noms différents chez les Grecs & les Latins ; on croit que c'est l'*Enneaphyllon* de Césalpin & de Pline, l'*Elleboraster* de Mathias de Lobel, & la *pédiculaire fétide* de Tragus, Médecin Portugais du quinzième siècle, &c. Les épithètes que C. Bauhin a jointes au nom de cet Ellébore (*niger* & *fœtidus*) indiquent sa couleur & son odeur dominantes. Ses vertus ont été exagérées par la plûpart des Anciens, comme celles de toutes les espèces d'Ellébore. Leur racine, si renommée à Antycire, servoit à détruire la maladie souvent incurable qui attaque la raison humaine. Il faut, ou que ces beaux récits ne soient pas conformes à la vérité, ou que nous ayons absolument perdu la manière de préparer & d'employer ces plantes. Il est certain qu'elles sont très caustiques, & que leur usage, en substance ou en infusion, porte à la tête, irrite les parties nerveuses, cause des convulsions, & pourroit donner les maux dont il guérissoit autrefois. Parmi nous, les gens de la campagne emploient encore quelquefois la racine d'Ellébore-Griffon pour se purger, mais elle peut, même dans ce cas, devenir dangereuse. Il y a des personnes qui s'en servent singulièrement pour remédier à la fluxion des yeux ; ils font diversion à cette douleur, en se perçant le bout de l'oreille, pour y larder ensuite un brin de cette racine, ce qui détourne en effet la sérosité des yeux & l'attire dans le lobe de l'oreille ; mais l'emploi le plus commun de la racine d'Ellébore-Griffon, c'est d'en choisir un gros brin pour en traverser en forme de séton, la peau qui pend sous la gorge des bœufs malades ; il se fait alors à l'endroit du séton, un écoulement abondant de sérosités, qui leur est très salutaire. Je ne sais quel Auteur assure que le lait des vaches qui ont mangé de cette plante est purgatif & convenable à ceux qui ont des humeurs hypocondriaques. Il y auroit de la témérité à se rendre garant de toutes les propriétés des plantes, énoncées dans un grand nombre d'Ecrivains ; aussi avons-nous soin de citer exactement les sources où nous avons puisé, précaution indispensable dans les ouvrages de la nature du nôtre. On sent bien qu'il ne doit être qu'une espèce de table raisonnée de l'infinie multitude de volumes qu'on a publiés jusqu'à ce jour sur la connoissance des plantes, & sur le détail de leurs propriétés.

La Scammonée de Syrie.

Lat. *Scammonia Syriaca.* Ital. *Scammonia.* Esp. *Yedra Campana.* Angl. *Scammonye.* Allem. *Scammonienkraut.*

G. de Nancy Reynault.

29

LA SCAMMONÉE DE SYRIE,

Plante exotique et vivace, du nombre des purgatives.

Convolvulus Syriacus & Scammonia Syriaca. Mor. Hist. 2. 12. Inst. R. H. *Convolvulus Scammonia.* Linn. sp. 218. 3.

Tournef. class. 1. sect. 3. gen. 4. Linn. Pentandria monogynia. Adans. 17. fam. des Personnées, 4 sect.

Cette espece de Scammonée est un grand liseron étranger qui croît en abondance en plusieurs endroits du Levant, & sur-tout aux environs d'Alep & de Saint-Jean d'Acre. Sa racine (*a*) est grosse comme le bras, assez longue, charnue, garnie de fibres, brune en dehors, blanchâtre en dedans, & empreinte d'un suc laiteux, ce qui est une marque caractéristique de toutes les especes de liseron. Cette racine produit plusieurs tiges d'environ trois coudées de longueur : elles sont grêles, sarmenteuses, rampantes, grimpant & s'entortillant autour des plantes voisines, d'où lui vient le nom latin de *convolvulus* donné aux plantes qui s'attachent & se roulent ainsi autour de celles qui les environnent. Les feuilles sont alternes, larges, triangulaires, pointues, attachées à des queues courtes. Les fleurs sont en cloche & naissent des aisselles des feuilles. Elles sont de couleur blanche ou purpurine, & forment un coup d'œil très agréable. Le pistil qui s'éleve du milieu du calice est représenté (*b*) avec les cinq étamines, & seul (*c*) avec l'embryon. Ce pistil devient ensuite un fruit presque rond, membraneux, que l'on a peint entr'ouvert (*d*) & coupé transversalement ; plus bas (*e*) sont les semences anguleuses & noires qu'il renferme. Toute la plante exhale une odeur forte. Le suc qui sort de la racine par les incisions qu'on y fait, reste exposé au soleil pour s'y évaporer & s'y épaissir jusqu'à ce qu'il prenne une consistance solide. Ce qu'on appelle vulgairement Scammonée n'est autre chose que ce suc concret, résineux, gommeux & très purgatif. On en trouve de deux sortes dans les Boutiques de nos Droguistes ; celle qui vient de Smyrne est noirâtre, compacte & plus pesante que celle d'Alep. Celle-ci est légere, plus résineuse, & plus estimée pour sa vertu purgative. Au reste, il y a beaucoup de manieres différentes de retirer ce suc de la racine de la Scammonée de Syrie ; mais il seroit inutile de les indiquer, vu que cette plante ne s'éleve que très difficilement dans ce pays. Il vaut mieux s'arrêter à quelques observations sur ses propriétés. Elle évacue puissamment par le bas les humeurs âcres, bilieuses & mélancoliques. La dose en est depuis six grains jusqu'à quinze ou seize. L'efficacité de ce purgatif n'est pas douteuse, mais c'est pourtant un remede dont il faut user avec une sage défiance. Il est rare de trouver la Scammonée pure & sans mélange. Celle qu'on apporte de Smyrne a sur tout besoin de préparations pour être employée avec succès. La véritable Scammonée d'Alep se reconnoît à sa couleur cendrée & luisante, & à la facilité qu'elle a de se casser & de se réduire en une poudre blanchâtre & presque insipide sur la langue, quand on la presse entre les doigts. Il y a une espece de Scammonée factice, qui se fait en incorporant les sucs de quelques plantes laiteuses avec des cendres & d'autres ingrédiens. On altere aussi la véritable Scammonée avec le suc d'une plante commune aux environs de Montpellier. Il y a par-tout de vils Charlatans & des fripons audacieux qui s'adonnent à la composition lucrative de ces mauvaises drogues. Ce sont véritablement des empoisonneurs publics, & les loix ne sauroient trop chercher à percer les ténebres criminelles dont ils tâchent d'envelopper un pareil délit. Quand la Scammonée est bien résineuse & telle qu'on la desire, il ne faut pas se hasarder d'en prendre plus de dix ou douze grains, car une dose un peu plus exagérée exciteroit une superpurgation & auroit des suites funestes, comme l'expérience l'a fait voir plus d'une fois. Il est prudent d'associer ce remede à quelqu'autre purgatif qui en corrige l'âcreté ; cette union de deux remedes rend leurs vertus combinées plus sûres & plus efficaces. La Scammonée s'ordonne en bol, en opiat, ou en pilules ; elle sert d'aiguillon à la plus grande partie des électuaires purgatifs, & fait, pour ainsi dire, presque tous les honneurs des pilules les plus celebres & de beaucoup de compositions galéniques. Les Chymistes ont beaucoup travaillé sur la Scammonée. La teinture & l'extrait résineux de ce suc sont dus à leur industrie : c'est un article qu'il faut ajouter au catalogue immense des obligations que nous avons à leurs travaux sur toutes les parties de l'Histoire Naturelle. Il leur reste néanmoins encore beaucoup d'expériences à tenter ou à refaire, même pour ce qui concerne les végétaux. Les connoissances exactes ne sont pas comme les arts d'imagination, où les derniers venus ne trouvent presque plus qu'à glaner. Ceux qui viennent les premiers dans les Sciences ne dérobent point la gloire de la postérité, & la lente expérience de plusieurs siecles ne nous a encore devoilé qu'un feuillet du grand livre de la Nature.

LA MAUVE.

Malva Sylvestris. Linn.

Ital. Malva. *Esp.* Malvas. *Angl.* Mallow. *Allem.* Pappeln.

LA MAUVE,

Plante vivace, du nombre des émollientes.

Malva sylvestris, folio sinuato. C. B. P. 314. *Malva sylvestris.* Linn. sp. 969. 13.

Tournef. class. 1. sect. 5. gen. 1. Linn. Monadelphia polyandria. Adans. 50. fam. des Mauves, 2. Sect.

La Mauve est une plante qui est extrêmement commune. Elle vient d'elle-même le long des haies, au bord des grands chemins, sur les décombres, dans les lieux incultes & les terres fumées. Sa racine (*a*), simple, & peu fibreuse, est plongée dans le sol si profondément, qu'on a peine à l'en arracher. La plûpart de ses tiges sont couchées & quelquefois rampantes. Cette racine en pousse plusieurs, dont la hauteur moyenne est d'environ un pied & demi. Ces tiges rondes, velues, moëlleuses, sont garnies de feuilles découpées en sept lobes, crénelées à leur bord, & couvertes d'un léger duvet. Des aisselles des feuilles sortent des fleurs en cloche, d'une couleur blanchâtre & purpurine. On a représenté, de grandeur naturelle, un des pétales (*b*), le pistil (*c*), le placenta enveloppé dans le calice (*d*), & dont l'ame est un poinçon cannelé à vive arrête, autour duquel s'assemblent des capsules taillées en côte de melon (*e*). Ces capsules sont coupées verticalement dans l'estampe, pour laisser voir leur intérieur. Elles s'ouvrent, & renferment chacune une semence menue qui a la figure d'un petit rein. La racine de la Mauve est d'une saveur douce & visqueuse, ainsi que son fruit, dont le goût est encore plus fade. La racine est composée de parties terreuses, résineuses & mucilagineuses; & ces dernieres sont les plus dignes de remarque, par leur poids, & par leurs effets. Ce mucilage adoucissant, dont la Mauve abonde, est plus fin dans les feuilles, plus grossier dans les racines, & se mêle dans les fleurs fraîches à un principe volatil odorant, qui s'enexhale à mesure qu'elles se sechent. La Mauve est la premiere des quatre plantes émollientes, dont l'utilité est suffisamment connue pour les fomentations, les cataplasmes & les lavements. Elle lâche le ventre, appaise les douleurs, prévient l'inflammation, & adoucit l'âcreté des urines. Il n'y a guere de décoctions émollientes & adoucissantes où elle ne joue, pour ainsi dire, le premier rôle. La Mauve s'emploie d'ailleurs dans les mêmes compositions & avec le même succès que la Guimauve. Il y a une espece de Mauve qui ne differe de celle-ci que parcequ'elle est plus petite en toutes ses parties, plus couchée à terre, & parcequ ses feuilles sont plus découpées & plus rondes. L'une & l'autre s'emploient indifféremment pour amollir, comme le prouve l'étymologie de leur nom. Cette plante étoit fort connue chez les Anciens, & entroit dans le catalogue de leurs aliments : il en est souvent question à cet égard dans les Ecrits des Romains, même sous le siécle d'Auguste. Nous avons rappellé ce passage où Horace, se félicitant de sa vie simple & frugale, dit qu'il est nourri de chicorée & de Mauves légeres : (*Me pascunt cichorea levesque Malvæ*). Dans un autre endroit, le même Poëte, fatigué du luxe & du bruit de la superbe Rome, soupire pour la solitude de Tibur, & compare ses Mauves simples, mais salutaires, aux mets recherchés & dangereux qui parent la table des Grands. Ce n'est pas le seul exemple d'éloges donnés à la vie végétale, que fournissent les Poëtes de l'antiquité : ils étoient encore voisins de la Nature, & ils la peignoient naïvement, sans craindre d'effrayer, par ces images rustiques, la mollesse de leurs contemporains. Mais la délicatesse efféminée de nos Sybarites, la corruption de nos goûts, les rafinements de la dépravation moderne ont interdit à notre poësie ce beau champ de peintures neuves & de réflexions utiles. Les ravages du luxe ne sont pas moins funestes à l'énergie des Arts qu'à la pureté des mœurs. Il avilit l'ame ; car c'est avilir sa dignité que de l'éloigner trop de la Nature. Il corrompt les esprits par une conséquence nécessaire. Certainement un Ecrivain qui se vanteroit aujourd'hui, en vers ou en prose, de son goût pour la chicorée ou pour la laitue, courroit tous les risques du ridicule. Le bon ton est de s'empoisonner par les mains d'un cuisinier à la mode : mais les gens qui vivent ainsi devroient-ils donc tant s'étonner de la foiblesse de leurs nerfs & du dépérissement journalier de leurs organes ?

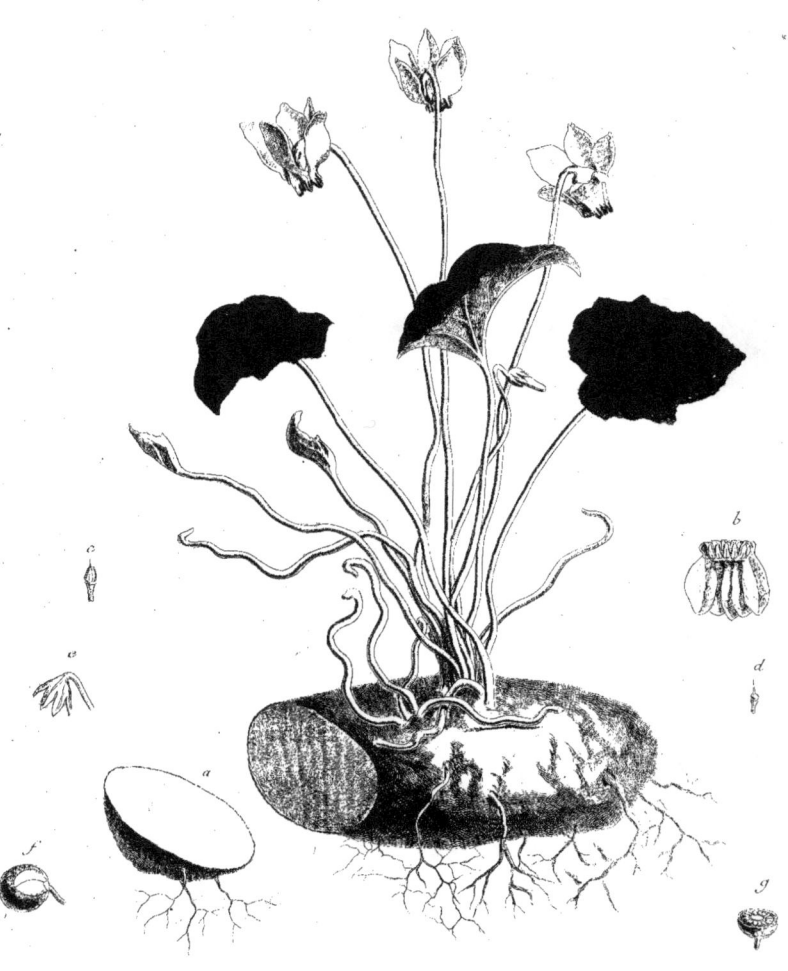

Le Cyclamen ou Pain de Pourceau
Cyclamen Europeum. Linn.
Ital. Pane Porcino. Esp. Pan de Puerco. Angl. Sowbrede. Allem. Schweinbrodt.

LE CYCLAMEN, ou PAIN DE POURCEAU,

Plante vivace, du nombre des purgatives.

Panis porcinus, *Rapum terræ* & *Arthanita*. Lob. Icon. 604. *Cyclamen Europæum*. Linn. sp. 207. 1.

Tournef. class. 1. sect. 6. gen. 7. Linn. Pentandria monogynia. Adans. 30. fam. des Anagallis.

Le Cyclamen ou Pain de pourceau est une plante qui se plaît dans les lieux ombragés, dans les bois & parmi les buissons. On a remarqué que sa graine, semée dans la terre, ne germe pas ; mais, contre l'ordinaire de toutes les autres graines, elle se change en un tubercule ou racine qui pousse des feuilles dans la suite. Cette racine est grosse, large, hémi-sphérique, garnie de fibres noirâtres, de couleur obscure en dehors, & blanche en dedans. C'est elle qui a fait donner à la plante le nom de *Pain de pourceau*, parcequ'elle est à-peu-près figurée comme un petit pain, & que les cochons en mangent. Dans l'estampe, cette racine est coupée (*a*) pour en laisser voir l'intérieur. Elle pousse de larges feuilles, presque rondes, alternes, & qui ont un pédicule cylindrique sans sillon. Leur couleur est d'un verd brunâtre ; leur surface est marquée de blanc en-dessus, & purpurine en-dessous. Avant leur développement, elles sont pliées en deux & roulées en spirale sur leurs pédicules. Dautres pédicules longs & tendres, qui s'élevent d'entre les feuilles, soutiennent de petites fleurs en rosette, purpurines & panchées vers la terre. La partie supérieure du godet de la fleur, vue intérieurement, avec les cinq étamines (*b*), la réunion des étamines autour du pistil (*c*), le pistil lui-même posé sur l'embryon (*d*), le calice du fond duquel sort le pistil (*e*), le fruit sphérique & membraneux qui succede aux fleurs (*f*), tous ces objets sont représentés de grandeur naturelle. On a peint le fruit (*g*) coupé transversalement. Il renferme des semences anguleuses & brunâtres. A cette description de la plante empruntée des meilleurs Botanistes, nous devons ajoûter que la racine est inodore, mais d'une saveur âcre & peu agréable, qu'elle perd en se desséchant. Les feuilles durent tout l'hiver, & périssent aux approches du printems. Les fleurs se développent au commencement de l'automne. Leur agrément & leur odeur les font rechercher dans les jardins. Le P. Rapin n'a pas manqué de rappeller dans son Poëme les différentes especes de Cyclamen, qui sont variées par leur couleur & par la diversité des saisons où elles paroissent. Si nous passons de l'agréable à l'utile, nous aurons au Cyclamen des obligations bien plus importantes. Sa racine, prise intérieurement, est dangereuse ; mais c'est à l'extérieur, un excellent résolutif. Son suc, qui est très âcre, entre, avec beaucoup d'autres purgatifs violents, dans un onguent qui porte un des noms latins de la plante (*Unguentum de Arthanitâ*). Cet onguent purge par bas, lorsqu'on en frotte simplement le bas-ventre, & excite à vomir, si l'on en frotte l'estomach. La racine de Cyclamen étant fraîche encore, sert à fondre les tumeurs scrophuleuses. Il y en a qui l'écrasent, & la saupoudrent de sel ammoniac, pour la rendre plus pénétrante & l'appliquer sur les écrouelles. La Pharmacopée de Paris indique cette racine dans la composition de l'*Eau générale*, & de l'emplâtre *Diabotanum*. Lémery dit qu'on la fait entrer aussi dans les errhines pour exciter l'éternument. Il ne faut pas employer cette racine au hasard & sans circonspection, car elle peut enflammer la gorge, l'estomach & les intestins. Lémery rapporte encore, dans son Dictionnaire des Drogues, un fait qui est assez remarquable. Nous ne saurions mieux terminer cet article qu'en transcrivant les propres paroles de ce savant Chymiste. Il m'est arrivé une fois, dit-il, qu'ayant mis sécher à l'ombre, proche de mon laboratoire, une racine de Cyclamen entiere, percée & attachée à une ficelle, en tems fort sec, dans l'automne, je voulus voir, deux mois après, si elle avoit séché ; mais je fus surpris d'appercevoir que quoiqu'elle fût séche jusqu'à la moitié de son épaisseur, elle avoit poussé de son fond douze ou treize pédicules longs d'un demi-pied, fort tendres, pleins de suc, & portant à leur sommet chacun une fleur aussi belle que si la plante eût été dans la terre. Lémery n'ajoûte aucune réflexion au récit de cette singuliere expérience, qui mériteroit bien d'être renouvellée.

Le Laitron doux.
Lat. Sonchus. Ital. Soncho. Esp. Serraya. Angl. Sawhistle. Allem. Sonchenkraut.

LE LAITRON DOUX,

PLANTE VIVACE, DU NOMBRE DES RAFRAICHISSANTES.

Sonchus lævis, laciniatus, latifolius. C. B. P. 124. Inſt. R. H. 474. *Sonchus oleraceus.* Linn. ſp. 1117. 5.

TOURNEF. claſſ. 13. ſect. 1. gen. 5. LINN. Syngeneſia : polygamia æqualis. ADANS. 16. fam. des Compoſées, 1. ſect. des Laitues.

LE LAITRON, ou Laceron, croît vulgairement dans les campagnes, parmi les bleds & les vignobles, dans les jardins, ſur les levées & ſur-tout dans les terreins un peu gras. Sa racine, petite & fibrée (*a*), pouſſe une tige haute d'un pied & demi, creuſe en dedans, tendre, cannelée. Les feuilles, rangées alternativement, embraſſent cette tige par leur baſe, qui eſt plus large que le reſte de la feuille. Les unes ſont attachées à de longues queues, les autres n'en ont point, & toutes ſont aſſez longues, liſſes, & découpées ou laciniées. En Mai & en Juin, les fleurs ſe développent aux ſommets de la tige & des branches. Ce ſont des bouquets à demi-fleurons jaunes, & quelquefois blancs, portés chacun ſur un embryon. Il ſuccede à ces fleurs des fruits de figure conique, qui renferment des ſemences oblongues, brunes, rougeâtres & aigrettées. Le demi-fleuron (*b*), le filet qui ſort du fond du demi-fleuron (*c*), le fruit ſur lequel il porte (*d*), & le placenta montré à découvert dans le calice (*e*), ſont repréſentés de grandeur naturelle. Toutes les parties de cette plante ſont remplies d'un ſuc laiteux, & les Anciens l'avoient appellée Laitue de liévre, parceque les liévres en mangent avec plaiſir. Ses feuilles nourriſſent également les vaches, les lapins & les autres animaux domeſtiques. Leur utilité ne ſe borne pas là, & Linnæus nous apprend que les payſans de Suede les mangent cuites. Elles ſont bonnes en ſalade, quand la plante eſt jeune encore & n'a pas pouſſé ſa tige. Ses racines fraîches, apprêtées comme les autres légumes, ſont, pendant l'hiver, la reſſource des pauvres gens de la campagne. Il y a une autre eſpece de Laitron, connu ſous le nom de Laitron épineux, parceque ſes feuilles ſont armées d'épines dures, longues & piquantes : c'eſt preſque la ſeule différence qu'il ait avec le Laitron doux ; mais ce dernier, au rapport de Lemery, eſt plus eſtimé dans la Médecine. Les deux eſpeces ſe trouvent dans les mêmes endroits ; elles contiennent beaucoup de phlegme & d'huile, elles ont une ſaveur herbeuſe, & rougiſſent le papier bleu. Leurs propriétés tiennent beaucoup de celles de la laitue, c'eſt-à-dire qu'elles ſont rafraîchiſſantes & apéritives. On peut donc les ſubſtituer à la laitue dans les remedes où cette plante eſt convenable. On ſe ſert plus particuliérement de la décoction des feuilles de Laitron pour purifier le ſang, & pour augmenter le lait des nourrices. Cette plante s'emploie encore dans le ſyrop de chicorée. Au reſte, elle croît avec tant d'abondance, quelle étouffe celles qui l'environnent & qu'on cultive autour d'elle. Il ne faut pourtant l'arracher, comme une herbe inutile, que lorſqu'on n'a point d'animaux domeſtiques à nourrir. Le P. Rapin n'a pas oublié les fleurs du Laitron dans ſon Poëme ; elles méritent en effet l'attention d'un Jardinier, & par leur agrément, & parcequ'elles ſemblent appeller le printems & braver la froidure : *Et toto paſſim vernantes frigore ſonchos*. Le nom latin & grec de cette plante vient de ce qu'elle paroît ſe fondre en un ſuc ſalutaire pour les inflammations & pour les douleurs de l'eſtomach. Cette étymologie, très vraiſemblable, nous a été conſervée par Dioſcoride, qui nous apprend auſſi que le Laitron remédie aux morſures des ſcorpions. Nous ne prétendons point gêner ſur ce fait la crédulité des Lecteurs, & nous croyons leur devoir laiſſer la même liberté ſur ce que dit un ancien Botaniſte, que cette plante miſe ſous le chevet d'un malade ſans qu'il le ſache, eſt un remede infaillible contre la fiévre. Un autre rapporte que le ſuc de Laitron, appliqué aux paupieres, fait tomber les cheveux. Les Auteurs ſont pleins de recettes ſemblables, & de remedes miraculeux dans leurs livres. Mais on a remarqué qu'il en eſt de ces liſtes de médicaments comme des offres de ſervices dans la ſociété. Il y en a beaucoup de brillantes & peu de ſinceres.

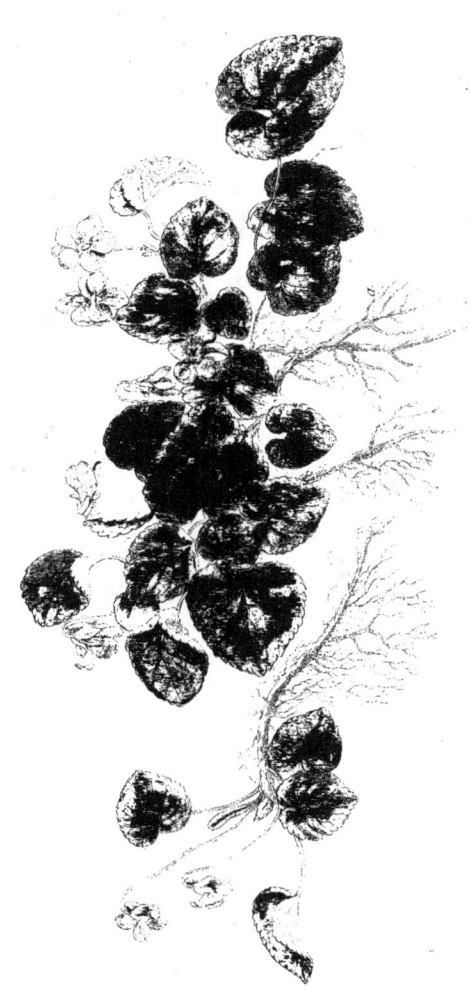

La Violette de Mars.
Viola odorata Lam.
Ind. *Viola mammula* Esp. *Violetta.* Angl. *Violet.* Allem. *Vielen.*

Graveure de Nancy. Regnault del. et Sculp.

LA VIOLETTE DE MARS,

Plante vivace, du nombre des émollientes.

Viola martia purpurea, flore simplici, odoro. C. B. P. 199. Inst. R. H. 419. *Viola odorata.* L. sp. 1324. 8.

Tournef. class. 11. sect. 1. gen. 2. Linn. Syngenesia monogamia. Adans. 49. fam. des Geranium.

La Violette est une plante très commune dans les bois, dans les fossés, le long des haies & dans les jardins, où elle se multiplie par des filets longs & rampans qui prennent racine çà & là. Cette racine, touffue & fibreuse (*a*), pousse beaucoup de feuilles arrondies, dentelées en leurs bords, attachées à de longues queues, & roulées des deux côtés en-dedans. Des pédicules grêles s'élevent d'entre ces feuilles, & portent chacun, aux approches du printems, une petite fleur très agréable à l'odorat & à la vue, mais un peu visqueuse & âcre au goût. Le calice (*b*) est divisé en cinq jusqu'à la base; il soutient la fleur composée de cinq petites feuilles, avec autant d'étamines à sommets pointus, & une espece d'éperon qui prolonge la base du pétale inférieur (*c*). Les quatre autres sont semblables à la figure (*d*); mais observez, avec Tournefort, que deux s'élevent en maniere d'étendart, & que les deux autres sont comme des aîles latérales. Le pistil (*e*), devient un fruit, représenté dans sa naissance (*f*), & qui dans sa maturité, lorsque la fleur est passée, est une coque ovale (*g*). Elle s'ouvre en trois quartiers (*h*), & laisse voir plusieurs semences, arrondies & blanchâtres. La Violette contient beaucoup d'huile & de sel essentiel. Sa racine est un peu salée & détersive; ses feuilles sont fades & émollientes, ses fleurs rafraîchissantes, laxatives, & du nombre des quatre fleurs cordiales; les semences sont purgatives & diurétiques. On prépare avec les fleurs du syrop de trois sortes; le simple, dont la couleur est très belle, si on ne le fait pas bouillir; le composé qui est de l'invention de Mesué, & le purgatif, dans lequel on emploie les calices des fleurs & les semences de Violette. Tournefort croit qu'on pourroit y ajoûter les racines. Les deux premiers syrops sont incrassans, & convenables dans les maladies de poitrine que causent des humeurs âcres & salées. On prépare avec les fleurs de Violette une conserve, excellente, à ce que dit Etmuller, pour ceux qui ont le ventre paresseux, un ratafia qui est bon pour le même objet, & un miel qui sert dans les lavemens émolliens. La dose de la conserve est d'une demi-once; celle du ratafia, d'une ou deux cuillerées. On sent bien qu'il est difficile de déterminer au juste les doses des différens remedes, & même des drogues les plus sûres. Les accidens des maladies sont si variés, les circonstances de l'âge, du tempérament, du sexe, du lieu même sont si sujettes à erreur, qu'il seroit absurde de prescrire une conduite uniforme dans les cas souvent opposés. Le plus fréquent usage du syrop violat est contre la toux & l'enrouement. On se purge en Normandie, à ce que dit Chomel, avec la décoction d'un pied de Violette réduit à la valeur d'un bouillon. Cette plante entre dans un grand nombre de compositions chymiques ou galéniques, mentionnées dans la Pharmacopée de Paris. Outre celles que nous avons indiquées, le Code de la Faculté dit que les fleurs donnent de l'huile par infusion, que les feuilles entrent dans l'onguent *populeum*, les fleurs dans le syrop *de Erysimo*, dans celui de tortue, dans le *Requies* de Nicolas de Mirepse; les fleurs & la semence dans le lénitif, dans le Diaprun &c. Ceux qui seront curieux d'approfondir l'histoire & les vertus de ces préparations médicales, peuvent recourir aux sources. Les bornes de cette Collection ne nous permettent pas de disserter longuement sur cet objet, & nous ne faisons que glaner dans l'abondante moisson des Pharmacopées. La Violette ne figure pas seulement dans la Boutique des Apothicaires, elle sert aussi dans les Offices à colorer les crêmes & le beurre, qui porte pour cette raison, le nom de beurre à la Violette. On sait aussi qu'elle fait l'ornement de nos jardins au printems. On la cultive dans les bosquets & les platte-bandes ombrées, pour avoir le plaisir de cueillir ses fleurs délicieusement odorantes. On peut remarquer que ces fleurs sont communément violettes, comme la dénomination de la plante l'annonce, mais qu'il s'en trouve aussi de blanches, & que la Violette double est due à la culture. La variété à fleur blanche qui est très jolie, a un inconvénient, c'est que la queue sur laquelle les fleurs sont portées, est trop foible pour les soutenir, & les laisse traîner par terre. Il est souvent question de la Violette dans les écrits des Anciens. On se rappelle ce vers de Virgile. *Pallentes violas & summa papavera carpens.* Théocrite parle de cette fleur dans sa premiere Idylle. Oppien faisant allusion à ce que la Violette semble se cacher par modestie sous l'herbe qui l'environne, dit qu'elle est trahie par son odeur. Parmi les modernes, cette fleur n'a pas manqué de partisans & de panégyristes. Le P. Rapin en fait une jeune Nymphe, pleine de pudeur, qui a été ainsi métamorphosée par Diane, pour tromper l'amour d'Apollon. Voyez le premier livre du Poëme des Jardins, où cette fable est contée en vers élégans & harmonieux.

Le Safran.
Crocus Sativus Officinalis. Linn.
Ital. Zaffarano. Esp. Azafran Angl. Saffron Allem. Saffran.

LE SAFRAN,

PLANTE VIVACE, DU NOMBRE DES HYSTÉRIQUES.

Crocus. J. B. 2. 637. Dod. 213. *Crocus sativus.* C. B. P. 55. *Crocus sativus officinalis.* L. sp. 50. 1.
TOURNEF. class. 9. sect. 2. gen. 1. LINN. Triandria monogynia. ADANS. 8. fam. des Liliacées. 8. Sect. des Iris.

LE SAFRAN est une plante dont la culture, la récolte, les maladies & les usages méritent une attention particuliere. Sa racine est un tubercule rond, charnu, & enveloppé de plusieurs feuilles qui forment autour de lui autant de gaînes entieres disposées par étage. On a représenté dans l'estampe l'oignon de Safran dépouillé de ses feuilles (*a*), & à côté, dans son état naturel. M. Adanson dit que ce tubercule doit être regardé comme une racine traçante, mais fort racourcie, puisqu'il se reproduit, comme toutes les racines traçantes, par sa partie supérieure, au moyen d'un tubercule qui se forme au-dessus du premier, dès qu'il commence à se pourir. De cette racine, sortent cinq ou huit feuilles, longues, & très étroites. Parmi ces feuilles s'éleve une tige courte, qui soutient une seule fleur en lys, d'une seule piéce, évasée à sa partie supérieure & divisée en six segmens arrondis. Il sort du fond de la fleur trois étamines dont les sommets sont jaunâtres; & un pistil blanchâtre, qui se partage comme en trois branches, larges à leur extrémité supérieure, découpées en forme de crête, charnues, d'un rouge foncé, & comme de couleur vive d'orange. Ces trois stigmates du pistil sont appelés par excellence du nom de Safran, & on ne cultive la plante que pour la récolte de cette seule partie. L'embryon qui soutient la fleur se change en un fruit oblong (*b*), presque triangulaire, partagé en trois loges dont on voit la division (*c*), & qui renferment des semences arrondies (*d*). Nous avons emprunté en partie cette description de l'illustre M. Duhamel, dont les travaux sont si chers à tous les amateurs de l'Histoire Naturelle & de l'Agriculture. Ses observations sur le Safran annoncent cette sagacité & ces vues utiles qui le caractérisent. M. de Bomare a donné dans son Dictionnaire une analyse très bien faite de ces excellentes observations, & nous regrettons fort que les bornes de cet Ouvrage ne nous permettent pas d'en profiter pour le bien de nos Lecteurs, autant que nous l'aurions voulu. Quant à l'usage médical du Safran, Carthéuser le regarde comme un somnifere balsamique; somnifere, parceque l'odeur du Safran provoque en effet au sommeil, & même causeroit un sommeil mortel, si une dose trop forte frappoit trop long-tems l'odorat; balsamique, à cause des vapeurs subtiles & expansives qu'il exhale, sur-tout dans la chaleur. Au reste, cette plante, est cultivée dans plusieurs pays, & se multiplie sans beaucoup de peines par le moyen de ses bulbes qui croissent tous les ans en abondance. On choisit une terre bien ameublie, pour y planter ces bulbes dans des sillons paralleles. Cette opération se fait au printems. Les bulbes ne donnent la premiere année de feuilles, & des fleurs l'année suivante au mois d'Octobre. Ces fleurs s'épanouissent & durent deux ou trois jours au plus. Elles se montrent plutôt ou plus tard, suivant le degré de sécheresse ou d'humidité, de chaleur ou de froidure. On recueille les fleurs avant qu'elles soient épanouies, on en sépare adroitement le pistil, & l'on fait sécher au feu le Safran qu'on a épluché. On compte assez généralement que cinq livres de Safran verd en donnent une livre de sec. La premiere année, un arpent produit tout au plus quatre livres de Safran sec; mais la seconde & la troisieme, il en donne jusqu'à vingt. Pour ce qui est des maladies auxquelles les oignons de Safran sont sujets, on en connoît trois principales; le *fausset*, production monstrueuse en forme de navet, qui usurpe la substance du jeune oignon & l'empêche de se multiplier: le *Tacon*, espece de carie intérieure, qui ne paroît pas sur les enveloppes de l'oignon; & la *Mort*, qui est à l'égard de bien des plantes ce que la peste est pour l'homme & les animaux. Les symptomes de cette maladie sont très singuliers: elle se communique de proche en proche, & il suffit d'un oignon infecté de cette contagion, pour perdre tous les oignons voisins. M. Duhamel a découvert la cause de cette peste végétale. Ce sont des plantes parasites, de petites truffes qui se multiplient dans l'intérieur de la terre, & qui vivent aux dépens de l'oignon de Safran, puisque leurs racines les pénetrent, & se nourrissent de sa propre substance. Depuis, cet Observateur a vu la même plante parasite causer le même dommage à des hiebles & à des plants d'asperges. Nous nous étendons là-dessus d'une maniere plus satisfaisante dans un de nos discours préliminaires, où il est question des maladies des plantes. Venons aux usages du Safran. Ses stigmates desséchés servent à assaisonner les alimens & le thé dans les Pays-Bas, l'Allemagne & le Nord. On le prépare en Provence à la maniere des Levantins. Il entre dans nos crèmes, dans nos pastilles & dans la liqueur, connue sous le nom d'*Escubac*. On regarde le Safran en Médecine, comme un remede carminatif, céphalique, alexitere, emménagogue, cordial, stomachal, vermifuge, hystérique. Il sert sur-tout dans les collyres pour préserver les yeux des impressions fâcheuses de la petite vérole. Il fournit une belle teinture, mais trop chere & d'un mauvais teint. Les Peintres employent le Safran pour laver leurs plans. Le mot françois *Safran* vient de l'Arabe. On dit que le nom latin *crocus*, vient d'une fable qui rapporte qu'un petit garçon nommé Crocus, extraordinairement amoureux d'une jeune fille, fut métamorphosé en cette plante. Cette rêverie de l'antiquité est consacrée dans les Métamorphoses d'*Ovide* par ce vers : *Et Crocus in parvos versus cum smilace flores.* Il faut avouer que si ces absurdités mythologiques choquoient la raison & la vérité, elles flattoient extrêmement l'imagination. Les Anciens ne voyoient point dans leurs prairies de simples végétaux; mais ils les remplissoient d'êtres animés; les champs étoient couverts de Métamorphoses, & les forets peuplées de Nymphes & de Dieux.

Le Thlaspi ou Sennevé Sauvage.
Lat. Thlaspi. Esp. Paniqueso de flor Blanquo. Angl. Treacle Mustard. Allem. Baurenpsentf.
G.ⁿ de Seigne Regnault.

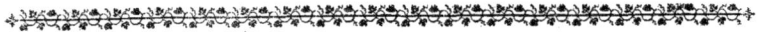

LE THLASPI DE CRETE,

Plante annuelle, du nombre des anti-scorbutiques.

Thlaspi creticum quibusdam, flore rubente & albo J. B. 2. 924. Inst. R. H. 213. *Iberis umbellata.* Linn. sp. 906. 7.

Tournef. class. 5. sect. 2. gen. 1. Linn. Tetradynamia siliculosa. Adans. 52. fam. des Cruciferes, sect. des Thlaspi

Cette espece de Thlaspi a été nommée Thlaspi de Crête, parcequ'elle nous est venue originairement de cette Isle fameuse dans la Méditerranée. On la trouve aussi en Toscane & en Espagne. Elle s'est même familiarisée avec notre climat, & elle n'est pas rare dans les environs de Paris. Sa racine (*a*) est simple & peu fibreuse; ses tiges sont hautes d'un pied ou d'un pied & demi; ses feuilles ressemblent à celles de l'Ibériette, ce qui a déterminé en partie M. Linnæus à la transporter du genre des Thlaspi où Tournefort l'avoit placée à celui de l'Ibériette. La fleur du Thlaspi de Crête (*b*) est à quatre pétales inégaux. On a représenté (*c*) le calice avec les quatre étamines. Le pistil (*d*), devient ensuite un fruit (*e*) composé de deux panneaux & divisé en deux loges, où se trouvent des graines (*f*) presque rondes & applaties, attachées au bord du chassis ou de la cloison mitoyenne du fruit. Ces semences, unies ensemble avant leur maturité, se séparent aisément lorsqu'elles sont mûres. Les fleurs sont soutenues par de petits filets qui, partant du même centre, sont à-peu-près semblables aux bâtons d'un parasol. Les amas de fleurs ainsi disposées sont des bouquets en ombelle; voilà d'où vient l'épithete d'*umbellata*, que M. Linnæus a jointe au nom simple d'*Iberis*, pour la phrase, dite triviale, qui sert à caractériser cette plante. Nous devons observer ici que c'est par inadvertence que l'on a gravé au bas de l'estampe les dénominations convenables au Thlaspi commun ou sennevé sauvage, dont nous parlons ailleurs. Nous devions à nos Lecteurs l'aveu de cette inexactitude, qui pourroit les embarrasser ou les tromper, & cette franchise leur prouvera que nous ne laissons pas à la critique le soin de faire l'*errata* de notre Ouvrage. Quant aux vertus du Thlaspi de Crête, elles ont beaucoup d'analogie avec les propriétés générales des cruciferes; elles sont incisives, atténuantes, détersives, diurétiques & par-là anti-scorbutiques. La semence des différentes especes de Thlaspi, est employée indifféremment en Médecine : elle a une saveur piquante, & ces plantes contiennent toutes beaucoup d'huile & de sel essentiel. Nous circonstancions davantage ces détails aux articles des autres especes de Thlaspi. Nous terminerons celui-ci par deux observations étymologiques. Le nom d'Iberiette (*Ibéris*) a une origine très simple : il vient de ce que les plantes auxquelles il a été donné étoient naturelles au climat de l'Espagne, appellée anciennement Ibérie. Le mot de Thlaspi vient d'un verbe grec qui signifie en françois *pressé*, *comprimé*, parcequ'le fruit de cette plante est en effet applati & comme comprimé.

L' Ellebore a fleur verte.
Helleborus viridis. Linn.
Ital. *Ellebore nero.* Esp. *Verde gambre negro.* Angl. *Orchole and Setterworte.* Allem. *Schwartniesemurt.*

Geneviève de Nangis Regnault del et Sculp.

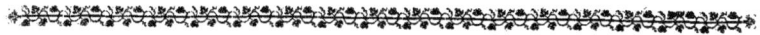

L'ELLEBORE A FLEUR VERTE,

Plante vivace, du nombre des purgatives.

Helleborus niger, vulgaris, flore viridi. C. B. P. 185. Inſt. R. H. *Helleborus viridis.* L. ſp. 784. 3.
Tournef. Claſſ. 6. ſect. 7. gen. 11. Linn. Polyandria polygynia. Adans. 55. Fam. des Renoncules, 1. ſect.

L'Ellebore noir, à fleur verte, eſt une plante qui croît naturellement dans les montagnes, & que l'on cultive quelquefois dans les Jardins. Il ſort du ſommet de ſes racines un grand nombre de fibres, noirâtres en dehors, blanchâtres ou griſes en dedans. Ces fibres multipliées ſont ſerrées en terre autour de la racine, d'où naiſſent des feuilles portées ſur de longues queues. Les fleurs compoſées de cinq feuilles diſpoſées en roſes, arrondies & verdâtres, paroiſſent à la fin de l'hiver. On a repréſenté de grandeur naturelle un des pétales (*a*), le piſtil (*b*), les étamines courtes & jaunes qui occupent le milieu des fleurs (*c*), les cornets ou nectaires, ou tubes en éperon qui forment la corolle, & naiſſent entre les pétales & les étamines, à la baſe du piſtil (*d*); enfin le fruit (*e*) qui ſuccede aux fleurs, & qui eſt compoſé de pluſieurs gaînes membraneuſes, entr'ouvertes (*f*) pour laiſſer voir les ſemences noires & rondes qu'elles contiennent. Les feuilles ſont pleines de ſuc, & les racines ameres, âcres, piquantes, d'une odeur forte, ingrate, & nauſéabonde. Elles s'emploient indiſtinctement en Médecine avec celles d'une autre eſpece d'Ellébore noir à feuilles étroites & à fleurs purpurines, quoique celles-ci, ſelon Cartheuſer, ſoient les plus efficaces. On ne finiroit pas, ſi l'on vouloit rapporter tous les témoignages des Anciens ſur les vertus de l'Ellébore. Il n'a été queſtion en Médecine, pendant long-tems, que des merveilleux effets de cette plante ſur les cervelles dérangées par les cauſes de la folie. On lui attribuoit des cures ſi multipliées, ſi miraculeuſes, ſi célebres, que la propriété de l'Ellébore eſt devenue proverbe. Comme on en recueilloit beaucoup à Antycire, les Grecs conſeilloient ironiquement le voyage de cette ville à ceux qui donnoient des ſignes de démence. Antycire étoit pour tous les inſenſés des lieux circonvoiſins ce qu'eſt aujourd'hui Montpellier pour les Anglois travaillés du ſplen, eſpece de délire noir & de folie mélancolique aſſez commune en Angleterre. L'Ellébore dont nous parlons ne jouit pas d'une réputation auſſi grande, & l'on peut croire que c'eſt une plante différente de celle à qui les Anciens donnoient le même nom. Cette identité de dénominations appliquées à divers objets, n'a pas laiſſé de jetter beaucoup de déſordres dans l'étude de l'Hiſtoire Naturelle. Nous nous trouvons arrêtés à chaque pas, en liſant les Ecrivains de l'antiquité, pour concilier leurs façons de parler avec les nôtres, & pour ſavoir préciſément à quoi nous en tenir ſur la vérité de leurs récits. Quant aux uſages modernes de l'Ellébore, nous trouvons dans le Diſpenſaire de Paris que ſa racine entre dans pluſieurs compoſitions pharmaceutiques, telles que les pilulles de Stark, &c. On fait une préparation de cette racine avec du vinaigre, un extrait de la même & du ſyrop d'Ellébore. L'extrait de la racine eſt employé dans les pilulles balſamiques de Stahl. Il s'ordonne dans les affections ſoporeuſes, la fiévre quarte & les autres maladies rebelles. Au reſte, l'uſage de l'Ellébore en ſubſtance & en infuſion eſt très délicat. Il porte à la tête, cauſe quelquefois des convulſions & des irritations dans les parties nerveuſes. Chomel, à qui nous devons cette remarque, ajoûte que les maux cauſés par l'Ellébore ſe guériſſent avec le ſuc ou le ſyrop de coing. Nous pourrions bien groſſir encore cet article, par les autres vertus que pluſieurs Ecrivains ont données à l'Ellébore; mais nous diſcutons ailleurs cette matiere intéreſſante, & nous invitons les excellents Obſervateurs de Phyſique & de Chymie à renouveller leurs expériences ſur cette plante fameuſe & ſinguliere.

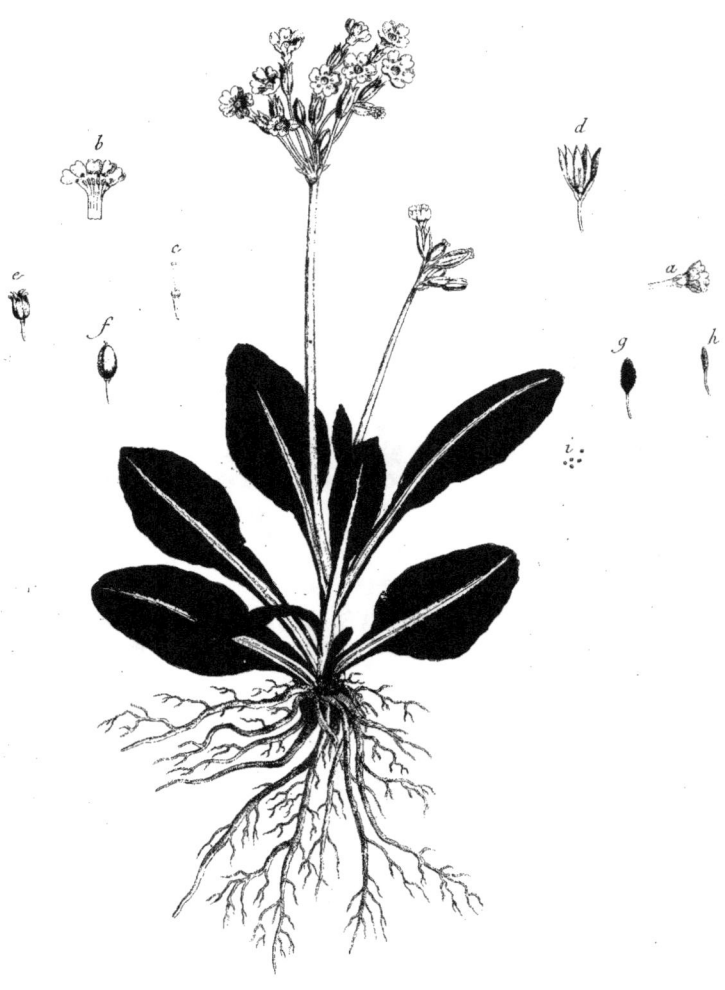

La Primevere ou *Primerole*.
Primula officinalis Linn.
Lat. *Primula veris odorata flore Luteo simplici* Allem. *Schlußelblumen*.

LA PRIMEVERE ou PRIMEROLE,

Plante vivace, du nombre des céphaliques.

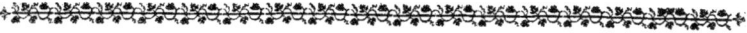

Primula veris odorata flore luteo simplici. J. B. 3. 495. I. R. H. 124. *Primula veris officinalis.* L. S. P. 104. 1.

Tournef. class. 2. sect. 2. gen. 2. Linn. Pentadria monogynia. Adans. 30. fam. des Anagallis.

La Primevere ou Primerole est une plante qui croît dans les campagnes, dans les prairies, dans les bois, & en général, aux lieux humides. Sa racine est assez grosse, rougeâtre, garnie de fibres longues & blanches. Cette racine pousse, dès le mois de Mars, des feuilles alternes, oblongues, larges, ridées & qui se répandent à terre. Il s'éleve d'entr'elles une ou plusieurs tiges, hautes de quatre pouces, rondes, nues ou sans feuilles. Elles portent dans leurs sommets, des bouquets de fleurs jaunes, formées en tuyaux, évasées en leur partie supérieure, disposées en ombelles, au nombre de sept, de douze, de vingt quatre, & même plus. On a représenté de grandeur naturelle le pétale fermé (*a*), le même ouvert avec les cinq étamines (*b*), le pistil (*c*), le calice (*d*), la capsule ou coque ovale qui renferme les semences, ouverte par la siccité (*e*), la même dans son premier état (*f*), le fruit (*g*), le placenta (*h*), & enfin les semences (*i*) rondes, noires & menues. Les fleurs sont odorantes; les feuilles chargées d'un duvet léger; la racine d'une odeur agréable & d'un goût astringent. Cette racine a beaucoup de sel essentiel, d'huile & de phlegme. Selon Cartheuser, les fleurs de Primevere ont assez d'affinité avec celles de Tilleul par leur nature & par leurs forces. Il ajoûte que, dans ces dernieres, la substance fixe est plus mucilagineuse, & le principe volatil odorant plus expansif. On trouve dans les boutiques une eau distillée & une conserve de Primevere, indiquées dans la Pharmacopée de Paris. Ces deux préparations s'emploient heureusement dans l'apoplexie & la paralysie. De-là vient que la Primevere est appelée dans quelques endroits l'Herbe des paralytiques. Les fleurs se prescrivent ordinairement en infusion théiforme. On en fait aussi infuser dans du vin pour fortifier : toutes les parties de la plante sont amies des nerfs, & remédient à leur relâchement. Elles ont en outre quelque chose d'adoucissant & de somnifere, en ce qu'elles servent à calmer les vapeurs, la migraine & les vertiges des filles mal réglées. Le suc des fleurs est un liniment éprouvé pour nettoyer le visage & pour effacer les rides. Bartholin assure qu'une personne paralytique du côté gauche a été guérie avec de l'eau-de-vie de froment, dans laquelle avoit bouilli la Primevere. Au reste, cette plante est bonne, sur-tout contre la paralysie de la langue & le bégaiement. Elle entre dans l'ongent *Martiatum*. Il y a des pays où l'on ne borne pas son usage à ses propriétés médicinales. Les Anglois mangent les feuilles crues en salade, ou cuites avec d'autres herbes. Les Suédois se servent de ses fleurs, pour donner un meilleur goût au vin. L'odeur agréable de ces fleurs, & leur précocité, s'il est permis de s'exprimer ainsi, les rendent très précieuses dans les Jardins. Elles sont très simples, mais belles. L'œil ne les distingue pas d'abord, parcequ'elles sont petites & pendantes ; mais elles parfument les bosquets printanniers. Le nom de Primevere (*Primula veris*), lui a été donné parcequ'en effet elle ouvre la scene du Printems, & devance toutes les autres fleurs qui naissent en foule pour embellir cette saison. On lui donne encore les noms de *Fleur de Coucou*, d'*Herbe Saint-Paul*, &c. L'Auteur du Poëme des Saisons a employé le mot *Primevere* au masculin, dans ces vers imités du P. Rapin :

> L'odorant Primevere éleve sur la plaine
> Ses grappes d'un or pâle & sa tige incertaine.

La Chicorée Endive.

Lat. Cichorium. Ital. Cichorea. Esp. Almerones. Angl. Succory. Allem. Hindlleiffi Oder Cichorien.

LA CHICORÉE-ENDIVE,

PLANTE ANNUELLE, DU NOMBRE DES RAFRAICHISSANTES.

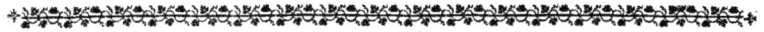

Cichorium latifolium, five Endivia vulgaris I. R. H. 479. *Cichorium Endivia* L. S. P. 1142. 2.

TOURNEF. claff. 13. fect. 2. gen. 3. LINN. Syngenefia : polygamia æqualis. ADANS. 16. fam. des Compofées.

La CHICORÉE-ENDIVE, plus connue fous les noms de Chicorée blanche & de vraie Endive, eft une plante qui fe cultive dans les potagers pour l'ufage de la cuifine. Sa racine (*a*) eft fibreufe & rend un fuc laiteux. Ses feuilles font longues & larges, crenelées en leurs bords, & inclinées vers la terre avant qu'elle monte en tige. Cette tige, qui s'élève d'entr'elles à la hauteur d'un pied & demi, eft liffe, cannelée, vuide, rameufe & tortue. Ses fleurs font bleuâtres, & naiffent de l'aiffelle des feuilles. Elles font difpofées en bouquets, & femblables à celles de la chicorée fauvage. Le demi-fleuron (*b*) & le piftil (*c*) font peints de grandeur naturelle. Il fuccede à ces fleurs une capfule oblongue qui contient des femences anguleufes (*d*). Il y a une efpece de petite Endive qui ne differe de celle-ci qu'en ce que fa tige eft plus rameufe, & fes feuilles à la fois plus étroites & plus ameres au goût. Cette faveur amere étant commune à toutes les efpeces de Chicorées, elles ne font diftinguées à cet égard que par le plus ou le moins. Quant à l'Endive frifée, Linnæus en fait une variété de la Chicorée-Endive. Toutes ces efpeces contiennent beaucoup de phlegme, peu d'uile & de fel. Elles font falutaires & remédient au bouillonnement du fang. Elles fervent dans les ptifanes, les bouillons & les apozemes apéritifs. Selon le Difpenfaire de la Faculté de Paris, les feuilles de la Chicorée-Endive entrent dans les décoctions rafraîchiffantes, & leur fuc dans l'Electuaire de *Pfillyo*. Cette plante paroit bien plus fouvent fur nos tables que dans nos médicamens. C'eft pour les Jardiniers l'objet d'une culture particuliere, & leur art lui fait fubir une forte de métamorphofe qui n'eft pas indigne d'être obfervée. Si on la feme au printems, elle croît fort vîte, fleurit, porte fes graines l'été, & meurt. Si au contraire on la feme au mois de Juillet, elle fubfifte tout l'hiver dans la terre & le fable, dont on la couvre au commencement de l'automne, après avoir lié fes feuilles. Dans cet état de végétation fouterraine, la Chicorée-Endive devient blanche comme de la neige. Ce qui n'eft pas moins étonnant, c'eft qu'en acquérant cette blancheur finguliere, elle perd de fon amertume : elle eft alors d'une faveur agréable, & fe fert en hiver à la place d'autres falades. Ainfi l'art ajoûte à la nature des richeffes tirées de fon propre fein & fait intervertir l'ordre de fes productions pour en jouir mieux. Le mot de Chicorée vient du grec, & fignifie que cette plante fe trouve aifément par-tout. Celui d'Endive (*Intybus vel Intubus*) vient de ce que les tiges des Endives font ordinairement creufes & en forme de tuyaux. Les Anciens connoiffoient cette plante, & l'employoient beaucoup dans leur cuifine. Horace, faifant l'éloge de fa fobriété, fe félicitoit du goût vraiment philofophique qui le portoit à fe nourrir de Chicorée & de Mauves légeres. Virgile, à la fin de fon Poëme des Géorgiques, fait une légere excurfion fur les Jardins, où cette plante n'eft pas oubliée. Ce trait a été confervé dans la nouvelle traduction, d'une maniere très heureufe.

Du Perfil toujours verd, des pâles Chicorées,
Ma Mufe abreuveroit les tiges altérées.

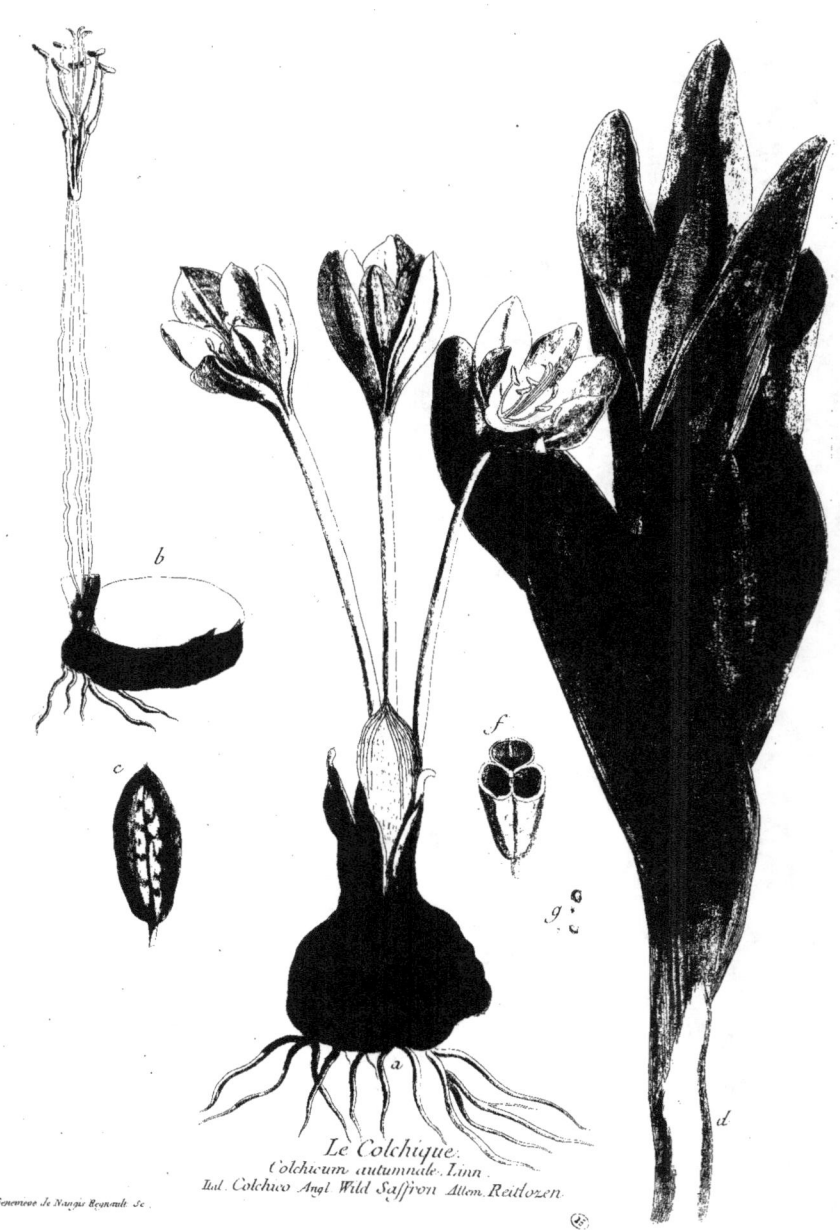

Le Colchique.
Colchicum autumnale. Linn.
Ital. Colchico Angl. Wild Saffron Allem. Reitlozen.

LE COLCHIQUE, ou TUE-CHIEN,

PLANTE VIVACE, DU NOMBRE DES ALEXIPHARMAQUES.

Colchicum commune. C. B. P. 67. I. R. H. 348. *Colchicum autumnale.* L. S. P. 485. 1.
TOURNEF. Claff. 9. fect. 1. gen. 5. LINN. Hexandria trigynia. ADANS. 8. Fam. des Liliacées, fect. des Jacinthes.

LE COLCHIQUE eft une plante qui croît dans les prés, fur les montagnes, & qui aime les terreins gras. Sa racine (*a*) eft compofée de deux tubercules blancs, dont l'un eft charnu & l'autre barbu, & qui font enveloppés de quelques tuniques noires ou rougeâtres. Nous nous étendrons peu fur la defcription de cette plante très connue par un avantage qui lui eft particulier ; c'eft que fes oignons, enlevés au commencement de l'automne, & mis à fec en hiver fur une cheminée, fleuriffent fans avoir befoin d'aucun autre fecours. On a peint (*b*) l'oignon coupé tranfverfalement, avec le piftil & les étamines ; & la filique triangulaire, oblongue & noirâtre qui contient les (*c*) femences. De la racine du Colchique, s'élèvent, au commencement du printems, trois ou quatre feuilles (*d*) femblables à celles du lys blanc ; & le même pied d'où fortent ces feuilles, avoit produit, au commencement de l'automne précédente, des fleurs tantôt purpurines, tantôt blanchâtres, portées fur des tuyaux longs & grêles. Ces fleurs fe fanent au bout de deux ou trois jours, ce qui a fait donner à la plante, par quelques Botaniftes, le nom d'Ephemere. Il y en a qui l'ont appellé l'Ephemere empoifonneur (*Ephemerum venenofum*), pour exprimer à la fois la rapide durée de fes fleurs, & les funeftes propriétés de la plante. Le fruit eft coupé tranfverfalement (*f*), & contient des graines (*g*) arrondies, d'un brun noirâtre, dont la maturité précede la deftruction des feuilles & des tiges. Ce végétal, bien digne de remarque, comme l'obferve M. de Bomare, a été le fujet de beaucoup d'obfervations & d'expériences. Toutes fes parties ont une odeur grave & nauféabonde. La racine eft remplie d'un fuc laiteux ; elle excite la falive, & lui donne une légere amertume. Cette racine, prife intérieurement, eft regardée comme un poifon mortel. Elle feroit fuffoquer, fi l'on en prenoit une certaine quantité. Elle gonfle, comme une éponge, dans la gorge & dans l'eftomac ; caufe dans cette partie une ardeur & une pefanteur confidérables ; déchire les entrailles, excite des démangeaifons par tout le corps, & s'échappe par les felles en morceaux teints de fang. Les remedes convenables en pareil cas font l'émétique, le petit-lait, & les lavements émolliens. Autant l'ufage intérieur de cette racine eft nuifible, autant, dit Wedellius, elle eft fpécifique extérieurement contre la pefte & toutes fortes de maladies épidémiques. Ce Médecin croyoit qu'il étoit fuffifant, pour fe préferver de ces maladies, de porter la racine de Colchique en amulette au col. D'autres Docteurs, non moins graves, ont répété depuis cette finguliere affertion, & les Amulettes de Colchique jouiroient encore d'une réputation brillante, fi elle n'avoit pas été conteftée. Un Savant, ennemi du merveilleux & fagement incrédule fur ces matieres, a détruit la vertu chimérique de ces talifmants, dont la feule vertu réelle eft d'encourager le Peuple. L'empêcher de craindre la contagion, c'eft en quelque forte l'en garantir ; car on fait, dit Rivin, l'effet de la terreur, & combien elle eft propre à augmenter la violence de la pefte. On a donné au Colchique beaucoup d'autres propriétés, dont la plus fûre eft celle de fon application extérieure pour les maux de gorge, la goutte & les rhumatifmes. M. Stork, fi connu par des expériences admirables & hardies fur les différens poifons tirés du regne végétal, les a étendues à ce Colchique, & il a prouvé en dernier lieu qu'on pourroit l'employer dans plufieurs maladies dangereufes. Sans prononcer ici fur le fond de la queftion, nous croyons devoir remercier M. Stork, au nom de l'humanité, de fes utiles & périlleufes tentatives. On fait que Triccius avoit donné l'exemple de cette fage témérité, long-tems avant M. Stork, & que ce dernier a fouvent confulté l'Ouvrage de fon prédéceffeur. Il eft rare de trouver des Savants qui fe dévouent en quelque forte pour le bien de leurs femblables, jufqu'à éprouver fur eux-mêmes les effets hafardeux que produifent les plantes vénéneufes & les poifons en général. Il faut au moins autant de courage pour s'y réfoudre qu'il en fallut à Alexandre pour boire fans réflexion la médecine préfentée par Philippe. M. de Maupertuis, parmi nous, a imité heureufement Triccius, par différens effais fur le danger de la piquûre des Scorpions.

La Petite Pervenche
Vinca minor. Linn.
Ital. Provenca. Esp. Pervinqua
Angl. Pervinde. Allem. Wintergrün

Geneviève de Nangis Regnault del. et Sculp.

LA PETITE PERVENCHE,

PLANTE VIVACE, DU NOMBRE DES VULNÉRAIRES ASTRINGENTES.

Pervinca vulgaris, angustifolia, flore cæruleo. I. R. H. 120. *Vinca minor.* L. S. P. 304. 1.

TOURNEF. Class. 2. sect. 1. gen. 6. LINN. Pentandria monogynia. ADANS. 23. Fam. des Apocyns.

LA PETITE PERVENCHE est une plante qui se trouve communément dans les bois, parmi les broussailles, aux lieux ombrageux & dans les terreins humides. Sa racine vivace & fibreuse pousse plusieurs tiges menues, grêles, longues, rondes, vertes & noueuses. Ces especes de sarmens ou tiges serpentent sur la terre, & s'attachent à tout ce qu'ils rencontrent. Ses rameaux sont comme autant de bras qui cherchent des appuis de tous côtés. Ses feuilles lisses, oblongues, & toujours vertes, sont rangées deux à deux, l'une vis-à-vis de l'autre. Elles approchent beaucoup de celles du laurier, non pour la grandeur, mais pour la figure, & de celles du lierre pour la couleur & la consistance. Sa fleur est en tuyau évasé & échancré : sa couleur varie ; elle est bleuâtre, quelquefois blanche, & rarement rouge. Les feuilles ont un goût stiptique & amer. La fleur est inodore, & subsiste long-tems. Il lui succede un fruit à deux siliques qui renferment des semences oblongues. On a représenté de grandeur naturelle un pétale ouvert (*a*) pour laisser voir les étamines (*b*) ; le même dans son état ordinaire (*c*), le calice (*d*), le pistil (*e*), les deux siliques (*f*) ; une silique entr'ouverte (*g*) ; & enfin une des racines par où la tige s'attache en traçant de côté & d'autre (*h*). La petite Pervenche a reçu aussi les noms de Pervenche à feuille étroite, de petit Pucelage & de Violette des Sorciers. Elle differe de la grande Pervenche, en ce que celle-ci est en effet plus grande dans toutes ses parties ; mais celle dont il est question ici, est d'un usage plus fréquent en Médecine. Elles contiennent l'une & l'autre beaucoup d'huile & médiocrement de sel essentiel. De tous les anciens Botanistes, Césalpin est le seul, à ce que dit l'illustre Tournefort, qui ait eu la satisfaction d'observer le fruit de la petite Pervenche, & Tournefort lui-même ne l'avoit vu ni en Provence, ni en Languedoc, quoique cette plante y soit très commune. Pour en avoir du fruit, on a recours à un artifice qui réussit très bien sur la plûpart des plantes, qui tracent considérablement dans les pays froids. On la met dans un pot où il y a peu de terre, & la seve ne pouvant plus se dissiper dans les racines, passe alors dans les tiges & fait gonfler le pistil qui devient le fruit. L'usage le plus ordinaire de la Pervenche est d'arrêter le flux trop immodéré des menstrues & des hémorrhoïdes. Le saignement de nez s'arrête aussi en y appliquant des feuilles de Pervenche pilées. Le gargarisme fait avec la décoction de cette plante est très utile dans les maux de gorge. Le lait coupé avec cette décoction convient dans les crachemens de sang, & dans la dyssenterie. Ecrasée & appliquée sur le sein, la Pervenche fait revenir le lait aux nourrices. Tragus assure aussi, & Jean Bauhin l'a répété d'après lui, que cette plante clarifioit le vin trouble. Le nom de Pervenche lui a été donné à cause de sa verdure éternelle, & parcequ'elle résiste à la rigueur du froid (*Pervinca, à pervincere*). D'autres l'ont appellée Clématite, à cause de la longueur de ses sarmens, &c. On distingue facilement la Pervenche parmi les herbes vulnéraires qu'on nous apporte de la Suisse, & dont le mélange est connu sous le nom de *Faltranchs*. C'est un très bon diurétique. J'ignore pourquoi les paysans des montagnes de Vôsges n'imitent pas ceux de la Suisse. Ils ont autour d'eux les mêmes ressources, & s'ils en profitoient ils nous sauveroient du ridicule qu'il y a certainement à faire venir d'ailleurs une denrée qu'on pourroit recueillir chez soi.

Le Cresson des Prés.
Cardamine Pratensis Linn.
Ital. Nasturtio Angl. Ladies Smock Allem. Gauchblabme.

LE CRESSON DES PRÉS,

PLANTE VIVACE, DU NOMBRE DES ANTISCORBUTIQUES.

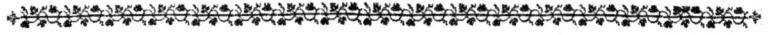

Cardamine pratenfis magno flore purpurafcente. I. R. H. 224. *Cardamine pratenfis.* L. S. P.
TOURNEF. claff. 5. fect. 4. gen. 5. LINN. Tetradynamia filiquofa. ADANS. 52. fam. des Cruciferes.

LE CRESSON des prés que l'on appelle auffi Cardamine ou Pafferage fauvage, eft une plante qui croît dans les prairies & autres lieux humides. Sa racine menue & fibreufe (*a*) pouffe des feuilles oblongues & arrondies, qui font portées fur de longues queues. Du milieu de ces feuilles, s'éleve, à la hauteur d'un pied, une tige revêtue d'autres feuilles découpées à-peu-près comme celles de la Roquette. Les fleurs naiffent aux fommités des tiges. Elles font compofées de quatre pétales (*b*) difpofés en croix. Au centre des quatre étamines (*c*), eft le piftil (*d*), qui fort du fond du calice (*e*). Ce piftil devient enfuite une filique applatie, compofée de deux lames ou paneaux & divifées en deux loges (*f*), remplies de quelques femences prefque rondes. Ces filiques, comme l'a dit Tournefort, ont cela de particulier que leurs lames fe recoquillant par une efpece de reffort, fe roulent en volute & répandent les femences de part & d'autre avec affez de force. Nous remarquons ailleurs que cette explofion eft commune à d'autres plantes, dont la nature a voulu que les femences fuffent difperfées de la même maniere. La Cardamine contient beaucoup d'huile, de phlegme & de fel effentiel. Toutes fes parties font apéritives & antifcorbutiques. Elle eft propre pour la pierre, à ce qu'affure Lemery dans fon Dictionnaire des Drogues. Cette plante eft piquante, & âcre au goût, de même que le Creffon, & peut lui être fubftituée. Tragus croyoit même que le Creffon d'eau dégénéroit à la longue en Creffon des prés. Des obfervations plus exactes ont prouvé que ces deux efpeces très diftinctes ne fe confondoient jamais. La Cardamine fleurit & graine au printems. Il y en a une variété plus petite. Le mot de Cardamine vient de *Cardamum*, qui fignifie Creffon. Différents Botaniftes ont donné à notre Pafferage fauvage les noms d'*Iberis*, de *Lepidium minus*, de *Flos cuculi*, &c. L'infinie variété de ces dénominations effraye avec raifon les Amateurs de l'Hiftoire Naturelle. On ne fauroit donc trop approuver l'ufage de ces phrafes triviales que M. Linnæus a adoptées pour caractérifer rapidement chacune des plantes. Le mérite de la briéveté eft effentiel dans les élémens d'une fcience auffi vafte que la Botanique, & en général dans la théorie de toutes les Sciences.

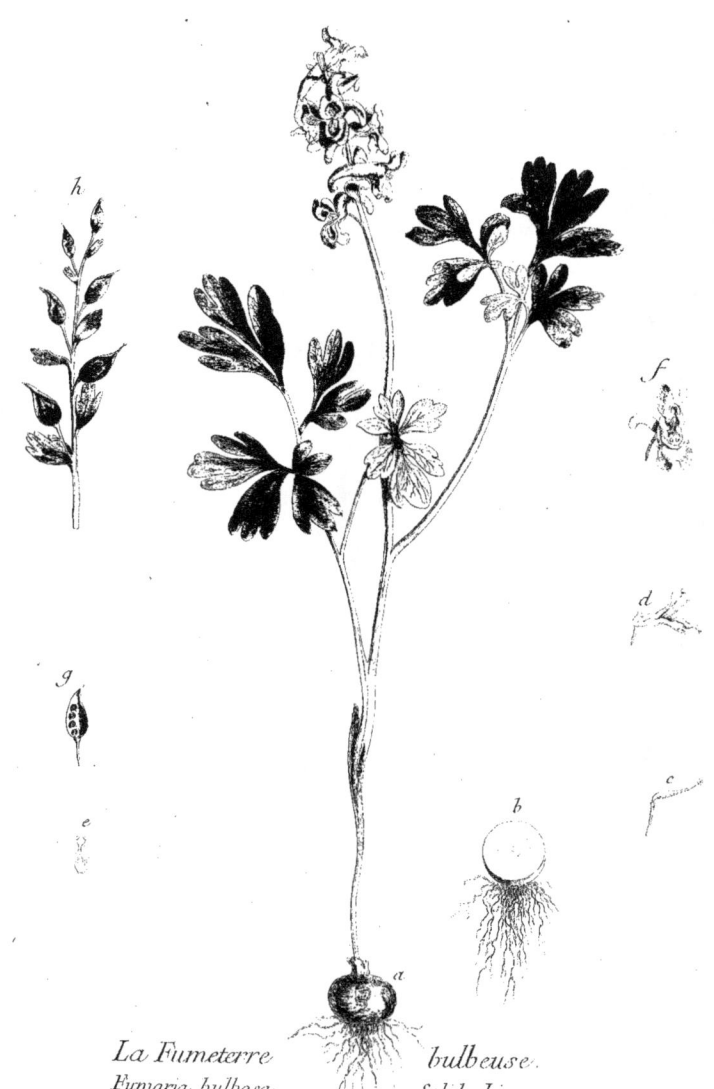

La Fumeterre bulbeuse.
Fumaria bulbosa. Solida Linneus.
Ital. Fumaria. Esp. Palomilha. Angl. Fumoterry. Allem. Erdrauch.

Geneviève de Nangis Regnault Sculp.

LA FUMETERRE BULBEUSE,

Plante vivace, du nombre des vulnéraires.

Fumaria Bulbosa, radice non cavâ, major. C. B. P. 144. *Fumaria Bulbosa solida.* L. S. P. 983. 3.

Tournef. Class. 11. sect. 1. gen. 3. Linn. Diadelphia hexandria. Adans. 53. Fam. des Pavots.

La Fumeterre Bulbeuse, dont la plante que nous décrivons ici n'est qu'une variété, se trouve dans les bois, & se cultive dans les Jardins. Elle sert, pour ainsi dire, de supplément à la Fumeterre commune, dans les cas où celle-ci est ordonnée comme médicament. On a représenté (*a*) l'oignon ou le bulbe de cette plante dans son état naturel. On le voit (*b*) coupé transversalement. Le pistil d'abord seul (*c*), & ensuite avec les deux étamines portées sur la levre inférieure de la fleur (*d*), les étamines séparées (*e*), la fleur ouverte & vue de face (*f*), le fruit ouvert aussi pour laisser voir les graines (*g*), tous ces objets sont de grandeur naturelle. Ce fruit n'est autre chose que le pistil lui-même, qui se transforme, lorsque la fleur est passée, en une capsule membraneuse, où se trouvent les semences. Les fleurs de la Fumeterre, selon M. de Tournefort, approchent beaucoup des fleurs légumineuses; mais elles ne sont composées que de deux feuilles qui forment une maniere de gueule à deux mâchoires. Les Auteurs ont donné beaucoup de vertus aux différentes especes de Fumeterre. Ce qu'il y a de plus sûr sur les propriétés de la Fumeterre Bulbeuse est rapporté dans l'Ouvrage de M. Adanson. Ce Savant Naturaliste dit que les racines s'emploient pour procurer les regles, & que la poudre de ces racines appliquée extérieurement sur les ulceres, en nettoie les chairs baveuses. Le mot de Fumeterre (*Fumus Terræ*), vient, à ce qu'on prétend, de ce que le suc de cette plante étant mis dans les yeux, les fait larmoyer comme la fumée. Il y a une autre Fumeterre Bulbeuse, à racine non creuse, (*radice non cavâ*) qui est plus petite que celle dont il est question ici. C'est celle à qui Linnæus a donné l'épithete *d'intermedia*. Les trois variétés qu'il a rangées sous le nom commun de Fumeterre Bulbeuse, se rapportent à cette espece par leurs racines charnues & leurs tiges simples, ainsi que par la petitesse du calice, la structure des feuilles, &c. Elles se multiplient également par leurs bulbes, & fleurissent au mois de Mai, Juin & Juillet.

l'Herbe aux cuilliers.
Cochlearia officinalis Linn.
Angl. Scurvi-grass Ital. et autres Langues Cochlearia

Genevieve de Nangis Regnault del et Sculp.

43

L'HERBE AUX CUILLERS, ou COCHLÉARIA,

PLANTE ANNUELLE ET BISANNUELLE, DU NOMBRE DES ANTI-SCORBUTIQUES.

Cochléaria folio subrotundo. C. B. P. 110. *Cochléaria officinalis.* L. S. P. 903. 1.

TOURNEF. class. 5. sect. 2. gen. 4. LINN. Tetradynamia siliculosa. ADANS. 52. fam. des Cruciferes, 3. sect. des Thlaspi.

L'HERBE aux cuillers, qu'on appelle aussi *le Cran* dans quelques endroits de la France, est commune dans les Pyrénées, & se cultive facilement dans nos Jardins, où elle se seme d'elle-même. Elle aime en général les lieux maritimes & ombrageux. Sa racine (*a*), est un peu épaisse, droite, fibreuse. Ses feuilles portées sur des queues longues, sont arrondies, à oreilles creuses, presque en maniere de cuillers, d'où est dérivé le nom de la plante. Les tiges sont hautes d'environ un pied, les fleurs composées de quatre pétales disposés en croix, les fruits arrondis & partagés en deux coques, où se trouvent de petites graines. Les quatre pétales, le pistil & les étamines sont d'abord vus de face (*b*), & ensuite de profil (*c*) avec le calice. Le fruit (*d*), le même coupé transversalement (*e*), la cloison ou membrane à laquelle s'attachent les graines (*f*), & les graines (*g*), tous ces différens objets sont de grandeur naturelle. On se sert en Médecine des feuilles & de la graine de Cochléaria. Cartheuser en donne une excellente analyse. Il dit qu'indépendamment des parties résineuses-gommeuses qui entrent dans la composition des feuilles, elles en contiennent encore d'huileuses-spiritueuses, d'où découlent primitivement leurs vertus. On n'en tire qu'une petite quantité d'huile essentielle par la distillation humide, mais cette huile est d'une nature singuliere. Elle est pesante & volatile. Son odeur est très pénétrante. Une seule goutte de cette huile délayée dans une mesure entiere de vin suffit pour lui communiquer l'odeur & la saveur du Cochléaria. Au reste, cette plante est à la tête des remedes anti-scorbutiques, elle est apéritive, détersive, vulnéraire, sur-tout lorsqu'elle est fraîche; car la coction & la siccité dissipent ses principes volatils & diminuent sa vertu. On trouve dans les Boutiques une eau & un esprit ardent de Cochléaria distillés. Quand cette plante est fraîche, on la mange seule, ou en salade. On la fait infuser dans du vin ou du petit-lait; & on en donne le suc exprimé, tantôt seul, tantôt un peu édulcoré avec du sucre. Bartholin rapporte que dans les pays du nord, le Cochléaria se mêle avec l'oseille qui passe pour être le correctif dans des bouillons d'avoine, d'orge & de viande, qui lâchent le ventre & qui évacuent les impuretés scorbutiques répandues dans les humeurs. Son suc exprimé s'emploie extérieurement avec beaucoup de succès dans le scorbut, & dans la pourriture des gencives, qu'il raffermit, sur-tout lorsqu'on le mêle avec le miel rosat. La graine de l'Herbe aux cuillers a un peu moins de vertu que les feuilles, & se dépouille de son âcreté au bout de quelque tems pour ne conserver que son amertume. Il y a des personnes qui mettent de l'Herbe aux cuillers dans la bierre qu'ils boivent. A ces détails, qui pour la plûpart sont empruntées de Cartheuser, nous ajoûterons que cette plante n'a pas été connue de Dioscoride, & qu'on a cru la reconnoître dans deux plantes différentes dont Pline parle sous les noms de *Telephium* & de *Britannica*. Ce n'est là qu'une conjecture. Le Cresson alénois & la Capucine ont une grande ressemblance pour les propriétés & les principes avec le Cochléaria. On s'en sert aux mêmes usages. Nous revenons à ce sujet dans l'article de ces plantes.

Le Lierre terrestre.
Glecoma hederacea Linn sP.
Ital Hedera Esp Edera Angl Ground yvc Allem Gundelrab

LE LIERRE TERRESTRE, ou LA TERRETTE,

Plante vivace, du nombre des béchiques ou pectorales.

Hedera terrestris vulgaris. C. B. P. 306. *Glecoma hederacea.* L. S. P. 807. 1.

Tournef. Class. 4. sect. 3. gen. 4. Linn. Didynamia gymnospermia. Adans. 25. Fam. des Labiées. 3. sect.

La Terrette ou Lierre Terrestre est une plante que l'on trouve auprès des vieux arbres, dans les lieux humides & ombrageux. Sa racine est menue & blanchâtre ; ses tiges quadrangulaires, petites, basses, grêles & rampantes. Ces tiges portent des feuilles rondes, crenelées & opposées deux à deux d'espace en espace. La ressemblance qu'on a cru trouver entre ces tiges rampantes & celles du véritable Lierre, ont valu à la plante le nom de Lierre Terrestre. A chaque aisselle des feuilles, naissent des fleurs bleues, formées en gueule ou en tuyau découpé par le haut en deux levres. Ces fleurs sont remplacées par quatre graines sphériques & lisses. On a peint de grandeur naturelle le pétale (*a*) ; le même ouvert pour laisser voir les quatre étamines (*b*) ; le pistil (*c*) ; le calice ouvert (*d*) ; les graines qu'il contient (*e*) ; & enfin on a indiqué (*f*) la maniere dont la plante se multiplie par des rejettons. La Terrette contient, selon Lémery, beaucoup de sel essentiel & d'huile. Toutes ses parties sont d'usage en Médecine ; mais ses feuilles servent principalement. Leur odeur est balsamique, sans être agréable, & leur saveur un peu âcre & un peu amere. Cartheuser dit qu'il entre dans la composition de ces feuilles des principes très actifs, & bien plus remarquables qu'on ne le pense ordinairement. Elles renferment en effet des parties volatiles qui s'exhalent à mesure que les feuilles se dessechent, & une substance résineuse & gommeuse, qui subsiste dans ces feuilles & qui constitue leur activité. Ces feuilles agissent dans le corps en aiguillonnant, en détergeant, en atténuant, en discutant doucement & en fortifiant ; c'est pourquoi le même Auteur veut qu'on le place à la tête des apéritifs, des pectoraux & des diurétiques. On s'en sert avec succès contre l'enrouement, la toux pituiteuse, l'asthme humoral, l'obstruction des visceres du bas-ventre, &c. Les décoctions sont préférables aux infusions, parceque l'ébullition sépare mieux les parties fixes d'où dépend l'éfficacité de ces feuilles. On les fait entrer dans des cataplasmes pour les ulceres, les hernies, les humeurs scrophuleuses, &c. La décoction se mêle avec les yeux d'écrevisse, pour résoudre le sang grumelé. On prétend que le suc de la plante tiré par les narines guérit entierement la migraine la plus violente. Cette plante a reçu dans quelques endroits les noms de Roudette & d'Herbe de S. Jean. Dioscoride en parle sous celui de petit Lierre (*Chamæcissus*). Nous avons vu que Linnæus avoit changé toutes les dénominations anciennes de cette plante. Nul Botaniste n'est plus digne que cet homme celebre d'introduire des nouveautés dans la Science qu'il a si fort illustrée. Mais n'est-il pas à craindre que cette envie d'innover n'embrouille un peu les éléments de la Botanique, & ne trouve beaucoup d'ignorans imitateurs ? *sub judice lis est.*

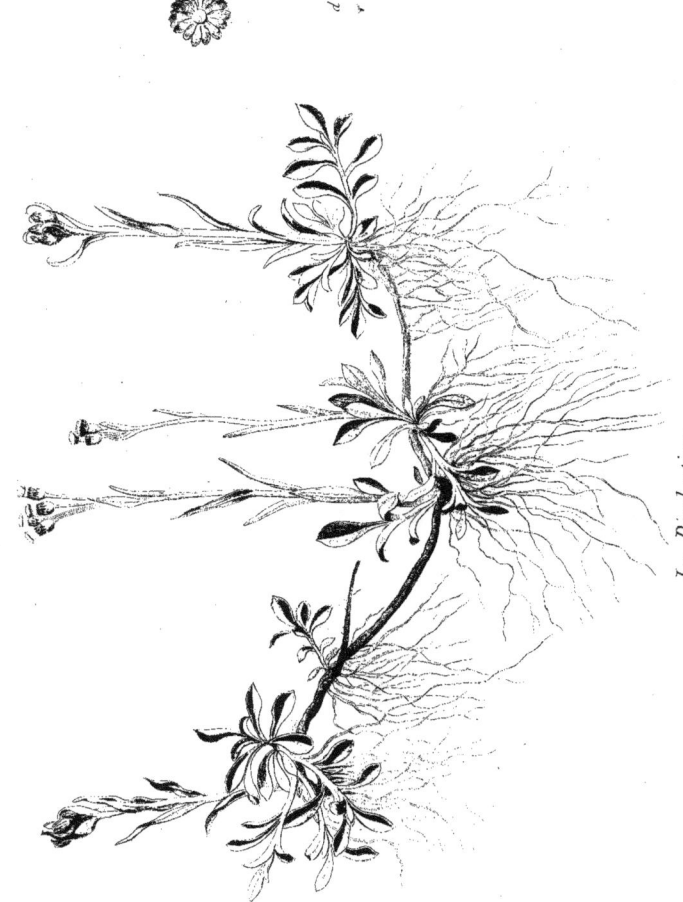

Le Piedchatier
Gnaphalium dioicum Linn. S.P.
Ital. Gnaphalio. Angl. Cudweed & Dorwewect. Allm. Ruhrkraut.

LE PIÉCHATIER FEMELLE,

Plante vivace, du nombre des béchiques.

Pilosella minor. Dod. Pempt. 68. F. *interior. Gnaphalium dioicum fœmina.* L. S. P. 1199. 35.

Tournef. class. 12. sect. 3. gen. 3. Linn. Syngenesia : polygamia superflua. Juss. 13. fam. des Composées.

Le Piéchatier, ou, comme on dit vulgairement, le pied de chat, est une plante qui croît sans culture aux lieux secs & déserts, sur les collines arides, & près des murailles. Elle se plaît sur-tout sur les montagnes exposées aux vents & couvertes d'herbes ; de-là vient que quelques Botanistes l'ont appellée l'Immortelle de montagne. Ses racines sont fibreuses & rampantes ; ses feuilles oblongues, duvetées, & couchées sur terre. Au milieu de ces feuilles s'élevent des tiges de neuf pouces de longeur, qui sont garnies de longues feuilles étroites. Les fleurs naissent aux sommets de ces tiges. Ce sont des fleurs à fleurons, qui représentent le pied d'un chat, lorsqu'elles sont bien épanouies, d'où est venu le nom de la plante. Le fleuron (*a*), le filet (*b*), le calice ouvert & le placenta (*c*), sont grandis & développés au microscope. L'embryon sur lequel portent les fleurs, se change en une graine garnie d'aigrettes, qu'on a représentée (*d*) de grandeur naturelle. Toute la plante est velue & cotoneuse ; ce qui l'avoit fait nommer par plusieurs Botanistes *Hispidula* & *Pilosella*. Les feuilles sont d'un verd gai ; le calice est écailleux & agréable à la vue. La fleur est sur-tout employée en Médecine. Elle contient, selon Lemery, peu de phlegme, beaucoup d'huile, médiocrement de sel. Les especes ou plutôt les variétés de cette plante se distinguent par la couleur du calice des fleurs, & par leur figure qui est plus ronde dans le Piéchatier mâle, & plus allongée dans le Piéchatier femelle. Les unes & les autres s'emploient indifféremment. Le Dispensaire de Paris indique un syrop & une conserve des fleurs de Piéchatier. La conserve convient aux poitrinaires. Le syrop ou l'infusion s'emploie dans le crachement de sang. Cette plante en général, est incrassante & astringente. Elle appaise la toux, facilite l'expectoration, remédie à l'engorgement des poumons & fortifie la poitrine. On trouve des fleurs de Piéchatier dans les *Faltranchs* ou mélanges d'herbes vulnéraires qui nous viennent de la Suisse. Leur infusion & leur décoction se donnent encore avec succès dans la dyssenterie & dans le flux immodéré des menstrues. Au reste, le Piéchatier est nommé par quelques-uns Herbe blanche, nom que l'on donne aussi à une espece de plante cotoneuse, qui croît aux bords de la mer (*Gnaphalium maritimum*). Nous en parlons à son article. J'ai vu des fleurs de Piéchatier qui faisoient un très joli effet dans un grand Jardin à l'Angloise. Elles étoient semées au hasard sur un tertre assez élevé, & dont les autres ornemens respiroient, non la gêne symétrique de l'art, mais l'aimable irrégularité de la nature. Les Jardins, en France, offrent beaucoup de compartimens, d'uniformité & d'ennui. Les Anglois au contraire mettent dans les leurs un beau désordre & une agréable confusion.

le Bec de Grue ordinaire.
Geranium Cicutarium Linn. Sp. p.
Ital. Geranio Esp. Pica de Cigauna. Angl. Storkes bill Allem. Storchsnabel.

Genevieve de Nangis Regnault del et Sculp.

LA GÉRAINE CICUTINE, ou LE BEC DE GRUE ORDINAIRE,

Plante annuelle, du nombre des vulnéraires astringentes.

Geranium cicutæ folio minus & supinum. C. B. P. 319. *Geranium cicutarium.* L. S. P. 951.

Tournef. Class. 6. sect. 7. gen. 8. Linn. Monadelphia decandria. Juss. 34. Fam. de la Géraine.

CETTE PLANTE, qu'un Botaniste appelle le *Géranium musqué*, est connue sous le nom de Bec de Grue ordinaire, & l'on n'a fait que traduire littéralement la phrase latine employée par Linnæus pour la caractériser, en la nommant en françois Géraine Cicutine, ou à feuilles de Ciguë. Ses feuilles approchent en effet de celles de la Ciguë, mais elles sont moins rampantes & moins grandes. La Géraine Cicutine se trouve communément dans les terreins stériles. Sa racine (*a*) est épaisse, assez longue, & d'une odeur désagréable. On a représenté de grandeur naturelle, le pétale en forme de cœur (*b*), & les cinq étamines vues dans le sein du calice, qui est divisé en cinq parties (*c*). Le pistil (*d*) est grandi au microscope. Le fruit qui est en forme de Bec allongé, est marqué dans sa longueur de cinq rainures, & divisé en cinq battans qui lors de la maturité, se relevent en se roulant sur eux-mêmes. On a peint la graine (*e*) dans son premier état, & ensuite (*f*) dans l'état où la met le contact de l'air. Observons encore sur la description de cette plante, que sa tige est basse, & qu'en général, elle tient beaucoup des autres especes de Géraine, soit pour la forme, soit pour les usages. L'illustre Tournefort a compté soixante-dix especes de Geranium ; Linnæus en décrit cinquante-sept dans son Ouvrage sur les especes des plantes ; & Miller en nomme plus de quarante, qui sont cultivées en Angleterre dans les Jardins de quelques Curieux. Il y en a deux qui, avec celle dont nous parlons, sont appellées en général Bec de Grue, à cause de la ressemblance plus ou moins frappante, qui se trouve en effet entre leur fruit & le bec de cet oiseau. Ces deux especes se distinguent par dénominations particulieres, d'*Herbe à Robert* & de *Pied de Pigeon*. Nous dirons ici, une fois pour toutes, que la connoissance des noms, même les plus populaires, qui ont été donnés aux plantes, est aussi utile que curieuse. Elle pourroit même faire l'objet d'un ouvrage très savant, que les Philosophes ne verroient assurément pas d'un œil d'indifférence. Ces dénominations souvent si multipliées, offrent, malgré leur trivialité, des faits & des anecdotes extraordinaires, quand on peut remonter jusqu'à leur origine. Nous invitons quelques bons esprits à s'occuper de ce travail étymologique, dont le but peut paroître minutieux, mais dont l'exécution est à désirer. Revenons aux propriétés des différentes especes de Géraine, dont cette discussion nous a peut-être écartés trop long-tems. Celle dont il est question dans cet article est comptée, ainsi que les autres, parmi les vulnéraires, & s'emploie à ce titre, dans beaucoup de potions & de décoctions. Les feuilles pilées & macérées dans du vin arrêtent les hémorrhagies, & servent à l'extérieur dans des cataplasmes astringens. Les gens de la campagne emploient efficacement les Géraines. Ils les appellent encore Herbes de la Squinancie, parcequ'elles sont estimées bonnes contre cette maladie. Il y a plusieurs sortes de Becs de Grue, qui figurent très bien dans les jardins par la beauté de leurs fleurs. Remarquez encore, que le récoquillement du bec des capsules de la Géraine Cicutine, est une sorte de petit phénomène utile à ceux qui le connoissent. Les aiguilles qui terminent les graines, se tordant au sec, & se détordant à l'humide, on peut les regarder comme des hygromètres.

Le Pied de Lion.
Alchemilla Vulgaris. Linn.
Ital. *Alchimilla pie de Lione.* Angl. *Lady's Mantle.* Allem. *Sinnau ou Loeven-fuſs.*

LE PIED DE LION,

Plante vivace, du nombre des Vulnéraires astringents.

Alchemilla vulgaris. C. B. P. 319. L. S. P. 179.

Tournef. claff. 15. fect. 2. gen. 8. Linn. Tetrandria monogynia. Adans. 41. fam. des Rosiers.

Le Pied de Lion est une plante qui aime les bois & les taillis, & qui se trouve aux lieux herbeux & humides, dans les prairies, le long des vallées & à l'adossement des hautes montagnes.

Sa racine (*a*), fibreuse & noirâtre, se répand obliquement, & pousse une grande quantité de feuilles à huit ou neuf lobes, dentelées en maniere de scie, velues & souvent couchées à terre. Les inférieures sont portées sur de longues queues, les supérieures en forme de reins & sur des pédicules plus courts. Du milieu des fleurs s'élevent, à la hauteur d'environ un pied, de petites tiges, grêles, velues, cylindriques, rameuses, & portant en leurs sommets un bouquet de fleurs étoilées. On voit (*b*) les quatre étamines, le pistil & le calice développés au microscope ; le dehors du calice (*c*), & la capsule (*d*) qui renferme une semence (*e*) menue, luisante & arrondie.

En voilà suffisamment pour la description botanique, qui ne doit être, dans un Ouvrage de la nature de celui-ci, que l'explication &, pour ainsi dire, le simple commentaire de l'Estampe qu'on a sous les yeux. Venons aux propriétés du Pied de Lion.

C'est, suivant le sentiment des différents Ecrivains sur la Matiere Médicale, une plante un peu âcre au goût, vulnéraire, astringente, & légèrement détersive.

La racine & les feuilles donnent un suc qui peut se donner intérieurement aux hommes à la dose de quatre onces, & sa décoction à la dose de six, dans les dyssenteries. Le Pied de Lion est estimé pour réunir les plaies, & pour remédier, chez les femmes, à la trop grande abondance des évacuations périodiques. C'est une plante dont l'usage est encore convenable dans l'ulcération des poumons, & contre le crachement, le pissement & la dissolution du sang.

Hofmann raconte, au sujet du Pied de Lion, des anecdotes assez plaisantes, qui ont été souvent répétées depuis. Il nous apprend que certaines filles adroites se servent avec art de la décoction de cette plante, dont elles font un demi-bain, qui répare & renouvelle, pour ainsi dire, leur virginité endommagée.

La décoction de la plante que nous décrivons dans cet article n'est pas, à beaucoup près, la seule ressource que l'on ait tentée pour aider un peu à la lettre en fait de virginité. Son usage, continue Hofmann, s'étend à d'autres choses toutes relatives au même but. En y trempant un linge pour l'appliquer sur leur sein, ces filles habiles tâchent de se refaire des mammelles fermes & pleines. Mais il faut observer qu'en général il n'y a d'autres remedes sûrs aux excès de l'incontinence, que la longueur du tems, la sévérité du régime, & une conduite meilleure. C'est par-là qu'on peut espérer de rétablir & de ranimer un tempérament affoibli, sans avoir recours à de vaines recettes pour se procurer les dehors passagers d'une santé ou d'une virginité factices.

l'Eclairette ou Pette Chelidoine.
Ranunculus ficaria. L.S.P.
lat. Chelidonia minor. Esp. Scrofularia minor. Allem. Feigwarkentraut.

L'ÉCLAIRETTE, ou PETITE CHÉLIDOINE,

Plante vivace, du nombre des résolutives.

Chelidonia rotundifolia minor. C. B. P. 309. *Ranunculus Ficaria.* L. S. P.

Tournef. Claff. 6. fect. 8. gen. 3. Linn. Polyandria polygynia. Adans. 55. Fam. des Renoncules.

L'Éclairette, ou petite Chélidoine, eft une plante qui fe trouve communément dans les bois, dans les marais, dans les terreins fpongieux & aquatiques. Sa racine eft fibreufe, à ces fibres blanchâtres, font attachés des tubercules, formés les uns en maniere de poire, les autres en grains d'orge, pâles au dehors, blancs en dedans. Ce font apparemment ces tubercules des racines, qui ont fait donner à la plante par, quelques Botaniftes, le fingulier nom de *Tefticulus Sacerdotis*, rapporté dans l'Hiftoire des plantes qu'Otho-Brunfels, Médecin Allemand, publia au commencement du feizieme fiecle. Les feuilles de l'Eclairette font arrondies, liffes, luifantes, nerveufes, attachées fur de longues queues, & fe couchant en partie vers la terre. Les tiges demi-rampantes s'élevent d'entre ces feuilles à la hauteur de quatre pouces. Elles portent en leurs fommets de petites fleurs, compofées de plufieurs pétales (*a*) difpofés en rofes. On a repréfenté de grandeur naturelle les étamines (*b*), le calice ouvert & le piftil (*c*), & le fruit qui fuccede au piftil (*d*). Ce fruit eft arrondi en maniere d'une petite tête, dont on voit l'intérieur (*e*), & qui contient des femences oblongues (*f*). Les feuilles de l'Eclairette ont une faveur d'herbe. Elles font plus petites & plus molles que celles du Lierre. Ses racines ont la figure approchante de celle des Scrophules, d'où lui vient la dénomination de petite Scrophulaire. Ses fleurs font femblables à celles des Renoncules, & paroiffent au printems, ce qui a donné lieu à Tournefort d'appeler cette plante la Renoncule printanniere. Elle vient à-peu-près dans les mêmes endroits que la grande Chélidoine. Le nom de Chélidoine eft grec, & a été donné à ces deux plantes, parcequ'on prétend que l'hirondelle s'en fert pour rétablir la vue de fes petits. Auffi quelques Botaniftes avoient-ils appelé l'Eclairette *hirondinaria minor*. D'autres l'ont nommée l'hémorrhoïdale ou herbe des hémorrohïdes, en confidération de fes vertus pour la guérifon de cette maladie. Quelques-uns enfin la connoiffent fous le nom d'Aureillette, parcequ'en effet, fi l'on en croit Diofcoride, fon fuc & fa décoction introduit dans les oreilles, purgent la tête & entraînent les humeurs. Mais voilà bien affez de minuties étymologiques. Paffons aux propriétés de cette plante. Selon Lémery, elle contient beaucoup d'huile & du fel effentiel. Elle ne tient pas le dernier rang dans les antifcorbutiques. On la pile & on l'applique fur les hémorrhoïdes & les écrouelles; on fait une pommade pour le même objet, en faifant cuire l'Eclairette avec du fain-doux, ou en préparant un onguent avec fes racines, cueillies dès le mois de Mars & mêlées au beurre-frais. Les habitants de l'Uplande ne bornent pas les ufages de l'Eclairette à fes propriétés pharmaceutiques, & M. Linnæus rapporte qu'ils mangent fes feuilles cuites. Il ne faut pas oublier cette plante parmi celles qui décorent dans nos jardins les bofquets du printems. Elle forme au commencement de cette faifon des tapis de verdure, heureufement coupés par la couleur dorée & brillante de fes fleurs. Il croît du côté de Montpellier, aux lieux humides, une efpece d'Eclairette plus grande que celle dont nous parlons ici, & qui n'en eft qu'une variété. Elle eft citée dans l'ouvrage de Linnæus, & dans celui de C. Bauhin, fous la dénomination de *Chelidonia rotundifolia major*.

la Fumeterre ou Fiel de Terre.
Fumaria officinalis Linn. Sp p.
Ital. Fumoterre Esp. Palomilha Angl. Fumoterry. Allem. Zaubentropt.

Genevieve de Nangis Regnault del et Sculp.

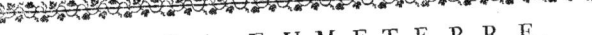

LA FUMETERRE,

Plante annuelle, du nombre des Hepatiques.

Fumaria officinarum & Dioscoridis. C. B. P. 143. *Fumaria officinalis.* L. S. P. 984. 7.

Tournef. class. 11. sect. 1. gen. 3. Linn. Diadelphia hexandria. Adans. 53. fam. des Pavots.

La Fumeterre est une plante qui croît naturellement dans les campagnes, dans les jardins & dans les autres endroits cultivés. Sa racine (*a*) est légerement fibreuse, mais très pivotante; ses tiges, hautes d'environ un pied; ses feuilles découpées menu; ses fleurs semblables aux fleurs légumineuses, mais composées seulement de deux feuilles, qui forment une maniere de gueule à deux mâchoires. Quant aux développements renfermés dans l'estampe, on voit la levre supérieure de la fleur (*b*), la fleur ouverte & son suc rougit laissant paroître les étamines avec le pistil (*c*), l'espece de tunique qui enveloppe les parties de la génération (*d*), la capsule membraneuse qui succede à la fleur (*e*), & la graine sphérique (*f*) qui est renfermée dans la capsule. Cette graine est d'une saveur désagréable. Toutes les parties de Fumeterre en général sont fort ameres. Cette plante contient beaucoup de sel essentiel, d'huile & de phlegme, & son suc rougit le papier bleu. Cartheuser indique un moyen pour retirer de cette plante une sorte de sel neutre, semblable à celui que l'on fait avec le trefle d'eau, l'Absinthe & la petite Centaurée. Cette derniere a beaucoup d'autres rapports avec la Fumeterre, qui contient pourtant des parties plus résineuses, & qui peut être conséquemment regardée comme plus âcre & plus chaude. Au reste, les sommités de Fumeterre & de Centaurée s'emploient également, à cause de l'identité de leurs goûts, de leur nature & de leurs vertus. Elles sont réputées, détersives, incisives, échauffantes, fortifiantes, antiputrides, & peuvent se substituer au trefle d'eau qui a les mêmes propriétés à un plus haut dégré d'énergie. Elles donnent comme lui des teintures actives, des extraits, & servent aussi à l'extérieur. Cartheuser qui nous a fourni ces observations, combat dans un autre endroit l'opinion de M. Geofroy sur la Fumeterre. Le Chymiste François prétend avoir trouvé dans cette plante un sel essentiel ammoniacal uni avec un peu de sel de Glauber & beaucoup de soufre. Le Chymiste Allemand révoque en doute l'existence de ces principes & les traite d'imaginaires. Ce n'est pas à nous de prononcer sur l'objet de cette discussion. *Non nostrûm inter vos tantas componere lites.* La Fumeterre s'emploie dans la cachexie, les maladies chroniques & hypocondriaques, la jaunisse, le scorbut, la gale & les autres maladies de peau. Elle purge la bile, donne de la fluidité au sang, & sert à exciter les regles & les urines. Elle entre dans beaucoup de compositions médicales, & elle a donné le nom aux pilules de Fumeterre d'Avicenne. On lui donne en Picardie celui de lait battu, parcequ'elle fait cailler le lait. On l'appelle aussi la Coridale, le pied de géline, &c. Quant à l'origine de son nom latin *Fumaria*, Chomel prétend qu'il vient de ce que la plante se plaît dans les terres *fumées*. Nous rapportons ailleurs une étymologie bien plus vraisemblable qui fait dériver ce mot de ce que le suc de la plante, introduit dans les yeux, les fait larmoyer comme la fumée. Le même suc, selon M. Adanson, dépose des cristaux nitreux octaèdres, qui pétillent au feu. Il ajoûte que cette plante a la vertu des laitues, & assure, contre l'opinion de Cartheuser, qu'elle est rafraîchissante.

Le Pissenlit ou Dent de Lion.
Leontodon Taraxacum. Linn.

Ital. Pisso in Letto. Esp. Dente de Leon. Angl. Dandelyon. Allem. Pfaffenkraut.

Geneviève de Nangis Regnault

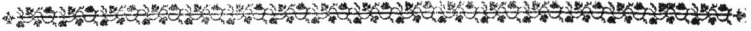

LE PISSENLIT, ou LA DENT DE LION,

PLANTE VIVACE, DU NOMBRE DES DIURÉTIQUES.

Dens Leonis latiore folio. C. B. P. *Leontodon Taraxacum.* L. S. P.

TOURNEF. Claff. 13. fect. 1. gen. 8. LINN. Syngenefia Polygamia æqualis. ADANS. 16. Fam. des Compofées.

LE PISSENLIT eft une plante baffe, qui fe trouve très communément aux environs de Paris, & en général dans toutes les contrées de l'Europe.

Sa racine, fufiforme & laiteufe, eft de la groffeur du petit doigt. Ses feuilles, oblongues & médiocrement larges, font liffes, couchées fur terre, & découpées comme celles de la Chicorée fauvage. Du milieu des feuilles s'éleve, en forme de hampe, une tige mince, haute d'un demi-pied, fiftuleufe, un peu velue, rougeâtre quoiqu'empreinte d'un fuc laiteux. Ce pédicule foutient en fon fommet une fort belle fleur compofée de demi-fleurons hermaphrodites, égaux, linéaires, tronqués, à cinq dentelures. A cette fleur fuccedent des graines folitaires, oblongues, raboteufes, garnies d'aigrettes, & qui, dans le moment de fa maturité, tombent & font difperfées par le vent.

On a repréfenté de grandeur naturelle un des demi-fleurons (*a*), le filet (*b*), la femence (*c*), & le placenta avec le calice & l'arrangement des graines (*d*). On nomme vulgairement *Tête-de-Moine* la couche chauve & rafe qui refte après la chûte de la fleur.

Toutes les parties du Piffenlit font ameres, un peu aftringentes & imbues d'un fuc laiteux. Les feuilles & les racines font regardées comme apéritives, hépatiques, ftomachiques, déterfives. La racine fur-tout eft un des meilleurs diurétiques.

D'après ces propriétés, il n'eft pas difficile d'en imaginer les ufages. Ce font à-peu-près les mêmes que ceux des autres Chicorées, fur-tout de la Chicorée fauvage, avec laquelle le Piffenlit a beaucoup d'affinité, non-feulement par la figure de fes feuilles, mais par fes vertus. La tifane préparée avec fes racines tempere l'ardeur des urines, & convient dans les fievres, les coliques néphrétiques, & la gravelle. Selon Chomel, que nous confultons à ce fujet, la décoction de Piffenlit toute bouillante, jettée dans du lait de vache, appaife la toux la plus violente, en prenant foir & matin cette boiffon, dans laquelle on fait fondre un peu de fucre candi. La même recette s'emploie contre le rhumatifme. L'eau du Piffenlit eft ordonnée par Tragus dans les inflammations extérieures & intérieures, dans les collyres, &c.

Il y a beaucoup d'autres remedes où cette plante entre communément, & qu'il feroit trop long de rapporter ici. En général, elle convient contre les obftructions du foie & du méfentere, dans les fievres intermittentes, & contre toutes les efpeces de jauniffe. Au refte, il n'y a perfonne qui ne fache qu'on mange au printems les feuilles du Piffenlit en falade, après les avoir laiffées dans l'eau affez de tems pour qu'elles y perdent, ou du moins pour qu'elles adouciffent leur amertume. Il feroit à fouhaiter que la plupart des mets préparés dans nos Offices & fervis fur nos Tables, méritaffent également le fuffrage de la Médecine; mais les recherches du luxe ont profcrit la fimplicité de prefque tous nos repas. Il n'y a que le pauvre peuple que l'indigence rend étranger à ces raffinemens pernicieux, & qui fe trouve forcé, par indigence même, de conferver la fobriété & la fanté; tandis que le riche, oifif & languiffant, qui voit multiplier fans ceffe fes befoins & fes indigeftions, s'empoifonne agréablement par les mains d'un Cuifinier à la mode.

Il ne faut pas regarder ce que j'avance ici comme la vaine déclamation d'une Philofophie purement fpéculative. J'en appelle à la trifte expérience de nos voluptueux Sybarites, à la ténacité de leurs vapeurs, à la foibleffe de leurs nerfs, à toutes ces petites maladies de détail qui les minent peu-à-peu, & qui les tuent avant le tems.

Le Doronic.

Doronicum Pardalianches. Linn.

Ital. *Bellidastro, Velenio.* Angl. *Leopards-bane.* Allem. *Gemsen-Wurts.*

LE DORONIC,

PLANTE VIVACE, DU NOMBRE DES ALEXITERES.

Doronicum radice scorpii. C. B. P. 184. *Doronicum pardalianches.* L. S. P. 1247. 1. B.

TOURNEF. Class. 14. sect. 1. gen. 6. LINN. Syngenesia polygamia superflua. JUSS. 13. Fam. des Composées.

Le Doronic est une plante qui naît sur les montagnes de la Suisse, près de Geneve, en Autriche, en Stirie, en Provence & en Languedoc.

Cette plante est célebre depuis long-tems parmi les Médecin & les Botanistes. Elle a de petites racines (*a*) articulées par plusieurs nœuds, qui serpentent obliquement, & qui représentent en quelque sorte la queue d'un scorpion. Cette ressemblance a paru digne à C. Bauhin & à quelques autres Savans illustres d'entrer dans la dénomination caractéristique de cette plante.

Des racines sortent plusieurs feuilles larges, molles & lanugineuses comme celle du concombre. Sa tige, haute d'environ un pied, est cannelée, chargée de duvet & partagée en un petit nombre de rameaux. Ces rameaux portent en leurs sommets des fleurs radiées, composées de fleurons hermaphrodites dans le disque, & de demi-fleurons femelles à la circonférence. A ces fleurs succedent des semences noirâtres, menues & garnies chacune d'une aigrette.

Joignez à cette description sommaire, la vue de l'estampe où l'on a représenté le fleuron (*b*), le demi fleuron (*c*) la graine du fleuron (*d*), celle du demi-fleuron (*e*), le placenta (*f*), de grandeur naturelle.

Les racines du Doronic sont aromatiques, savonneuses & céphaliques ; mais on est encore assez indécis sur l'usage qu'on doit ou qu'on ne doit pas en faire. Il s'est trouvé des Colleges de Médecine qui regardent cette racine comme un poison ; d'autres, au contraire, la font entrer dans les cordiaux, & la reçoivent avec honneur parmi les autres plantes qui enrichissent leurs Pharmacies.

Elle est employée dans la poudre de plusieurs électuaires. Chomel dit que le Doronic est de peu d'usage, & qu'il n'est pas trop sûr de s'en servir intérieurement. La plupart des Auteurs conviennent que les Chasseurs s'en servent pour tuer les loups. Les chiens & les autres quadrupedes n'en mangent point sans mourir sept ou huit heures après. Mathiole croyoit la racine du Doronic utile contre la morsure du scorpion, à cause de la figure de sa racine ; & il paroît que cette opinion d'un Savant célebre, est un tribut qu'il payoit à l'ignorance superstitieuse de son siecle. On se plaisoit alors à imaginer dans la nature, des affinités chimériques, & on donnoit à cet égard dans un excès de crédulité aveugle qu'un siecle plus éclairé a bien fait de proscrire. C'est encore Mathiole qui, en parlant des propriétés douteuses du Doronic à l'illustre Gesner, osa lui dire : *quid tentare nocebit ?* Gesner répondit à cette question hasardée d'une maniere assurément très courageuse. Il fit lui-même avec succès l'experience qu'on lui demandoit. Il prit intérieurement deux gros de cette racine ; au bout de quelques heures, pendant lesquelles il n'en avoit pas été incommodé, il enfla par tout le corps, & tomba dans une foiblesse très longue, qu'il ne put faire cesser qu'en prenant un bain d'eau chaude. M. de Bomare part de cette expérience pour exclure totalement le Doronic des Pharmacies. Gesner sembloit en avoir tiré une conclusion toute différente ; car il s'en servit depuis, & même avec succès dans l'épilepsie & le vertige, en mêlant cette racine avec le gui, la gentiane, &c. Ray assure que les gens de la campagne emploient aussi cette racine pour guérir le vertige, & on dit que les Danseurs de corde en mangent pour le prévenir.

Nous sommes forcés d'abréger le détail des différentes tentatives faites sur le Doronic. Nous les rappellerons plus amplement dans un Ouvrage que nous préparons, & qui renfermera l'Histoire Critique des Poisons tirés des trois regnes de la Nature. Nous pensons que le seul projet de cet Ouvrage doit être cher aux véritables Philosophes, en ce qu'il a pour but d'éclaircir une matiere importante & embrouillée jusqu'aujourd'hui par beaucoup de préjugés. Il y a une espece de Doronic à racine douce qui s'emploie indifféremment au lieu de la premiere. Les Allemands ont encore un autre Doronic, qui est *l'Arnica* de Schroder, & qu'ils prétendent très salutaire, du moins pour eux. Il est certain que le climat influe également sur les hommes & sur les plantes ; & d'après cette vérité physique, il n'est pas difficile de concevoir que telle production de la nature qui est utile dans un pays peut être dangereuse dans un autre, ce qui demanderoit pourtant à être constaté par des observations & sur-tout par des expériences.

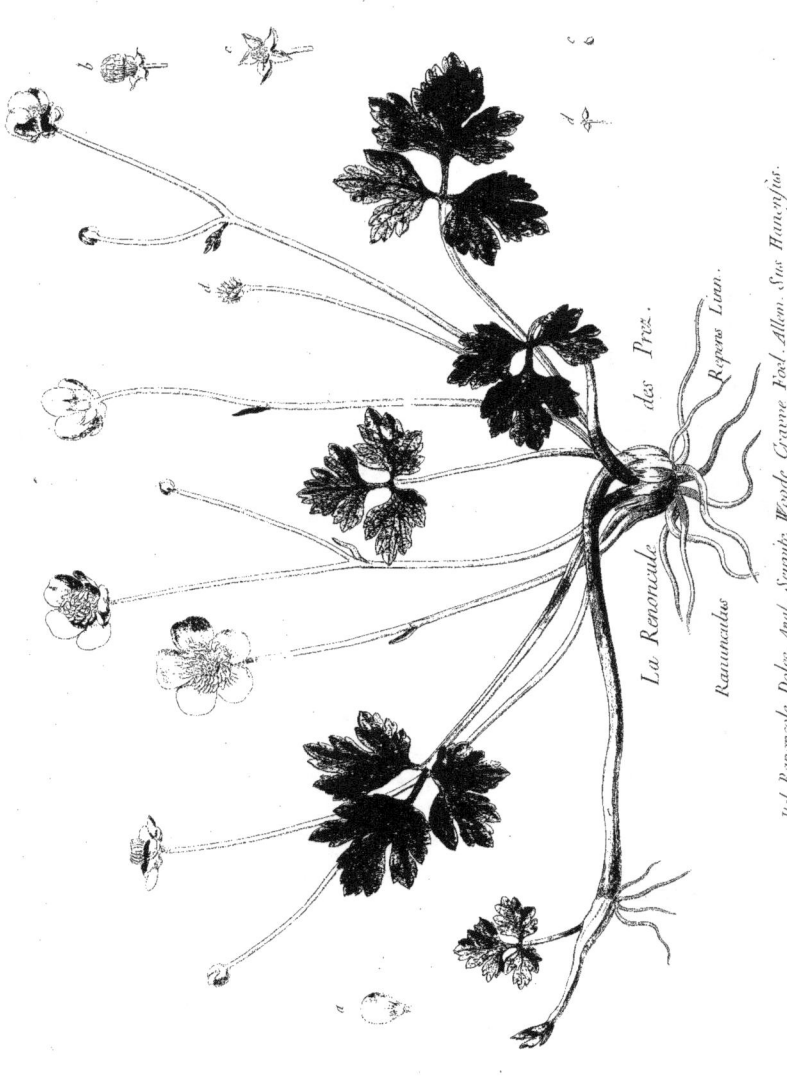

LA RENONCULE DES PRÉS,

Plante vivace, du nombre des Détersives.

Ranunculus pratensis repens hirsutus. C. B. P. 178. *Ranunculus repens.* L. S. P. 779. 26.

Tournef. class. 6. sect. 8. genre 3. Linn. Polyandria polyginia. Juss. 31. Fam. de la Renoncule.

La Renoncule des Prés, que plusieurs Botanistes ont nommée la Renoncule-Grenouillere, le Bassinet rempant & le Bouton d'or, est une plante qui se trouve communément dans les prés, dans les bois & dans les endroits cultivés. On l'a nommée Grenouillere, pour conserver, autant qu'il étoit possible, l'étymologie de son nom latin *Ranunculus*, qui vient de *Rana*, en françois Grenouille, parcequ'en effet cette plante naît communément aux lieux humides & marécageux, comme la Grenouille.

Sa racine, petite & fibreuse, pousse plusieurs menues tiges qui rampent à terre, & dont les nœuds jettent par intervalles des racines nouvelles. Les feuilles sont dentelées sur les bords, tachetées de blanc au-dessus, & velues. Les fleurs sont à cinq pétales, & naissent dans le mois de Mai aux sommets des tiges. A la base de chaque pétale en dedans se trouve une petite éminence qu'on peut remarquer dans l'estampe (*a*). Ses fleurs, d'un jaune très luisant, sont remplacées par des semences noirâtres. Voyez dans la Planche les étamines (*b*), le pistil (*c*), le fruit (*d*) & la graine (*e*), représentés de grandeur naturelle.

Nous nous dispenserons de circonstancier davantage cette description, parceque l'art du Peintre est à la fois plus éloquent & plus fidele que les phrases du Botaniste. Dodonée appelle aussi cette plante la Renoncule des Jardins, parcequ'elle naît d'elle-même dans les jardins négligés & humides, & que la culture l'a transportée avec succès dans les jardins d'ornement.

Ses fleurs brillantes & comme vernissées décorent très bien nos parterres au commencement de l'été. Elle partage cet honneur avec beaucoup de plantes qui portent le même nom qu'elle. Mais s'il en est à qui elle cede peut-être pour l'agrément de ses fleurs, elle a au moins sur toutes les autres un avantage important & incontestable ; c'est que, par une prérogative qui lui est particuliere, elle n'a point l'âcreté caustique & malfaisante des Renoncules. Presque toutes sont regardées comme des poisons plus ou moins violents, pour les hommes & pour les animaux. Ces derniers ne sauroient paître impunément dans une prairie infectée de cette espece de Renoncule qui naît au lieu des marais, & qu'on a appellée l'herbe *scélérate* (*herba scelerata*), en considération de ses pernicieux effets. Les hommes n'en sauroient faire usage intérieurement ; car elle cause alors le ris sardonique, & des convulsions qui menent à la mort. Mais l'espece dont il s'agit ici est très benigne & très innocente. Loin d'effrayer les Propriétaires des champs où elle croît, elle doit leur être d'un heureux présage, puisque son herbe ne nuit point aux bestiaux, & passe au contraire pour leur donner du lait en abondance. Nous lisons dans Tragus que le petit Peuple d'Allemagne mêle les feuilles de la Renoncule des Prés aux autres herbes potageres, & les mange lorsqu'elles sont encore jeunes & tendres. Cette plante étant douce & dénuée de l'âcreté meurtriere qui caractérise presque toutes celles de la famille, on peut se permettre d'en user en Médecine avec moins de précaution & de timidité. Chomel assure même qu'on l'emploie utilement en fomentation sur les hémorrhoïdes.

La culture de cette plante en a procuré une variété double, connue sous le nom de Bouton d'or, ainsi que les variétés doubles de la Renoncule-Bassinet (*Ranunculus Polyanthemos*), & de la Renoncule âcre (*Ranunculus Acris*). Nous revenons à ce sujet dans plusieurs autres articles, où nous examinons les propriétés des différentes Renoncules, & nous détaillons les procédés de culture en usage parmi les Jardiniers pour faire jouir nos yeux des couleurs éblouissantes & variées de ces fleurs, que le P. Rapin n'a point oubliées dans son Poëme.

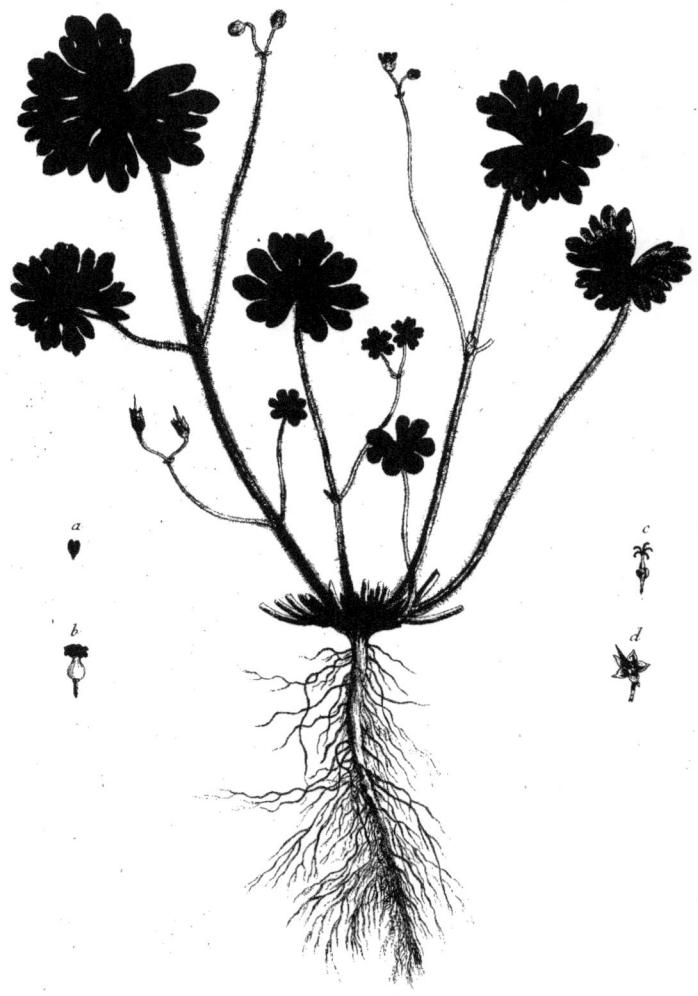

La Geraine ou le Pied de Pigeon.
Geranium rotundi folium Linn.
Ital. Geranio colombino. Angl. Dooves poote Allem. Zaubenfug.

LA GÉRAINE-MAUVETTE, ou LE PIED DE PIGEON,

PLANTE ANNUELLE, DU NOMBRE DES VULNÉRAIRES ASTRINGENTES.

Geranium folio malvæ rotundo. C. B. P. *Geranium rotundifolium.* L. S. P.

TOURNEF. claff. 6. fect. 7 genre 8. LINN. Monadelphia decandria. JUSS. 34. Fam. des Géraines.

La GÉRAINE-MAUVETTE, ou le Pied de Pigeon, eft une plante qui eft connue auffi fous le nom d'*Herbe aux Langues*. Elle eft très commune dans les prés & dans les jardins, & préfente, quant à la fleur & au fruit, à-peu-près les mêmes caractères que les autres efpeces de Géraine. Elles font en effet remarquables par leur fruit, qui reffemble à un bec de grue, marqué de cinq rainures.

La dénomination vulgaire de *Pied de Pigeon* a été changée d'après les avis de l'illuftre M. de Juffieu, comme retombant dans la claffe vicieufe de ces noms bizarres qu'on a dérobés fi mal-à-propos au regne animal, pour en décorer des végétaux. On a donc fubftitué à ce nom peu convenable, celui de *Géraine-Mauvette*, qui eft formé d'après le latin.

La racine de cette plante eft fimple & branchue; les tiges hautes de quelques pouces, nombreufes, inclinées vers la terre; les feuilles découpées en cinq parties principales, qui fe fubdivifent à leur tour en plufieurs petites découpures aiguës; les fleurs régulieres, rofacées, compofées de cinq pétales, le pétale (*a*) en forme de cœur; les étamines au nombre de dix (*b*) & vues au microfcope; le piftil (*c*) grandi & développé de même; enfin le calice à cinq parties ovales (*d*) avec les graines contenues dans des capfules glabres. Nous n'ajouterions rien à cette defcription, qui eft empruntée en partie des *Démonftrations Botaniques* de l'Ecole Vétérinaire, Ouvrage, pour le dire en paffant, qui eft digne à la fois de fa réputation & de fon Auteur. Quant aux propriétés de la Géraine-Mauvette, elle les partage encore avec les autres plantes qui portent fon nom, & leurs ufages font abfolument les mêmes. Comme nous en parlons ailleurs avec une certaine étendue, nous nous y arrêterons peu ici.

On fait que ces plantes font vulnéraires aftringentes; qu'on en fait des potions & des décoctions eftimées; que leurs feuilles, pilées & macérées dans du vin, arrêtent les hémorrhagies; qu'on les applique en cataplafme pour réfoudre le fang caillé & les tumeurs, & que l'herbe réduite en poudre fe donne intérieurement à l'homme & aux animaux. Nous finirons cet article par une remarque relative en général à l'exécution de cet Ouvrage.

Quelques perfonnes nous ont reproché un peu d'inégalité dans la maniere dont nos explications font rédigées. Il s'eft trouvé des articles beaucoup plus courts les uns que les autres, & on a conclu de-là que nous les avions négligés; mais nous avons trop à cœur de juftifier notre travail aux yeux du Public, pour ne pas appeller à fon jugement de la témérité de ces accufations. Il faut remarquer que cet Ouvrage, étant morcellé néceffairement dans la forme où on le diftribue, il eft impoffible à préfent d'en voir la fuite, & d'en faifir l'enfemble. Or ce n'eft qu'après l'enfemble général qu'il pourra prononcer fur la méthode, plus ou moins heureufe, que nous aurons choifie pour remplir notre tâche. Il faut confidérer encore que toutes les plantes ne fauroient également donner lieu à beaucoup de difcuffions utiles ou curieufes. Quelquefois l'abondance des matieres nous fait murmurer des bornes que nous nous fommes prefcrites; fouvent auffi un motif contraire nous fait regretter d'être fi fort au large dans ces bornes, d'ailleurs très étroites. Nous avons des Lecteurs qui penfent auffi que la précifion a fon mérite, & notre laconifme pourra quelquefois ne pas leur déplaire. Nous tâcherons de nous fouvenir toujours de cette maxime du Légiflateur du goût:

Tout ce qu'on dit de trop eft fade, eft rebutant,
L'efprit raffafié le rejette à l'inftant. BOILEAU. *Art. Poét.*

la Langue de Cerf ou Scolopendre.
Asplenium Scolopendrum Linn.
Ital. Scolopendra. Angl. Harts-tongue. Allem. Hirsche-zunge.

LA SCOLOPENDRE, ou LANGUE DE CERF,

Plante vivace, du nombre des Capillaires.

Lingua Cervina officinarum. C. B. P. *Asplenium Scolopendrium.* L. S. P.

Tournef. claff. 16. fect. 1. gen. 9. Linn. Tryptogamia. Juss. 6. Fam. des Fougeres.

La Scolopendre, ou Langue de Cerf, est une plante qui croît dans les puits & les fontaines, dans les fentes des pierres, dans les bois montagneux, & en général dans les terreins ombrageux & humides.

Ses racines (*a*), noirâtres & nombreuses, sont entrelacées dans les pédicules des vieilles feuilles. Ces pédicules partent de la racine, & tiennent lieu de tige. Ils sont recouverts d'un duvet brun, & quelquefois très longs. Ils portent chacun une feuille, repliée sur elle-même avant son développement, & qui s'étend quelquefois jusqu'à un pied & demi de longueur. Ces feuilles sont simples, entieres, en forme de langue, oreillées, basses, pointues à leur extrémité, lisses, & d'une verdure assez gaie. Il semble, au premier coup d'œil, que cette plante soit absolument dépourvue de fleurs ; mais elle porte plusieurs capsules dans des sillons feuillés & roussâtres qui sont placés sur le dos des feuilles. Ces capsules très exigues, s'il est permis d'employer cette expression non encore françoise, ne se découvrent aisément qu'à l'aide du microscope ; aussi l'Artiste s'en est-il servi pour toutes les dissections de la plante qu'on voit dans l'estampe, telle que le revers de la feuille où naissent des fleurs (*b*), les fleurs & les fruits développés (*c*) ; & la capsule (*d*) est munie d'un anneau élastique (*e*), lequel, en se séchant, se contracte (*f*) de maniere à ouvrir la capsule : ce mouvement en fait sortir beaucoup de semences menues comme de la poussiere (*g*).

Cette plante est seche & astringente, d'un goût acerbe, d'une odeur herbeuse & peu agréable. On a coutume de la joindre aux autres capillaires, dans les apozemes apéritifs & dans les bouillons béchiques. Elle est vulnéraire détersive, si nous en croyons Chomel, qui assure qu'elle nettoie & fait cicatriser les blessures & les plaies sur lesquelles elle a été appliquée. Schroder conseilloit la Scolopendre pour le crachement de sang, le cours de ventre, la palpitation de cœur & les mouvements convulsifs. Elle sert beaucoup pour adoucir les humeurs, dissiper les obstructions, & rendre du ressort aux fibres relâchées & engourdies.

Non seulement on la prend en infusion dans l'eau bouillante ou en tisanne, mais on la fait sécher, & on la réduit en une poudre que l'on donne à la dose d'un gros ou deux pour les hommes, & de deux onces pour les animaux.

Observons ici, ce qui n'est point hors de propos, que nous indiquons souvent les vertus des plantes, & leurs usages, sans déterminer bien précisément la dose où on peut les prendre. C'est que rien n'est en effet si difficile à déterminer, parceque la quantité d'une drogue médicale doit être variée en raison de sa qualité, & sur-tout des dispositions du malade. L'application d'un remede quelconque exige donc un tact fin & sûr, & c'est là que les vieux errements de la routine sont quelquefois préférables aux présomptueuses tentatives & aux tâtonnements obscurs de l'inexpérience.

Nous nous proposons de traiter ce sujet intéressant dans un de nos discours préliminaires, & nous tâcherons que l'on puisse y prendre des notions justes & claires sur la maniere de choisir, de prescrire & d'employer les remedes que nous aurons annoncés dans le cours de l'Ouvrage. Nous ne dirons rien que nous ne puissions appuyer des autorités les plus respectables. Mais on sait que ce travail exige des recherches épineuses & longues, & qu'un résultat raisonné des bons Ouvrages qu'on a donnés sur cette matiere, demande de la réflexion & du tems.

La Coriandre.
Coriandrum Majus L.
Ital. *Coriandro.* Esp. *Culandro.* Angl. et Allem. *Coriander.*

LA CORIANDRE,

Plante annuelle, du nombre des carminatives.

Coriandrum majus. C. B. P. 158. *Coriandrum sativum.* L. S. P. 367. 1.

Tournef. Class. 7. sect. 3. gen. 2. Linn. Pentandria digynia. Adans. 15. Fam. des Ombelliferes.

La Coriandre est une plante qui croît naturellement dans les plaines d'Italie, selon le célebre Von-Linné, ou Linnæus, & qui se cultive aisément dans les jardins ou dans les champs.

Sa racine (*a*) est petite, fusiforme, foible & peu fibreuse. Sa tige s'éleve à la hauteur de deux ou trois pieds ; cette tige est simple, rameuse, grêle, cylindrique & remplie de moëlle. Ses feuilles inférieures sont arrondies & dentées ; les supérieures ont des découpures plus profondes & sont partagées en lanieres très étroites.

Les fleurs naissent au sommet des rameaux : elles sont rosacées & disposées en parasol : chacune a cinq pétales en forme de cœur recourbé. Le calice devient un fruit sphérique & composé de deux graines rondes, concaves, vertes d'abord, & ensuite jaunâtres. On a développé au microscope la fleur du centre de l'ombelle qui laisse voir les étamines naissantes (*b*) ; la fleur de l'extrémité de l'ombelle, avec le pistil & les cinq étamines (*c*) ; les graines hémi-sphériques, vues en dedans & en dehors (*d*), & enfin, le fruit qui les renferme est peint entr'ouvert (*e*).

Passons de la description à l'analyse chymique, qui n'est pas la partie la moins utile d'une Histoire des Plantes. Celle-ci est en général d'une odeur désagréable : la semence fraîche sur-tout rend une odeur si forte, qu'elle attaque en quelque façon le cerveau & les nerfs ; mais elle acquiert avec le tems une saveur plus adoucie & plus suave. On ne se sert en Médecine que de la graine, & l'on attend, pour s'en servir, qu'elle ait perdu son insupportable puanteur.

Les semences de Coriandre renferment, au rapport de Cartheuser, des parties huileuses, résineuses & gommeuses. La portion gommeuse, épaissie & réduite en extrait, a très peu d'activité ; mais la substance résineuse est pleine d'une huile essentielle, qui constitue la principale cause de l'odeur, de la saveur & de l'activité.

On met cette semence au nombre des remedes carminatifs, stomachiques & céphaliques. Aussi est-il assez ordinaire de la prescrire contre les foiblesses d'estomac, les afflictions venteuses, la cataracte commençante, la foiblesse de la mémoire, & une espece de rhume continuel appellée *Coryza*. Cette semence se prend confite, ou dans les infusions vineuses ; il est rare qu'elle entre dans les décoctions. Voilà ce que nous trouvons dans Cartheuser au sujet de la Coriandre ; mais il est bien loin d'en avoir mentionné tous les usages.

Les Arabes & les Grecs attribuent à cette plante une vertu froide & destructive, & ils croient que le suc de la feuille, pris en breuvage, est un poison qui ne le cede en rien au suc de ciguë. Tragus regardoit aussi la graine comme un poison ; mais l'expérience a prouvé que son opinion à cet égard n'étoit qu'un préjugé.

Les Egyptiens font un usage singulier de la Coriandre verte. Les Hollandois en mêlent dans leurs aliments, & les Espagnols dans leurs cordiaux. Cependant il ne faut en user qu'avec modération, & lorsqu'elle est desséchée. Nos Distillateurs l'emploient dans les rossolis des six graines, & dans l'eau des Carmes. On en met dans la biere, & tout le monde sait que les Confiseurs la couvrent de sucre & en font de petites dragées, qui rendent l'haleine bonne.

Chomel dit en général que la semence de Coriandre s'emploie comme l'anis dans la médecine & les aliments, & qu'on peut employer indifféremment l'un & l'autre. La Coriandre vient dans les terreins cultivés, & fleurit aux mois de Juillet & d'Août. On en trouve beaucoup en Alsace, & à Aubervilliers, près de Paris. Un ancien Botaniste nous apprend que l'herbe encore fraîche, cuite avec de la mie de pain de froment ou de la farine d'orge, a la propriété de digérer toutes les tumeurs chaudes & enflammées. On donne encore la semence de Coriandre en poudre aux animaux à la dose d'une demi-once.

La Pulmonaire.
Pulmonaria officinalis Linn. S.P.
Angl. Lungwort. Allem. Hirschmangolt. Ital. Pulmonaria.

Genevieve de Nangis Regnault del. et Sc.

LA PULMONAIRE,

Plante vivace, du nombre des Béchiques.

Pulmonaria Italorum, ad buglossum accedens. I. R. H. *Pulmonaria officinalis.* L. S. P. 194.

Tournef. class. 2. sect. 4. gen. 5. Linn. Pentandria monogynia. Juss. 27. Fam. de la Bourrache.

La Pulmonaire est une plante qui croît ordinairement sur les Alpes, les Pyrénées & les hautes montagnes. Elle aime les forêts, les bosquets, les lieux ombrageux. Sa racine est blanche, rameuse, visqueuse & garnie de fibres éparses.

Elle pousse une ou plusieurs tiges hautes d'environ un pied, anguleuses, velues & purpurines. Ses feuilles sont, les unes radicales & couchées à terre, les autres embrassent leur tige. Toutes ces feuilles sont en général oblongues, larges, terminées en pointe, lanugineuses, marquetées de taches blanches, & traversées d'une nervure dans leur longueur. Ses fleurs, soutenues plusieurs ensemble, sont monopétales & infundibuliformes. Ce sont autant de petits tuyaux évasés par le haut en forme de bassin, & découpés en cinq parties. A ces fleurs succedent quatre semences presque rondes & obtuses, enfermées au fond du calice à cinq côtés qui contenoit la fleur. Cette description deviendra très claire pour les Lecteurs, s'il jettent les yeux sur l'estampe; ils y verront le pétale fermé (*a*), le pistil & le calice ouvert (*b*), le pétale entr'ouvert aussi, & laissant paroître les étamines (*c*), & enfin les graines (*d*).

Cette plante est connue depuis très long-tems, & il est probable que son efficacité dans les maladies du poumon lui a valu son nom de Pulmonaire. Elle le partage avec quelques autres plantes de son espece, & a obtenu, à elle seule, les dénominations d'herbe du cœur, ou d'herbe au lait de Notre-Dame.

J. Bauhin dit qu'on range cette espece de Pulmonaire au nombre des légumes, & que les femmes de peuple en font cuire les feuilles dans les bouillons & les omelettes, les croyant utiles contre les affections du poumon & pour fortifier le cœur. Rai observe aussi que les Anglois font un usage fréquent de cette plante en guise de légume &qu'ils l'appellent *Sauge de Jérusalem.* La Pulmonaire a un goût herbeux & un peu salé. Elle est reconnue adoucissante, vulnéraire & astringente. On en compose des tisanes & des bouillons avec le mou de veau dans l'hémophtisie. On fait de ses racines & de ses feuilles un syrop très pectoral, & qui facilite les crachats. Il y a une espece de Pulmonaire différente de celle-ci, en ce que ses feuilles sont moins larges, *Pulmonaria angustifolia.* Ses fleurs sont d'abord purpurines, & finissent par être bleues. La plante connue sous le nom de Pulmonaire de chêne (*Lichen arboreus*) est d'un genre distingué des précédentes.

On cultive la Pulmonaire officinale dans les jardins. Elle sort de terre au commencement du printems, & donne aussi-tôt sa fleur. Ses feuilles tombent en automne. Nous ne voyons aucun inconvénient à imiter les Anglois dans l'usage qu'ils font de cette plante pour la nourriture, & on peut la faire entrer dans les gâteaux, les farces, &c. Nous parlons, dans un article séparé, des autres especes de Pulmonaire.

La Tanaisie.
Tanacetum Vulgare. Linn.
Ital. Tanaceto, Daneto, Daneda. Angl. Tansey. Allem. Rein-Farren.

LA TANAISIE, TANÉSIE ou HERBE AUX VERS,

Plante vivace, du nombre des Stomachiques.

Tanacetum vulgare luteum. C. B. P. *Tanacetum vulgare.* L. S. P.

Tournef. claff. 12. sect. 4. gen. 6. Linn. Syngenesia: polygamia æqualis. Adans. 16. Fam. des Composées.

La Tanaisie croît communément par-tout, sur les montagnes, le long des chemins, & même dans les prés & au bord des lieux humides. Sa racine (*a*) est longue, ligneuse, fibrée & serpentante : elle pousse ses tiges à la hauteur de deux ou trois pieds, rondes, rayées, légèrement velues & remplies de moëlle ; ses feuilles sont ailées, découpées comme par paires, & les découpures dentelées en manière de scie. Ses fleurs naissent au haut des tiges en corymbe ou bouquet, portées sur des petits pédoncules ou queues qui s'attachent graduellement à la tige, ce qui les met en quelque sorte de niveau. Elles sont composées chacune de plusieurs fleurons (*b*) hermaphrodites dans le disque & divisés en cinq parties, & femelles à la circonférence & divisés en trois ; ordinairement jaunes, & quelquefois, mais rarement, blancs, portés sur un réceptacle (*c*) plat & écailleux : à ces fleurs succedent des semences (*d*) menues & oblongues.

Toutes les parties de la plante sont ameres & désagréables au goût, & d'une odeur si forte & si pénétrante, qu'elle cause mal à la tête à différentes personnes, sur tout aux pléthoriques & aux choleriques. On la regarde comme stomacale, fébrifuge, sudorifique, désobstructive & carminative. Selon Cartheuser, elle renferme beaucoup de principes résineux-gommeux & de spiritueux camphrés. Lémery dit qu'elle contient beaucoup d'huile exaltée, & de sel essentiel ou volatil.

Outre la vertu de fortifier l'estomac, de tuer les vers & de corriger les rapports aigres, dit Chomel, elle est apéritive, hystérique & céphalique, & nettoie très bien les conduits de l'urine. Ses feuilles, infusées, donnent une boisson salutaire pour provoquer les écoulements périodiques des femmes.

Toute la plante est d'usage, à l'exception de la racine ; on tire de l'herbe & des feuilles une eau distillée, que l'on trouve dans les boutiques, qui entre dans les potions anti-vermineuses. Ses fleurs, séchées & réduites en poudre, se donnent avec succès pour la même cause, au poids de demi-gros. On fait avec ses feuilles une conserve bonne pour l'épilepsie & le vertige. Chomel prétend que ses feuilles, fraîches pilées, & appliquées sur le nombril, préviennent l'avortement. Si l'épreuve d'un pareil moyen étoit couronné du succès, quel précieux secret pour l'humanité !

On fait, avec les feuilles de Tanaisie & celles de Sureau ; ou, à leur défaut, avec les feuilles d'Hieble mêlées dans de la lie de vin, un bain vaporeux, ou des fomentations réitérées, pour bassiner les jambes enflées, & celles des hydropiques. On fait boire en même temps aux malades trois ou quatre onces de suc de Tanaisie, ou bien plusieurs verres de l'infusion faite en versant une pinte d'eau bouillante sur deux petites poignées de la plante, feuilles, fleurs & graines. Cette boisson est utile aussi dans les fievres malignes & dans les maladies du bas-ventre.

On se sert avantageusement, pour les rhumatismes, de l'esprit tiré par la distillation des tendrons de Tanaisie avec l'eau-de-vie ; on en bassine les parties affligées : cet esprit est très pénétrant, & est propre aux hydropiques. On fait prendre le suc de toute la plante à deux gros, mêlé avec l'eau de plantain, dans les fievres intermittentes.

Ce même suc, disent les Continuateurs de la Matiere Médicale, est bon pour fortifier l'estomac, & dissiper les vents que les aliments du Carême engendrent ordinairement. Il guérit les engelures & les gersures des mains. On l'estime pour la teigne & les dartres.

La Tanaisie est utile pour les foulures & les entorses ; on pile les feuilles, on les mêle avec du beurre frais, & on les applique en cataplasme sur la partie malade.

On croit que cette plante, mise autour du lit, ou entre deux matelas, chasse les puces & les punaises ; cela peut être vrai, mais nous ne le conseillons pas généralement, à cause de son odeur forte & pénétrante.

Elle a de plus une propriété qui doit être mise en usage par les Fleuristes & les Amateurs. Les oignons de Jacinthe sont sujets à différentes maladies, occasionnées le plus souvent par la piqure des insectes ; la Tanaisie offre un très bon remede pour les garantir d'une mort inévitable : il faut les baigner dans une forte décoction de Tanaisie, les laisser tremper environ une heure ; ce temps suffit pour étouffer leurs ennemis : on doit les mettre sécher ensuite dans un lieu bien aéré, mais à l'ombre, & les enfermer dans une boîte : on les conserve aisément jusqu'au temps où on a coutume de les planter.

Le Pas d'Asne ou Tussilage.
Tussilago Farfara Linn.
Ital. Unghia di Cavallo. Esp. Unha de Asno. Angl. Colter Foote. Allem. Rossfuss, Gsethuff.

LE TUSSILAGE, ou PAS-D'ANE,

Plante vivace, du nombre des Béchiques.

Tuſſilago vulgaris. C. B. P. 197. J. B. 3. 563. *Tuſſilago farfara.* L. S. P.

Tournef. claſſ. 14. ſect. 1. gen. 5. Linn. Syngeneſia polygamia ſuperflua.

Le Tussilage, ou Pas-d'Ane, eſt une plante qui a reçu encore dans quelques endroits les dénominations de Taconnet & d'Herbe Saint-Quirin. Elle croît naturellement aux bords des rivieres, des fontaines, dans les terreins humides & gras. Si on la tranſporte dans les jardins, elle y multiplie beaucoup, pourvu qu'on la place en un lieu aquatique & ombrageux, tel qu'il convient à ſa nature. Sa racine eſt longue, menue, blanchâtre, tendre, rampante. Elle préſente, quant à la fleur & au fruit, les mêmes caracteres que le Pétaſite; mais nous obſervons à l'article de ce dernier, qu'il n'a pas des demi-fleurons femelles à la circonférence, comme le Tuſſilage. La tige de celui-ci eſt en forme de hampe, couverte de pluſieurs feuilles florales, & ſort de terre au printems, avant les feuilles.

Il porte, aux ſommets de chaque tige, des fleurs (*a*) ſolitaires, & aſſez belles. Ces fleurs, rondes & radiées, reſſemblent à celles du Piſſenlit, avec cinq étamines capillaires. Elles s'épanouiſſent à l'entrée du printems, dont elles ſemblent ouvrir la ſcene; mais cet éclat précoce dure peu. Des feuilles pétiolées, cordiformes, larges, anguleuſes, dentelées, vertes en deſſus, cotonneuſes en deſſous, ſuccedent à cette fleur ſi belle & ſi rapide. Ces feuilles ſont d'un goût amer & gluant, à-peu-près comme celui de l'artichaut. La racine eſt inodore & d'une ſaveur mucilagineuſe, légèrement aſtringente & balſamique.

On peut, ſuivant Cartheuſer, la ſubſtituer, ſans courir aucun riſque, aux racines de Bardane & de Piſſenlit. Mais n'anticipons point ici ſur l'Hiſtoire des propriétés de cette plante, & commençons par en indiquer les développements botaniques aux yeux de nos Lecteurs. Ils peuvent voir dans l'Eſtampe le fleuron (*b*), la graine (*c*), le placenta & le calice (*d*), & enfin les feuilles radicales, qui paroiſſent lorſque la fleur n'eſt plus.

Revenons maintenant à l'analyſe chymique. Lémery dit que le Pas-d'Ane contient beaucoup d'huile & de phlegme, & peu de ſel eſſentiel. Cartheuſer lui attribue qu'une vertu très adouciſſante. Auſſi les feuilles & les fleurs de Tuſſilage ſont-elles conſacrées preſque excluſivement aux maladies du poumon. On fait fumer les feuilles aux aſthmatiques, en place de cette herbe âcre & putréfiée, dont les Européens ſe ſont aviſés, depuis deux ſiecles, de faire une ſi grande conſommation. On fait ſur-tout uſage des fleurs de cette plante, pour adoucir les âcretés, déterger les ulceres de la poitrine & faciliter l'expectoration. On a dans les Pharmacies un ſyrop, une conſerve & une eau diſtillée de Tuſſilage. On emploie encore les feuilles, les fleurs & la racine en tiſane. A l'extérieur, les feuilles pilées & appliquées en cataplaſme, ſont émollientes.

La dénomination vulgaire de Pas-d'Ane, qu'on a donnée à cette plante, a occaſionné une épigramme qui roule ſur un mauvais jeu de mots, & qui ſe trouve pourtant conſignée dans beaucoup de Recueils. L'étymologie latine du mot *Tuſſilage* n'eſt point obſcure; cela veut ſignifier une herbe qui remedie à la toux. On l'a appellée auſſi Farfara ou Farfarella, parceque ſes feuilles reſſemblent, en quelque ſorte, à celles du Peuplier blanc, qui portoit ce nom de Farfara chez les Anciens. Le Tuſſilage ſert encore dans la Médecine Vétérinaire, & toute la plante ſe donne en infuſion aux animaux.

Le Galega, ou la Rue de Chevre.
Galega Officinalis. Linn.
Ital. Ruta Capraria. Esp. Gallegua. Ang. Goats-Rue. Allem. Geiss-Raute.

LA RUE DE CHEVRE, ou GALÉGA,

PLANTE VIVACE, DU NOMBRE DES ALEXITERES.

Galega vulgaris floribus cœruleis. C. B. P. *Galega officinalis.* L. S. P.

TOURNEF. claff. 10. fect. 2. gen. 10. LINN. Diadelphia decandria. ADANS. 43. Fam. des Legumineufes.

Le GALEGA croît naturellement en Italie, dans les terreins gras & humides. La température de notre climat fembleroit en conféquence peu propre à le produire fans le fecours de la culture : cependant on le rencontre, quoique peu communément, dans les bois, aux terreins gras & expofés au midi ; pour profiter plus aifément de fes grandes vertus, nous avons appellé l'art au fecours de la nature, & nous le cultivons affez facilement dans nos jardins.

Ses racines (*a*) font blanches, menues, rameufes, ligneufes, fibreufes, rampantes, & quelques-unes germent tous les ans au printems. Ses tiges s'élevent à trois ou quatre pieds, quelquefois à la hauteur d'un homme. Elles font prefque ligneufes, cannelées, creufes & très branchues, les feuilles font alternes, ailées, & compofées d'un nombre de folioles ovales, échancrées à leur extrémité, & terminées par une épine courte & molle, rangées par paires jufqu'à l'extrémité de la feuille, qui eft terminée par une feule de ces folioles. Des aiffelles des feuilles naiffent les branches qui portent des fleurs de couleur violacée, quelquefois blanche, rangées en épis, portées chacune fur un petit péduncule, qui eft garni d'une foliole à fon infertion avec la branche. Ces fleurs font compofées de quatre pétales ; le fupérieur, ou l'étendard (*b*), eft grand, ovale, recourbé au fommet & des côtés ; l'inférieur, ou la carene (*c*), oblongue, applatie, droite, aiguë au fommet & convexe en deffous. Nous avons repréfenté (*d*) un des pétales latéraux, ou ailes oblongues avec un appendice ; du fond du calice, divifé en quatre parties, fort le piftil (*e*) enveloppé, comme dans un fourreau, par les dix étamines (*f*) réunies en faifceau. Quand la fleur eft paffée, le piftil devient une gouffe (*g*) longue, cylindrique, qui renferme depuis cinq jufqu'à douze graines (*h*), en forme de rein & oblongues. On remarque de plus que les fleurs du Galéga font en quelque forte pendantes, & que le fruit qui leur fuccede, s'éleve prefque verticalement.

Cette plante contient beaucoup de fel effentiel & d'huile. Suivant Lémery, c'eft un antidote excellent contre la pefte ; on la donne avec fuccès dans les fievres malignes ; elle eft auffi très bonne pour exciter les fueurs. On l'eftime beaucoup pour les maladies du cerveau, fur-tout pour l'épilepfie, & on la prefcrit dans les bouillons alexiteres. Camerarius recommande fort l'ufage du fuc de Galéga, & fa graine, pour faire mourir les vers : il l'employoit auffi dans la rougeole, la petite vérole & l'épilepfie des enfants.

Elle eft très célebre contre la morfure des ferpents, & contre les lombrics. On en fait une eau diftillée de la maniere fuivante. Il faut piler toute la plante, feuilles & fleurs, la mettre enfuite en digeftion dans une fuffifante quantité de vin blanc, pendant cinq ou fix jours ; on la diftille après au bain de fable, & on en tire une eau, dont la dofe fe prefcrit depuis une once jufqu'à quatre. On fait auffi ufage de la plante en décoction & en tifane.

On doit cueillir le Galéga dès les mois de Juin & Juillet, parceque c'eft le temps où la fleur eft dans fa beauté.

M. Boyle éleve le Galéga au-deffus de toutes les plantes, pour chaffer le mauvais air. Quelques Auteurs l'ont appellé *Ruta capraria*, parcequ'il en a la vertu, fans en avoir la mauvaife odeur.

Le Pétasite Herbe aux Teigneux.
Tussilago Petasites Linn.
Ital. Capellazi. Esp. Sombrera. Angl. Butter-Burr. Allem. Pestilentz-Wurtz.

LE PÉTASITE, ou L'HERBE-AUX-TEIGNEUX,

PLANTE VIVACE, DU NOMBRE DES DIAPHORÉTIQUES.

Petasites major & vulgaris. C. B. P. 197. *Tussilago Petasites.* 1215. 9.

TOURNEF. class. 12. sect. 3. genre. 1. LINN. Syngenesia polygamia superflua. JUSS. 13. Fam. des Composées.

Le Pétasite, ou l'Herbe-aux-Teigneux, est une plante qui croît assez communément sur les bords des ruisseaux & des lieux humides. On la trouve dans les montagnes, & elle n'est pas rare sur les Alpes. Quelques Auteurs la confondent avec la Bardane, soit à cause de la ressemblance de leurs feuilles, soit par la ressemblance de leurs vertus; mais Chomel observe, avec raison, que leurs semences, leurs fleurs & leurs racines ont de grandes différences.

L'espece de Pétasite dont il s'agit ici est la plus grande & la plus commune. La petite espece est à fleur blanche, & croît sur les montagnes humides. La racine du grand Pétasite (*a*) est grosse, longue, noire en dehors, blanche en dedans, & trace dans la terre. Elle pousse, au printems, plusieurs tiges, qui sont des especes de hampes lanugineuses. Ses tiges, garnies de quelques petites feuilles étroites & pointues, qui peuvent passer pour des feuilles florales, portent en leurs sommets des fleurs disposées en bouquets à fleurons purpurins. Tournefort assimile ces bouquets à de petits godets découpés en quatre ou cinq parties. Ces fleurs premieres se flétrissent en peu de tems; elles périssent avec leurs tiges & sont suivies par des semences solitaires, oblongues, comprimées, couronnées d'une aigrette velue, & contenues par le calice.

Remarquez, avec le célebre Von-Linné, que tous les fleurons sont hermaphrodites; observation sur laquelle il appuie avec d'autant plus de raison, qu'elle nous aide à distinguer le Pétasite du Tussilage, qui a des fleurons femelles à la circonférence. Après que la tige est tombée, il s'éleve, sur des petioles très longs & cylindriques, des feuilles extrêmement grandes, presque rondes & un peu dentelées en leurs bords. On a peint séparément, dans l'Estampe, la fleur qui naît au printems (*b*), & les feuilles qui lui succedent (*c*). Le fleuron & le filet (*d*) ont été développés au microscope. Le calice (*e*) & la graine (*f*) sont de grandeur naturelle.

Cartheuser ne cite la racine de Pétasite qu'en passant, dans la treizieme section de sa Matiere Médicale, & la range avec la racine de Bardane, par rapport à son odeur, sa saveur, son caractere & ses forces. L'odeur en est suave & le goût amer.

Quant à ses vertus, Lemery dit qu'elle est raréfiante, atténuante, apéritive, sudorifique, résolutive, vulnéraire & anti-vermineuse. On se sert rarement des feuilles, si ce n'est pour les appliquer sur la tête des enfants qui ont la teigne.

Les Allemands donnent à la racine le nom d'anti-pestilentielle. On l'emploie à l'exterieur pour résoudre les bubons & mondifier les ulceres. On l'emploie aussi intérieurement en décoction, pour aider à respirer & résister à la malignité des homeurs. On en prépare un vinaigre, par infusion, que l'on mêle avec le suc de Rhue & la Thériaque. Ce vinaigre est regardé comme un excellent sudorifique.

Le Pétasite sert aussi à la décoration des Jardins. M. Duchesne dit que ses fleurs violettes, rassemblées en thyrse, le feroient desirer dans les Jardins d'hiver, parcequ'elles paroissent en Février & Mars; mais, ajoute-t-il, ses feuilles sont désagréables à la vue, & ses racines redoutées par les Jardiniers. On remédie à ces inconveniens en le plantant dans des baquets, où ses racines ne peuvent s'étendre aux dépens des autres plantes, & en l'ôtant de sa place, lorsque la fleur est passée.

M. de Bomare remarque que les feuilles du Pétasite croissent quelquefois à la hauteur d'un homme, de sorte qu'en passant au travers de cette espece de palissade de verdure, il semble qu'on se promene entre des arbres.

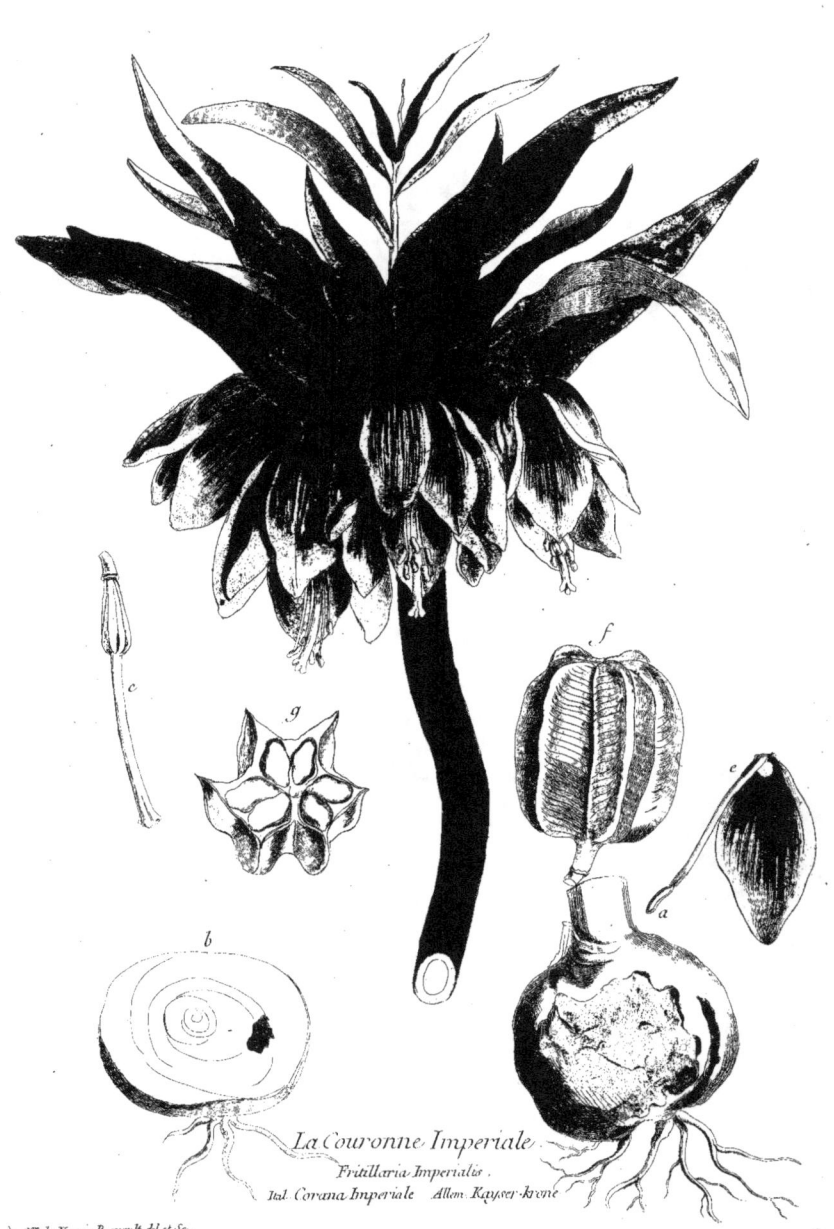

La Couronne Impériale
Fritillaria Imperialis.
Ital. Corona Imperiale. Allem. Kayser-krone.

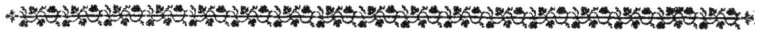

LA COURONNE IMPÉRIALE,

Plante vivace, du nombre des Emollientes.

Lilium , sive Corona Imperialis. C. B. P. *Fritillaria Imperialis.* L. S. P.

Tournef. class. 9. sect. 4. gen. 5. Linn. Hexandria monogynia. Adans. 8. Fam. des Liliacées.

La Couronne Impériale est originaire des Pays Orientaux : cette plante fut apportée de Perse vers la fin du seizieme siecle. La beauté de ses fleurs la rend sur-tout recommandable : sa racine (a) est une bulbe à plusieurs écailles, qui l'enveloppent à moitié ; cette racine est garnie de fibres en dessous, qui s'étendent horisontalement. Nous avons représenté (b) la même bulbe coupée transversalement, pour laisser voir la maniere dont les tuniques qui la composent s'emboîtent les unes dans les autres.

Sa tige s'éleve à la hauteur de deux pieds, ronde, lisse, nue à sa base, garnie de feuilles dans le milieu, tachetée en quelque sorte comme une peau de serpent jusqu'à l'extrémité supérieure : ses feuilles sont assez semblables à celles du Lis, alternes, & rangées autour de la tige presque en spirale. Du haut de la tige on voit sortir circulairement plusieurs fleurs liliacées, en forme de campanule ou cloche, sans calice, attachées à des pédoncules ou queues recourbées, pendantes & disposées en couronne, du milieu de laquelle s'éleve un superbe bouquet de feuilles qui semble, en la terminant, achever la ressemblance avec cet ornement, d'où lui est sans doute venu le nom de *Corona Imperialis*. Ses fleurs sont composées de six pétales (c), oblongs, parallèles & évasés. A la base intérieure de chaque pétale on trouve un nectar hémisphérique, concave, creusé en forme de petite fosse remplie d'une liqueur mielleuse. Le pistil (d) est composé d'un seul ovaire ; les six étamines sont rangées autour de l'ovaire sur le réceptacle commun ; elles sont plus longues que les pétales ; terminées par des antheres ou sommets, longues, parallelepipedes, fendues par le bas, garnies d'une poussiere génitale, blanchâtre & transparente. A la fleur succede un fruit (f) divisé en trois loges, que nous avons représenté coupé transversalement (g) pour montrer l'arrangement des graines (h), plates, attachées horisontalement au centre du fruit sur un rang, au bord de chacun des côtés des cloisons.

Cette plante contient beaucoup d'huile & de phlegme, peu de sel. Suivant Lémery, sa racine est âcre, piquante & désagréable au goût. Séchée & réduite en poudre, elle est digestive ; mais nous n'osons en conseiller l'usage ; cette vertu n'est pas bien constatée. Plusieurs Auteurs assurent même qu'elle est dangereuse, prise intérieurement.

Quant à son usage extérieur, toute la plante, mise en cataplasme, s'emploie utilement pour amollir, adoucir & résoudre les tumeurs. Elle entre dans la composition de l'emplâtre diabotanum.

La Couronne Impériale est plus généralement recherchée pour le plaisir des yeux, que pour l'utilité médicinale. La régularité & l'élégance de son port, le bel ordre & la magnificence de ses fleurs, en font un des plus beaux ornements de nos parterres. On la seme au mois d'Août, en bonne terre ; mais comme cette voie est longue, on accélere la jouissance par le moyen des oignons que l'on plante en Septembre & Octobre.

On obtient assez difficilement la graine, en laissant le fruit sécher sur pied, parcequ'il y mûrit rarement ; c'est pourquoi il faut prendre à-peu-près les mêmes précautions que pour le Lis ; on doit couper la tige lorsque les fruits ont pris une partie de leur accroissement, la suspendre dans un lieu humide, où leur maturité se perfectionne.

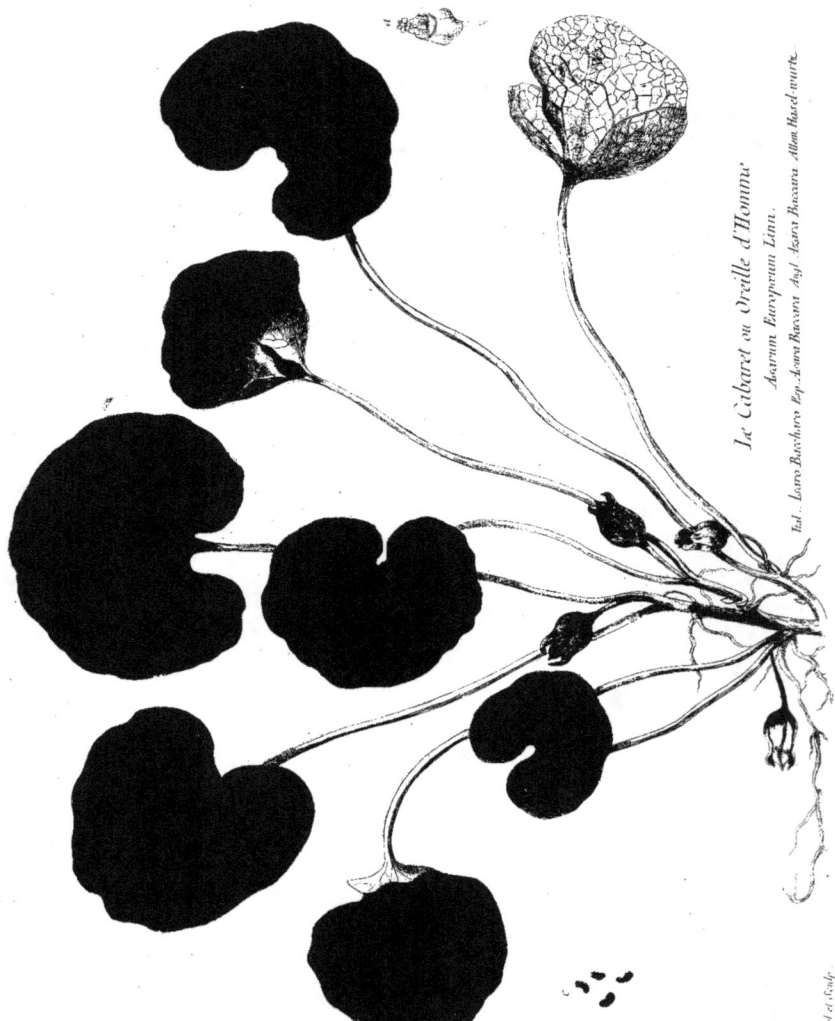

LE CABARET, ou L'OREILLE D'HOMME,

Plante vivace, du nombre des Purgatives.

Aſarum. Dod. Pempt. 358. C. B. P. 197. *Aſarum. Europæum.* L. S. P.

Tournef. claſſ. 15. ſect. 1. gen. 1. Linn. Dodecandria monogynia. Adans. 11. Fam. des Ariſtoloches.

Le Cabaret croît naturellement ſur les Alpes, ſur les montagnes du Bugey, en quelques endroits de la Lorraine, du Dauphiné, de l'Auvergne & du Languedoc, d'où on nous apporte la racine ſeche; il ſe plaît dans les forêts, ſur les montagnes. Sa racine eſt menue, fibreuſe, rampante, griſâtre, d'une odeur forte & agréable. Ses tiges ſont herbacées, baſſes; elles portent des feuilles de la forme qu'offriroit un rein coupé dans ſa longueur, mais plus rondes; creuſées comme une valve de coquille, d'où eſt venu à la plante le nom d'Oreille d'Homme, par la ridicule comparaiſon que les Anciens faiſoient de ſa feuille avec cette partie. On la nomme encore Oreillette, Rondelle, Girard-Rouſſin, peut-être pour des raiſons auſſi frivoles. Ses feuilles ſont liſſes, & ont une fermeté qui paroiſſent au tact avoir la conſiſtance du parchemin : elles ſont attachées deux à deux par de longues queues ou pétioles, creuſées dans toute leur longueur, qui ſe rejoignent près de la tige, comme deux branches de fourche. Les fleurs naiſſent dans la ſection de ce double pétiole, portées par des péduncules courts, qui ſe courbent après la floraiſon : ces fleurs n'ont point de corolle. Le piſtil, compoſé d'un ſtil & d'un ſtigmate, ſort du fond du calice, entouré des douze étamines (*a*) attachées à l'ovaire; les antheres des étamines ſont fendues longitudinalement : ces étamines ſe courbent à leur ſommet, & forment une réunion circulaire, dont le piſtil eſt le point central. Quand le germe eſt fécondé, le calice, diviſé en trois dentelures aiguës à leur extrémité, qui tient lieu de pétale à la fleur, ſe referme, & enveloppe un fruit diviſé en ſix loges, comme on le voit dans la capſule (*b*) coupée transverſalement; au fond de chacune de ces loges ſont attachées les graines (*c*) brunes, remplies d'une moëlle blanche, un peu âcre au goût.

Le Cabaret contient beaucoup de ſel volatil & d'huile. Sa racine, que nous tirons communément de nos Provinces Méridionales, nous eſt encore apportée du Levant : on doit la choiſir belle, entiere, bien nourrie, groſſe comme une plume d'oie médiocre, nettoyée de ſes fibres, récemment ſéchée, griſe, d'une odeur agréable & pénétrante.

Cette racine avoit un grand crédit chez les Anciens, qui la regardoient comme leur meilleur émétique. Sans décider s'il mérite la préférence ſur celui que nous employons, nous devons dire en ſa faveur qu'on l'ordonne avec ſuccès dans les mêmes cas, en poudre, depuis trente juſqu'à ſoixante grains, ou infuſée pendant douze heures dans un demi-ſeptier de vin blanc, depuis deux gros juſqu'à quatre; ce remede convient aux hydropiques & à ceux qui ſont tourmentés de la ſciatique. On l'emploie aſſez communément infuſée ſimplement dans l'eau; alors elle n'eſt qu'apéritive, & pouſſe abondamment par les urines, ſans exciter le vomiſſement & ſans purger : on met ordinairement une once de racine dans une chopine d'eau tiede.

Les feuilles purgent plus violemment que la racine; on les emploie macérées ou cuites dans le vin; cinq ou ſix feuilles ſuffiſent pour les tempéraments médiocres, & les temperaments forts n'en pourroient ſupporter plus de huit ou neuf. Mais nous croyons, d'après le rapport de Wedelins, que l'on doit donner une exclufion totale à ce purgatif; il dit avoir vu un jeune homme pour avoir pris une cuillerée de poudre de ces feuilles, après une ſuperpurgation qu'on ne put arrêter par aucun ſecours de l'art. Leur infuſion peut même être dangereuſe; c'eſt pourquoi la racine leur eſt préférable.

Le Peuple a une grande confiance dans la poudre de ces feuilles, priſe en guiſe de tabac, pour prévenir les ſuites des coups récents à la tête. Un Médecin Anglois a fait l'épreuve de cette poudre pour les maux de tête; il en fait prendre quatre ou cinq grains de la même maniere en ſe couchant; le ſommeil n'en eſt point troublé, & la quantité de ſéroſités qui s'évacue le lendemain par les glandes du nez, ſoulage conſidérablement le malade : c'eſt ce qu'obſerve l'Auteur de la Matiere Médicale, & il ajoute que ce flux ſalutaire dure quelquefois trois jours entiers. Ce remede a été employé avec ſuccès dans la paralyſie de la langue & de la bouche.

Les payſans font de cette plante leur fébrifuge : on l'appelle la panacée des fievres quartes. Les Maréchaux font manger la racine réduite en poudre & mêlée avec du ſon mouillé, aux chevaux qui ſont attaqués du farcin; ils la regardent comme un excellent remede, donnée depuis une once juſqu'à deux. On donne aux animaux, comme purgatif, une poignée des feuilles de cette plante, macérées dans une livre de vin blanc.

Pomet remarque, dans ſon Hiſtoire des Drogues, qu'on trouve quelquefois ſous les racines du Cabaret, environ un pied dans la terre, une eſpece de truffe ronde, jaunâtre en dehors, blanche en dedans, empreinte d'un ſuc laiteux, brûlant & cauſtique. Comme cette plante ne vient point naturellement dans nos climats, on la cultive dans les jardins; elle demande une terre graſſe & humide, & veut être expoſée à l'ombre : on la multiplie de plant enraciné vers la fin de Septembre. Elle fleurit ſur la fin du printems; ſes fleurs durent peu, mais ſes feuilles ſont vertes toute l'année. Elle doit ſon nom de Cabaret à l'intempérance de quelques buveurs, qui, après avoir paſſé les bornes de la modération, s'en ſervoient comme d'émétique pour retrouver les charmes de la nouveauté. Elle eſt la baſe d'une poudre céphalique connue ſous le nom de Saint-Ange.

LE PETIT LISERON, ou LIZET,

PLANTE VIVACE, DU NOMBRE DES RÉSOLUTIVES.

Convolvulus minor arvensis, flore roseo. **C. B. P.** *Convolvulus arvensis.* **L. S. P.**

TOURNEF. class. 1. sect. 3. gen. 4. LINN. Pentandria monogynia. ADANS. 27. Fam. des Personées.

LE PETIT LISERON croît abondamment le long des grands chemins, parmi les broussailles, dans les bleds, le long des haies, dans les jardins & dans quelques terreins incultes ; on le rencontre plus fréquemment dans les années pluvieuses que dans les années seches. Sa racine (*a*) est longue, menue, rampante & peu fibreuse. Ses tiges s'éleveroient très haut, si leur foiblesse, ou plutôt leur nature, leur permettoit de se porter verticalement ; elles sont grêles, sarmenteuses & rampantes, à moins que le voisinage d'un tronc d'arbre ou arbrisseau ne leur fournisse un appui, alors elles s'élevent en l'embrassant & se liant à ses branches. Les plus foibles plantes deviennent même pour elles un moyen d'élévation : elles s'unissent intimement à leurs tiges, & montent en se roulant par un mouvement opposé à la course du soleil ; &, après avoir gêné leur végétation, elles les étouffent & les abattent, pour chercher un nouvel appui.

Ses feuilles sont alternes, en forme de fer de fleche aigu de tous côtés, attachées à des pétioles courts. Les fleurs naissent par paires sous les pétioles des feuilles, soutenues par de longs pédicules qui se partagent dans leur longueur, & qui sont garnies de folioles opposées : ces fleurs sont monopétales, de la forme d'un tube court, évasé à l'extrémité supérieure, à cinq divisions, variant infiniment pour la couleur, quelquefois pourpre, & le plus souvent couleur de rose : on en trouve même qui sont presque blanches, selon la qualité du sol qui les produit. Les cinq étamines (*b*) dont trois stériles, selon Adanson, sont attachées au pétale représenté ouvert (*c*) : le pistil composé d'un stil & deux stigmates (*d*), s'attache au fond du calice (*e*), qui est divisé en cinq feuilles. Le fruit (*f*) est une capsule à deux loges, que nous avons représenté (*g*) coupé transversalement, pour laisser voir de quelle maniere les graines sphériques (*h*) s'attachent au placenta (*i*).

LE PETIT LISERON contient beaucoup de sel essentiel, de phlegme & modérément d'huile. Suivant Lémery, cette plante rend du lait quand on la coupe. Tournefort la regarde comme un des meilleurs vulnéraires que nous ayons ; elle est anodine, détersive & apéritive ; prise en décoction, elle soulage la colique : quelques Auteurs l'ont cru purgative ; mais cette vertu est contestée.

Konig rapporte que les fleurs du petit Liseron, cuites dans l'huile d'olive, appaisent les douleurs de la goutte, en graissant les parties souffrantes avec cette drogue. Le coton imbibé du suc de cette plante guérit les ulceres des oreilles ; on l'estime aussi propre à soulager les asthmatiques, & à lâcher le ventre. C'est l'avis de Bauhin, qui assure aussi que la graine, infusée dans le vin, provoque l'urine ; & que l'eau distillée de ses fleurs est bonne pour toutes les inflammations intérieures & extérieures, & sur-tout pour les rougeurs des yeux.

Les gens de la campagne se servent communément de cette plante pour guérir leurs blessures ; ils la pilent simplement entre deux cailloux, & l'appliquent dessus. Le petit Liseron fleurit en été, & donne encore des fleurs fort avant dans l'automne. On peut recueillir de la semence mûre dès le mois d'Août. Son nom de *Convolvulus* vient de *convolvere*, parceque cette plante s'entortille & se roule autour des plantes voisines.

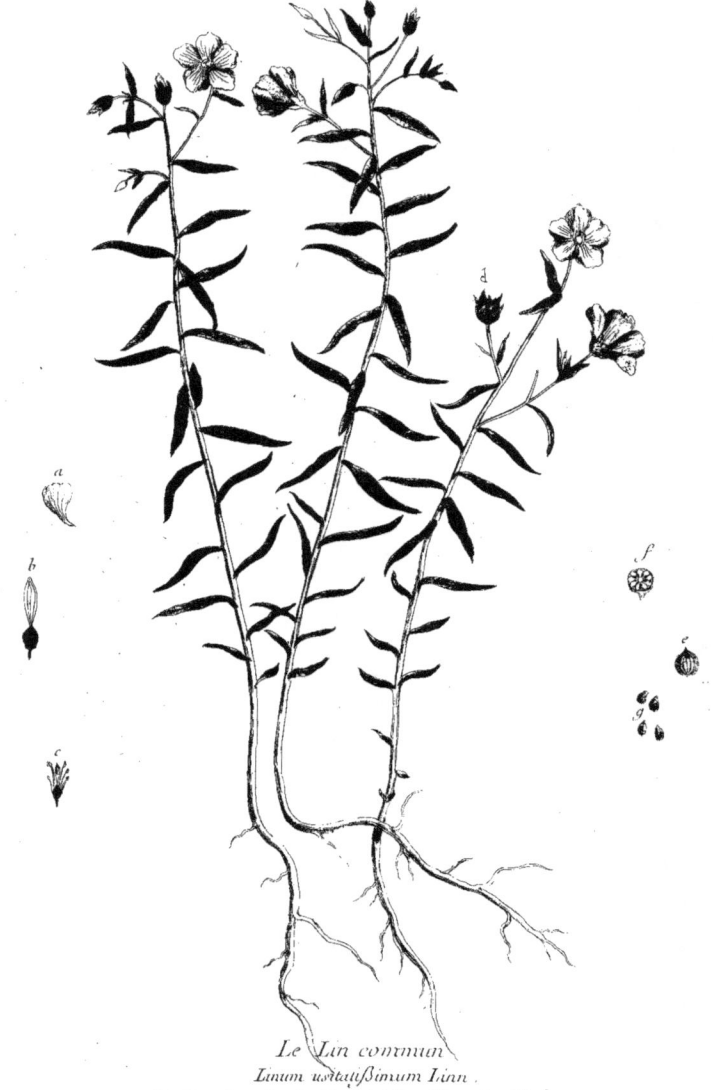

Le Lin commun
Linum usitatissimum Linn.
Ital. Lino domestico Esp. Lino. Angl. Flax, Flas. Allem. Flachs

LE LIN,

Plante annuelle, du nombre des Emollientes.

Linum sativum. C. B. P. 214. *Linum usitatissimum.* L. S. P.

Tournef. class. 8. sect. 1. gen. 4. Linn. Pentandria pentagynia. Adans. 37. Fam. des Amarantes.

Le Lin ordinaire, ou Lin cultivé, est d'une domesticité très ancienne; on ne l'obtient que par une culture constante. Sa racine est menue & fibreuse; ses tiges s'élevent communément à la hauteur de deux pieds; elles portent des feuilles petites, oblongues, opposées & alternes : elles sont attachées à la tige par sa base, sans pourtant l'embrasser. Les fleurs naissent dans les aisselles des feuilles, d'où elles s'élevent par le secours d'un pédicule long, garni lui-même de feuilles semblables à celles de la tige, mais plus petites. Ces fleurs sont composées de cinq pétales (*a*), de couleur qu'on ne peut pas appeller bleue, quoiqu'elle en approche fort; mais qui est remarquable, en ce qu'elle a donné la dénomination à une teinture connue vulgairement sous le nom de *Gris de lin*. Le pistil (*b*), composé de cinq stils & cinq stigmates, est vu grandi au microscope. Les cinq étamines (*c*) qui l'environnent sont réunies à leur base par une membrane légere, qui touche l'ovaire & la corolle, sans être attachée ni à l'une ni à l'autre. On voit dans le fond du calice, divisé en cinq feuilles (*d*), l'embryon, ou le jeune fruit, représenté mûr (*e*), de forme ronde, terminé par une pointe, divisé en cinq loges & cinq valves, comme on le voit dans la représentation de la capsule coupée transversalement (*f*). Cette capsule renferme dix graines (*g*), lisses, polies, luisantes, douces au toucher, remplies de moëlle ou substance huileuse & mucilagineuse.

Le Lin ne fournit à la Médecine que sa semence : c'est principalement dans sa partie mucilagineuse que réside ses vertus. Elle contient, suivant Lémery, beaucoup d'huile & peu de sel. On les emploie trempées dans l'eau rose, mises entre deux linges & appliquées sur les yeux pour en guérir l'inflammation. On fait une eau de Lin excellente dans la colique néphrétique, la pierre & la rétention d'urine; pour cet effet on jette une demi-once de graine de Lin, enveloppée d'un linge fin, dans une pinte d'eau bouillante, on la laisse infuser, avec la précaution toutefois de l'éloigner du feu, parceque la quantité de mucilage donneroit une liqueur gluante. Dans les décoctions émollientes & adoucissantes au contraire on la fait bouillir; & on les ordonne pour le cours de ventre & la dyssenterie.

Un des meilleurs remedes que l'on puisse apporter aux hémorrhoïdes, est un cataplasme fait avec de la farine de seigle, cuite dans l'huile de Lin, à laquelle on ajoute un jaune d'œuf en le retirant du feu, & qu'on applique tiede sur la partie affligée. On sait que la farine de cette semence est employée, avec les autres, dans les cataplasmes émolliens.

L'huile de Lin, tirée par expression, est émolliente, résolutive, anodine, propre à accélérer la suppuration des tumeurs. Jean Bohin l'ordonnoit pour amollir les muscles tuméfiés, & pour en appaiser la douleur.

La graine de Lin est d'un très grand usage pour les lavements & les collyres émolliens; on en met ordinairement depuis quatre jusqu'à huit onces. L'huile fraîche doit être préférée; on la donne intérieurement depuis une once jusqu'à quatre. Gesner & quelques Auteurs l'estiment dans la pleurésie, la péripneumonie & la toux violente; elle fait cracher, adoucit les douleurs de la poitrine & lâche le ventre. On l'a quelquefois ordonné avec succès dans la colique de *Miserere*, par haut & par bas, mêlée avec autant d'huile de raves. L'huile de Lin, prise intérieurement, guérit les tumeurs du bas-ventre, au rapport de l'Auteur des Ephémérides d'Allemagne.

La graine de Lin entre dans la décoction émolliente, dans les pilules de savon, dans l'onguent d'Althea. L'huile entre dans le baume verd de Metz : on fait du mucilage avec la semence, dont on fait un emplâtre qui en porte le nom; il entre dans l'emplâtre *diachylon* gommé & le *diachylon* simple.

Indépendamment de ses vertus médicinales, le Lin est considéré dans les Arts, par les grands avantages que nous en retirons : la dépouille de ses tiges nous donne le plus beau linge; & quand la vétusté est devenue le prix de ses longs services, une nouvelle métamorphose le soumet encore à nos besoins sous la forme du papier, dont l'utilité se subdivise à l'infini. Les Peintres font usage de son huile; elle est la base de la plus grande partie des vernis gras, & même les feces de cette huile sont regardées, par nombre de Cultivateurs, comme un excellent engrais.

LA TOUTE-SAINE,

PLANTE VIVACE, DU NOMBRE DES VULNÉRAIRES APÉRITIVES.

Androſœmum maximum frutescens. C. B. P. *Hypericum Androſœmum.* L. S. P.

TOURNEF. claſſ. 6. ſect. 3. gen. 10. LINN. Polyadelphia polyandria. ADANS. 54. Fam. des Ciſtes.

LA TOUTE-SAINE croît ordinairement en Italie & dans la partie méridionale de France, & malgré la différence du climat on la rencontre en Angleterre ; nous la cultivons dans les jardins. Sa racine (*a*) eſt groſſe, longue, ligneuſe, rougeâtre, & pouſſe de longues fibres : il s'en élève une tige de deux ou trois pieds, rougeâtre, biſanguleuſe, ligneuſe, liſſe, portant d'aſſez grandes feuilles de forme preſque ovale, qui paroiſſent perforées d'un nombre infini de petits trous, ſi on les place entre la lumiere & l'œil pour les regarder ; mais en les examinant ſcrupuleuſement à l'aide du microſcope, on reconnoît, comme pluſieurs Savants l'ont remarqué, que ces prétendus trous ou pertuis ne ſont autre choſe que des véſicules remplies d'une liqueur claire & balſamique. Ces feuilles ſont oppoſées à la tige, & de leurs aiſſelles naiſſent les branches qui ſe raſſemblent par leur longueur graduelle en une eſpece d'ombelle, & portent à leurs ſommets des fleurs roſacées (*) compoſées de cinq pétales (*) d'un beau jaune : nous avons repréſenté (*b*) un des pétales ſéparés.

Le piſtil eſt diviſé en trois parties, qui ont chacune un ſtil & un ſtigmate, quoique ces trois parties n'aient qu'un germe commun qui devient un fruit ou baie molle, qui, de verte qu'elle étoit d'abord, acquiert par les degrés ſucceſſifs de ſon accroiſſement, une belle couleur rouge, & brunit peu-à-peu juſqu'à ce qu'enfin le noir annonce ſa maturité ; cette baie eſt vue (*d*) portée ſur le calice, qui eſt découpé en cinq parties, & perſiſte juſqu'à la ſiccité du fruit. Le fruit coupé tranſverſalement (*e*) offre ſa diviſion intérieure en trois loges, où ſont renfermées des ſemences (*f*) petites, brunes, oblongues, fixées dans chaque loge ſur un placenta. Les étamines entourent le piſtil au nombre de trente juſqu'à cinquante, partagées en trois diviſions qui forment chacune un faiſceau (*c*). Cette plante differe eſſentiellement du millepertuis, en ce que ſes feuilles ſont beaucoup plus grandes, & qu'elle eſt rameuſe comme un petit arbriſſeau ; du reſte, les caracteres de ces deux plantes ont quelque rapport.

LA TOUTE-SAINE contient beaucoup d'huile & modérément de ſel & de phlegme, ſuivant Lémery. Elle eſt vulnéraire, apéritive, réſolutive : on l'emploie intérieurement & extérieurement. Son ſuc eſt eſtimé propre à réſiſter à la malignité, à prévenir les funeſtes effets de la rage, à chaſſer les vers & à diſſoudre la pierre. Sa racine a un goût réſineux ; ſes feuilles preſſées entre les doigts, rendent une odeur vineuſe. On prépare, avec deux dragmes de ſa graine pilée & miſe en infuſion, un purgatif doux pour chaſſer l'abondance de la bile & dégager les inteſtins. On la croit bonne pour ſoulager la ſciatique.

Les grandes vertus que les Anciens ont connues, ou ſuppoſées à cette plante, lui ont valu le nom de Toute-Saine, parcequ'on la croyoit propre pour toutes les maladies ; mais quoique pluſieurs Auteurs l'aient regardée comme une panacée univerſelle, ils ne nous ont pas laiſſé des détails bien exacts ſur ſes vertus, ni ſur les moyens de faire uſage d'un pareil tréſor : c'eſt aux Savants Praticiens à en déterminer le mérite. Au ſurplus, ſans nous arrêter à cette hyperbole, nous devons rendre compte du ſentiment des Modernes ſur cette plante ; on lui attribue les mêmes vertus qu'au *Millepertuis*. Voyez pour l'uſage ce qui eſt dit à ſon article.

Le Lotier Odorant, ou Faux Beaume du Perou.
Trifolium Melilotus Coerulea. Linn.
Ital. *Melilotu Odorato.* Esp. *Trebol Real.* Angl. *Garden-Claver.* Allem. *Wolriechend Rlee.*

LE BAUMIER, LOTIER ODORANT, ou FAUX BAUME DU PEROU,

Plante vivace, du nombre des Détersives.

Lotus hortensis odora. C. B. P. *Melilotus major odorata violacea.* I. R. H. *Trifolium melilotus cœrulea.* L. S. P.
Tournef. class. 10. sect. 4. gen. 1. Linn. Diadelphia decandria. Adans. 43. Fam. des Légumineuses.

Le Baumier croît naurellement dans la Boheme ; & selon le Savant Linnæus, la Lybie le produit aussi. Nous l'avons en quelque sorte naturalisé par la culture, & il s'élève facilement dans les jardins. Sa racine (*a*) est simple, blanche, menue, ligneuse & peu fibreuse : elle porte des tiges droites, hautes de deux ou trois pieds, grêles, cannelées, un peu anguleuses, lisses, creuses & très branchues. Les feuilles sont portées trois par trois sur un long pétiole ; elles sont lisses & un peu dentelées. Les pétioles qui les soutiennent sont attachés à la tige alternativement. Les branches naissent dans la section des pétioles avec la tige ; elles portent à leur sommet des petites fleurs légumineuses rassemblées en une grappe globulaire.

Ces fleurs sont composées de quatre pétales ; le pétale supérieur ou étendard (*b*) que nous avons représenté, ainsi que toutes les parties de la fleur, grandi au microscope, est oblong, plié dans sa longueur, découpé en cœur à son extrémité & diminuant à sa base, marqué de quelques nervures qui se partagent en rameaux ; les ailes, dont une est vue (*c*), accompagnent latéralement les parties sexuelles & s'attachent au fond du calice par un long appendice ; la carene (*d*) se trouve placée entre les ailes & semble soutenir le pistil (*e*) qui sort du fond du calice entouré des dix étamines rassemblées en faisceau par une membrane légere. Le calice (*f*) d'une seule piece est divisé en cinq folioles, par des dentelures profondes ; au pistil succede une gousse cylindrique qui se trouvant placée dans le même ordre que les fleurs, fait partie de la grappe (*g*) vue de grandeur naturelle ; il est représenté ouvert (*h*), & laisse voir la semence qu'il renferme (*i*).

Le Baumier a les mêmes propriétés que le Melilot ordinaire, on le croit même plus adoucissant. Ses fleurs répandent une odeur assez agréable ; Dodonée rapporte que quelques personnes répandent cette herbe seche sur les habits, pour les garantir de la vermine.

Chomel dit avoir éprouvé que cette plante en infusion dans l'eau bouillante, soulage considérablement les pulmoniques & modere la violence de la toux ; on prétend aussi que l'infusion de ses graines dans l'eau-de-vie guérit les asthmatiques.

L'huile de ses fleurs a de très grandes vertus ; son efficacité lui a fait donner, ainsi qu'à la plante, le nom de Baume de Pérou ; elle est connue aussi sous celui de Baume de Jerusalem ; ce baume est excellent pour guérir les plaies, pour nettoyer & cicatriser les vieux ulceres, même ceux des jambes ; on peut l'employer surement pour réunir les plaies récentes ; il est bon pour les descentes des enfants, appliqué en compresse, & pour appaiser l'inflammation des tumeurs.

La facilité d'obtenir ce baume & les avantages qu'il nous offre doivent le faire rechercher : il suffit de cueillir les grappes des fleurs, qui sont ordinairement nombreuses, dans le moment de leur vigueur, & les laisser infuser dans l'huile d'olive ; au bout de quelques jours elle répand une odeur forte & aromatique, & est dès-lors bonne à employer ; on peut conserver ce baume plusieurs années.

Quelques Médecins Allemands se servent intérieurement de ce baume avec la plus grande confiance dans la fluxion de poitrine, & dans les maladies du poumon, à la dose d'une cuillerée ou deux.

Le Baumier fleurit vers le mois de Juillet, & les fleurs se succedent environ deux mois.

La Brunelle.
Brunella Vulgaris Linn.
Ital. Prunella. Angl. Selfheat. Allem. Brunelle.

LA BRUNELLE, ou BRUNETTE,

PLANTE VIVACE, DU NOMBRE DES VULNÉRAIRES ASTRINGENTES.

Brunella major folio non diffecto. C. B. P. 260. *Prunella vulgaris.* L. S. P.
TOURNEF. claff. 4. fect. 1. gen. 7. LINN. Didynamia gymnofpermia. ADANS. 15. Fam. des Labiées.

LA BRUNELLE croît abondamment dans les pâturages, au bord des prés, le long des haies, dans les terreins gras & fertiles, dans les bois & en quelques terreins pierreux. Sa racine (*a*) eft menue, rampante, garnie de fibres. Ses tiges s'élevent à la hauteur d'un pied ou un pied & demi; elles font herbacées, droites quelquefois, rampantes le plus fouvent, cependant portant toujours leurs fommets dans une direction verticale, quadrangulaires, velues & rameufes. Les feuilles font oppofées à la tige, où elles font portées par des pétioles courts; elles font ovoblongues: on en rencontre qui font profondément découpées, mais ce n'eft qu'une variété de la même plante, ainfi que la Brunelle à fleurs blanches, qui ne differe de celle-ci que par la couleur de fes fleurs. Les branches fortent des aiffelles des feuilles, & portent à leur fommet, ainfi que la tige, des fleurs difpofées en un épi long d'environ deux pouces, d'un égal diametre dans toute fa longueur. Ces fleurs font d'une feule piece (*b*), labiées; la levre fupérieure eft en cafque, mais plane, large & légérement dentelée; l'inférieure eft divifée en trois parties, dont celle du milieu a en quelque forte la forme d'une cuiller. Nous avons repréfenté (*c*) le pétale ouvert où font attachées les quatre étamines.

Le calice (*d*) qui laiffe voir le piftil après la chûte de la fleur, eft un tube applati à deux levres, ainfi que la fleur, & à cinq dentelures; il s'attache à la tige par un péduncule très court, & eft foutenu par une foliole.

Le calice ouvert (*e*) offre le piftil & l'embryon qui lui doit la naiffance, compofé de quatre graines ovoïdes (*f*).

LA BRUNELLE contient beaucoup d'huile & médiocrement de fel effentiel; elle eft déterfive, confolidante, vulnéraire & aftringente; on ne fe fert communément que de fon herbe & de fes fleurs. Toute la plante a une odeur foible; fon fuc a une faveur amere & ftyptique; il s'ordonne à la dofe de deux jufqu'à quatre gros; il eft propre à guérir les ulceres malins, & ceux qui font les compagnons ou les fuites des maladies honteufes, en le buvant & appliquant extérieurement la plante fraîchement pilée. On l'emploie auffi avec fuccès pour raffermir l'ébranlement des dents occafionné par la falivation mercurielle.

La décoction des feuilles & fleurs de cette plante au poids de quatre gros, eft très bonne pour le crachement de fang, les urines fanglantes, la dyffenterie, les pertes des femmes, pour diffoudre le fang coagulé à la fuite des chûtes confidérables, & pour les ruptures des inteftins: Lémery en recommande l'ufage pour les ulceres du poumon, pour les hémorrhagies & les maux de gorge.

Les gens de la campagne l'appliquent fur leurs bleffures après l'avoir pilée: elle arrête le fang, &, comme un baume naturel, elle réunit les chairs & cicatrife la plaie; c'eft pour cela qu'on l'appelle auffi l'herbe au charpentier, nom qui eft attribué indiftinctement à la fanicle, à la mille-feuille & à quelques autres herbes aftringentes.

Ethmuller recommande fort la décoction de cette plante, à laquelle on a ajouté un peu de cryftal minéral, donnée en gargarifme pour l'inflammation des glandes de la gorge. C'eft un remede très familier aux Allemands, qui l'emploient auffi pour les ulceres de la bouche & du gofier.

Le cataplafme des feuilles de Brunelle pilées étoit employé par Céfalpin pour faire fuppurer les clous & les furoncles, & pour guérir les plaies. Il faifoit baffiner les tempes avec le fuc de cette plante, mêlé avec le vinaigre & l'huile rofat, pour foulager les grandes douleurs de tête.

On tire de la Brunelle une eau diftillée, dont on fe fert après y avoir fait diffoudre quelques grains de gomme lacque ou de maftic, pour rétablir les gencives des fcorbutiques. Jean Bauhin vante fort l'ufage de cette plante pour arrêter l'effet de la morfure des bêtes venimeufes, en en faifant boire le fuc pur à ceux qui en ont été mordus, en en lavant la plaie & y appliquant les feuilles écrafées.

La Brunelle entre dans l'eau vulnéraire, (*voyez pour fa compofition la notice de l'œil de bœuf*), dans l'emplâtre pour les defcentes de nicolas Prepofitus, dans celui *de Vigo pro fracturis*, dans le baume polycrhefte de Baudron, & dans le fyrop de Nicotiane de Néander. Elle fleurit vers le commencement de l'été, & donne encore fes fleurs une partie de l'automne: le nom de *Brunella* vient de ce que cette plante eft eftimée par les Allemands propre à guérir la fquinancie, qu'ils appellent *diebrune*.

La Rue des Jardins
Ruta Graveolens Linn.
Ital. Ruta. Esp. Ruda Aruda. Angl. The Rue. Allem. Raute.

LA RUE,

Plante vivace, du nombre des Hystériques.

Ruta hortensis latifolia. C. B. P. *Ruta graveolens.* L. S. P.

Tournef. class. 6. sect. 5. gen. 5. Linn. Decandria monogynia. Adans. 44. Fam. des Pistachiers.

La Rue croît communément dans les pays chauds ; on la cultive dans les jardins dans les climats tempérés. Sa racine (a) est ligneuse, très fibreuse & de couleur jaunâtre ; ses tiges s'élèvent quelquefois à la hauteur de quatre ou cinq pieds ; mais ordinairement de deux ou trois, ligneuses, rameuses, l'écorce blanchâtre, garnies de feuilles oblongues, divisées en plusieurs folioles charnues, lisses, rangées par paires, & terminées par une foliole impaire ; elles portent à leur sommet des fleurs rosacées, composées de cinq pétales (b). Le pistil (c) & les huit, & quelquefois dix étamines sont adhérents au calice ou réceptacle commun. Le pistil (d), vu de face, offre les quatre embryons qui deviennent des graines (e).

Cette plante est d'un très grand usage dans la Médecine, quoiqu'elle répande une odeur forte & désagréable, & qu'elle soit âcre & amère au goût. Si l'on considère les secours qu'elle nous offre, ses grandes vertus feront oublier ses défauts. La Rue contient beaucoup d'huile exaltée & de sel volatil & essentiel ; elle n'est pas seulement hystérique, elle est aussi carminative, emménagogue, stomacale & vermifuge, antiscorbutique, cordiale & vulnéraire. On donne ses feuilles fraîches, infusées dans un verre de vin blanc, à la dose d'une pincée ou deux, pour rétablir le cours des écoulements périodiques, & pour appaiser les vapeurs hystériques. On fait, avec les feuilles & les fleurs, une conserve très propre à dissiper les indigestions. De ces mêmes feuilles & fleurson distille une eau, on en fait une huile par infusion ; on s'en sert en décoction, & on les emploie en cataplasme. Des feuilles seches on tire une poudre, & des sommités fleuries, une huile essentielle.

Simon Pauli vante beaucoup des qualités de la Rue pour la colique, soit qu'on en donne la décoction en lavement, soit qu'on mêle environ deux onces de son huile tirée par infusion dans quelque décoction carminative, ou soit enfin qu'on l'applique en cataplasme sur le ventre. Le même Auteur la loue fort pour chasser les vers. Il faut pour cela mettre du coton imbibé de quelques gouttes d'huile par infusion dans le nombril des enfants qui y sont sujets. Au défaut de l'huile, on peut employer le suc des feuilles fraîches. Il est bon en même temps de leur en faire boire à jeun quelques cuillerées mêlées dans une légere eau de chiendent ou de scordium.

La Rue est propre pour les écrouelles. Il faut donner tous les matins, aux enfants qui en sont affligés, deux ou trois gros de suc de Rue dans un bouillon, & continuer ce remede avec beaucoup de constance ; ou, s'ils ont assez de courage, leur faire manger avec le pain quatre ou cinq feuilles de Rue à leurs déjeûners.

On prétend que cette plante servoit de base à ce fameux antidote de Mitridate.

Dans les maladies contagieuses, pour se garantir du mauvais air, deux cuillerées de suc de Rue dans undemi-verre de bon vin, est un excellent préservatif ; on peut même en augmenter la dose jusqu'à un verre le matin à jeun.

Le vinaigre de Rue est aussi un excellent antidote dans les mêmes maladies. On le prépare de cette maniere en Italie : on fait infuser des feuilles de Rue dans le plus fort vinaigre, on y ajoute de la bétoine, de la pimprenelle, des noix, des baies de génievre, quelques gousses d'ail & un peu de camphre : la dose est d'une cuillerée.

On peut se procurer facilement un puissant remede pour les coliques : on fait infuser les feuilles & les semences de Rue dans de l'huile d'olive, on en prend une cuillerée, & on en met trois onces dans un lavement. Chomel assure que ce remede soulage considérablement, sur-tout dans la colique humorale.

La décoction des feuilles de Rue fait un excellent gargarisme pour les gencives des scorbutiques : ce gargarisme est très bon dans la petite vérole, pour résoudre les grains qui fatiguent la gorge. On en peut aussi bassiner le tour des yeux. Lémery l'estime propre à garantir des suites fâcheuses de la morsure des chiens enragés & des serpents : on doit pour cet effet bassiner les plaies avec son eau distillée & boire le jus de la plante fraîchement pilée. Jean de Milan, dans son Ecole de Salerne, prétend que la Rue sert à éclaircir la vue ; ce que l'expérience confirme, dit Chomel, dans les taies de la cornée, & dans les suffusions, où l'humeur aqueuse est trouble, l'on fait souffler dans l'œil malade l'odeur de la Rue, par une jeune personne saine, qui en a mâché auparavant. La vapeur de la décoction reçue à l'œil malade, par le moyen d'un entonnoir renversé, fait le même effet. Le même Auteur dit : j'ai vu réussir la guérison des pâles couleurs, en faisant mettre sous la plante des pieds, dans les chaussons, des feuilles de Rue. Cette plante convient dans les ulceres vénériens, en mêlant parties égales de Rue, de menthe, de graine d'*agnus castus*, de succin & d'os de seche, & le faisant prendre à la dose d'un gros.

Mayerne assure que la poudre de Rue, prise jusqu'à deux gros dans la vieille biere, pendant un temps considérable, guérit l'épilepsie, & que son suc est de même usage, qu'il lâche le ventre, fait quelquefois vomir, & agit par la transpiration.

La Rue entre dans la composition du Vinaigre fébrifuge de Sylvius Delboë, dans le Syrop apéritif cachétique de Charas, le Syrop anti-épileptique, & le Syrop martial-apéritif-cathartique du même Auteur, dans les Trochisques de Capres, ceux de Myrrhe, l'Electuaire de baies de Laurier, la Poudre contre la rage de Paulmier, le Syrop de Stœchas, le Syrop d'Armoise & la Décoction céphalique. Elle entre aussi dans la poudre *Diahissopi* de Nicolas d'Alexandrie, dans *l'Aurea* du même Auteur, dans l'huile de Capres, dans l'onguent *Aregon*, dans le *Martiatum* & dans le Baume Tranquille. La semence de Rue est employée dans les Pilules optiques de Mésué, dans les Pilules fœtides, dans celles des Hermodates & dans les Trochisques de Rhubarbe du même Auteur.

On doit cueillir la Rue vers le mois d'Août. Elle se multiplie de semence & de plans enracinés, en bonne terre, & à l'exposition du midi.

La Verveine.
Verbena officinalis. Linn
Ital. Verminacula. Esp. Verbena. Angl. Vervain. Allem. Eisenhart

LA VERVEINE,

Plante annuelle du nombre des Ophtalmiques.

Verbena communis flore cæruleo. C. B. P. 269. *Verbena officinalis.* L. S. P.

Tournef. class. 4. sect. 3. gen. 14. Linn. Diandria monogynia. Adans. 26. Fam. des Verveines.

La Verveine croît très communément sur le bord des grands chemins, contre les murailles, le long des haies & dans les terreins incultes. Sa racine (*a*) est oblongue, rameuse & peu fibreuse. Sa tige s'éleve à la hauteur d'un pied ou deux, foible, quarrée, légérement velue & quelquefois lisse, portant des feuilles allongées, découpées en plusieurs parties & comme laciniées profondément, opposées, souvent divisées en trois; celles du sommet sont quelquefois en forme de fer de lance & sans découpures. Des aisselles des feuilles sortent des branches qui portent à leurs sommités les fleurs rangées en épi grêle & allongé. La fleur (*b*) que Tournefort a fait entrer dans la classe des fleurs en gueule est à sa base de la forme d'un tube, de couleur pourpre, cylindrique, un peu courbée, évasée par le haut, divisée en cinq dentelures arrondies, presque égales. Elle approche beaucoup de ressemblance avec les fleurs labiées. Nous montrons dans le pétale ouvert (*c*) les quatre étamines qui s'y trouvent attachées, & qui entourent le pistil (*d*) représenté dans le calice ouvert, découpé à son bord en cinq parties; ce calice fermé (*e*) est un tube court, anguleux, attaché à la tige immédiatement sortant de l'aisselle d'une foliole qui enveloppe sa base inférieurement, de maniere à laisser croire qu'elle en fait partie; au fond du calice est enfermé le fruit (*f*) que l'on apperçoit difficilement, composé de quatre petites graines (*g*) oblongues, approchant de la forme du prisme.

La Verveine contient beaucoup de sel essentiel & d'huile suivant Lémery; outre sa vertu ophtalmique, elle est encore atténuante, apéritive, céphalique, vulnéraire, détersive, hystérique, fébrifuge, résolutive & propre pour la colique venteuse. Sa racine est un peu amere, elle est bonne pour la fievre: on en fait infuser une poignée pendant vingt-quatre heures dans un demi-septier de vin blanc; on la fait prendre avant le frisson ou au commencement de l'accès; elle rend la sueur plus abondante & accélere la guérison.

On emploie toute la plante pour en tirer l'eau distillée, dont on fait grand usage pour les maladies des yeux, & sur-tout pour l'inflammation; au défaut de l'eau distillée, on peut se servir du suc de la plante qui est aussi très bon pour nettoyer les yeux & éclaircir la vue. Le même suc nouvellement tiré est purgatif; particulierement pour évacuer la pituite, la dose est depuis trois onces jusqu'à six.

La décoction de la plante donnée en gargarisme est bonne pour les maux de gorge; donnée de la même maniere, elle guérit les ulceres des amygdales, si nous en croyons Grunlengius.

Le suc de Verveine ou son huile par infusion guérissent les plaies. Chomel recommande le remede suivant pour la pleurésie: il faut fricasser les feuilles de Verveine dans la poële avec un peu de vinaigre, & les appliquer sur le côté. La sérosité qui s'échappe par les pores de la peau, se mêlant au suc de la plante, teint les linges qui couvrent la partie, d'une couleur rougeâtre; ce qui en impose au peuple ignorant, qui s'imagine que la Verveine attire au dehors le sang extravasé sur la plevre. Les cataplasmes de Verveine appliqués sur la tête, en maniere de calotte, soulagent beaucoup la migraine, sur-tout celle où le malade ressent dans cette partie un froid considérable.

On se sert de la poudre de Verveine dans l'hydropisie naissante. On fait revenir le lait aux nourrices, en leur faisant prendre trois heures après souper un demi-septier d'eau de Verveine; elles ne doivent prendre aucune nourriture pendant la nuit.

Cheneau employoit avec succès le cataplasme fait avec les feuilles de Verveine, pilées & mêlées avec la farine de seigle & le blanc d'œuf pour les tumeurs, & en l'appliquant sur la partie souffrante.

Le suc de Verveine, ou son extrait, modere les accès des fievres intermittentes, & les guérit quelquefois au rapport de Chomel; on fait prendre un gros de cet extrait deux fois par jour devant le frisson, & sur le déclin de la fievre les jours d'accès; & les jours d'intermission, le matin & l'aprèsmidi: la plante fraîche, pilée seule ou avec la racine de Brione en cataplasme, s'emploie avec succès pour les maladies de la rate, causées par les fievres d'automne qu'on a négligées.

Ses feuilles & ses racines mises en poudre, ou leur infusion, sont très utiles appliquées sur les ulceres les plus dangereux.

Cette plante fleurit en Juin, & dure tout l'été & une partie de l'automne. Les Anciens la nommoient *Hierobotane*, ou herbe sacrée, parcequ'elle servoit à nettoyer les Autels, & étoit employée à plusieurs superstitions chez les païens.

Ses feuilles entrent dans l'eau vulnéraire, dans la poudre contre la rage & dans l'emplâtre de bétoine; ses sommités entrent dans la composition de l'huile de scorpion.

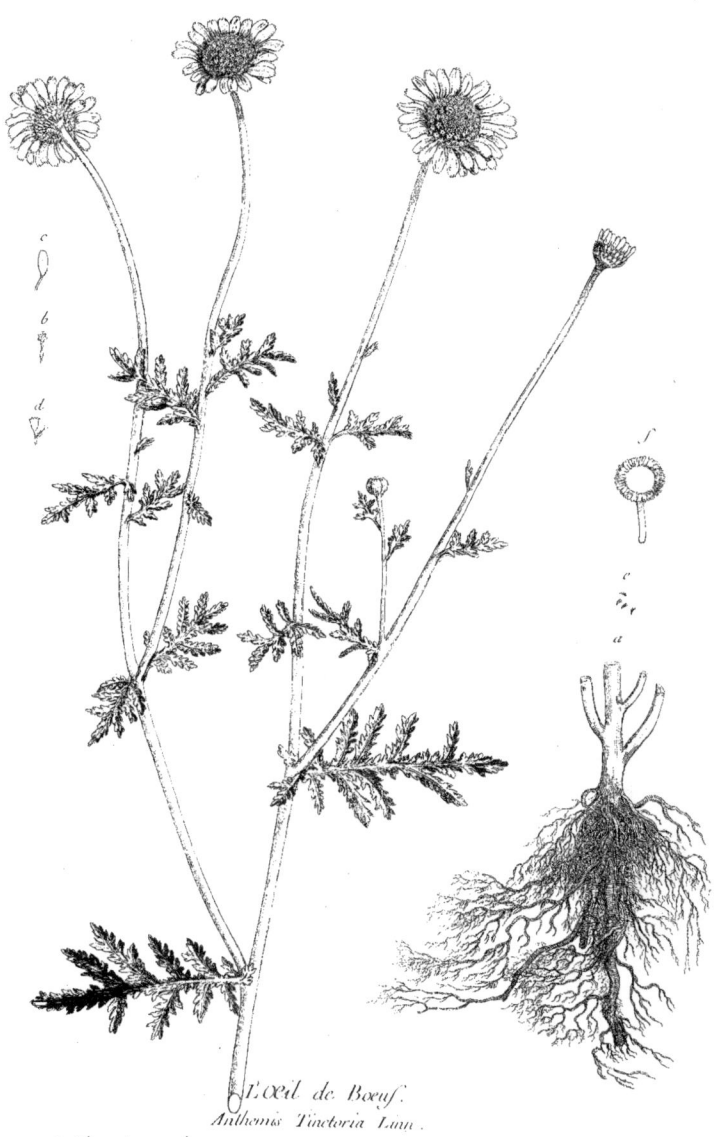

L'Œil de Bœuf.
Anthemis Tinctoria Linn.
Ital. Fior de Ogni mese. Buphtalmo. Angl. Marygold. Allem. Streichblum.

L'ŒIL-DE-BŒUF,

PLANTE VIVACE, DU NOMBRE DES VULNÉRAIRES APÉRITIVES.

Buphtalmum tanaceti minoris foliis. C. B. P. 134. *Anthemis tinctoria.* L. S. P.

TOURNEF. class. 14. sect. 3. gen. 7. LINN. Syngenesia polygamia superflua. ADANS. 30. Fam. des Composées.

L'ŒIL-DE-BŒUF croît naturellement en Allemagne, dans les Provinces méridionales de France, dans les prés secs & arides, aux bords de la mer, & en quelques contrées le long des chemins; on le cultive dans les jardins pour l'ornement. Il est peu de plante aussi robuste & qui donne aussi long-temps des fleurs. Sa racine (*a*) est dure, rameuse & ligneuse : ses tiges s'élevent d'environ deux pieds, grêles & rameuses. Les feuilles sortent alternativement de la tige : elles sont ailées, découpées profondément comme par paires, & terminées par une impaire : mais les divisions sont inégales, & sont elles-mêmes découpées comme les dents d'une scie. Elles ressemblent aux jeunes feuilles de la Tanésie.

Les branches naissent dans les aisselles des feuilles; elles sont garnies de feuilles, ainsi que la tige, & portent à leurs sommités des fleurs radiées, composées d'un amas de fleurons (*b*) hermaphrodites, divisés en cinq dentelures. Le filet ou pistil est terminé à son sommet par deux stigmates distincts; nous l'avons représenté (*c*) dans le fleuron ouvert. Ces fleurons forment un disque convexe, qui est orné à sa circonférence de demi-fleurons (*d*) femelles, divisés à leur extrémité en trois dentelures. La figure circulaire de cette fleur, quoiqu'elle n'offre pas une différence sensible avec les autres fleurs radiées, lui a pourtant fait donner le nom d'*Œil de-bœuf*, par le rapport que les Anciens trouvoient entre l'un & l'autre : ces étranges ressemblances, qu'on a attribuées à un grand nombre de plantes, ont répandu une obscurité pour la Botanique, & notamment sur la nomenclature des plantes d'usage que plusieurs grands hommes armés du flambeau de la raison n'ont encore pu dissiper entièrement.

Le calice (*e*) est composé de petites feuilles écailleuses, aiguës, qui se recouvrent jusqu'à sa base, & qui enveloppent un placenta ou réceptacle commun, où les graines (*f*) sont arrangées avec cette symmétrie admirable, où la Nature semble se jouer des efforts de l'Art.

L'ŒIL-DE-BŒUF contient beaucoup d'huile & médiocrement de sel selon Lémery; il est émollient, résolutif, vulnéraire & détersif. Tragus estimoit la décoction de ses fleurs dans le vin blanc pour chasser les vers & pour soulager les douleurs de la colique. Il ajoute qu'il s'est servi avec succès de cette décoction dans les maladies du foie, & que ce remede est un bon apéritif.

Dioscoride conseilloit l'usage des feuilles de l'Œil-de-bœuf, écrasées & mêlées avec de la cire, appliquées sur les enflures froides & les duretés. Pline & Gallien se trouvent d'accord avec lui sur l'usage de ce remede.

Quelques Praticiens substituent cette plante à la Pâquette; mais, quoi qu'il en soit, le peu de crédit qu'elle a conservé en Médecine se réduit à lui faire jouer un rôle dans la composition de l'eau vulnéraire. *Voyez* Aristoloche Clématite.

Dans quelques parties du nord on fait grand cas de la fleur de l'Œil-de-bœuf, dont on retire un jaune brillant pour la teinture.

Elle nous fournit encore un ornement solide pour les parterres. Ses feuilles conservent leur verdure jusqu'à la saison rigoureuse, & les fleurs qui se succedent depuis le mois de Juillet, résistent, ainsi qu'elles, aux premieres rigueurs de l'hiver.

La Petite Centaurée.
Gentiana Centaurium Lann.

Ital. *Centaurea Minore*. Esp. *Fel de Tierra*. Angl. *Little Centaury*. Allem. *Klein Tausendgulden-kraut*.

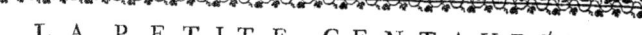

LA PETITE CENTAURÉE,

Plante annuelle, du nombre des Fébrifuges.

Centaurium minus. C. B. P. 278. *Gentiana Centaurium.* L. S. P.

Tournef. claff. 2. fect. 2. gen. 3. Linn. Pentendria digynia. Adans. 23. Fam. des Apocins.

La Petite Centaurée croît communément dans les bois, le long des avenues, dans les terres seches & fablonneufes. Sa racine (*a*) eft petite, ligneufe, d'un goût infipide. Elle pouffe des tiges de fix pouces de haut ordinairement ; mais dans les terreins où elle fe plaît, elle s'éleve quelquefois d'un pied & plus. Les feuilles font oppofées deux à deux ; les branches fortent des aiffelles des feuilles, & portent à leurs fommets des fleurs rangées en épis, compofées d'un feul pétale en forme d'un tube à fa bafe, évafé à fa partie fupérieure, divifé en cinq dentelures. Les cinq étamines font attachées au pétale (*b*), que l'on a montré ouvert ; les antheres fe roulent, comme on le voit dans la figure (*c*). Le piftil (*d*), compofé d'un germe, un ftil & deux ftigmates, fort du fond du calice qui eft repréfenté ouvert : il eft divifé, ainfi que la fleur, en cinq dentelures. Le fruit (*e*) eft une capfule longue, divifée en deux valves (*f*), coupée tranfverfalement (*g*), remplie de femences menues (*h*).

La Petite Centaurée eft une de ces plantes dont le nom feul infpire la confiance ; le titre qu'un nombre de fiecles lui ont confervé, malgré l'empire de l'ignorance & de la barbarie qui les a fournis tour à tour, eft un éloge non fufpect de fes vertus. Elle contient beaucoup de fel effentiel & d'huile ; elle eft fébrifuge, fudorifique, vulnéraire, déterfive, apéritive & vermifuge ; toute la plante eft fort amere & à peu d'odeur. Ses fommités font préférées en Médecine. On s'en fert pour les fievres intermittentes, pour exciter les écoulements périodiques, pour prévenir les dangereux effets de la rage, & pour chaffer les vers. La dofe d'une pincée ou deux des fommités fraîches, macérées dans un verre de vin blanc ; les mêmes fommités feches & réduites en poudre fe donnent à la dofe d'un gros.

Pulmarius ordonnoit, dans les maladies contagieufes, l'infufion d'un gros des fommités de cette plante, entre fleur & graine, dans fix onces de vin blanc ou d'eau de chardon bénit ; de cette maniere elle eft modérément fudorifique, & eft propre à faire couler la bile, à emporter les obftructions des vifceres, & à guérir la jauniffe. Quoique le Kina fe foit acquis la plus brillante réputation pour la guérifon des fievres, il n'a pu détruire celle de la petite Centaurée, & ces deux concurrents font fouvent forcés de partager la victoire par leur réunion. On mêle une once de Quinquina avec une poignée de petite Centaurée, que l'on laiffe infufer pendant vingt-quatre heures dans une pinte de vin blanc, dont on fait prendre deux, trois & même quatre verres par jour, laiffant quatre heures d'intervalle d'un verre à l'autre, pendant lefquelles on prend une nourriture légere. Au rapport de Chomel, cette préparation emporte fouvent des fievres où le Quinquina feul ne trouve qu'une réfiftance opiniâtre. L'amertume de cette plante lui a fait donner le nom de *fiel de terre*, & fes vertus, celui de *fébrifuge par excellence*. On tire de la petite Centaurée un extrait & une conferve qui fe donne depuis deux gros jufqu'à quatre dans les opiates fébrifuges, apéritifs & méfentériques. On en tire un fel lixiviel, qui annonce la préfence du nitre par la maniere dont il fufe fur les charbons. Il eft fébrifuge & diurétique : la dofe eft d'un fcrupule ou environ. Cette plante entre dans la Thériaque d'Andromaque, dans le Vinaigre thérifacal, l'Eau Vulnéraire, le Syrop d'Armoife & plufieurs autres compofitions. Elle fleurit vers le mois de Juillet, & donne des fleurs jufqu'à la fin de l'Automne.

LA NUMMULAIRE, ou L'HERBE AUX ÉCUS,

Plante vivace, du nombre des Antiscorbutiques.

Nummularia major lutea. C. B. P. *Lysimachia Nummularia* L. S. P.

Tournef. class. 2. sect. 5. gen. 1. Linn. Pentendria monoginia. Adans. 30. Fam. des Anagallides.

La Nummulaire que l'on nomme encore monnoyere, ou herbe à cent maux, par une exagération assez souvent usitée chez les Auteurs, parcequ'on la croyoit propre à guérir cent sortes de maladies, croît ordinairement dans les fossés, au bord des ruisseaux, dans les prés & aux lieux humides ; on la trouve quelquefois sur les montagnes, dans les bois. Mais il est à propos d'observer que les plantes dépaysées (si l'on peut emprunter cette expression), perdent beaucoup de leurs qualités, & que lorsqu'on les cueille pour en faire usage, on doit nécessairement les prendre dans les terreins qui sont propres à leur être. Sa racine est menue, fibreuse & traçante ; ses tiges sont herbacées, rampantes, grêles, anguleuses & rameuses ; elles portent des feuilles alternes, opposées l'une vis-à-vis de l'autre, d'un goût aigrelet & styptique, luisantes, un peu crépues, attachées à la tige par un pétiole très court, & presque rondes. Cette forme a valu à la plante le nom d'Herbe aux Écus, parcequ'on a prétendu que ces feuilles ressembloient à des pieces de monnoie : dans une infinité de plantes, c'est par ces prétendues ressemblances, qui n'existoient que dans l'imagination de ceux qui en ont donné les premieres nomenclatures, & par la timide exactitude que les Traducteurs ont employée à nous transmettre ces caracteres insuffisants, que l'erreur s'est perpétuée, jusqu'à ce que les Tournefort, les Linnæus, les Jussieu, &c. aient franchi les barrieres d'une connoissance vague & incertaine, & répandu la clarté sur une science aussi nécessaire aux besoins de l'humanité. Les fleurs sortent des aisselles des feuilles où elles sont attachées par des péduncules longs & foibles ; la fleur est monopétale, découpée en cinq segments ; nous l'avons représentée (*a*) avec les cinq étamines attachées au pétale. Le pistil, composé d'un stil & un stigmate, est vu (*b*) entouré des étamines, dont les antheres sont testiculaires : on voit au fond du calice (*c*) l'embryon auquel le pistil a donné la naissance, qui devient un fruit (*d*) divisé en cinq valves, contenant des semences (*e*) très menues à peine visibles. Le fruit mûrit rarement, la plante se reproduit de ses propres rejettons ; celle que l'on cultive dans les jardins devient plus grande que celle qui croît naturellement.

La Nummulaire contient beaucoup de sel essentiel & d'huile ; elle est fort astringente, vulnéraire & légérement détersive ; le plus grand usage que l'on fasse de cette plante est intérieurement, en décoction. Tragus en recommande fort l'usage bouillie dans le vin, auquel on a joint une quantité raisonnable de bon miel, pour les personnes attaquées d'ulceres au poumon : Camerarius préfere le lait au vin pour la même maladie ; on en peut continuer l'usage plus ou moins, selon le soulagement qu'on en éprouve.

On estime l'usage de cette décoction pour les asthmatiques ; on assure qu'elle est bonne pour guérir la dyssenterie & fortifier les intestins, pour le crachement de sang, pour le cours immodéré des écoulements périodiques & les fleurs blanches, pour arrêter le flux des hémorrhoïdes & le cours de ventre : c'est un excellent remede pour les hernies des enfants ; on leur fait boire la décoction, & on leur applique un cataplasme de la plante fraîchement pilée sur la partie souffrante, ayant grand soin de les tenir couchés sur le dos le plus long-temps qu'il est possible. Le même cataplasme guérit les blessures récentes ; on en obtient la guérison avec le suc de ses feuilles, ou simplement leur décoction.

Les feuilles de Nummulaire, appliquées en topique, guérissent les ulceres les plus invétérés des jambes. La plante séchée & réduite en poudre, se donne à boire dans de l'eau ferrée pour arrêter les ruptures des enfants ; elle fleurit en Juin & Juillet.

l'Aigremoine.
Agrimonia Eupatoria. Linn.
Ital. et Esp. Agrimonia. Angl. Waterhemp. Allem. Odermennig.

L'AIGREMOINE,

Plante vivace, du nombre des Hépatiques.

Eupatorium veterum, five agrimonia. **C. B. P.** 321. *Agrimonia eupatoria.* **L. S. P.**

Tournef. claff. 6. fect. 10. gen. 3. Linn. Dodecandria digynia. Adans. 41. Fam. des Rofiers.

L'Aigremoine croît naturellement dans les prairies, le long des vieilles murailles, dans les foffés & les bois. Sa racine (*a*) eft longue, de groffeur médiocre, brune & rameufe. Ses tiges font cylindriques, rameufes & velues : elles s'élevent d'un pied ou deux, & portent des feuilles oblongues, attachées alternativement à la tige, compofées de folioles grandes & petites, dentelées, rangées par paires, & terminées par une impaire. Les branches fortent des aiffelles des feuilles, & portent à leurs fommets des fleurs à cinq pétales, rangées en grappes. Les pétales (*b*) font planes, de forme ovale, terminés à leur bafe par un petit onglet qui les attache au calice (*c*), qui eft d'une feule piece à cinq divifions, & qui eft foutenu par un double calice (*d*) divifé de même, & attaché à la tige par un pédicule court & garni de deux folioles ou fauffes ftipules. Le piftil (*e*) eft entouré de vingt étamines. Après la chûte de la fleur, le premier calice (*c*) fe refferre & enveloppe le piftil ; les crochets dont le calice eft hériffé, qui étoient d'abord imperceptibles, augmentent avec la maturité du fruit, comme on le voit dans la figure (*f*). Le fruit eft divifé en deux loges, dans chacune defquelles eft renfermée une graine (*g*).

L'Aigremoine eft auffi nommée Eupatoire, parcequ'au rapport de Pline, c'eft au Roi Eupator que nous devons la découverte de fes vertus. Elle eft déterfive, vulnéraire, apéritive & aftringente, propre à purifier le fang. La racine a une faveur aftringente ; les fleurs ont une odeur douce, & les feuilles un goût âcre. Sa vertu, pour la guérifon des maladies du foie & de la rate, eft trop généralement connue pour qu'il foit befoin d'en faire l'éloge ; auffi ne ferons-nous prefque que rapporter l'emploi qu'en a fait un favant Médecin de notre fiecle. Il n'eft pas furprenant, dit Chomel, qu'elle foit quelquefois aftringente & apéritive en même temps, parceque refferrer les fibres des parties en augmentant leur reffort, & déboucher la tiffure des vifceres en rétabliffant la fluidité des humeurs, font des effets différents, qui font fouvent produits par les mêmes caufes : auffi l'Aigremoine eft-elle utile dans le crachement de fang & dans la dyffenterie. Elle eft excellente dans les maladies du foie & de la rate, & l'on n'ordonne guere de tifanes ou de bouillons dans ces maladies, qu'elle n'y foit employée. Lorfqu'il s'agit d'abforber un acide coagulant, & d'incifer une lymphe épaiffie, qui eft fouvent la caufe des maladies longues & chroniques, cette plante produit un heureux effet.

L'ufage de l'Aigremoine eft de mettre une poignée de feuilles fur chaque pinte de liqueur pour les tifanes, décoctions & apozemes, apéritifs & rafraîchiffants, ou dans un bouillon dégraiffé. On peut auffi faire ufage de cette plante en infufion théiforme, avec cinq ou fix feuilles feches, infufées dans un demi-feptier d'eau bouillante. Le même Auteur affure avoir, avec cette boiffon continuée pendant deux mois, fecondée d'une emplâtre de ciguë, appliquée extérieurement, diffipé des duretés affez fenfibles dans le foie, à deux perfonnes. Un Herborifte, ajoute ce Savant, avec cette franchife qui caractérife l'honnête homme, a employé la décoction d'Aigremoine, dans laquelle il avoit jetté de l'écorce de tilleul, dans une violente colique qui menaçoit le ventre d'inflammation : il en faifoit boire quelques verres, & faifoit appliquer le marc fur le ventre le plus chaudement qu'on le pouvoit fouffrir. L'Aigremoine eft réfolutive lorfqu'on emploie fes feuilles pilées & bouillies dans l'eau ou le vin en cataplafme ; elle réfout les tumeurs des bourfes, & des autres parties où il y a inflammation : le même cataplafme guérit les plaies & les ulceres; l'eau diftillée de la plante peut être employée au même effet.

Perfonne n'ignore que la décoction d'Aigremoine eft le gargarifme ordinaire pour les maux de gorge : fon ufage dépure les humeurs, guérit les puftules & toutes les maladies de la peau : Widel le confeille pour le piffement de fang, & dans la gonorrhée. Tragus affure qu'elle eft excellente pour les luxations & les foulures : on la fait bouillir avec du fon de froment dans la lie de vin, & on l'applique fur la partie malade. Diofcoride dit que les feuilles broyées avec la graiffe de porc, guériffent les ulceres invétérés.

L'Aigremoine entre dans la décoction apéritive, le fyrop hydragogue, le fyrop apéritif cachetique, le fyrop martial apéritif catartique de Charas, dans les pilules polychreftes ou aggrégatives de Mefué, dans le baume polychrefte de Bauderon, dans l'onguent mondificatif d'ache, dans le martiatum & dans l'eau vulnéraire.

Elle fleurit en été ; fa graine murit en Automne. Il faut cueillir avant la fleur celle qu'on veut faire fécher pour la conferver.

LA QUINTE-FEUILLE,

PLANTE VIVACE, DU NOMBRE DES ASTRINGENTES.

Quinquefolium majus repens. C. B. P. Pit. Tournef. Potentilla reptans. L. S. P.

TOURNEF. claſſ. 6. ſect. 8. gen. 8. LINN. Icoſandria polygynia. ADANS. 41. Fam. des Roſiers.

La Quinte-feuille ſe trouve abondamment proche des fontaines, le long des rivieres, quelquefois dans les champs & dans les terreins pierreux & ſablonneux. Sa racine eſt longue, traçante, brune en dehors, rouge en dedans, groſſe ordinairement comme le petit doigt. Ses tiges ſont rampantes, grêles, flexibles, ſemi-rondes, légérement velues, longues d'un pied & demi. Ses feuilles ſont alternes, portées par de longs pétioles ; elles ſont compoſées de cinq folioles ov-oblongues, dentelées également ; celle du milieu plus grande que les deux qui la ſuivent, & les deux dernieres le cedent à celles-ci en grandeur. Les fleurs naiſſent des aiſſelles des feuilles, portées par de long pédicules ; ces pédicules & les pétioles des feuilles ſont enveloppés à leur inſertion par des folioles qui ſortent de la tige.

La fleur eſt compoſée de cinq pétales (a) ; le piſtil eſt compoſé de ſoixante ovaires ramaſſés en forme d'œuf ; il eſt entouré des vingt étamines arrangées ſymmétriquement. Dans le calice (b) le piſtil (c) eſt vu grandi à la loupe ; il devient un fruit (d) ; & les ovaires, devenues autant de capſules nues, donnent chacune une graine (e). Nous avons repréſenté le calice vu de face (f), diviſé en dix parties, dont cinq longues & cinq courtes, au milieu duquel ſe trouve le réceptacle qui a ſervi de centre & de ſupport aux capſules.

La Quinte-feuille eſt plus recommandable par ſa racine que par ſes autres parties ; elle contient beaucoup d'huile & médiocrement de ſel eſſentiel. On ne l'employe qu'après avoir enlevé l'écorce brune ; on l'ouvre enſuite pour en ſéparer le cœur, qu'on rejette comme inutile ; & l'on fait ſécher cette ſeconde écorce autour d'un petit bâton, qui, par ce moyen, prend la place du cœur de la racine, que l'on a ſouſtrait. On doit la choiſir récemment ſéchée, haute en couleur & charnue. Elle eſt déterſive, aſtringente ; quelques Auteurs la croient fébrifuge. On l'employoit du temps d'Hippocrate, pour guérir les fievres. Un gros de racine réduite en poudre, dans un verre d'eau, donné avant l'accès, guérit les fievres intermittentes.

Chomel aſſure que ſa racine eſt un des plus ſouverains remedes pour le cours de ventre & pour la dyſſenterie, & que ce remede lui a ſouvent réuſſi lors même que l'Ipecacuanha lui avoit manqué : il la donnoit en tiſane, à la doſe d'une once dans trois chopines d'eau, réduites aux deux tiers : il ajoute que cette tiſane peut être utilement employée dans le flux immodéré des hémorrhoïdes, dans celui des écoulements périodiques & dans le crachement de ſang. On prépare avec les racines de Quinte-feuille un extrait, que l'on ordonne à la doſe de deux gros pour arrêter les hémorrhagies.

Les feuilles de cette plante donnent une eau diſtillée, que l'on employe extérieurement pour guérir les fiſtules. On fait auſſi uſage de cette eau en gargariſme pour guérir les ulceres de la bouche.

La racine de Quinte-feuille entre dans la compoſition de la Thériaque, dans l'Electuaire de Nicolas d'Alexandrie, dans celui de Juſtin & dans le Martiatum.

Elle fleurit en été & conſerve peu ſes fleurs, qui ſe ſuccedent pendant environ deux mois.

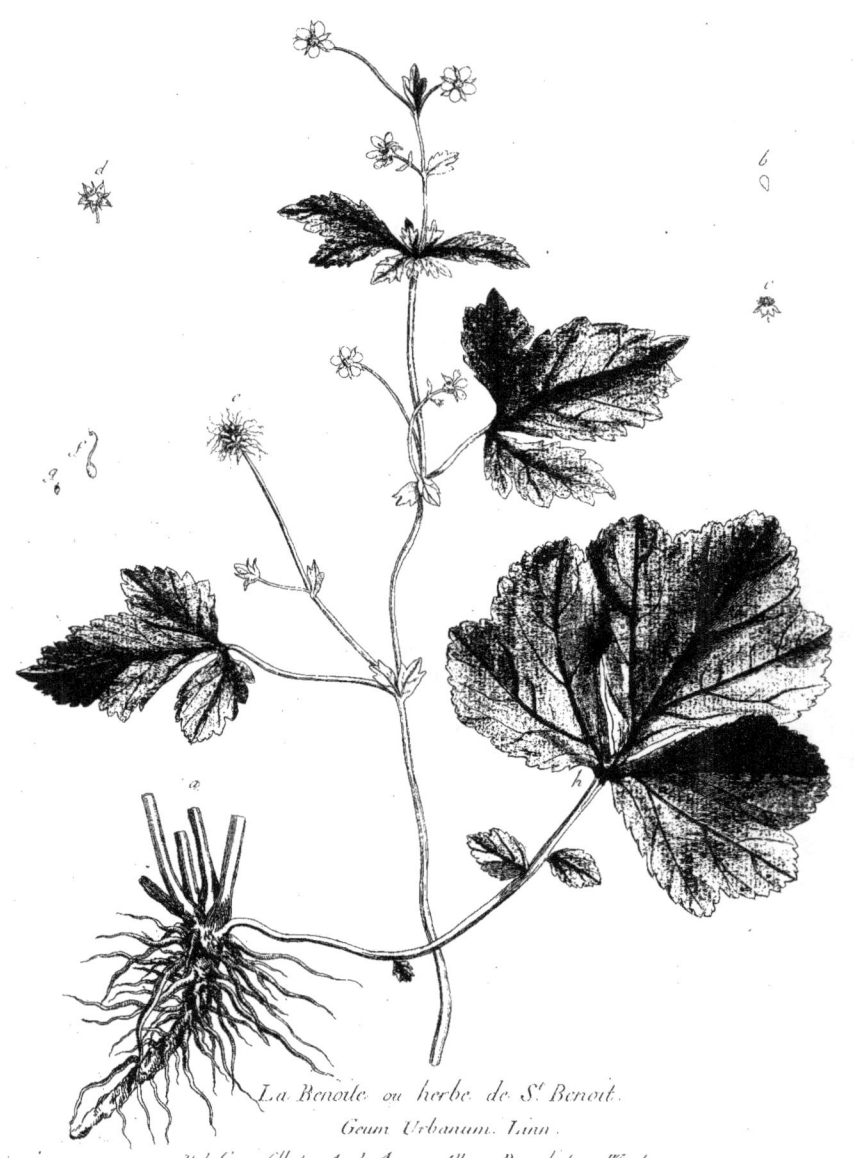

La Benoite ou herbe de St Benoit.
Geum Urbanum. Linn.
Ital. Cariofillata. Angl. Avens. Allem. Benedicten-Wurts.

LA BÉNOITE, GALIOTE ou HERBE DE SAINT BENOIT,

Plante vivace, du nombre des Fébrifuges.

Caryophillata vulgaris. C. B. P. 321. Pit. Tournef. *Geum urbanum.* L. S. P.

Tournef. claff. 8. fect. 8. gen. 6. Linn. Icofandria polygynia. Adans. 41. Fam. des Rofiers.

La Bénoite croît communément le long des haies, & aux lieux fombres & incultes. Sa racine (*a*) eft fibreufe ; cueillie au printemps, elle répand une odeur de girofle, ce qui lui a fait donner par Pline le nom de *Caryophillata.* La tige s'élève d'un pied ou deux, menue & rameufe. Ses feuilles s'attachent alternativement à la tige, portées par de longs pétioles, fillonnea dans leur longueur, & garnis de deux folioles en ailes à leur infertion. Elles font ordinairement divifées en trois lobes par de profondes découpures ; & quelquefois elles font divifées en deux parties inégales. Les feuilles radicales (*b*) font beaucoup plus amples, & portent le même caractere ; leur pétiole eft garni de deux folioles alternes, oblongues & dentelées comme les feuilles. Les branches ne fortent des aiffeles des feuilles que pour faire l'office de pédicules, ou plutôt ce font les pédicules garnis de petites feuilles, qui fe partagent, & portent à leurs fommets des fleurs rofacées à cinq pétales (*c*). Les parties fexuelles font compofées de vingt étamines (*d*), qui entourent un piftil formé par foixante ovaires, que l'on remarque facilement dans le fruit (*e*) ; les ovaires deviennent autant de capfules (*f*) garnies d'une arête qui grandit à mefure que fa maturité fe perfectionne, & qui fe roule à fon extrémité ; elles font attachées fur un réceptacle commun, & s'ouvrent longitudinalement à leur ficcité, pour laiffer fortir la feule graine (*g*) qu'elles renferment.

La Bénoite eft d'une odeur agréable, quoiqu'affez forte, d'un goût âcre & amer. Elle tire fon nom de *Benedicta*, ou herbe bénite, à caufe de fes grandes vertus. Elle contient beaucoup de fel effentiel & d'huile. Elle eft fébrifuge, céphalique, atténuante, cordiale & incifive, propre pour diffoudre le fang caillé. On ne fait guere ufage que de fa racine ; on l'ordonne communément fraîche à la dofe d'une once, bouillie dans une livre d'eau. Selon Tragus, elle eft propre à fortifier l'eftomac & à déboucher le foie. Chomel vante fes vertus dans les fievres intermittentes. Il donnoit la décoction d'une poignée de racines fraîches dans un demi-feptier de vin blanc au commencement du friffon : la fueur, dit-il, furvient plutôt, devient plus abondante, & la fievre guérit plus promptement.

La racine feche concaffée dans un verre de vin blanc, à la dofe d'un gros qu'il faut laiffer infufer jufqu'à ce qu'elle donne une teinture rouge, étoit employée avec fuccès par le même, pour guérir les palpitations de cœur.

Paracelfe recommande fon ufage dans les catarres, en y mêlant la racine d'*Acorus verus* ; ce qui a donné lieu au vin catarral, propofé par Hartman, que Lindanus a perfectionné en le faifant de la maniere qui fuit.

Mettez dans un vaiffeau de terre deux onces de racine de Bénoite, autant de faffafras concaffé ou coupé par morceaux, une demi-once de feuilles de romarin, verfez deffus une pinte de bon vin rouge ; après avoir bouché le vaiffeau exactement, mettez-le pendant huit heures au bain-marie ; quand il fera refroidi, paffez la liqueur & la gardez dans une bouteille. On en doit faire prendre au malade une heure avant le dîner, cinq heures après, & en fe couchant ; la dofe eft de deux cuillerées chaque fois.

On tire de cette racine un extrait utile dans le crachement de fang, dans la diarrhée, dans la dyffenterie & dans les pertes des femmes. La racine feche & réduite en poudre, fe donne utilement à la dofe d'un gros dans du vin chaud, pour réfoudre le fang extravafé à la fuite des chûtes ou autres accidents. Le fuc des feuilles fraîches, ou la tifane faite avec toute la plante, font utiles dans les mêmes cas.

Le Napel.
Aconitum Napellus Linn.
Ital. Napello. Allem. Eisenhütlein.

LE NAPEL,

Plante vivace, caustique.

Aconitum cæruleum, seu Napellus. C. B. P. 183. *Pit. Tournef. Aconitum Napellus.* Linnæus.

Tournef. class. 77. sect. 2. gen. 2. Linn. Polyandria tetragynia. Adans. 55. Fam. des Renoncules.

Le Napel croît naturellement dans quelques montagnes de la Suisse, au Pays des Grisons & en Baviere ; on l'éleve dans les jardins pour la beauté de ses fleurs & l'élégance de son port. Sa racine (*a*) ressemble à un petit navet ; c'est par elle que la plupart des Botanistes l'ont caractérisée. Cette racine multiplie la plante par une infinité de rejettons : il semble que la nature ait voulu augmenter, en faveur d'une plante si dangereuse, les moyens de se reproduire. Ses tiges s'élevent de quatre ou cinq pieds, rondes, droites, difficiles à rompre, remplies de moëlle, portant dans leur longueur de grandes feuilles à cinq lobes, profondément découpées, divisées & subdivisées en plusieurs parties étroites & nerveuses ; portées par de longs pétioles, sillonnés dans leur longueur & attachés alternativement à la tige. Les fleurs naissent aux sommets des tiges rangées en épi. Si le bel ordre & la couleur de ces fleurs attachent les regards, leur structure pique la curiosité ; les pédicules sur lesquels elles sont portées, s'attachent alternativement à la tige, & sont soutenus à leur insertion par une foliole ; ces pédicules s'évasent à leur extrémité, qui est garnie de deux folioles semblables à la premiere, & forment un placenta sans calice, où est porté le pistil (*b*), qui est ordinairement composé de trois ou quatre stils & autant de stigmates. Les étamines (*c*), au nombre de quinze à trente, sont portées sur le même placenta ; elles se recourbent à leur sommet & enveloppent le pistil. Deux filets (*d*) de même nature que les pétales & de même couleur, nommés vulgairement pistolets, à cause de la constante singularité de leur forme, s'élevent derriere le grouppe des étamines, dominent sur les deux pétales latéraux (*e*), & sont recouverts, ainsi qu'eux, par le héaume ou pétale supérieur (*f*). Les deux pétales inférieurs (*g*) terminent la fleur ; ils sont ordinairement inégaux & marqués, ainsi que les autres pétales, de filets qui se divisent en rameaux & qui sont plus réguliers & plus sensibles dans le héaume.

Après la chûte de la fleur, chaque germe devient un fruit (*h*) en forme de gousse, que nous avons représenté ouvert (*i*), renfermant plusieurs graines (*k*) angulaires, noires & chagrinées.

Le Napel est dangereux dans toutes ses parties ; les foibles avantages que l'on en peut tirer pour la Médecine, ni la parure dont il embellit nos jardins, ne devroient le soustraire au bannissement auquel ses funestes qualités le condamnent. Les fleurs du Napel, portées sur la tête, causent la migraine ; le suc, pris intérieurement, est un violent poison. La racine qui rassemble en plus grande quantité des principes âcres & caustiques, est capable, suivant le sentiment de Mathiole, de donner la mort à celui qui la tiendroit dans sa main jusqu'à la transpiration. L'industrie, fille du besoin, mere des talents, ne favorise pas toujours ses émules ; des bergers, au rapport du même Auteur, en firent la triste expérience : séduits par la fermeté d'une tige de Napel, qui leur paru propre à faire l'office d'une broche, ils en préparerent le repas fatal qui devoit les priver du jour. Les Anciens ne nous ont pas laissé un exemple de modération dans l'usage qu'ils faisoient de cette plante à la guerre : le suc de sa racine aiguisoit leurs fleches, & leurs cruelles mains lançoient avec le fer le poison & la mort.

Les accidents de ceux qui ont pris du Napel se manifestent par le gonflement & l'inflammation de la langue & des levres ; les yeux grossissent & sortent de la tête, le corps enfle & n'offre plus qu'une couleur livide, l'usage des jambes devient inutile ; les vertiges, les défaillances & les convulsions s'annoncent & augmentent jusqu'à ce qu'enfin la mort vienne terminer ces cruels accidents.

La nature du poison qui réside dans le Napel, est, suivant Lémery, un acide coagulant qui, s'étant introduit dans les veines & dans les arteres, intercepte la circulation du sang & des esprits en plusieurs endroits : car, dit cet Auteur, les accidents qui suivent les morsures des viperes & la piquure des scorpions étant les mêmes que ceux dont nous venons de parler, il est indubitable que la cause est la même. Il ajoute que les remedes contre le poison du Napel sont la thériaque, l'orviétan, le mithridate, les sels volatils de vipere, d'urine, de corne de cerf, & les vomitifs. Nous croyons, d'après M. Adanson, que le contre-poison le plus simple consiste à boire long-temps & beaucoup d'huile ou d'eau tiede pour affoiblir son action âcre & caustique en l'étendant beaucoup. Au reste nous revenons sur cet objet à l'anthora : *voyez* la notice de cette plante.

On peut mettre à profit ses dangereuses qualités pour se défaire des animaux incommodes, comme rats, souris, mulots, &c. en mêlant la poudre de ses racines dans les appâts ; cette drogue leur corrode & enflamme les intestins ; la décoction de ces mêmes racines tue les punaises.

Le Napel fleurit au printemps & dure une partie de l'été.

La Roquette des Jardins.
Brassica Eruca.
Ital. *Rucula* Esp. *Aruga* Angl. *Great Rochat* Allem. *Weißer garten Senf.*

LA ROQUETTE DES JARDINS,

Plante annuelle, du nombre des Anti-scorbutiques.

Eruca latifolia alba, sativa Dioscoridis. C. B. P. *Brassica Eruca.* L. S. P.

Tournef. class. 5. sect. 4. gen. 8. Linn. Tetradynamia siliquosa. Adans. 52. Fam. des Cruciferes.

La Roquette des Jardins differe de la Roquette sauvage par la couleur de ses fleurs & par la forme de ses feuilles. On la trouve quelquefois dans les champs ; mais comme elle s'y rencontre très rarement, il est plus à propos de la cultiver. Sa racine (*a*) est blanchâtre, ligneuse, menue & peu fibreuse. Ses tiges s'élevent à la hauteur de deux ou trois pieds, cannelées, velues, creuses ; les feuilles sont amples, découpées profondément & inégalement lisses, attachées alternativement à la tige ; à la base de la tige elles sont portées par un pétiole, & presque ailées en approchant du sommet.

Les branches sortent des aisselles des feuilles & portent à leurs sommets des fleurs composées de quatre pétales en croix, de forme ovale, diminuant jusqu'à leur base. Nous avons représenté un de ces pétales (*b*) : ils sont marqués sensiblement de lignes qui se divisent en rameaux jusqu'à leur extrémité.

Le pistil (*c*), composé d'un stil & d'un stigmate, sort du fond du calice entouré de six étamines, dont deux sont plus courtes que les quatre autres ; elles touchent à l'ovaire & semblent y être attachées. Le calice (*d*) est divisé en quatre feuilles longues, rassemblées d'abord en maniere de tube ; elles se partagent ensuite, & tombent avec la fleur. Le pistil en mûrissant devient un fruit (*e*) ou silique médiocrement longue, partagée dans sa longueur par une cloison membraneuse & transparente, terminée par une partie charnue, à la base de laquelle se joignent les deux valves. La figure (*f*) représente la structure de cette silique entr'ouverte ; elles portent des graines (*g*) sphériques au nombre de trois à huit.

La Roquette cultivée est abondante en alkali volatil, contient beaucoup de sel & médiocrement d'huile. Elle a dans toutes ses parties un goût âcre & brûlant, mais à un moindre degré que la Roquette sauvage. Elle est, comme celle-ci, atténuante, incifive & propre à raréfier la pituite. La propriété de favoriser la sécrétion des urines, qui est commune aux différentes especes de Roquette, leur a acquis la réputation d'augmenter la vertu prolifique. La qualité de ces plantes ne differe entre elles que du plus au moins. Celle des jardins a la préférence sur les autres, dans la composition de l'eau anti-scorbutique.

On seme la Roquette pour la manger en salade, de même que le cresson alénois ; mais ce n'est guere qu'en Italie qu'on l'a adoptée comme aliment.

Selon Chomel, la décoction de ses feuilles est propre à soulager les hydropiques ; elle provoque les écoulements périodiques ; elle emporte les obstructions des visceres, & s'ordonne aux enfants pour soulager la toux opiniâtre.

Quelques Auteurs estiment la semence de cette plante, réduite en poudre & prise dans le vin ou le bouillon, comme anti-vermineuse, & prétendent que l'usage de son suc garantit les vieillards des affections soporeuses, & qu'il soulage dans la paralysie.

Si la Médecine tire avantage de ces plantes, leur utilité dans les Arts mérite notre reconnoissance. Leur cendre, qui nous est apportée d'Egypte & de Syrie, sous le nom de *Cendre du levant*, remplace celle de Fougere & de Kali, pour la fabrication du verre & du savon. Il nous seroit même facile de nous approvisionner de ces cendres chez nous, sans recourir à des secours étrangers, puisque l'abondance importune de la *Roquette sauvage* semble ne se renouveller que pour nous donner de nouvelles richesses.

La Roquette de jardin fleurit vers le mois de Juillet ; & ses fleurs durent peu de temps.

Le Bled noir ou Sarrasin.
Polygonum Fagopyrum Linn.
Ital. Formentone. Angl. Buck Wheat, Brank. Allem. Heiden-Korn.

LE BLED-NOIR, ou SARRAZIN,

Plante annuelle, du nombre des Résolutives.

Erysimum Theophrasti, folio hederaceo. C. B. P. 27. *Fagopyrum vulgare, erectum.* I. R. H. *Polygonum fagopyrum.* L. S. P.

Tournef. class. 15. sect. 2. gen. 12. Linn. Octandria trigynia. Adans. 31. Fam. des Persicaires.

Le nom du bled de Sarrazin nous fait assez connoître qu'il nous a été apporté d'Afrique ; cependant le célebre Linnæus lui fait habiter l'Asie. Il est très commun aujourd'hui en France ; & quoiqu'il n'ait été destiné d'abord qu'à servir d'engrais, on en cultive une grande quantité dans quelques-unes de nos provinces, pour faire usage de la farine. Il est facile à élever : il s'accommode de toutes sortes de terreins pourvu qu'il reçoive de la pluie : il croît promptement, & la maturité de ses fruits ne laisse pas soupirer après la récolte. L'amertume de la plante, si l'on en croit Théophraste, lui fournit un abri contre les insultes des animaux, pendant le temps de sa croissance ; mais la siccité lui ayant fait perdre ce qu'elle avoit de rebutant, elle devient pour eux un aliment essentiel, comme nous le dirons ci-après. Mais passons à sa description.

La racine (*a*) est très fibreuse ; elle pousse des tiges d'environ deux pieds, creuses, cylindriques, lisses, presque droites, & garnies de branches. Les feuilles sont pleines, de la forme d'un fer de fleche ; elles s'attachent alternativement à la tige où elles sont portées par de longs pétioles, qui diminuent graduellement depuis la base jusqu'à ce qu'elles deviennent sessiles en approchant du sommet. Les branches naissent dans les aisselles des feuilles, & portent à leur sommet des fleurs rangées en bouquet. Ces fleurs sont composées d'un seul pétale divisé en cinq dentelures (*b*), qui fait l'office de calice. On ne doit pas prendre le change sur l'apparence d'un petit calice qui se trouve dessous le tube ; ce n'est que la naissance des cinq divisions, qui est plus coloré que le reste. Le pistil (*d*), composé d'un germe & trois stigmates cylindriques, est placé dans le fond du pétale, entouré des étamines (*c*). Après l'action des parties de la génération, le pétale se referme (*e*), & enveloppe l'embryon, jusqu'à sa maturité il lui donne une graine (*f*) noire, triangulaire, remplie d'une farine blanche, comme nous l'avons démontré par la graine (*g*) coupée transversalement.

Le Bled Sarrazin ne fournit à la Médecine que sa semence : elle contient beaucoup d'huile & peu de sel essentiel, selon Lémery. Tragus assure que cette semence, infusée dans le vin, convient aux personnes bilieuses, dans la difficulté d'uriner & dans l'enflure. On peut substituer la farine de Sarrazin à celle de seigle dans les cataplasmes résolutifs & émolliens. Sa racine, réduite en poudre & prise dans le vin, resserre le ventre, & arrête les diarrhées & les trop grandes évacuations. Quoi qu'il en soit, les secours qu'on en peut tirer pour la guérison, paroissent assez incertains. Les avantages qu'il procure à la vie agreste sont plus déterminés. La graine est regardée comme un excellent engrais pour la volaille : elle échauffe les poules & les fait pondre de bonne heure. Les bestiaux, cette vraie richesse de nos campagnes, s'en nourrissent. Les hommes même trouvent dans le Bled-noir une ressource contre l'affreuse disette : sa farine donne un pain noir à la vérité, mais nourrissant ; & quoiqu'il cause des ventosités, les estomacs robustes s'y accoutument ; & l'on voit même des provinces entieres qui en font leur premier aliment. Les paysans du Tirol en font une bouillie épaisse, connue sous le nom de *Polenta* : ils la coupent par tranches & la rendent assez agréable à manger, à l'aide du fromage & du beurre qu'ils étendent dessus. Ce n'est généralement pas une nourriture malfaisante, soit qu'on en fasse des gâteaux, de la bouillie, &c. sur-tout pour les gens accoutumés au travail. Quelques curieux de fleurs ont employé avec succès le son tiré de la farine de Bled-noir pour préserver de l'humidité pendant l'hiver les cellules où ils conservent leurs plantes ils ont fait construire des planchers, distans des murs de deux ou trois pouces, & ont rempli exactement avec ce son l'intervalle qui se trouvoit ménagé entre les murs & les planchers.

Nous ne devons pas passer sous silence la nourriture abondante que les abeilles vont butiner sur les fleurs du Sarrazin ; c'est une ressource avantageuse pour ces généreux insectes dans les pays qui n'abondent point en fleurs ; on voit même dans le Gatinois des habitans industrieux, après avoir laissé jouir leurs abeilles des biens que leurs offrent de fertiles prairies, leur faire parcourir successivement, par le moyen des voitures bannales, le sain-foin, la bruyere, & terminer la saison & leur récolte dans de vastes champs de Sarrazin.

Ce n'est qu'en automne qu'on recueille le Bled-noir dans nos climats. Dans les pays chauds, on le seme en Avril pour le recueillir en Juillet ; de sorte qu'on en peut espérer deux récoltes par an.

l'Orpin, Reprise, Joubarbe des Vignes.
Sedum Telephium. Linn.
Esp. Faba Grassa. Angl. Orpyne. Allem. Wund-Kraut.

L'ORPIN, REPRISE, ou JOUBARBE DES VIGNES,

Plante bisannuelle, du nombre des Vulnéraires astringentes.

Telephium vulgare. C. B. P. *Anacampséros, vulgò Faba crassa.* Pit. Tournef. *Sedum Telephium.* L. S. P. Tournef. class. 6. sect. 7. gen. 2. Linn. Decandria pentagynia. Adans. 34. Fam. des Joubarbes.

L'Orpin croît communément dans les bois humides, aux terreins pierreux & dans les vignes, d'où lui est venu le nom sous lequel cette plante est assez vulgairement connue. Sa racine (a) est composée d'un amas de radicules glanduleuses, ressemblant à de petits navets, & garnies de fibres.

La tige s'éleve d'un pied & demi : elle paroît aussi-tôt que les feuilles, ce qui la distingue des autres Joubarbes. Cette tige est solide, cylindrique, portant quelques rameaux revêtus de feuilles. Les feuilles sont alternes & opposées, rangées communément trois par trois le long de la tige. Elles sont très épaisses, charnues, succulentes, fermes, entieres, quelquefois légérement crenelées en leurs bords.

Les fleurs naissent au sommet de la tige, rassemblées en bouquet : elles sont rosacées (b), composées de cinq pétales charnus. Les dix étamines environnent le pistil : les cinq qui semblent être attachées à la base des pétales, comme on le voit dans la figure (c), sont courtes, & les cinq qui paroissent attachées (d) entre le fond du calice & l'ovaire, sont longues. Le pistil est composé de cinq ovaires, qui contiennent une nombreuse quantité de graines menues & cylindriques (e), qui se répandent après la maturité des capsules (f) qui les renferment. Le calice (g) est d'une seule piece, divisé en cinq segments, & porté à la tige par un pédicule court.

L'Orpin contient beaucoup de phlegme & d'huile, & médiocrement de sel. Sa racine est gluante, d'une douceur insipide au goût, quoique légérement acide : elle est détersive, rafraîchissante & résolutive. Les feuilles, outre ces qualités, qu'elles ont à un moindre degré que la racine, sont encore consolidantes, vulnéraires & astringentes. Ces deux parties de la plante sont d'usage en Médecine.

On se sert avec succès de ses feuilles pour guérir les coupures, comme de celles de la grande consoude ; lorsqu'elles sont appliquées sur les tumeurs, elles en accélerent la suppuration.

Les feuilles d'Orpin s'emploient avec efficacité pour les panaris appellés vulgairement *mal-d'aventure*. On doit auparavant les amortir sur la braise, & les écraser ensuite. Quelques Auteurs anciens ont prétendu qu'un usage continué de l'eau distillée de ses racines étoit utile contre les plaies & les ulceres internes ; mais plusieurs grands Praticiens ont absolument interdit son usage intérieurement.

Ses racines écrasées, cuites dans le beurre frais, & réduites à consistance d'onguent, sont estimées pour guérir les hémorrhoïdes : on applique cet onguent dessus lorsqu'elles sont enflammées. On en reçoit plus de soulagement, dit Chomel, que de l'onguent fait avec la Joubarbe.

Le suc de ses feuilles est propre à réunir les plaies récentes, & pour les hernies. Les feuilles d'Orpin entrent dans l'eau vulnéraire, & dans les décoctions astringentes & rafraîchissantes. Elle fleurit vers la fin de l'été.

La Jacobée ou Herbe de St. Jacques.
Senecio Jacoboea. Linn.
Ital. Herbe dit Sanct Jacomo. Angl. Ragwort. Allem. St. Jacobs-Kraut.

Geneviève de Nangis Regnault.

LA JACOBÉE, ou L'HERBE DE SAINT-JACQUES,

PLANTE VIVACE, DU NOMBRE DES VULNÉRAIRES DÉTERSIVES.

Jacobæa vulgaris laciniata. C. B. P. 131. *Senecio Jacobæa.* L. S. P.

TOURNEF. claſſ. 14. ſect. 1. gen. 4. LINN. Syngeneſia polygamia ſuperflua. ADANS. 16. Fam. des Compoſées.

LA JACOBÉE croît communément dans les pâturages, ſur les rivages des grandes rivieres, & aux terreins humides : on la rencontre abondamment dans les prés & en quelques lieux ſablonneux. Sa racine (*a*) eſt très fibreuſe & blanchâtre. Ses tiges s'élevent à la hauteur d'un pied & demi ou de deux pieds, & quelquefois plus ; elles ſont très nombreuſes, & naiſſent comme par paquets. Ses tiges ſont droites, cylindriques, liſſes, ou légérement cotonneuſes, quelquefois rougeâtres ou de couleur tirant ſur le purpurin, revêtues d'un grand nombre de feuilles. Ses feuilles ſont attachées alternativement à la tige, & rangées ſans ordre. Elles ſont ailées, profondément découpées, & les découcupures inégales & comme déchirées. Les branches ſortent des aiſſelles des feuilles, & portent elles-mêmes des feuilles ſemblables à celles de la tige, & de nouvelles branches : les fleurs naiſſent à leurs ſommets, diſpoſées en panicules, portées chacune ſur un pédicule, lequel ſort de l'aiſſelle d'une foliole du même caractere que les feuilles : ces fleurs ſont radiées. Le diſque eſt compoſé d'un amas de fleurons hermaphrodites (*b*), diviſés en cinq dentelures ; la circonférence eſt ornée de demi-fleurons (*c*), dont l'extrémité eſt ronde : ils ſont raſſemblés, ainſi que les fleurons, dans un calice (*d*), & portés ſur un placenta commun (*e*). Le calice eſt diviſé en pluſieurs feuilles étroites, égales, qui ſe rabattent lors de la maturité de la graine. On a repréſenté une de ces graines (*f*) avec le piſtil qui l'a nourrie, & la figure (*g*) offre la graine arrivée à ſa perfection & garnie de ſon aigrette.

La JACOBÉE eſt vulnéraire, apéritive, émolliente, déterſive & réſolutive : elle contient médiocrement de ſel & d'huile, ſelon Lémery.

La contrée où elle ſemble croître le plus abondamment lui a fait donner le nom d'Herbe de Saint-Jacques, parceque c'eſt dans les environs du lieu qui porte ce nom, au Royaume de Galice, qu'on la rencontre le plus fréquemment.

Toute la plante a un goût âcre & amer : on s'en ſert intérieurement & extérieurement. Suivant Dodoné, on l'emploie utilement dans les maux de gorge en gargariſme. On fait uſage à Paris de l'onguent préparé avec le ſuc de Jacobée pour l'éréſipelle. Il ſeroit plus convenable, ſuivant le ſentiment de Tournefort, de baſſiner les parties affligées avec ſon infuſion tiede.

Quelques Praticiens l'ont regardée comme une eſpece de ſeneçon, par rapport à ſa figure & à ſes vertus, & l'on pourroit, au beſoin, ſubſtituer la Jacobée à cette plante, pour les décoctions émollientes.

La tiſane ou la décoction de cette plante, au rapport de Simon Pauli, eſt bonne pour la dyſſenterie : il en parle comme d'un remede éprouvé par un Chirurgien d'Armée. On éprouve beaucoup de ſoulagement dans les tranchées qui accompagnent ordinairement cette maladie, en appliquant ſur le ventre un cataplaſme fait avec toute la plante, & employé chaud. On peut auſſi en donner la décoction en lavement pour le même objet.

Des expériences réitérées avoient donné du crédit à la Jacobée dans le ſeizieme ſiecle : on employoit le ſuc exprimé de la plante pour la guériſon des plaies & des fiſtules ; & la décoction, dans les maladies d'entrailles.

La Jacobée fleurit en Juillet & Août : elle conſerve ſes fleurs aſſez long-temps.

La Bourrache.
Borago Officinalis. Linn.

LA BOURROCHE, ou BOURRACHE,

Plante annuelle, du nombre des Béchiques.

Borrago flore cæruleo. C. B. P. 356. *Borrago officinalis.* L. S. P.

Tournef. claff. 2. fect. 4. gen. 1. Linn. Pentendria monogynia. Adans. 24. Fam. des Bourraches.

La Bourrache est une des plantes qui jouisse de la plus solide réputation. On la cultive dans les jardins, où elle se renouvelle si prodigieusement qu'elle devient incommode dans ceux qui sont seulement consacrés à la vanité ; mais cette même importunité devient un tréfor pour les Amateurs d'abeilles : ces merveilleux insectes annoncent le plaisir qu'ils ont à butiner sur ses fleurs, par leur affluence continuelle autour de cette plante. Sa racine (*a*) est longue, grosse comme le doigt, charnue, peu fibreuse. Ses tiges s'élevent d'un ou deux pieds ; elles sont rondes, creuses, hérissées de poils durs. Les feuilles sont alternes, ovales, portées par des pétioles sillonés dans leur longueur : la quantité de poils durs dont elles sont couvertes les rend rudes au toucher. Les branches sortent des aisselles des feuilles, & sont elles-mêmes garnies de feuilles semblables à celles de la tige. Les fleurs naissent au sommet des branches, où elles sont portées par des pédicules longs & foibles, qu'elles font courber par leurs poids ; &, par une suite nécessaire, elles sont toujours inclinées vers la terre.

Ses fleurs sont composées d'un seul pétale (*b*) divisé en cinq segments aigus, de couleur bleue, quelquefois rose, & même blanche, sur-tout dans l'arriere-faison. Les cinq étamines sont attachées par leur base au milieu du pétale, & se rassemblent en un faisceau de forme conique ; elles couvrent le germe qui est attaché au fond du calice. Nous les avons représenté, dans la figure (*c*), détachées du pétale. Le calice (*d*) est divisé en cinq feuilles étroites & pointues. Le pistil s'éleve du centre & passe au milieu du faisceau d'étamines ; il est composé d'un germe, d'un stil & d'un seul stigmate sphérique. Le germe devient un fruit (*e*) à quatre graines cylindriques (*f*), dont une avorte assez ordinairement. Ses graines s'échappent dès que leur maturité est perfectionnée.

La Bourrache est empreinte dans toutes ses parties d'un suc visqueux, épais & fade ; elle contient beaucoup d'huile & de phlegme, & médiocrement de sel. Ses fleurs sont mises au nombre des cordiales. Les feuilles sont diurétiques & expectoranres ; elles s'emploient très communément dans les tisanes pectorales & dans les bouillons rafraîchissants. On associe presque toujours la buglose à la bourrache. Le suc de ces deux plantes, tiré par expression & clarifié, se donne avec succès, par prises de quatre à cinq onces, dans la pleurésie. Pour le bien faire, il ne faut point le faire bouillir, car alors la partie mucilagineuse des feuilles se met en grumeaux, & il ne reste qu'une eau qui n'a point de vertu. On ajoute souvent à ces plantes les feuilles de chicorée sauvage & le cerfeuil ; quelquefois aussi le syrop violat, à une once pour chaque prise, sur-tout lorsque l'on a intention d'ouvrir le ventre & de disposer le malade à la purgation : on donne trois & quatre de ces prises par jour, entre les bouillons. Ce remede est très propre à rétablir le mouvement libre du sang, lorsqu'il croupit dans les parties où sa circulation est ralentie. Le suc entre dans le syrop de longue-vie, dans le bisantin simple & composé, & dans le syrop de scolopendre de Fernel. Nous n'avons pu mieux faire, pour donner un détail juste de ce remede, que de suivre le sentiment de Chomel. La décoction de Bourrache favorise la sécrétion des urines, & appaise la soif ardente, au rapport de Siméon Sethi. Dioscoride & Galien prétendent que l'infusion de la Bourrache dans le vin répand l'alégresse dans l'ame. Au surplus nous revenons sur ses vertus à l'article Buglose. Sa racine est employée lorsque l'hiver nous a privé de ses feuilles. Elle fleurit en été, & ses fleurs se succedent jusqu'à la fin de l'automne.

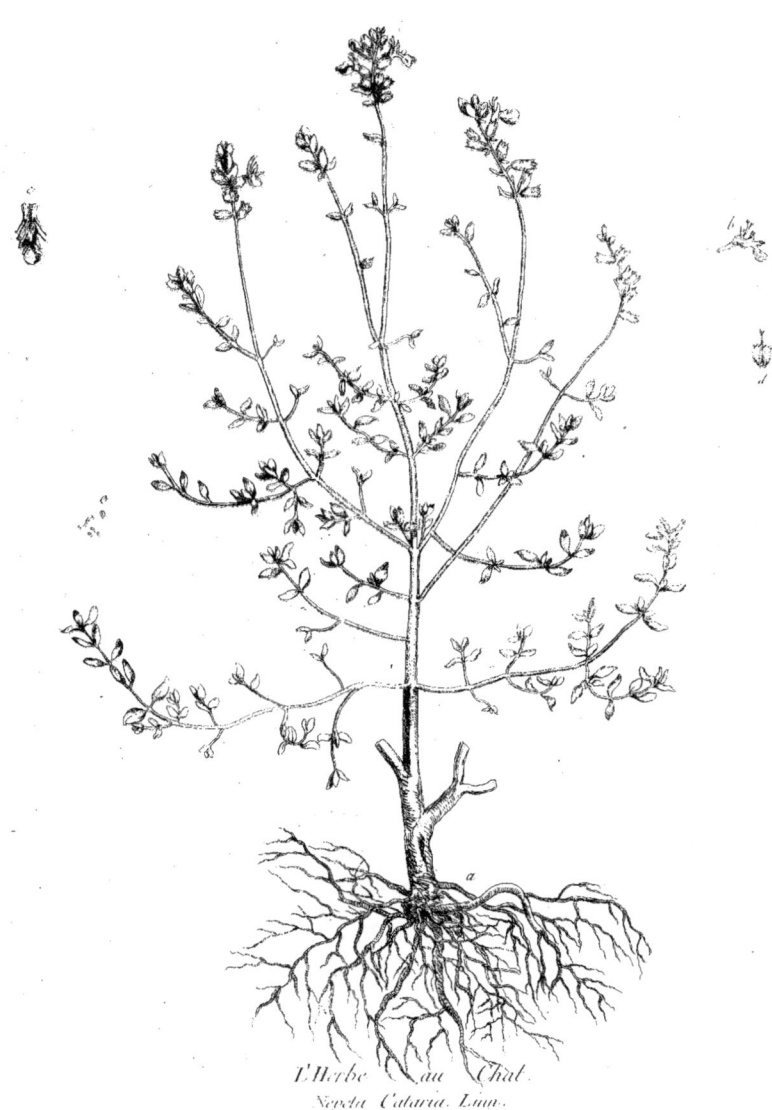

l'Herbe au Chat.
Nepeta Cataria. Linn.
Ital. Gattaria. Angl. Nep. Catmint. Allem. Katzen-Kraut.

L'HERBE AU CHAT, ou CATAIRE,

PLANTE VIVACE, DU NOMBRE DES HYSTÉRIQUES.

Mentha cattaria vulgaris & major. C. B. P. 228. *Nepeta cataria.* L. S. P.

TOURNEF. claff. 4. fect. 3. gen. 17. LINN. Didynamia gymnofpermia. ADANS. 25. Fam. des Labiées.

L'HERBE AU CHAT eft ainfi nommée par le goût qu'on a remarqué que les Chats ont à fe rouler deffus & à en manger. Elle croît dans les jardins & le long des chemins, & fe plaît fur-tout dans les terreins humides. Sa racine (*a*) eft ligneufe & garnie de quantité de rameaux qui s'étendent & forment une houppe beaucoup plus confidérable qu'on n'a pu la repréfenter dans la planche. La tige s'éleve jufqu'à la hauteur de trois pieds; elle eft garnie d'une infinité de branches qui rendent la plante touffue. Nous l'avons élaguée dans l'eftampe, autant pour démontrer l'infertion des branches que pour éviter la confufion qui auroit réfulté d'une vérité trop fcrupuleufe. Les tiges font quarrées, velues; les branches fortent de la tige, toujours oppofées deux à deux, & garnies de feuilles entieres oblongues auffi oppofées par paires, & difpofées en croix. Les feuilles florales font alternes, & accompagnent chacune le pédicule qui fupporte le calice. Les fleurs naiffent au fommet des branches, rangées en épi; elles font labiées. On voit dans la figure (*b*) la fleur repréfentée de profil, & le port des quatre étamines; la figure (*c*) la montre de face, & la maniere dont les étamines y font attachées: c'eft un tube cylindrique, recourbé; la levre fupérieure eft relevée, arrondie & échancrée; l'inférieure eft divifée en trois parties, dont les deux latérales font en ailes, & celle du milieu arrondie & creufée en cuiller. La bafe de ce tube eft attachée dans un calice étroit, dont le bord eft découpé en cinq dentelures égales. Nous avons montré ce calice ouvert (*d*), du fond duquel s'éleve le piftil, compofé de quatre ovaires diftincts, rapprochés autour du ftil qui leur eft commun; le ftil eft terminé à fon fommet par deux ftigmates inégaux. L'embryon (*e*), formé par les quatre ovaires réunis, donne le même nombre de graines (*f*) ovoïdes & de couleur jaunâtre.

La CATAIRE contient beaucoup d'huile exaltée & de fel, & s'emploie utilement contre la morfure des bêtes venimeufes. Son odeur eft aromatique, fa faveur eft âcre: elle eft céphalique, apéritive, hyftérique, expectorante, incifive & anti-fcorbutique: c'eft en outre un emménagogne très recommandé. Comme cette plante eft échauffante, on ne doit l'employer que dans les maladies froides, & en interdire l'ufage dans celles où la chaleur eft à craindre. On emploie les feuilles & les fommités fleuries de la Cataire dans les décoctions & les infufions hyftériques. Cette plante, bouillie dans l'hydromel, guérit la jauniffe & la toux violente, au rapport de Taberna-Montanus.

Schroder nous apprend que cette plante divife & fond les humeurs glaireufes & vifqueufes retenues dans les bronches du poumon, & Chomel confeille d'en introduire la décoction dans les tifanes & les apozemes qu'on ordonne aux afthmatiques. Hofman l'eftime autant que la méliffe pour les vapeurs hyftériques; & il affure que fi l'on trempe les parties infectées de la gale dans cette décoction, elle les guérit.

L'infufion de la Cataire, prife intérieurement, provoque les écoulements périodiques fupprimés par le relâchement des folides. On l'emploie dans les lave-pieds, pour les pâles couleurs & pour les vapeurs: elle eft propre auffi à chaffer les vers. Elle fleurit en été, & conferve affez long-temps fes fleurs.

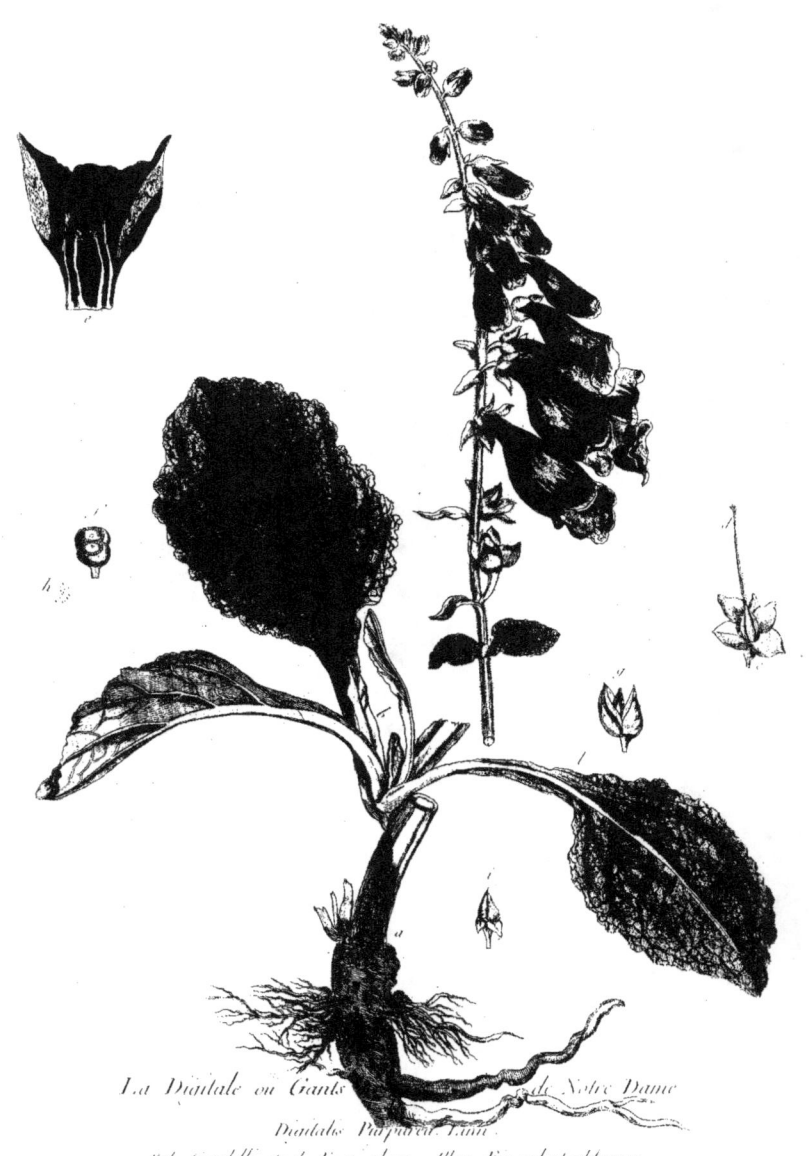

La Digitale ou Gants de Notre Dame
Digitalis Purpurea Linn.

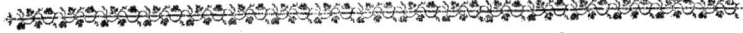

LA DIGITALE,

Plante bisannuelle, du nombre des Céphaliques.

Digitalis purpurea folio aspero. C. B. P. 243. *Digitalis purpurea.* L. S. P.

Tournef. class. 3. sect. 3. gen. 1. Linn. Didynamia angiospermia. Adans. 27. Fam. des Personnées.

La Digitale croît naturellement dans les montagnes du Lyonnois, en Provence, & dans les forêts : on la rencontre dans les terreins pierreux & sablonneux. Sa racine (*a*) est fibreuse, en quelque sorte de la forme d'un navet : elle a nombre de radicules latérales qui s'étendent horisontalement. Elle porte une tige haute de deux ou trois pieds, grosse comme le doigt, anguleuse, velue, creuse & rougeâtre. Les feuilles radicales (*b*) sont ovales, aiguës, douces au toucher, velues, portées par de longs pétioles, sillonnées largement dans leur longueur. Les feuilles caulinaires sont opposées à la tige & portent le même caractere des radicales ; mais elles sont sans pétioles. Les feuilles florales sont alternes, longues, aiguës & unies : elles accompagnent chacune le pédicule d'une fleur. Les fleurs naissent au sommet de la tige rangées en épi, formées d'un seul pétale irrégulier, en forme de cloche, ou ressemblant à un dé à coudre, d'où lui est venu le nom de Digitale, de couleur pourpre & quelquefois blanche, tacheté & garni de poils intérieurement, percé à sa base & attaché au fond d'un calice (*c*) divisé en cinq feuilles irrégulieres, dont l'une est constamment plus petite que les quatre autres, porté par un pédicule qui prend, comme on l'a dit, sa naissance dans l'aisselle d'une feuille florale.

Le pistil (*d*), composé d'un ovaire, d'un stil & d'un stigmate, est attaché au fond du calice, & entouré des quatre étamines (*e*), que nous avons représentées dans le pétale ouvert. L'ovaire devient un fruit ou capsule à deux loges, comme on le voit dans la figure (*f*), où il est coupé transversalement. Après sa maturité, le fruit (*g*) s'ouvre par un effort naturel, & répand ses graines (*h*), qui sont rassemblées sur le placenta (*i*).

La Digitale contient beaucoup d'huile & de sel fixe, suivant Lémery. Ses racines & ses feuilles sont ameres ; les fleurs & les feuilles sont émétiques, anti-ulcéreuses & vulnéraires. Cette plante est d'un usage familier en Angleterre & en quelques contrées d'Italie. On l'emploie beaucoup pour réunir les plaies & nettoyer les vieux ulceres. Les paysans Anglois s'en servent intérieurement, & s'en trouvent bien dans l'épilepsie. On n'en doit hasarder l'usage que pour des tempéraments vigoureux & robustes, parcequ'elle purge violemment par bas, & excite des vomissements considérables. On modere son action par le secours du Polipode de chêne, dont on fait bouillir quatre onces avec deux poignées de feuilles & fleurs de Digitale dans une suffisante quantité de biere pour une prise : on en fait prendre au malade deux fois par semaine, particuliérement quand l'épilepsie est invétérée : il faut en continuer l'usage pendant quelque temps. Cette plante n'est pas d'un usage très familier en France ; &, quoique les Italiens s'en servent pour la guérison de toutes les plaies, & qu'il n'y ait aucun danger apparent à s'en servir extérieurement, elle ne paroît plus destinée ici qu'au plaisir des yeux. On la cultive dans les jardins pour l'agrément de ses fleurs, qu'elle donne ordinairement en Juillet : elle vient de semence.

Le Chardon Hémorroïdal.
Serratula Arvensis. Linn.
Ital. Steppione. Angl. Common Creeping Way thistle. Allem. Feig-Wurzel-distel.

LE CHARDON HÉMORRHOÏDAL, ou CHARDON DES VIGNES,

Plante vivace, du nombre des Résolutives.

Carduus vinearum repens fonchi folio. **C. B. P.** 377. *Serratula arvenfis.* **L. S. P.**

Tournef. claff. 12. fect. 2. gen. 5. Linn. Syngenefia polygamia   Adans. 16. Fam. des Compofées.

Le Chardon Hémorrhoïdal croît fi communément dans les champs & dans les vignes, qu'il en devient incommode. Sa racine (*a*) eft ferme, rampante & garnie de quelques fibres. Ses tiges s'élevent de deux ou trois pieds : elles font rondes, cannelées & branchues. Nous avons repréfenté la tige coupée à la naiffance d'une feuille, pour éviter la confufion. Les feuilles font alternatives & ailées ; leurs ailes fe prolongent en rétrogradant le long de la tige, & occupent affez fouvent l'efpace d'une feuille à l'autre : ces feuilles font longues, fermes, profondément découpées, & légèrement crifpées ; elles font armées jufqu'à l'extrémité de leurs ailes, d'épines fermes & inégales.

Les branches fortent des aiffelles des feuilles & font garnies, ainfi que la tige, de feuilles du même caractere. Elles portent à leurs fommets des fleurs rangées en épi, compofées d'un amas de fleurons hermaphrodites dans le difque, ainfi qu'à la circonférence, rangés fur un réceptacle commun au fond du calice, lequel eft formé par quatre rangs de feuilles écailleufes qui fe recouvrent fucceffivement. Le fleuron (*b*) eft un tube courbe, allongé, menu à fa bafe, évafé à fon extrémité, & divifé en cinq dentelures profondes.

Le piftil occupe toute la longueur du tube ; il n'a qu'un feul ftigmate, & eft fertile. M. Adanfon remarque que cette fertilité met une différence fenfible entre la génération des Chardons & celle des radiées, en ce que ces dernieres ne font fertiles que lorfqu'elles ont deux ftigmates, & font ftériles quand elles n'en ont qu'un. Le piftil eft entouré des étamines, dont les fommets fe réuniffent cylindriquement. Nous l'avons repréfenté vu au microfcope (*c*), avec la graine qui lui doit l'exiftence. Les graines font enveloppées par le calice jufqu'à leur maturité : les aigrettes dont elles font couronnées forment par leur affemblage une efpece de houppe (*d*) ; & fe gonflant, par un effort naturel & infenfible, elles déchirent le calice, & fe dégagent de leur prifon, pour devenir le jouet des vents. Cette prodigieufe facilité de fe multiplier & de fe répandre au loin, infecte les champs de ce végétal, qui ne dédommage pas, par les fervices, du mal qu'il fait à l'agriculture. Il en eft des plantes de cette nature comme de plufieurs infectes qui ne trouvent leur fubfiftance qu'en réduifant les végétaux les plus précieux dans un état de langueur qui fait perdre au cultivateur laborieux le fruit de fes peines. Que ne devroit-on pas à celui qui trouveroit un moyen facile de les détruire !

Le Chardon Hémorrhoïdal contient beaucoup de fel & d'huile, felon Lémery : un tubercule, ou gonflement, occafionné par les piquures des infectes qui fe rencontrent quelquefois à la tige, féché & porté dans la poche, ajoute le même Auteur, guérit les hémorrhoïdes. Il dit avoir reconnu cet effet par plufieurs expériences ; il en attribue l'efficacité à des particules falines ou fulfureufes qui, ayant été détachées de cette tête par la chaleur de la poche, viennent tomber en partie fur les hémorrhoïdes, & les adouciffent en les réfolvant.

Chomel, en rapprochant le remede du mal, rend la guérifon plus facile : il confeille de nouer ces tubercules fecs dans un coin de la chemife. Cette plante eft apéritive & anti-hémorrhoïdale, d'où lui eft venu fon nom. On peut foulager cette incommodité en baffinant les parties affligées avec fa décoction.

La **Raponce**.
Campanula Rapunculus. Linn.
Ital. **Raponzolo**. Angl. **Bellflour Rampions**. Allem. **Rapunzeln**.

LA RAIPONCE,

Plante bisannuelle, du nombre des Rafraichissantes.

Rapunculus esculentus. C. B. P. 92. *Campanula radice esculentâ flore cæruleo* R. T. *Campanula Rapunculus.* L. S. P.

Tournef. claff. 7. fect. 7. gen. 1. Linn. Pentandria monogynia. Adans. 17. Fam. des Campanules.

La Raiponce croît communément dans les fossés, le long des avenues, dans les bois, dans les prés & dans les vignes. La racine, qui est la partie la plus importante de cette plante (*a*), est ordinairement de la grosseur du petit doigt, longue, quelquefois divisée, blanche & succulente. Elle porte des feuilles radicales qui s'étendent diamétralement, en se couchant sur la terre. Ces feuilles sont ovoblongues, légèrement crenelées en leurs bords, portées par de longs pétioles sillonnés dans leur longueur.

Les tiges s'élèvent d'environ deux pieds dans les Raiponces qui croissent naturellement; elles viennent beaucoup plus hautes dans celles que nous élevons dans les potagers, pour l'avantage que nous en retirons comme comestible, ainsi qu'il en sera parlé ci-après : celles-ci ne différent point des premieres par les caracteres : le changement que la culture leur fait éprouver n'apporte de différence que dans l'élévation du port & dans la quantité des fleurs, qui est considérable dans la Raiponce domestique. Ces tiges sont grêles, anguleuses, cannelées & branchues : elles rendent un suc laiteux.

Les feuilles sont attachées alternativement à la tige : elles different essentiellement des radicales, en ce qu'elles sont étroites, longues & pointues, & qu'elles sont adhérentes à la tige par leur base.

Les branches naissent dans les aisselles des feuilles, & sont elles-mêmes garnies de folioles de la même forme des feuilles caulinaires, & qui diminuent graduellement jusqu'à leur sommet.

Les fleurs naissent au sommet des tiges, rangées en épis lâches : elles sont composées d'un seul pétale, divisé en cinq dentelures pointues, représentant une cloche, suivant Tournefort. (Les habitants de la campagne leur donnent aussi, en quelques contrées, le nom de Clochettes). La base du pétale est enveloppée par un calice (*b*) divisé en cinq dentelures profondes, au fond duquel se trouve placé le pistil (*c*), composé du germe, d'un stil, & terminé par trois stigmates recourbés. Les cinq étamines (*d*) entourent le pistil (*e*), & sont attachées à l'ovaire par leur base. Toute la fleur est portée par un pédicule court, qui sort de l'aisselle d'une foliole. Nous avons représenté au fond du calice ouvert (*f*) la capsule membraneuse, anguleuse & arrondie, divisée en trois loges, qui renferme les semences (*g*) rousseâtres & luisantes.

La Raiponce contient beaucoup de sel essentiel & d'huile, selon Lémery. Elle est apéritive, rafraîchissante & diurétique, propre à faciliter la digestion, à fortifier l'estomac & à résister au venin. Elle rafraîchit & augmente le lait des nourrices. Selon Dodonée, la décoction de Raiponce peut s'employer utilement en gargarisme dans le commencement des inflammations de la gorge.

Quelques Auteurs prétendent que le suc de cette plante, mêlé avec le lait des femmes, & injecté dans les yeux, éclaircit la vue; & que ce même suc, appliqué en liniment avec les farines d'ivraie & de lupin, blanchit & adoucit la peau. La décoction est employée pour les maux de la trachée-artere. Personne n'ignore l'usage que l'on fait de la Raiponce en salade, & qu'elle nous fait jouir de ses bienfaits & de sa verdure, lors même que les derniers efforts de la saison rigoureuse semblent nous defendre encore l'usage des riches présents de la nature.

On seme la Raiponce vers le mois d'Octobre, pour recueillir la graine au mois de Juin de l'année suivante. Il ne faut pas attendre, pour cueillir les racines, que l'élévation des tiges en ait rendu les fibres trop fermes. On l'a nommée *Rapunculus*, parceque sa racine ressemble à une petite rave.

Larrête-Boeuf ou Bugrande.
Ononis Spinosa Linn.
Ital. Anonide, Bonaga. Esp. Gatilhos. Angl. Rest-Harrow. Camosche. Allem. Hauw-hechel.

L'ARRETE-BŒUF, BUGRANDE ou BUGRANE,

Plante vivace, du nombre des Apéritives.

Anonis spinosa flore purpureo. C. B. P. 389. *Anonis spinosa.* L. S. P.

Tournef. class. 10. sect. 4. gen. 4. Linn. Diadelphia decandria. Juss. 46. Fam. des Légumineuses.

L'Arrête-Bœuf est une espece de sous-arbrisseau qui croît naturellement dans les terreins incultes, le long des grands chemins & dans les bois; on le rencontre communément dans les champs, où il incommode beaucoup les laboureurs, par l'étendue de ses racines (*a*), qui sont ligneuses, fibreuses, difficiles à rompre : elles tracent beaucoup en serpentant horizontalement & arrêtent le fer de la charrue. Les efforts qu'elles occasionnent aux animaux de labour ont fait donner à la plante le nom d'Arrête-Bœuf. Ses tiges s'élevent d'un pied ou deux. Elles sont rondes, ligneuses, rougeâtres, velues, grêles, rameuses, difficiles à rompre, armées de longues & fortes épines qui sont opposées deux à deux ou opposées aux branches. Les épines sont des branches elles-mêmes, & portent feuilles & fleurs. Les fleurs naissent le long des branches, rangées en grappes, le plus souvent opposées deux par deux, portées par des pédicules courts dans l'aisselle d'une feuille florale ; elles sont légumineuses, composées d'un pétale en étendard (*b*), de deux latéraux ou ailes (*c*), de la carène ou pétale inférieur (*d*). Toute la fleur est enfermée dans le calice (*e*), qui est divisé en cinq segments pointus ; le pistil (*f*) sort du fond du calice, enveloppé du faisceau membraneux des étamines (*g*), qui le fécondent mystérieusement sous le voile officieux des pétales qui le couvrent jusqu'après la formation de l'embryon, lequel devient un légume (*h*) renflé, velu, s'ouvrant à deux loges, renfermant plusieurs graines (*i*) de la forme d'un rein. Les feuilles naissent aux sections des branches & des épines, communément trois par trois, portées par un même pétiole, qui se divise près de leur base, & souvent seules le long des branches. Elles sont velues, dentelées en leur bord, glutineuses au toucher, & d'une odeur désagréable.

L'Arrête-Bœuf fournit à la Médecine ses racines, qui contiennent beaucoup d'huile & de sel essentiel fixe. On emploie le reste de la plante en décoction ; elle donne, par la distillation, une eau dont on fait usage. Les jeunes pousses de la plante, confites au vinaigre avec le sel, avant la naissance des épines, sont bonnes à manger, au rapport de Dioscoride : il ajoute que le suc des feuilles & fleurs fraîches mange les bords des ulceres ; que sa racine, cuite dans égales parties d'eau & de vinaigre, appaise les douleurs de dents. Mathiole assure son efficacité pour guérir la pierre & pour pousser le sable par les urines. Plusieurs expériences lui ont appris que ce remede est capable de rompre la pierre déja formée, & d'en expulser les débris, par l'usage continué de l'écorce de la racine réduite en poudre & prise dans le vin, à la dose d'un gros chaque jour. Le même remede, continue cet Auteur, a guéri une hernie charnue qu'on jugeoit incurable. Un gros de cette poudre, prise dans du bouillon, est utile pour les carnosités. Plusieurs Praticiens, après Mathiole, estiment ce remede très excellent pour le sarcocele. L'écorce de la racine s'emploie en décoction, à la dose de deux gros, pour guérir la gravelle, pour désopiler le foie, & pour guérir les hémorrhoïdes en en bassinant la partie malade. L'eau distillée de la plante en fleur a la même vertu. On met quatre livres d'écorce fraîche de la racine, en petits morceaux, dans huit livres de vin de Malvoisie, & on distille le tout au bain-marie ; on prend cette eau à la dose de demi-livre, pour nettoyer la vessie.

La décoction des feuilles est bonne en gargarisme pour les maux de gorge, l'enflure des gencives & le scorbut.

On met ordinairement la racine du nombre des cinq petites racines apéritives, qui sont celles d'*Arrête-Bœuf*, de *Chardon Roland*, de *Garance*, de *Caprier* & de *Chiendent*.

Elle fleurit en Juillet & Août, & ses fleurs se succedent une partie de l'automne. Il y a deux especes d'*Anonis d'Espagne*, qui sont de petits arbrisseaux : la premiere, qui est l'*Anonis de montagne*, a les fleurs purpurines ; elle fleurit au commencement de Juin, & forme un joli bouquet, qui conserve souvent sa beauté jusqu'en automne. Il pourroit figurer agréablement dans les plates-bandes d'un bosquet.

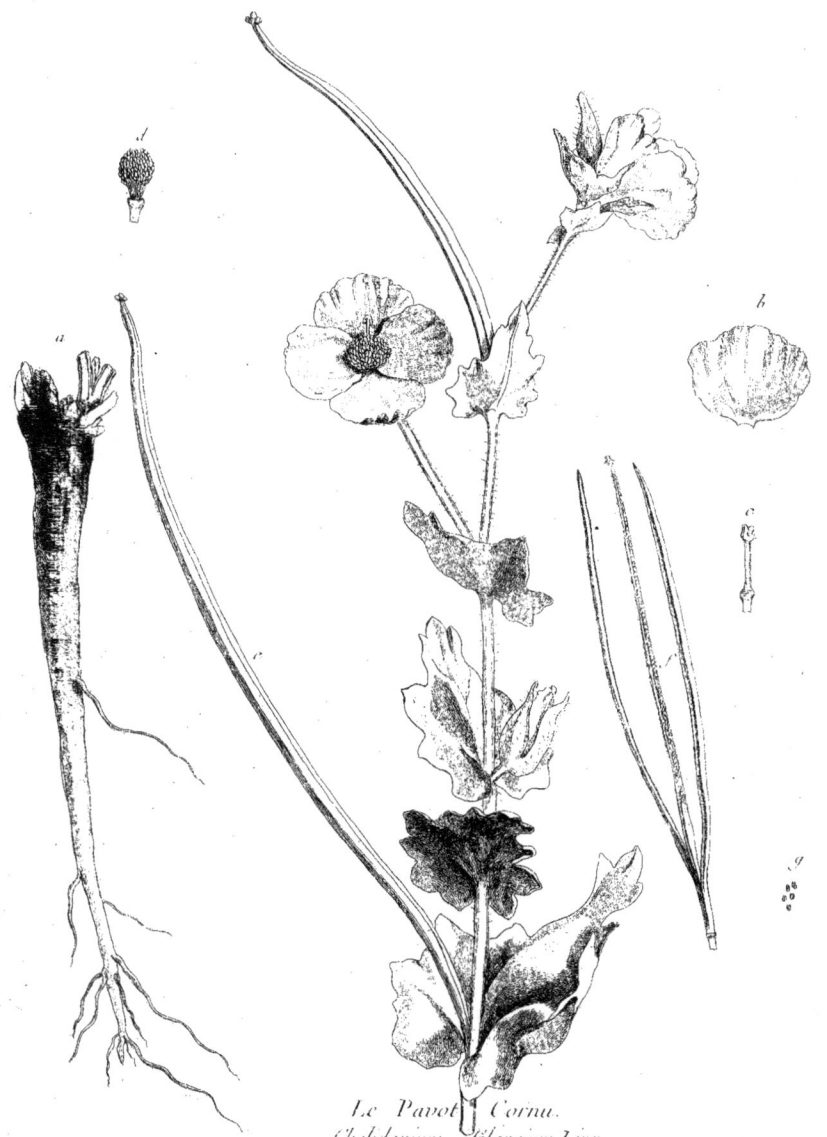

Le Pavot Cornu.
Chelidonium Glaucium. Linn.
Ital. Papavero Cornuto. Esp. Dormidera Marina. Angl. Horned-Poppy. Allem. Gehærnter-Mohn.

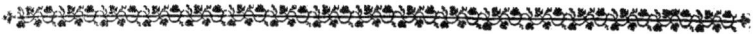

LE PAVOT CORNU,

Plante annuelle, du nombre des apéritives.

Pavaver corniculatum; luteum Ceratitis, Dioscoridis, Theophrasti; silvestre Ceratitis Plinio. C. B. P. 171.
Chelidonium Glaucium. L. S. P.

Tournef. class. 6. sect. 4. gen. 4. Linn. Polyandria monogynia. Adans. 53. Fam. des Pavots.

Le Pavot Cornu croît naturellement en Italie, en Suisse, en Angleterre, en Virginie & en quelques provinces de France, dans les lieux sablonneux, au bord de la mer : on en trouve au bois de Boulogne, vers le Château de Madrid. Nous le cultivons dans les jardins, autant pour la beauté de ses fleurs que pour ses vertus médicinales. Sa racine (*a*) est longue, grosse comme le doigt, garnie de quelques fibres : elle pousse des tiges de la hauteur de deux pieds, rondes, solides, noueuses, garnies de quelques poils.

Les feuilles sortent des nœuds de la tige & l'embrassent immédiatement ; elles naissent alternativement & n'ont point de pédicules : elles sont amples, longues, dentelées largement, sinuées inégalement, garnies d'un duvet léger, qui les fait paroître cotonneuses, comme celles du bouillon blanc. Les branches sortent des aisselles des feuilles, & portent elles-mêmes des feuilles semblables à celles de la tige, mais plus petites. Les feuilles du bas de la tige se couchent par terre l'hiver & résistent aux rigueurs de la saison. Les fleurs naissent des nœuds de la tige, ainsi que les feuilles ; elles leur sont ordinairement opposées. Ces fleurs sont composées de quatre pétales égaux (*b*), qui sont d'abord enveloppés & ramassés sous les deux valves du calice, d'où elles ne sortent que par le gonflement progressif de la croissance, qui force les parties du calice à se séparer ; la chûte du calice suit de près cette séparation. La fleur qui étoit d'abord chiffonnée sous son enveloppe, s'ouvre, s'étend & forme un beau bassin, du milieu duquel s'élève le pistil, entouré d'un grouppe nombreux d'étamines. Nous avons représenté (*c*) le pistil composé d'un ovaire & deux à quatre stigmates ; les étamines (*d*), qui sont ordinairement au nombre de trente, disposées par rangs sur le pédicule du calice, touchant la corolle & l'ovaire. Le pistil grandit considérablement en mûrissant, & devient une silique (*e*) représentant, en quelque sorte, une corne : cette forme a valu à la plante, ainsi qu'aux deux de la même espece dont nous allons parler ci-après, le nom de Pavot Cornu.

La silique est séparée en deux loges, par une cloison fongueuse & épaisse, qui est bordée par deux nervures, dans l'intervalle desquelles sont attachées les graines que nous avons représentées (*g*) séparées de la silique. Cette silique, comme nous venons de la décrire, est représentée (*f*) plus petite que nature de moitié. Nous nous sommes permis, dans le courant de l'Ouvrage, d'augmenter ou de diminuer, quand les bornes du format ou la petitesse des objets l'exigent.

La seconde espece, nommée par M. Tournefort *Glaucium flore phœniceo*, est plus petite dans toutes ses parties. Ses feuilles sont découpées comme celles de la roquette, & plus velues que celles de la premiere. Les fleurs, qui sont d'abord d'un rouge foncé, perdent leur couleur de jour en jour, & finissent par être d'un rouge très pâle.

La troisieme espece, nommée par le même Auteur *Glaucium flore violaceo*, le cede encore au deux autres en grandeur. Ses feuilles sont découpées plus profondément que celles de la seconde. Quoique toutes les parties de cette troisieme espece soient beaucoup plus petites que les autres, les fleurs sont aussi grandes, & ne different des premieres que par la couleur, qui est violette.

Ces trois especes de Pavot Cornu contiennent beaucoup d'huile & de sel essentiel. Elles ont à-peu-près les mêmes vertus ; on peut substituer les deux dernieres à celle dont nous parlons. Toute la plante est empreinte d'un suc jaune, qui a un goût amer & une mauvaise odeur. Elle est résolutive, appliquée extérieurement. Dioscoride assure, & ses Commentateurs le confirment, que cette plante est utile à ceux qui ont les urines troubles & épaisses. Le même Auteur ajoute que ses fleurs, pilées & infusées dans l'huile d'olive, font un baume excellent pour dissiper les taies des yeux du bétail. Galien dit qu'elle est vulnéraire & détersive, & enseigne le même remede pour les ulceres & les blessures des chevaux : c'est aussi la maniere dont s'en servoit Dodonée. En Portugal on fait boire à ceux qui sont sujets à la pierre, un verre de vin blanc, dans lequel on a fait infuser une demi-poignée des feuilles écrasées de cette plante.

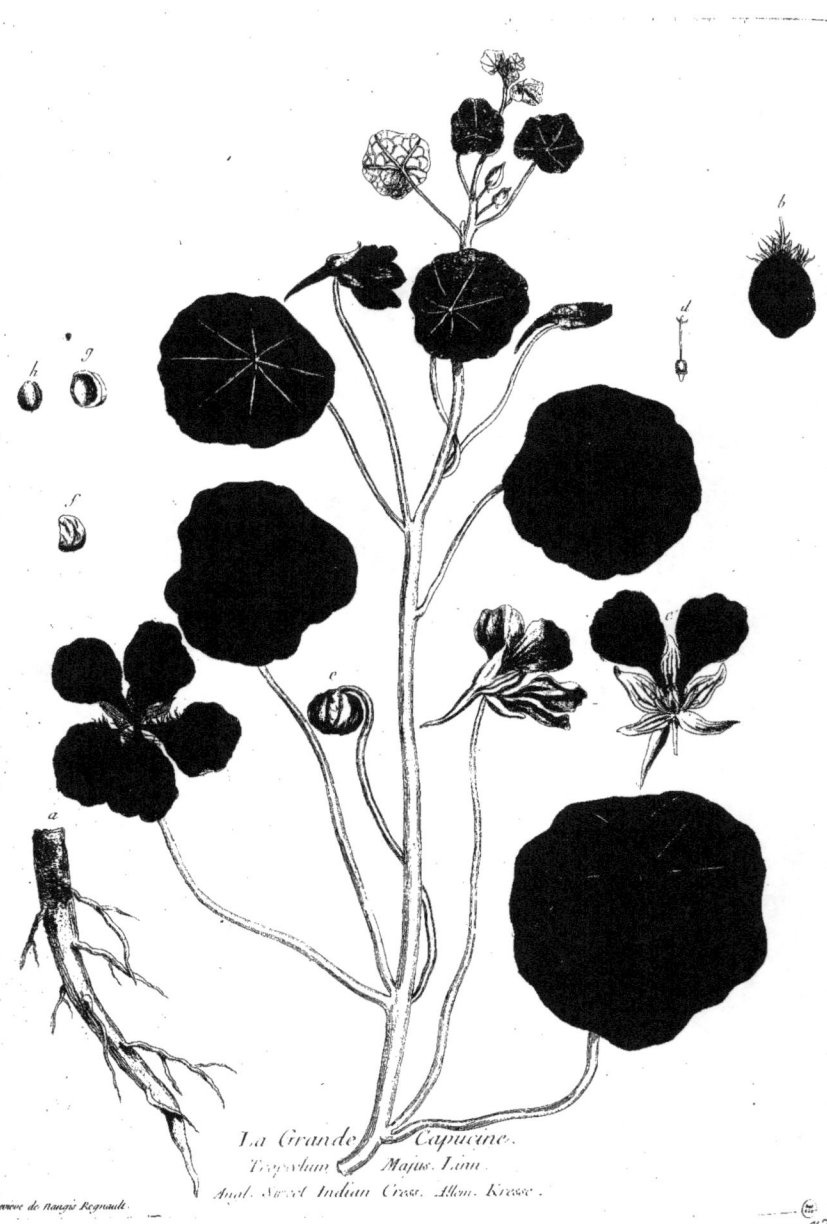

La Grande Capucine.
Tropæolum Majus. Linn.
Angl. Sweet Indian Cress. Allem. Kresse.

LA GRANDE CAPUCINE,

Plante annuelle, du nombre des Anti-scorbutiques.

Cardamindum ampliori folio & majori flore. I. R. H. *Tropælum majus.* L. S. P.

Tournef. claff. 11. fect. 2. gen. 6. Linn. Octandria monoginia. Adans. 49. Fam. des Géranium.

La grande Capucine eft originaire du Pérou, d'où elle nous a été apportée : elle eft vivace dans fon pays natal ; mais elle éprouve ici ce que peut la différence des climats fur les productions de la nature : on n'eft d'abord parvenu à la multiplier qu'à l'aide d'une culture laborieufe ; mais les foins des premiers cultivateurs l'ont fi bien naturalifée qu'elle s'élève avec la plus grande facilité.

Sa racine (*a*) eft tendre, blanchâtre, peu fibreufe ; elle s'étend peu profondément dans la terre. Ses tiges font rondes, flexibles ; elles s'élèvent de cinq ou fix pieds, foit qu'elles rampent ou qu'elles montent verticalement. Les feuilles font oppofées le long de la tige, & fortent alternativement, portées par de longs pétioles ronds, flexibles, qui font l'office de vrilles ou mains pour attacher la plante à tous les objets qui l'environnent ; elles font prefque rondes, découpées légèrement & inégalement : les nervures fortent toutes du même point à l'extrémité du pétiole vers le milieu de la feuille, & s'étendent diamétralement jufqu'aux bords, en fe fubdivifant en une infinité de rameaux ; elles ont la forme d'une foucoupe plate, ce qui fe remarque facilement après la pluie, à la maniere agréable dont l'eau fe trouve ramaffée en globules au centre de ces feuilles.

Les fleurs naiffent indifféremment dans l'aiffelle de la feuille ou à côté du pétiole, quelquefois feules & quelquefois deux à deux. Elles font portées par de longs pédicules qui font flexibles comme les pétioles, mais que la nature n'a pas deftinés aux mêmes ufages ; car autant ceux-ci cherchent à s'attacher aux plantes voifines, autant les fleurs femblent vouloir s'élancer hors du grouppe des feuilles : elles font compofées de cinq pétales inégaux, attachés aux divifions du calice par leur bafe ; les trois inférieurs (*b*) font garnis latéralement par des onglets barbus. Le calice (*c*) eft d'une feule piece, découpé en cinq parties, & prolongé en arriere en forme d'éperon. Nous avons montré dans ce même calice, les deux pétales fupérieurs, qui y font plus fenfiblement attachés que les inférieurs, & les huit étamines. Le piftil (*d*) fe trouve placé au milieu d'elles : il eft compofé du germe, d'un ftil, & terminé par trois ftigmates : il devient un fruit (*e*) charnu & folide, divifé en trois capfules convexes & fillonnées en dehors (*f*), renfermant chacune (*g*) une graine (*h*) qu'on ne découvre qu'en la dépouillant de fon enveloppe. Une de ces graines avorte affez ordinairement.

Cette plante contient beaucoup de fel effentiel & d'huile. Elle eft déterfive, apéritive, propre pour exciter l'urine & nettoyer la veffie. Toute la plante eft âcre & piquante. On la donne en décoction aux fcorbutiques. La fleur eft odoriférante. Comme la Capucine eft d'un ufage familier dans les aliments, c'eft un remede d'autant plus agréable, qu'il fatisfait en même temps le goût, l'odorat & les yeux. On fait confire les boutons de fleurs, & même les fruits avant leur maturité, dans le vinaigre, de la même maniere que les capres.

Les Hollandois font grand cas des feuilles confites, fur-tout de celles qu'on leur apporte des Indes, qui ont la préférence fur celles qu'on élève dans le pays.

La Petite Esule.
Euphorbia Cyparissias. Linn.
Ital. *Esula Minore.* Esp. *Leche Tresna.* Angl. *Little Spurge.* Allem. *Wolfsmilch.*

LA PETITE ESULE,

PLANTE ANNUELLE, DU NOMBRE DES PURGATIVES.

Tithymalus Cyparissias. C. B. P. 291. *Euphorbia Cyparissias.* L. S. P.

TOURNEF. class. 1. sect. 3. gen. 5. LINN. Dodecandria trigynia. ADANS. 45. Fam. des Tithymales.

LA PETITE ESULE croît communément dans les terreins incultes & sur le bord des grands chemins. Sa racine (*a*) est très fibreuse ; elle trace beaucoup, & se multiplie par une grande quantité de rejettons (*b*). Elle porte des tiges hautes d'un pied, touffues. Nous l'avons élaguée, autant pour éviter la confusion, que pour faire voir le suc laiteux qui sort de toutes les parties de la plante, quand on les coupe. Les rameaux sortent alternativement de la tige, soutenus par une feuille caulinaire, du même caractere que celles que portent ces rameaux, lesquelles sont entieres, longues, étroites, ressemblant à celles de la *linaire ou lin sauvage*. Les fleurs naissent au sommet des tiges, disposées en ombelle, & soutenues par un calice général, composé de feuilles semblables à celles qui soutiennent les rameaux, rassemblées circulairement. L'ombelle se subdivise, & le calice particulier, qui termine chaque pédicule, devient commun à deux péduncules, qui portent chacun une fleur soutenue par un nouveau calice semblable au précédent : ces deux derniers calices sont composés de deux feuilles presque rondes, qui se terminent en pointe & embrassent étroitement le pédicule. Nous avons montré dans la figure (*c*) le tube de la fleur ouvert & grandi à la loupe, pour laisser voir le pistil qui s'attache à l'extrémité du péduncule. Il est composé d'un stil, de l'ovaire, & est terminé par trois stigmates; il excede de beaucoup la longueur du tube. Les étamines sont enfermées dans la fleur : elles sont plus courtes que le tube, & leurs antheres sont testiculaires.

L'ovaire, qui est placé au sommet du pistil, acquiert en mûrissant un volume assez considérable pour entraîner la fleur par son poids : il devient un fruit (*d*) composé de trois capsules (*e*), qui se réunissent: ces capsules s'ouvrent en deux valves, comme on le voit dans la figure (*f*), & renferment chacune une semence (*g*) presque ronde.

On n'emploie guere que la racine d'Esule en Médecine. Elle contient beaucoup de sel âcre essentiel & fixe, & d'huile. C'est un purgatif violent qu'on ne peut corriger qu'en la faisant macérer pendant vingt-quatre heures dans le vinaigre : elle purge par les selles les humeurs grossieres, la pituite, les sérosités & l'humeur mélancolique. Elle est propre pour l'hydropisie, pour la léthargie, la frénésie & pour les maladies où la nature demande de violentes secousses. On n'en doit user qu'avec une grande modération dans les autres maladies où elle est utile, comme dans la jaunisse, dans les obstructions des visceres, les fievres opiniâtres, &c. On l'ordonne à la dose d'un scrupule jusqu'à une dragme, en substance ; on peut doubler la dose en infusion.

Toute la plante répand un suc laiteux, âcre & caustique ; on la croit mortelle pour les brebis. La semence, prise intérieurement, irrite les intestins, & peut y causer des ulceres, si on ne la corrige pas avec le sel & le vinaigre ; mais de quelque préparation qu'on use, c'est toujours un remede dangereux.

On a distribué à Paris un remede spécifique pour les fievres, auquel on a donné, par excellence, le nom de poudre fébrifuge, qui n'est autre chose (au rapport de Chomel) que la racine de cette plante, réduite en poudre, donnée dans un bouillon à la dose d'un demi-gros à un gros, suivant la force du malade, trois jours de suite. Sans désapprouver absolument ce remede, Chomel en interdit l'usage aux femmes enceintes & aux tempéramens délicats.

La petite Esule fleurit vers la fin du printemps, & donne encore des fleurs dans l'arriere-saison.

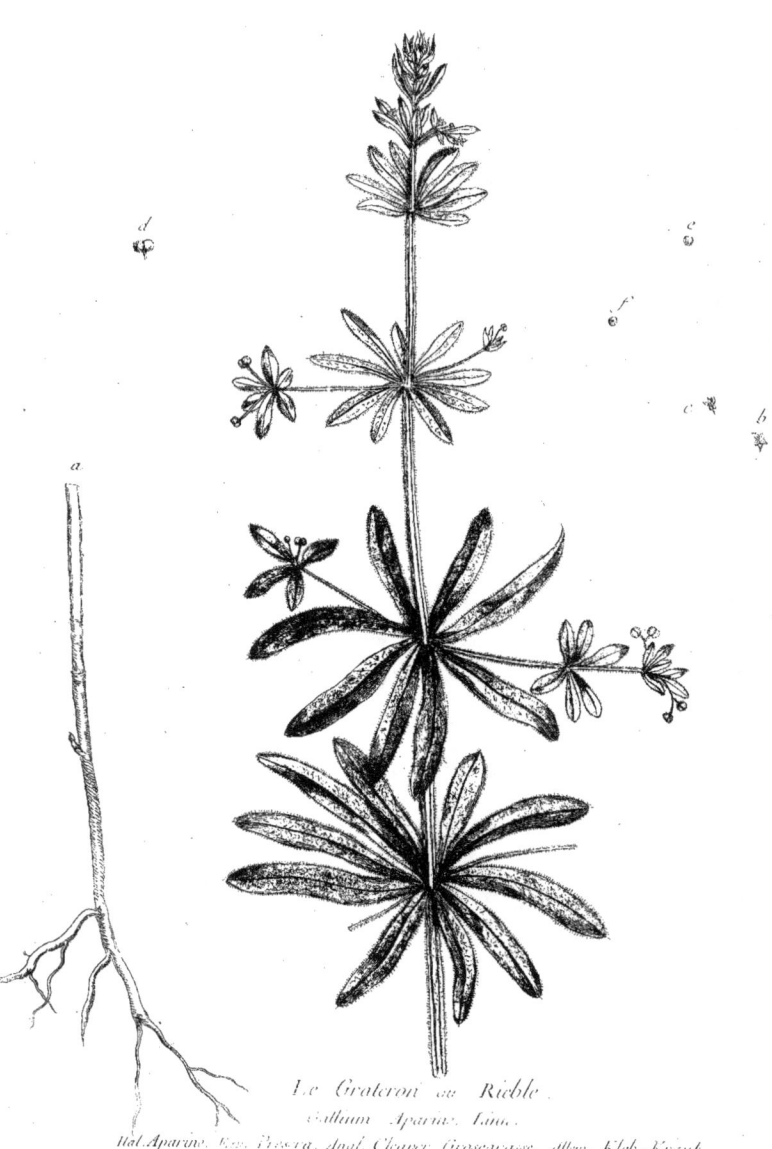

Le Grateron ou Rieble.
Galium Aparine. Lin.
Ital. Aparine. Esp. Presera. Angl. Cleaver Grosegrasse. Allem. Kleb-Kraut.

LE GRATERON, ou RIEBLE,

Plante annuelle, du nombre des Apéritives.

Apparine vulgaris. C. B. P. 334. *Galium Aparine.* L. S. P.

Tournef. class. 1. sect. 8. gen. 2. Linn. Tetrandria monogynia. Adans. 19. Fam. des Aparines.

Le Grateron croît communément dans les fossés, le long des grands chemins & dans les parcs consacrés à l'ornement, où il semble se plaire à enlacer ses tiges entre les branches des charmilles, & à braver, par sa croissance vagabonde, les soins symmétriques que les jardiniers prennent pour embellir nos jardins en défigurant la nature. La racine (*a*) est menue & fibreuse ; les tiges sont grêles, quarrées, noueuses, rudes au toucher, pliantes, grimpantes, longues de cinq ou six pieds. Son port est très irrégulier ; les poils rudes & crochus dont toute la plante est garnie, lui donnent la facilité de s'attacher à tous les objets ; aussi la voit-on se replier sur elle-même si les branches qui l'environnent ne lui permettent pas de s'étendre. De chaque nœud de la tige sortent les feuilles & les branches ; les feuilles sont rangées horizontalement autour de la tige, attachées par leur base, sans pétiole, & disposées comme les rais d'une roue autour du moyeu. Elles sont longues, entieres & armées de poils durs, comme la tige. Les branches sont opposées deux par deux, & portent des feuilles du même caractere que celles de la tige. Les fleurs naissent aux extrémités des branches ; elles sortent du centre des feuilles, & sont portées par des pédicules longs & menus. La fleur est monopétale (*b*) ; c'est une espece de godet sans tube, divisé en quatre segments, posé sur le calice, & les quatre étamines sont rangées au bord de la corolle : elles font l'alternative avec ses divisions, & sont opposées à celles du calice. Le pistil est sous la fleur, comme on l'a démontré dans la figure (*c*) : il est composé d'un ovaire & d'un stil, & devient un fruit ou capsule testiculaire (*d*) à deux loges, couvert, comme la plante, de poils durs, qui sont terminés par un crochet. Cette capsule renferme ordinairement deux graines (*e*) hémisphériques, creusées dans le milieu (*f*).

Le Grateron contient considérablement d'huile & de sel, & médiocrement de phlegme, suivant Lémery. Cette plante est détersive, sudorifique & résolutive ; la décoction est propre à résister au venin : elle est emménagogue & utile dans les maladies vénériennes. On l'emploie aussi pour la petite vérole, l'épilepsie, la fievre maligne & la gravelle, qu'elle soulage considérablement. On met ordinairement une poignée de toute la plante sur une pinte d'eau.

Le suc de la plante fraîche, pris à la dose de deux gros, produit les mêmes effets. Dioscoride assure que ce suc, pris dans du vin, est bon pour prévenir les suites fâcheuses de la morsure des viperes, & qu'on soulage les douleurs d'oreilles en y introduisant du coton imbibé de ce suc. Mathiole estime cette plante fraîche pour consolider les plaies. On en tire une eau distillée, qu'on fait prendre avec succès dans la dyssenterie.

La plante, pilée & mêlée avec le sain-doux, donne une pommade propre à résoudre les écrouelles. On emploie cette même pommade pour résoudre les tumeurs dures aux chevaux.

Le Ricin ou Palme de Christ.
Ricinus Communis.

Ital. *Faginolo Turchesco.* Esp. *Figueira del Inferno.* Angl. *Palma Christi.* Allem. *Wunder-baum*

LE RICIN, ou PALME DE CHRIST,

PLANTE ANNUELLE, DU NOMBRE DES PURGATIVES.

Ricinus vulgaris, C. B. P. 432. *Ricinus communis* L. S. P.

TOURNEF. claff. 15. fect. 5. gen. 6. LINN. Monœcia monadelphia. ADANS. 45. Fam. des Tithymales.

LE RICIN croît naturellement dans l'Inde, en Afrique & dans l'Europe auftrale. On le cultive dans nos jardins pour la beauté de fon port & de fes feuilles, & pour s'affranchir de l'importunité des taupes. Ce dernier objet n'eft pas toujours rempli, car les traces de cet animal annoncent affez l'impuiffance de l'ennemi qu'on lui oppofe. Le Ricin eft bifannuel dans fon pays natal, & s'y éleve jufqu'à la hauteur des arbres : dans les climats tempérés il perd à la fois une partie de fa grandeur & la moitié de fa durée. On ne réuffit à prolonger fa carriere qu'à l'aide des ferres chaudes. Sa racine (*a*) eft dure & garnie de fibres. Sa tige s'éleve de fix ou fept pieds : elle eft cylindrique, creufe, de couleur purpurine obfcure, couverte d'une pouffiere farineufe, rameufe, garnie de feuilles qui font alternes & oppofées ; ces feuilles font palmées, ou repréfentant en quelque forte la figure d'une main ouverte, dont les doigts font féparément étendus, (cette prétendue reffemblance a fait donner à la plante le furnom de Palme-de-Chrift) divifées en huit lobes, portées par de longs pétioles, d'où partent les huit principales nervures ; avant leur développement elles font pliées en autant de doubles qu'elles ont de nervures. Les pétioles font garnis à leur infertion d'une ftipule qui leur eft oppofée & qui les enveloppe en embraffant le contour de la tige. Les fleurs mâles, qui ne font compofées que d'étamines, & les fleurs femelles, du piftil feulement, font portées fur un pédoncule commun, difpofées en grappe. Les fleurs mâles naiffent au-deffous des femelles, elles portent un grand nombre d'étamines réunies par leurs filets (*b*), attachées au fond du calice (*d*), lequel eft divifé en cinq fegments & porté par un pédoncule court. Les fleurs femelles terminent la grappe : elles ne confiftent qu'en un ovaire & le piftil (*c*), qui a trois ftils & trois ftigmates fourchus. L'ovaire eft divifé en trois loges & autant de valvules ; il devient un fruit épineux (*e*), dont les loges (*f*) font fillonnées extérieurement : lorfque le fruit eft mûr, ces loges, dont nous avons montré l'intérieur (*g*), s'ouvrent, & les graines (*h*) s'échappent avec impétuofité. Les graines & les valves font raffemblées autour du pivot (*i*) qui fait l'office de placenta.

Le RICIN n'eft confidéré en Médecine que par fes graines : elles contiennent beaucoup d'huile & de fel, fuivant Lémery. C'eft un violent purgatif, qui ne convient qu'à des corps robuftes, à moins qu'il ne foit adouci & corrigé par le fel de tartre. On pile huit ou dix de fes graines, on les délaie avec fix onces d'eau tiede, dans laquelle on a fait diffoudre un fcrupule de fel de tartre ; on y ajoute deux ou trois gouttes d'huile d'anis ou de cannelle. Ce remede, ainfi préparé, peut être employé avec fuccès dans l'hydropifie. On tire par expreffion des grains de Ricin une huile connue fous les noms d'*Oleum de Kerva*, *Oleum Cicinum*, ou *Oleum Ficus infernalis*, qui purge en en frottant l'eftomac & le bas-ventre. Ce remede extérieur appaife les fuffocations de la matrice, tue les vers, guérit la gratelle & déterge les ulceres. Chomel remarque l'avantage de ce remede. » Nous avons grand tort, dit-il, de ne pas employer cette huile, dont les anciens fe fervoient
» pour purger. Combien ne trouve-t-on pas de cas différents où il feroit fort convenable, & préférable à l'on-
» guent *Arthanita*. Les enfants, par exemple, fi difficiles à prendre ce qu'on leur préfente, & qui bien fou-
» vent n'avalent les drogues qu'on leur ordonne que lorfqu'il n'eft plus en notre pouvoir de les guérir,
» feroient purgés efficacement avec cette huile en embrocation fur la région umbilicale, mêlée avec partie
» égale d'huile d'amande douce ». On nous apporte de l'Amérique des grains d'une efpece de Ricin, *Pinus Indica nucleo purgante*, C. B. P. 492. Il y a une autre efpece de Ricin, *Ricinus Americanus major femine nigro*, C. B. P. 432. Les grains des trois efpeces de Ricin font vulgairement connus fous le nom de *Pignons d'Inde*, ou *Grains de Tilli*. Les deux derniers font beaucoup plus violents que notre Ricin. Nous revenons au fentiment de Chomel, touchant l'efpece nommée *Pinus Indica*, &c. C'eft de fes graines que les anciens tiroient l'huile de *Kerva*. Le marc de cette huile, féché, eft un des meilleurs remedes pour les enfants fujets à ces glandes du col, qui reffemblent fi fort aux écrouelles, & qui fouvent le deviennent par la négligence des parents : cet Auteur dit l'avoir adminiftré long-temps, réduit en poudre & donné à la dofe de deux ou trois grains. Elle agit comme abforbant, comme fondant & comme purgatif. Ce remede eft auffi ce qu'il y a de mieux dans la recette de Rotrou, pour cette formidable maladie.

l'Aristoloche Clematite.
Aristolochia Clematitis. Linn.
Ital. *Aristologia.* Esp. *Astrologia.* Angl. *Birthwort.* Allem. *Osterlucey.*

L'ARISTOLOCHE CLÉMATITE,

Plante vivace, du nombre des Hystériqes.

Aristolochia Clematitis erecta. C. B. P. 307. *Aristolochia Clematitis.* L. S. P.

Tournef. classe. 3. sect. 2. gen. 1. Linn. Gynandria hexandria. Adans. 77. Fam. des Aristoloches.

L'Aristoloche Clematite croît naturellement dans les pays chauds, le Languedoc est la Province de France, où on la rencontre le plus communément : elle se trouve dans les bois & dans les champs ; mais elle se plaît particulièrement parmi les oliviers. Sa racine (*a*) est tubéreuse, accompagnée de radicules fibreuses, & traçante. Les tiges s'élevent de deux pieds ; elles sont droites & fermes. Les feuilles sont rangées alternativement le long de la tige où elles sont portées par des pétioles ronds. Avant leur développement, elles sont pliées en deux ; elles sont entieres, de la forme d'un cœur, sinuées accidentellement. Les fleurs naissent dans l'aisselle des feuilles, portées par des pédicules courts, formées d'un seul pétale irrégulier ; c'est un tube cylindrique allongé, dont la base est une espece de globe où sont renfermées les parties de la génération, & le sommet s'évase, se termine en pointe, & offre en quelque sorte la figure d'une oreille de souris. Le pistil (*b*) est entouré des six étamines, dont les antheres sont fendues longitudinalement. Le fruit (*c*), qui succede à la fleur, est une capsule membraneuse ordinairement d'une forme irréguliere, divisée en six loges, comme on le voit dans la figure (*d*), où nous avons démontré cette capsule coupée transversalement. Chacune de ses loges renferme plusieurs semences (*e*) plates, rangées horizontalement les unes sur les autres, comme on le voit dans la figure (*f*), où le fruit est représenté dépouillé de la membrane qui l'enveloppoit, & attachées sur le placenta (*g*) dans l'intervalle des cloisons.

L'Aristoloche Clematite ne donne guere à la Médecine que sa racine. Elle contient beaucoup d'huile & de sel, suivant Lémery ; elle est amere, apéritive, sudorifique, détersive & vulnéraire. Sa poudre ou son extrait est utile dans les vapeurs hystériques, pour les pâles couleurs, pour l'asthme, & pour les fievres intermittentes. On donne cette racine réduite en poudre à la dose depuis un scrupule jusqu'à un gros. On en fait un extrait, que l'on donne à la dose de huit à dix grains. On en fait des décoctions, & l'on fait des infusions avec les feuilles & les sommités. L'Aristoloche entre dans l'eau vulnéraire, autrement appellée eau d'Arquebusade. Cette eau est d'un usage si familier dans la Médecine, que nous croyons ne pouvoir nous empêcher d'en donner la recette. On entend par eau vulnéraire, une eau distillée, dans laquelle un grand nombre de plantes sont employées, la plupart vulnéraires, plusieurs céphaliques ou odorantes ; & quelques autres, suivant l'intention des Pharmaciens qui la préparent. Entre les différentes dispensations des Auteurs, celle-ci paroît la plus utile, par rapport aux usages pour lesquels on l'emploie ordinairement l'eau vulnéraire ; savoir extérieurement pour bassiner les plaies & les ulceres, & pour seringuer dans les plus profondes qu'il faut nettoyer ; & intérieurement lorsque l'on soupçonne du sang caillé, par la rupture de quelque vaisseau dans les chûtes & dans les violentes contusions.

Prenez racines & feuilles de grande consoude, feuilles de bugle, de brunelle, de sanicle, de plantain, d'œil de bœuf, de millepertuis, de véronique, de mille-feuille, de sauge, d'origan, de calament, d'hyssope, de menthe, d'armoise, d'absinthe, de bétoine, de grande scrophulaire, d'aigremoine, de scabieuse, de verveine, de fénouil, de petite centaurée, de nicotiane, d'aristoloche-clématite & d'orpin ; de chacune, toute épluchée, deux ou trois poignées ; racine d'aristoloche ronde & longue, de chacune une once concassée : hachez les herbes & les fleurs, & mettez tout dans un vaisseau, versez dessus suffisante quantité de bon vin blanc, en sorte qu'il surnage de deux ou trois doigts ; laissez les herbes en digestion dans un lieu chaud pendant deux ou trois jours ; faites-les distiller ensuite, jusqu'à ce que vous ayez retiré environ le tiers de la liqueur que vous y avez employée, & gardez-la dans une cruche bien bouchée.

La Fraxinelle ou Dictame blanc.
Dictamus Albus. Linn.
Ital. et Esp. Frassinella. Angl. Falsewhite Dittamus. Allem. Weisser Diptam.

LA FRAXINELLE, DIPTAM ou DICTAME BLANC.

Plante vivace, du nombre des Alexiteres.

Dictamnus albus vulgò, seu Fraxinella. C. B. P. 222. *Dictamnus albus.* L. S. P.

Tournef. class. 11. sect. 2. gen. 5. Linn. Decandria monogynia. Adans. 44. Fam. des Pistachiers.

La Fraxinelle croît naturellement dans les pays chauds de l'Europe; on la rencontre communément en Italie, & dans les forêts du Languedoc & de la Provence. Sa racine (*a*) est longue, blanche, garnie çà & là de houppes fibreuses, excédant rarement la grosseur du petit doigt : elle répand une odeur assez forte & est un peu amere au goût. On cultive cette plante dans les jardins, où elle produit un assez bon effet; mais pour l'emploi qu'on en fait en Médecine, nous avons coutume de la tirer de nos provinces méridionales. Sans examiner si l'empire de l'usage, d'où peuvent résulter les erreurs les plus fâcheuses (dans les remedes où la bonne foi des marchands est, pour ainsi dire, le seul garant de leurs vertus), doit l'emporter sur l'avantage d'une culture dont la sécurité est le fruit, nous devons prévenir des qualités essentielles à la racine du Dictame; on doit la choisir récente, bien nourrie, blanche & bien mondée.

Ses tiges s'élevent de deux pieds environ; elles sont rondes, remplies de moëlle, velues & rougeâtres : elles portent des feuilles qui ressemblent à celles du Frêne, *Fraxinus*, d'où on l'a nommée *Fraxinella*. Elles sont alternes, composées de plusieurs folioles rangées par paires, & terminées par une impaire; les folioles sont entieres, ovoblongues, terminées en pointe & découpées tout autour comme une scie très fine. Les fleurs naissent alternativement au haut des tiges, rangées en épis; la fleur est composée de cinq pétales (*b*) pédiculés, marqués dans leur longueur d'une nervure sensible, qui se divise en rameaux simples & s'affoiblit en s'éloignant de la base. Le calice (*c*) est divisé en cinq feuilles; il est porté par un pédoncule rond, velu, garni ordinairement de deux petites folioles alternes, & toujours soutenu, à son insertion avec la tige, par une foliole entiere, étroite & pointue.

Le pistil est composé d'un ovaire, d'un stil & un stigmate; il sort du milieu du calice, élevé sur un disque orbiculaire qui ne fait corps ni avec lui ni avec le calice : il est entouré des dix étamines (*d*) qui se recourbent vers le sommet où elles sont armées de petites épines, & élevent leurs antheres, lesquelles sont longues & fendues longitudinalement. Après que le pistil a été fécondé, les cinq capsules qui composoient l'ovaire & qu'on distinguoit à peine, se séparent & s'épanouissent par la maturité, comme on le voit dans la figure (*e*). Chaque capsule est tapissée intérieurement d'une membrane (*f*) & renferme deux à trois graines (*g*) noires & luisantes. Les fruits sont hérissés d'une infinité de poils courts, semblables à ceux de la tige : toutes ces parties sont couvertes d'huile essentielle, & inflammable au point que si l'on en approche une flamme dans les temps secs, elle prend feu comme l'esprit de vin, sans pourtant consumer la plante. La Fraxinelle à fleur blanche n'est qu'une variété de celle-ci.

La Fraxinelle contient beaucoup d'huile & de sel essentiel, suivant Lémery. Elle est cordiale, alexitere, vermifuge, anti-épileptique. Ses feuilles & ses fleurs, prises en infusion théiforme, soulagent les personnes sujettes aux vapeurs. Sa racine fait mourir les crapauds. Chomel rapporte qu'un herboriste de Sermaise, près de Noyon, fit rendre deux crapauds à un paysan, dont l'un étoit déja corrompu & l'autre vivant, & de la grosseur d'une noix; il les jetta par la bouche, avec deux écuellées de sang : ce malade fut guéri en même temps des syncopes & des foiblesses dont il étoit affligé, après avoir pris pendant quinze jours d'une tisane faite avec cette racine, & avoir été purgé ensuite. Le même herboriste, dit cet Auteur, fit jetter un ver de cinq pieds de long à un malade, en lui faisant user pendant quelques jours d'un syrop fait avec l'infusion de racine de Fraxinelle. On l'emploie en poudre à une dragme, ou en infusion jusqu'à demi-once dans six onces de vin blanc. On doit interdire l'usage de cette plante dans les fievres continues. Elle est propre à fortifier le cerveau & l'estomac, par sa qualité amere. L'eau distillée de toute la plante est cosmétique. La racine entre dans l'opiate de Salomon, dans l'orviétan, & dans quelques autres antidotes.

La Bardane ou le Glouteron.
Arctium Lappa. Linn.

Ital. Lappula Maggiore. Esp. Paganacera, Bardana Mayer. Angl. Great-burre. Allem. Gross-Netten.

LA BARDANE, ou LE GLOUTERON,

Plante vivace, du nombre des Apéritives.

Lappa major, Arctium Diosc. C. B. P. 198. *Arctium Lappa.* L. S. P.

Tournef. class. 11. sect. 2. gen. 7. Linn. Syngenesia polygamia æqualis. Adans. 16. Fam. des Composées.

La Bardane croît abondamment le long des grands chemins & parmi les buissons. Sa racine (*a*) s'étend profondément en terre ; on ne peut l'arracher qu'avec peine. Elle pousse au printemps plusieurs feuilles caulinaires, qui deviennent très grandes & se couchent à terre ; ces feuilles sont entieres, ovoblongues, sinuées accidentellement, & soutenues par de longs pétioles. Leur étendue ne nous a pas permis de les représenter. La tige sort en été du centre de ce superbe grouppe de feuilles ; elle s'éleve de deux ou trois pieds, & porte alternativement des feuilles légérement velues & attachées à des pétioles courts. Les fleurs naissent dans les aisselles des feuilles, portées par de longs & forts pédicules, garnis, ainsi que la tige, de feuilles alternes, mais plus petites. La fleur est composée d'un amas de fleurons hermaphrodites (*b*), dont l'extrémité est partagée en cinq segments, comme on le voit dans la corolle ouverte (*c*). Le pistil (*d*) & la graine (*e*) sont représentés plus grands que nature. Le calice est couvert d'une infinité de petites feuilles, qui sont terminées chacune par une épine crochue ; c'est par le secours de cette armure, que les têtes de la Bardane s'attachent aux vêtements des passants & à la laine des moutons.

La Bardane est un des trésors de la Médecine indigène ; l'expérience de plusieurs siecles constate assez ses vertus, pour justifier les éloges qu'on en peut faire. Elle est sudorifique, détersive, diurétique, pectorale, résolutive, & légérement astringente : elle est propre pour le crachement de sang, pour l'asthme, pour la pierre, pour la gale, pour les scrophules, pour la lepre : on l'emploie intérieurement & extérieurement. Toutes ses parties sont d'usage en Médecine. La racine a une saveur douceâtre un peu austere. Les feuilles sont ameres, & les semences réunissent l'âcreté & l'amertume. Les feuilles, appliquées sur le cancer, même lorsqu'il est ouvert, en appaisent la douleur. Les ulceres des jambes les plus invétérés cedent à un usage continué de racine de Bardane en tisane, à la dose de trois onces pour une pinte d'eau ; & appliquant sur la plaie un cataplasme des feuilles fraîches pilées, ou du suc de ces feuilles, qu'on renouvelle deux fois au moins par jour.

Hollerius se servoit avec succès de la racine & des fleurs de Bardane dans la pleurésie ; il les faisoit prendre en tisane. On donne dans ce cas huit ou dix germes d'œufs dans un verre d'eau distillée de cette plante, pour provoquer la sueur, après avoir préalablement saigné deux ou trois fois le malade. C'est le sentiment de Chomel, qui ajoute en faveur de notre plante le succès constant qu'il a éprouvé dans la guérison des tumeurs considérables survenues aux genoux : il faisoit bouillir des feuilles de Bardane dans l'urine avec du son, pour en faire un cataplasme, qu'il faut renouveller matin & soir. Plusieurs observations prouvent que la décoction de Bardane guérit la fievre quarte. Pena rapporte que Henri III, Roi de France, en fut guéri. Quelques Praticiens préferent la racine de cette plante à celle de scorsonere, pour la tisane qu'on ordonne dans les fievres malignes & dans la petite vérole. Schroder en fait cas dans le crachement de sang, pour la goutte, pour les tumeurs de la rate, & pour les vieilles plaies. Forestus rapporte qu'un malade fut guéri de la goutte par la décoction de cette racine, qui lui fit jetter quantité d'urine blanche comme du lait. Pena & Lobel assurent qu'étant confite au sucre, elle fait passer les urines & vuider le sable. Césalpin l'estime pour le crachement de sang & la phthisie, en donnant au malade un gros avec quelques pignons.

La Bardane entre dans l'onguent *populeum* de Nicolas de Salerne, & dans le *Diabotanum* de Blondel. Elle fleurit à la fin de l'été.

La Grande Consoude.
Symphitum Officinale. Linn.
Ital. Consolida Maggiore. Esp. Suelda Majore. Angl. Comfrey. Wall-wurts

LA GRANDE CONSOUDE, ou OREILLE D'ANE,

PLANTE VIVACE, DU NOMBRE DES ASTRINGENTES.

Symphytum, Confolida major. C. B. P. 259. *Symphytum officinale.* L. S. P.

TOURNEF. claff. 2. fect. 4. gen. 7. LINN. Pentandria monogynia. ADANS. 14. Fam. des Bouraches.

LA GRANDE CONSOUDE se rencontre communément dans les prés, dans les lieux humides & le long des ruiffeaux. Sa racine (*a*) eft charnue, peu fibreufe, facile à rompre. Ses tiges s'élevent d'un pied & demi. Ses feuilles font entieres, oblongues, terminées en pointe, rudes au toucher : elles naiffent alternativement le long de la tige ; celles d'en bas font beaucoup plus grandes que les autres. Leur grandeur & leur forme ont offert aux Botaniftes une efpece de reffemblance avec l'oreille de l'animal docile dont on ne peut trop louer les qualités, malgré les comparaifons plaifantes dont il eft fouvent l'objet ; ce qui a valu à la plante le furnom d'Oreille d'Ane.

Les fleurs naiffent au fommet de la tige, & dans les aiffelles des feuilles fupérieures, rangées en un épi qui s'incline vers la terre. Elles font formées d'un feul pétale (*b*) en tube, renflé vers fon extrémité, laquelle eft divifée en cinq fegments. Nous avons repréfenté (*c*) le pétale ouvert, où font attachées les cinq étamines courtes, féparées par autant de lames aiguës, qui font attachées comme elles au parois de la corolle, & qui en font partie. Le piftil eft compofé de l'ovaire, du ftil & d'un feul ftigmate ; il fort du fond du calice (*d*), qui eft divifé en cinq dentelures, dont les divifions font alternatives avec celles de la corolle. L'ovaire donne à fa maturité quatre graines (*e*), qui fe rejoignoient auparavant par leurs fommets.

LA GRANDE CONSOUDE contient beaucoup d'huile & de flegme, & peu de fel, fuivant Lémery. Toutes fes parties font d'ufage en Médecine ; mais fa racine eft préférée : elle eft confolidante, incraffante, propre pour les fluxions de potrine, pour le crachement de fang, pour la phthifie, & fpécialement pour la dyffenterie.

Dans les pertes de fang on emploie ordinairement la tifane faite avec la racine, à la dofe depuis une demi-once jufqu'à une once, dans une pinte d'eau : cette tifane eft utile dans le crachement de fang. La racine de Grande Confoude, écrafée, s'applique utilement pour réunir les plaies. Le fuc des feuilles a la même vertu : on en fait communément ufage à la campagne pour les coupures. On applique ces mêmes racines pilées, ou le mucilage tiré des racines feches, dont la poudre a été détrempée dans l'eau chaude, fur les fractures, les diflocations, les échymofes, les ulceres malins & carcinomateux, & fur les parties affligées de douleurs véroliques. Diofcoride affure que la racine de Grande Confoude, pilée avec celle de Seneçon, appaife l'inflammation des hémorrhoïdes.

Cette racine n'eft pas feulement vulnéraire, aftringente & béchique, elle eft auffi adouciffante. Chomel affure avoir foulagé confidérablement des goutteux en faifant appliquer fur la partie fouffrante un cataplafme fait avec cette racine bouillie, en la mettant le plus chaudement qu'on peut le fupporter ; ce même cataplafme adoucit les piquures des tendons, fans toute fois être obligé à foufrir le même degré de chaleur. Tournefort faifoit mêler quelques gouttes d'huile fétide avec la racine pilée, qu'on appliquoit fur la partie goutteufe. Simon Pauli ne veut pas qu'on hafarde l'ufage de cette racine feule & fraîche, il eftime davantage le cataplafme, fuivant qu'il a appris de Sennert.

Prenez racine de Grande Confoude, trois onces ; de guimauve, deux onces ; d'ieble, une once & demie ; feuilles d'auronne, une poignée ; fleurs de camomille, trois poignées ; de fureau, quatre ; femence de fenu-grec, deux onces ; de lin, trois ; faites bouillir le tout dans de l'eau diftillée des fleurs de fureau, jufqu'à ce que cela foit réduit en cataplafme. La décoction de la racine fe donne en lavement ; on en fait une conferve, que l'on ordonne jufqu'à la dofe d'une demi-once.

La Grande Confoude entre dans la poudre de Bauderon pour les defcentes des enfants, dans le mondicatif d'ache, dans le baume Polycrefte, dans l'eau d'Arquebufade, dans l'emplâtre de Vigo pour les fractures, & dans l'emplâtre pour les hernies de Nicolas Prepofitus.

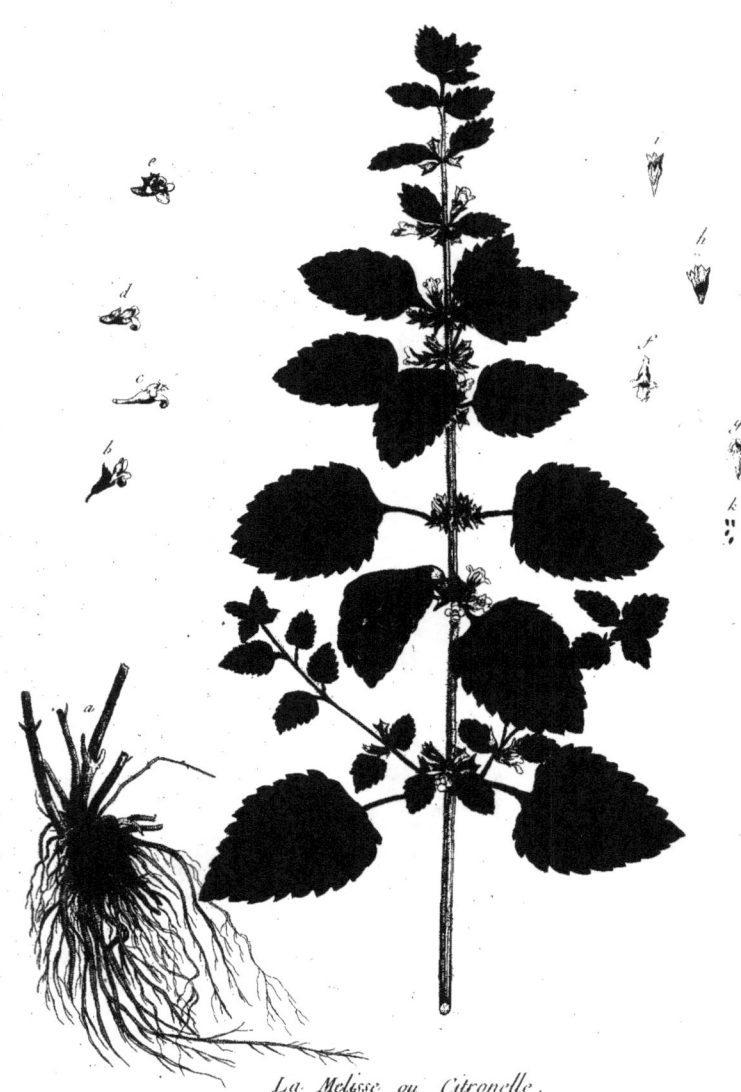

La Melisse ou Citronelle.
Melissa Officinalis. Linn.
Ital. *Meladella, Cedronella.* Esp. *Yerva Cidreira.* Angl. *Balm-gentle.* Allem. *Melisse.*

LA MÉLISSE, ou CITRONELLE,

PLANTE VIVACE, DU NOMBRE DES HYSTÉRIQES.

Meliſſa hortenſis. C. B. P. 229. *Meliſſa officinalis.* L. S. P.

TOURNEF. claſſ. 4. ſect. 3. gen. 3. LINN. Didynamia gymnoſpermia. ADANS. 15. Fam. des Labiées.

La MELISSE croît naturellement dans les pays chauds, on la cultive dans les climats tempérés. Sa racine (*a*) est ligneuſe & fibreuſe ; elle s'étend profondément en terre. Ses tiges ſont nombreuſes ; elles s'élevent de deux pieds ; elles ſont quarrées, fermes, roides, légérement velues & rameuſes. Les feuilles naiſſent le long de la tige deux à deux, oppoſées en croix & portées par des pétioles cylindriques. Elles ſont d'un verd qui eſt luiſant, quoiqu'elles ſoient légérement veloutées. Les branches ſortent des aiſſelles des feuilles, & ne different point des caracteres de la tige. Les fleurs naiſſent aux articulations des feuilles, rangées circulairement autour de la tige. Nous avons montré la fleur ſous pluſieurs faces pour ne rien laiſſer à deſirer ; les figures (*b*) & (*d*) offrent la fleur de profil, enfermée dans le calice, lequel s'attache à la tige par un pédoncule court : la corolle (*c*) auſſi vue de profil eſt un tube menu à ſa baſe, gonflé au centre, & terminé par deux levres dont la ſupérieure eſt courte, retrouſſée, échancrée & arrondie ; l'inférieure eſt diviſée en trois parties, dont la moyenne eſt grande & en forme de cœur, comme on le voit dans la figure (*e*), où la fleur eſt vue de face. Les quatre étamines ſont attachées intérieurement aux parois du tube, deux à la levre inférieure.(*f*), & deux à la ſupérieure (*g*). Le piſtil compoſé de l'ovaire, du ſtil, & terminé par deux ſtigmates, s'attache au fond du calice repréſenté ouvert (*h*), diviſé en cinq ſegments (*i*), lequel renferme les quatre graines (*k*).

La MELISSE tient un rang diſtingué parmi les plantes d'uſage. Elle contient beaucoup d'huile exaltée & de ſel eſſentiel ſuivant Lémery. Elle fortifie l'eſtomac. Les feuilles & les fleurs ſont d'un uſage très familier, non ſeulement dans les maladies des femmes, mais encore dans celles du cerveau. Cette plante eſt hyſtérique, céphalique & ſtomachique ; on prend l'infuſion des feuilles à la maniere du thé, une bonne pincée lorſqu'elles ſont ſeches, ou une petite poignée toutes fraîches pour un demi-ſeptier d'eau : on en met une poignée bouillir légérement dans un bouillon de veau. Sa préparation ordinaire eſt ſon eau diſtillée, laquelle eſt ou ſimple ou compoſée. L'eau de méliſſe ſimple s'ordonne dans les potions cordiales & hyſtériques juſqu'à ſix ou huit onces comme les autres : mais à l'égard de l'eau de méliſſe compoſée ou magiſtrale, elle eſt beaucoup plus ſpiritueuſe, ſoit par les aromates qu'on y ajoute, ſoit par l'eau-de-vie dans laquelle on la fait infuſer. Quelques perſonnes font un grand ſecret de cette préparation, qui ne conſiſte que dans les différentes doſes des drogues qu'ils joignent aux feuilles de Méliſſe ; la diſpenſation la meilleure eſt celle de M. Lémery, que voici :

Prenez feuilles fraîches de Méliſſe, ſix poignées ; écorce de citron ſéchée, noix muſcade, coriandre, de chacune une once ; girofle & cannelle de chacune demi-once ; les feuilles pilées, & les autres drogues concaſſées, ſeront miſes dans un vaiſſeau propre à les diſtiller, avec deux livres de vin blanc & demi-livre d'eau-de-vie ; on laiſſera ce mélange trois jours en digeſtion, après avoir couvert le vaiſſeau de ſon chapiteau, auquel on joindra le récipient, dont on bouchera exactement les ouvertures ; enſuite on fera diſtiller cette matiere au feu de ſable modéré, ou au bain-marie. Cette eau eſt fort eſtimée pour l'apoplexie, la léthargie & l'épilepſie, pour les vapeurs, les coliques, la ſuppreſſion des ordinaires & celle des urines : enfin cette eau s'eſt acquis une réputation égale à celle de l'eau de la Reine d'Hongrie, à laquelle même pluſieurs la préferent. On en donne une cuillerée, ou pure ou mêlée dans un verre d'eau, ſuivant les différentes maladies plus ou moins violentes.

L'eau de Méliſſe priſe intérieurement eſt ſouveraine pour la perte de la parole cauſée par des indigeſtions, ou des ſurchargements d'eſtomac. Cette même eau préſentée au nez, releve des ſyncopes ou foibleſſes, & eſt bonne pour l'apoplexie ſéreuſe.

Foreſtus recommande la Méliſſe pour les palpitations de cœur & pour les défaillances ; Rondelet pour la paralyſie, le mal caduc & les vertiges ; Simon Pauli pour la mélancholie & pour pouſſer les regles ; & Riviere pour la manie. La Méliſſe entre dans le ſyrop d'Armoiſe de Rhaſis, dans le Catholicon ſimple, &c.

La Cartame ou Safran bâtard.
Carthamus Tinctorius. Linn.
Ital. *Cartamo.* Angl. *Bastard Saffron.* Allem. *Wilder Saffran.*

LE CARTAME, ou SAFRAN BATARD,

Plante annuelle, du nombre des Purgatives.

Cnicus sativus, sive Carthamum officin. C. B. P. *Carthamus tinctorius*, L. S. P.

Tournef. class. 12. sect. 2. gen. 9. Linn. Syngenesia polygamia æqualis. Adans. 16. Fam. des Composées.

Le Cartame croît naturellement en Egypte ; on le cultive dans quelques provinces de France, d'Espagne & d'Italie. Sa racine (*a*) est fibreuse ; sa tige s'élève de deux ou trois pieds ; elle est droite, ronde, ligneuse, se divisant vers le haut en plusieurs rameaux : les feuilles sont alternes, attachées à la tige sans pétioles ; elles sont oblongues, terminées en pointe, dentées à leurs bords ; chaque dent est armée d'une épine dure. Les branches sortent des aisselles des feuilles & portent à leur sommet une fleur composée d'un amas de fleurons hermaphrodites ; chacun de ces fleurons (*b*) est un tube cylindrique menu à sa base, alongé, évasé à son extrémité, & divisé en cinq parties. Le pistil, ainsi qu'on le voit dans la même figure, est composé d'un ovaire posé sous la corolle, du stil qui la traverse & d'un seul stigmate qui excede les cinq divisions. Toute la fleur est soutenue par une enveloppe qui fait l'office du calice ; cette enveloppe est composée d'une quantité de feuilles du même caractere que celles de la tige, qui diminue graduellement jusqu'à ce que les dernieres embrassent étroitement le groupe de fleurons. Chaque ovaire devient une graine (*c*) remplie d'une moëlle blanche, comme on l'a montré dans la figure (*d*) où la graine est coupée transversalement.

La semence de Cartame est d'usage en Médecine ; elle contient beaucoup d'huile & modérément de sel volatil. Ses fleurs y sont quelquefois introduites comme laxatives & apéritives. Elles passent pour être utiles dans la jaunisse ; la dose est de demi-dragme en poudre ou en infusion. On les substitue à celles du Safran, *crocus sativus*, C. B. mais le Cartame est beaucoup inférieur à celui-ci pour la vertu.

La semence purge assez foiblement ; on l'estime propre pour évacuer la pituite : on l'ordonne assez rarement seule à cause de sa viscosité, qui la fait agir avec lenteur ; son usage le plus commun est dans les tablettes *Diacarthami*, auxquelles elle a donné son nom, & dont la qualité purgative peut n'être attribuée qu'à la Scamonée & au Turbith qui entre dans leur composition : la dose ordinaire de ces tablettes est de quatre jusqu'à six gros ; elles purgent les eaux : on les ordonne avec succès dans les bouffissures, & dans l'espece d'hydropisie qu'on nomme anasarque : elles se donnent rarement seules ; on y joint ordinairement d'autres purgatifs. On doit choisir la graine nouvelle, grosse, entiere, bien nourrie & remplie de moëlle. On l'a nommée *graine de Perroquet*, parceque ces oiseaux la mangent avec avidité, & qu'elle les engraisse, sans qu'ils paroissent en être incommodés. M. Rai assure que cette semence pilée & bouillie avec la décoction de pois chiches & de viande ; purge les eaux par haut & par bas, qu'elle soulage les douleurs de la colique & chasse les vents, mais qu'il faut la corriger avec l'anis, la canelle ou quelque autre aromate : la dose est de demi-once pour chaque bouillon : on la donne en émulsion ou exprimée dans le petit lait ; la dose est depuis quatre gros jusqu'à une once.

La fleur du Cartame est connue dans les arts sous le nom de *Safran bâtard* ou *Safran d'Allemagne*. Elle est employée par les teinturiers, pour donner aux étoffes les nuances de couleur de rose, ponceau & couleur de cerise. Les plumassiers s'en servent aussi pour leurs teintures. Nous ne devons pas oublier la ressource que le beau sexe trouve dans les fleurs de cette plante, pour braver le caprice de la nature qui n'accorde pas indifféremment ce bel incarnat qui fait l'ornement de la beauté, ou l'injustice du temps, qui semble se plaire à le dissiper ou à le flétrir. On retire de la préparation de ces fleurs une poudre connue sous les noms de *Rouge de Portugal*, *Vermillon d'Espagne*, ou *Laque de Cartame*.

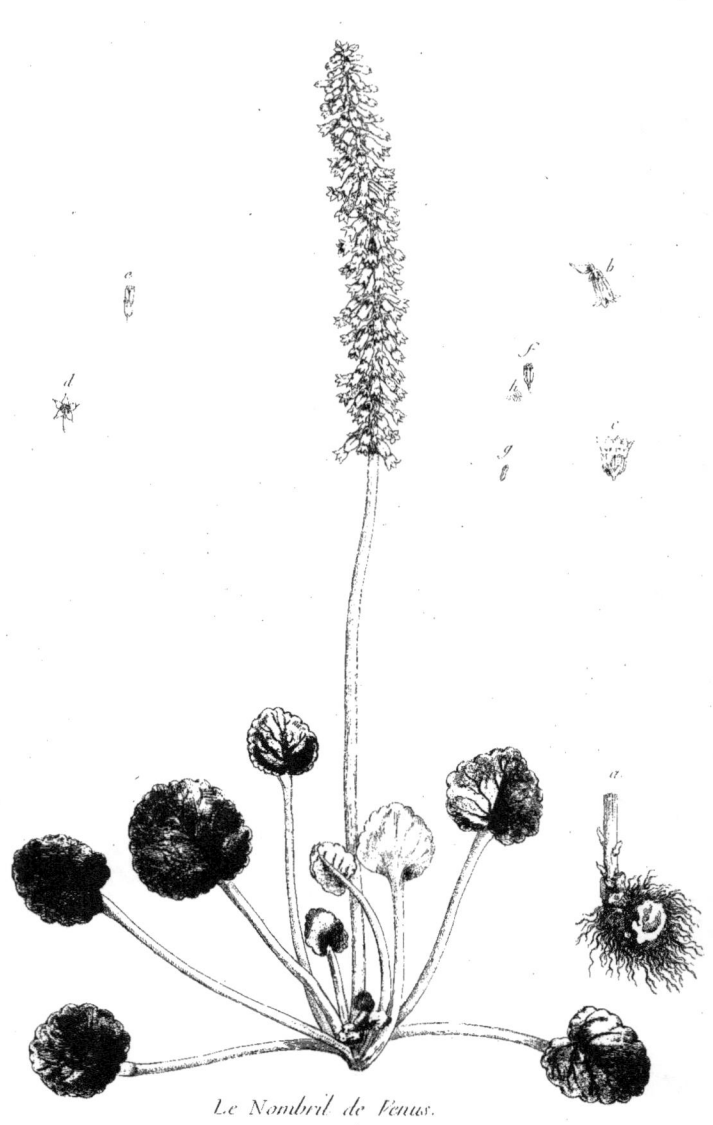

Le Nombril de Vénus.
Cotyledon Umbilicus. Linn.
Ital. Umbilico di Venere. Esp. Capadella. Angl. Penny ou Navelwort. Allem. Nabel-Kraut.

LE NOMBRIL DE VÉNUS,

Plante vivace, du nombre des Rafraichissantes.

Cotyledon major. C. B. P. 285. *Cotyledon umbilicus.* L. S. P.

Tournef. claff. 1. fect. 4. gen. 1. Linn. Decandria pentagynia. Adans. 33. Fam. des Joubarbes.

Le Nombril de Vénus se rencontre ordinairement sur les rochers humides & parmi les débris des vieux édifices ; on le cultive dans les jardins. Sa racine (*a*) est une bulbe charnue, blanche, garnie d'une infinité de petites fibres.

Pour donner une description exacte du port de cette plante, nous la suivrons dans tous ses progrès. Au printemps il sort de terre plusieurs feuilles charnues, épaisses, tendres, pleines de suc, presque rondes, festonnées à leurs bords, creusées en bassin, portées par de longs pétioles cylindriques & tendres, qui s'attachent près du centre : telles enfin qu'on les a représentées dans la planche. Du milieu de ce grouppe de feuilles il s'en élève un autre de forme conique, qui ne paroît être qu'un amas d'écailles qui se recouvrent graduellement. (C'est apparemment la disposition circulaire de ces feuilles, dont le centre est toujours dominant, qui a fait trouver quelque rapport entre cette plante & le nombril). A mesure que ce cône s'élève, les feuilles inférieures se séparent du faisceau & s'étendent par l'érection des pétioles qui les soutiennent ; à la suite de ce développement progressif, une grappe de boutons qu'on voit sortir entre les dernieres feuilles, annonce la tige ; alors les feuilles se sechent successivement & laissent la tige nue quand elle est parvenue à une parfaite florescence : les feuilles sans alternes & opposées.

Les fleurs naissent à l'extrémité de la tige rangées en grappe, accompagnées chacune d'une feuille florale ; que nous avons représentée dans la figure (*b*) où elle est jointe au pédicule de la fleur : cette fleur est monopétale ; c'est un tube dont l'extrémité est divisée en cinq segments, & au fond duquel il se trouve un nectar placé à la base du pistil, comme il est démontré dans la figure (*c*), où le pétale est ouvert, & laisse voir les dix étamines, attachées sur deux rangs à la corolle, & le pistil détaillé (*e*) composé de cinq ovaires, lequel devient un fruit (*f*), dont les capsules univalves (*g*) s'ouvrent longitudinalement pour laisser sortir des semences (*h*) nombreuses, menues & cylindriques. Toute la fleur s'attache au fond du calice (*d*) divisé en cinq feuilles égales, lequel est porté à la tige par un pédicule foible qui laisse incliner la fleur.

Le Nombril de Vénus contient beaucoup de flegme & d'huile, médiocrement de sel, suivant Lémery. C'est sur-tout de ses feuilles qu'on fait usage en Médecine ; on les emploie intérieurement & extérieurement ; leur goût est visqueux & insipide : on peut s'en servir pilées & appliquées en cataplasme, pour résoudre les tumeurs des mamelles. Le suc produit le même effet.

Le suc des feuilles, mêlé avec le miel, est propre à guérir les aphtes de la bouche (ce sont de petits chancres benins qui sont plus cuisants que dangereux) ; il est utile pour appaiser les inflammations internes & externes : au surplus, il a les mêmes vertus & les mêmes usages que la Joubarbe, à laquelle on peut le substituer.

Apocin qui porte la houette.
Asclepias Syriaca Linn.
Ital. Asclepiade. Angl. Asclepias. Allem. Schwalbenwurtz.

L'APOCIN, ou L'HERBE A LA HOUETTE,

Plante bisannuelle, du nombre des Caustiques.

Apocynum majus Syriacum rectum, caule viridi, flore exalbido. H. R. Par. *Asclepias Syriaca.* L. S. P.

Tournef. class. 1. sect. 4. gen. 4. Linn. Pentandria digynia. Adans. 23. Fam. des Apocins.

L'Apocin nous a été apporté d'Egypte, où il croît naturellement, ainsi que dans la Syrie & en quelques pays chauds : on le cultive dans les jardins. Quelques particuliers ont même regardé la culture de cette plante comme un objet de commerce digne d'attention : nous parlerons plus bas de ses propriétés. Sa racine est grosse comme le doigt, robuste, rameuse, traçante & garnie de quelques fibres. Elle se reproduit par ses rejettons. Ses tiges s'élèvent d'environ trois pieds : elles sont rondes, droites, lisses, remplies d'un suc laiteux. Les feuilles sont alternes & opposées ; elles sont ovoblongues, entieres, sans découpures, terminées en pointe, cotonneuses en dessous, soutenues par des pétioles courts & cylindriques. Les fleurs sont disposées en ombelle flottante : elles sont placées vers le haut de la tige. Chacune de ces fleurs (*a*) est monopétale. Nous l'avons représenté (*b*) vue de face, posée sur le calice, dont les cinq divisions font l'alternative avec les divisions de la corolle. La figure (*c*) offre le dessous de la corolle, qui est percée au centre pour laisser entrer le pistil (*d*), qui est composé d'un ovaire & de deux stigmates cylindriques. Ce pistil est représenté attaché au calice, lequel est vu de profil, & laisse voir cinq petites divisions qui font l'alternative avec les grandes, comme celles-là le font avec celles de la corolle. L'ovaire est enveloppé & couvert par un pentagone cylindre (*e*), autour duquel sont placées les cinq étamines, qui semblent faire corps avec lui. Ces cinq figures sont augmentées à la loupe pour en faciliter l'examen. Après la fructification, le pistil devient une graine oblongue, renflée au milieu, terminée en pointe, dont l'enveloppe est brute. Ce fruit est représenté au bas de la planche, sans lettre. Le même fruit est montré (*f*) ouvert, pour laisser voir la disposition des semences, qui se recouvrent dans le même ordre que les tuiles d'une maison. Ces semences (*g*) sont plates, garnies d'une aigrette considérable (*h*), par le moyen de laquelle elle s'attache au placenta (*i*), qui est représenté nud dans la figure (*k*).

Le suc laiteux dont toutes les parties de cette plante abondent, s'emploie comme dépilatoire. On en fait usage aussi pour la gale & pour les autres maladies de la peau. Il n'y a aucun danger à s'en servir extérieurement : mais c'est un poison pris intérieurement ; car il purge avec tant d'âcreté & de violence, qu'il cause des dyssenteries mortelles. Les feuilles, étant pilées & appliquées, sont estimées propres à résoudre les tumeurs froides.

Les aigrettes soyeuses dont chaque semence est garnie, pourroient rendre cette plante recommandable dans les Arts. Les heureux essais qu'un artiste industrieux a faits pour les filer, lui ont fait espérer le moyen d'en faire des velours, flanelles & molletons, supérieurs à ceux d'Angleterre. L'usage de les substituer à la ouate, pour entretenir la chaleur des habits, nous étoit déja connu, & commence à devenir familier. En laissant à M. de la Rouvière l'honneur de cette heureuse découverte, ne pourrions-nous pas la mettre à profit, pour enrichir notre commerce d'une branche aussi utile ?

l'Herbe à la Reine ou la Nicotiane.
Nicotiana Rustica, Linn.
Ital. Herba Sancta Croce. Angl. Tobacco. Allem. Indianisch Wundkraut.

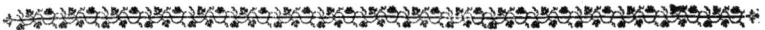

L'HERBE A LA REINE, NICOTIANE, ou LE FAUX TABAC,

Plante annuelle, du nombre des Errhines.

Nicotiana minor. C. B. P. 170. *Nicotiana rustica.* L. S. P.

Tournef. class. 2. sect. 1. gen. 3. Linn. Pentandria monogynia. Adans. 33. Fam. des Personnées.

L'Herbe à la Reine nous a été apportée de l'Amérique, ainsi que le Tabac, dont elle fait elle-même une espece; leur histoire est si intimement liée, que nous renvoyons pour cet objet à l'article de ce dernier. La racine (*a*) est quelquefois simple ; elle est ordinairement fibreuse, tendre & blanchâtre. La tige s'eleve à la hauteur de deux pieds ; elle est ronde, velue, solide, glutineuse au toucher. Les feuilles sont alternes, entieres, ovales, médiocrement épaisses, glutineuses, ainsi que la tige, couvertes d'un duvet très fin & portées par des pétioles courts. Les fleurs naissent au sommet de la tige disposées en panicule, portées par des pédicules courts & cylindriques ; ces fleurs sont monopétales : le tube qui forme la corolle (*b*) est évasé à son extrémité supérieure & divisé en cinq parties. Les cinq étamines sont attachées aux parois de cette corolle, représentée ouverte (*c*). Le pistil (*d*) composé de l'ovaire, du stil & d'un seul stigmate, se trouve placé au centre ; il est attaché au fond du calice (*e*), lequel est un tube médiocre divisé en cinq segments. Le pistil devient par la maturité un fruit ou capsule (*f*) séparé en deux loges & deux valves : nous l'avons représenté (*g*) coupé transversalement. Il est rempli de petites semences (*h*) presque rondes : ces semences sont nombreuses : & M. Ray, en parlant du Tabac, dit qu'un seul pied a produit trente-six mille graines.

Nous croyons qu'après avoir prévenu sur les abus & sur l'usage immodéré du Tabac, nous pouvons nous permettre le détail de ses vertus. Les feuilles fraîches sont vulnéraires, détersives ; on les applique avec succès sur les vieilles plaies & sur les ulceres ; elles les nettoient & les conduisent à une heureuse cicatrice. On les emploie pour résoudre les tumeurs, en les écrasant & les faisant macérer dans le vin, ou en les faisant infuser ou bouillir dans l'huile, pour en composer un emplâtre que l'on applique sur la partie malade ; cette huile guérit la teigne des enfants en leur en frottant la tête après l'avoir rasée & ayant la précaution de les purger souvent.

Quoique les vertus de l'Herbe à la Reine soient les mêmes que celles du Tabac, elles sont généralement plus foibles ; avec cette distinction, on peut attribuer à l'une ce qui est dit de l'autre. L'usage le plus généralement adopté des feuilles du Tabac séchées se réduit à trois manieres principales ; on en respire la poudre par le nez, on le fume par le secours de la pipe, ou on l'exprime doucement dans la bouche pour exciter la salive : cette derniere maniere réunit presque tous les avantages des deux autres, sans en avoir les désagréments. Le Tabac en poudre, indépendamment de la foiblesse de mémoire, entraîne encore après lui la malpropreté : la mauvaise odeur de la bouche & la perte des dents sont une suite presque inévitable de la fumée du Tabac ; le Tabac mâché au contraire conserve la fraîcheur de l'une & la blancheur des autres. Chomel vante fort l'usage du Tabac comme masticatoire ; on mâche, dit-il, les feuilles séchées & mises en corde, lesquelles par le sel âcre & piquant qui domine en elles expriment des glandes du palais & de la bouche une quantité de salive assez considérable pour décharger le cerveau d'une lymphe dont la trop grande abondance ou la mauvaise qualité causent de dangereuses maladies ; ainsi le Tabac pris par le nez, mâché ou fumé, est très utile pour prévenir l'apoplexie, la paralysie, les catarres, les fluxions, la migraine & le rhumatisme. Il est bon d'observer que son odeur est d'autant plus efficace qu'on en a moins contracté l'habitude ; on peut même assurer d'après une longue expérience, que le Tabac mâché rectifie les digestions, donne au chyle plus de fluidité. La salive devenue plus savonneuse par le mélange du Tabac en tombant dans l'estomac, en s'insinuant dans les glandes des intestins, y divise la viscosité de la lymphe, l'atténue : & nous avons souvent vu des commencements d'obstruction dans les glandes du mésentere, entièrement guéris par l'usage du Tabac mâché.

La fumée du Tabac corrige le mauvais air ; Diemerbrok la recommande pour la peste : selon Rechi, cette fumée introduite dans le vagin, appaise dans le moment les accès des vapeurs hystériques. Le Tabac fumé appaise les douleurs de dents : il est assoupissant & anodin. La décoction légere d'une once de Tabac en corde coupé par morceaux, dans une chopine d'eau, donnée en lavement dans les affections soporeuses, fait souvent plus d'effet que les purgatifs les plus âcres ; mais on ne peut user de ce remede avec trop de circonspection.

Les feuilles de Nicotiane entrent dans l'eau d'arquebusade ou vulnéraire, dans le baume tranquille, dans l'onguent de Nicotiane de Joubert, & dans l'onguent splénique de Bauderon.

Le Bouillon blanc mâle, ou Molène.
Verbascum Thapsus. Linn.
Ital. Verbasco. Esp. Gornobolo. Angl. Mulleyne the male. Allem. Wullkraut.

LE BOUILLON - BLANC, MOLÈNE, ou BONHOMME,

Plante bisannuelle, du nombre des Emollientes.

Verbascum mas latifolium luteum. C. B. P. 239. *Verbascum Thapsus.* L. S. P.

Tournef. class. 2. sect. 5. gen. 8. Linn. Pentendria monogynia. Adans. Fam. des Personnées.

Le Bouillon-blanc se rencontre communément au bord des chemins, dans les terreins sablonneux & dans les champs. Sa racine (*a*) est longue, ligneuse & rameuse. Ses tiges s'élevent de quatre ou cinq pieds (on en obtient même de plus hautes par la culture). Elles sont rondes, grosses, ligneuses. Les premieres feuilles sont couchées à terre, les suivantes sont rangées alternativement le long de la tige. Elles sont ailées, entieres, ovoblongues, terminées en pointe, crenelées en leurs bords, cotonneuses des deux côtés, molles. Les fleurs sont rangées en épi & occupent une grande partie de la tige. Elles sont monopétales (*b*), divisées en cinq parties; les cinq étamines sont attachées à la base de la corolle représentée ouverte (*c*). Le pistil (*d*) est placé au centre de la corolle & s'attache au fond du calice à cinq feuilles (*e*), & devient un fruit ou capsule (*f*) à deux loges & deux valves (comme on le voit dans la figure (*g*), où cette capsule est coupée transversalement), remplie de semences menues & anguleuses (*h*) attachées sur le placenta (*i*).

Le Bouillon-blanc contient beaucoup d'huile & modérément de sel essentiel. Ses feuilles ont un goût styptique & un peu salé. Leur usage est commun dans les décoctions adoucissantes : elles sont aussi vulnéraires astringentes lorsqu'elles sont appliquées sur les plaies récentes après les avoir écrasées ou pilées & mêlées avec un peu d'huile d'olive en maniere d'onguent ; on s'en sert heureusement à la campagne. La Molène est aussi détersive & excellente pour la teigne ; voici comme il s'en faut servir. Filez l'herbe & en tirez le jus, faites-la tiédir & en appliquez sur la tête des compresses qui en soient imbibées, & par dessus un linge chaud ; il faut raser la tête auparavant. Mathiole faisoit gargariser avec la décoction des feuilles & des fleurs dans les maux de gorge, & l'ordonnoit aussi pour la toux violente, dans la dyssenterie, le tenesme, la colique, les tensions douloureuses & inflammatoires du bas-ventre. La décoction de Bouillon-blanc est très utile, & d'un usage très commun. On prend même cette plante intérieurement & en maniere de tisane ; mais alors on emploie plutôt les fleurs, qu'on jette par pincées dans la tisane lorsqu'on est prêt à la tirer du feu. Tragus emploie la racine de Bouillon-blanc bouillie en vin rosat pour la colique. On la fait bouillir dans du lait pour le tenesme, & dans de l'eau de forge pour arrêter les cours de ventre & la dyssenterie. Ses fleurs sont béchiques & pectorales, propres à adoucir les âcretés du sang & les démangeaisons de la peau, & pour les hémorrhoïdes internes & externes. Je me suis bien trouvé, dit Chomel, dans cette derniere maladie de la décoction des feuilles de Bouillon-blanc & de Guimauve dans le lait, soit en appliquant les herbes sur les hémorrhoïdes étant sur un bassin à demi plein de cette décoction, soit en recevant simplement la fumée assis sur une chaise-percée, ce qui est plus commode. J'ai fait percer & suppurer doucement des clous & des petits abcès qui étoient survenus autour du fondement de quelques personnes sujettes aux hémorrhoïdes, par le secours de semblables fumigations, qui les ont préservées de la fistule dont elles étoient menacées.

La semence de Bouillon-blanc, à la dose d'un plein dé à coudre, écrasée & prise dans l'eau de Chardon-bénit, à la dose de quatre à cinq onces, passe pour un sudorifique assuré dans la pleurésie. Il faut prendre le temps d'un commencement de sueur pour le rendre plus efficace. Plusieurs personnes se sont servies avec succès dans la fievre quarte de sa racine mise en poudre, à la dose de deux onces dans un verre de vin blanc, donnée avant l'accès dans le commencement du frisson. On prépare le suc de Bouillon-blanc pour la goutte, ainsi que pour l'inflammation des hémorrhoïdes ; on pile les feuilles & les fleurs, on les laisse pourrir dans des tinettes de bois couvertes & lutées avec du plâtre : après trois mois de digestion, on en exprime le suc qu'on conserve dans des bouteilles bien bouchées. Tragus veut qu'on l'expose au soleil, & d'autres demandent qu'on l'enterre dans du fumier.

Tragus & Mathiole disent que l'eau distillée des fleurs de Bouillon-blanc est très bonne pour la brûlure ; pour la goutte, pour l'érésipele & pour les autres maladies de la peau. Ce dernier Auteur ordonnoit pour les hémorrhoïdes un cataplasme fait avec des feuilles de cette plante & celles de poireau, malaxées & pilées avec la mie de pain & quelques jaunes d'œufs.

La Petite Sauge.
Salvia Officinalis. Linn.
Ital. *Salvia.* Esp. *Salva.* Angl. *Sage.* Allem. *Salbei.*

LA PETITE SAUGE,

PLANTE VIVACE, DU NOMBRE DES CÉPHALIQUES.

Salvia minor aurita & non aurita. C. B. P. 237. *Salvia officinalis.* L. S. P.

TOURNEF. class. 4. sect. 1. gen. 4. LINN. Diandria monogynia. Fam. des Labiées.

LA PETITE SAUGE croît naturellement dans nos provinces méridionales & dans les pays chauds. Sa racine (*a*) est ligneuse, dure & fibreuse, s'étendant profondément en terre. Ses tiges s'élevent d'un pied ; elles sont ligneuses, rameuses, velues, ordinairement quarrées. Les feuilles sont rangées deux à deux le long de la tige ; elles sont pétiolées, opposées, & garnies quelquefois à leur base de deux oreillettes ; leur forme est oblongue ; elles sont entieres, légerement crenelées en leur bord, chagrinées sur toute leur surface, couvertes d'un léger duvet qui les fait paroître blanchâtres. Les branches sortent des aisselles des feuilles & portent ainsi que la tige des fleurs rangées circulairement de distance en distance jusqu'au sommet ; elles sont soutenues par des feuilles florales, lesquelles sont simples, unies, creusées, terminées en pointe. La fleur (*b*) est un tube menu à sa base, évasé à son extrémité, divisé en deux levres : la supérieure est fendue, obtuse & creusée en cuiller ; l'inférieure (*c*) est rabattue & divisée en trois parties, dont la mitoyenne est découpée en cœur. Les étamines dont la structure est particuliere à la Sauge sont représentées dans la même figure ; elles sont composées de deux filets qui soutiennent les antheres, & accompagnées de deux branches disposées en balancier, qui, selon M. Adanson, font l'office des deux étamines qui semblent lui manquer. Le pistil est composé de quatre ovaires distincts, assemblés autour du stil qui leur est commun & qui est terminé par deux stigmates : nous l'avons montré attaché au fond du calice (*d*) représenté ouvert, lequel est divisé en cinq segments. Les quatre ovaires deviennent autant de graines (*e*) luisantes, sphériques & terminées en pointe.

LA PETITE SAUGE donne à la Médecine ses feuilles & ses fleurs, dont l'usage est très ordinaire dans les décoctions & fomentations aromatiques, pour fortifier les nerfs, pour raffermir les chairs, ramollir les tumeurs, pour dissiper l'enflure des plaies, les langueurs & les mucosités amassées dans les premieres voies ; ceux qui ont de la disposition à la bouffissure s'en trouvent bien. Lindanus prescrit l'usage de la Sauge dans le scorbut, sur-tout si l'on bassine bien les gencives avec moitié de son jus, & autant de suc de *Cochlearia*. Cheneau ordonnoit la Sauge avec autant de salsepareille & de balauste pour les fleurs blanches. L'usage de la Sauge est contraire aux femmes grosses, parcequ'elle pousse les regles. On prend l'infusion des feuilles intérieurement pour les vertiges, l'assoupissement & les autres affections du cerveau qui menacent de l'apoplexie, la paralysie, &c. L'usage de la petite Sauge en infusion théiforme est très familier, on en met une pincée ou un petit bouquet de huit ou dix feuilles dans un demi-septier d'eau bouillante, on y ajoute ensuite un peu de sucre ; cette boisson continuée plusieurs jours les matins à jeun, n'est pas seulement propre aux maladies du cerveau, pour ranimer le mouvement des liqueurs & la circulation du sang ; elle est aussi très utile dans la suppression des regles & des urines, dans les indigestions & les foiblesses d'estomac, dans les vents & la colique, pour tuer les vers, pour débarrasser le poumon des asthmatiques, sur-tout si on en fume les feuilles. En un mot, cette plante a tant de vertus, qu'elle passe dans l'esprit de plusieurs pour une plante universelle, & propre à tous maux. Veslingius a renouvellé l'ancien remede d'Aëtius pour le crachement de sang, qui est de faire boire le matin deux verres de suc de Sauge avec le miel ; l'infusion seroit peut-être préférable. Simon Pauli l'ordonne faite dans le vin pour les maux de dents, sur-tout si l'on y ajoute deux gros de bon tabac en gargarisme. L'onguent fait avec les feuilles de Sauge & celles de Tanaisie à parties égales, & la graisse de porc, est excellent pour les tumeurs survenues à la suite des blessures des tendons. On tire l'eau distillée & le sel fixe de la Sauge, & on fait une conserve avec ses fleurs : elle entre dans la poudre céphalique, dans l'eau vulnéraire ou d'arquebusade, dans l'eau impériale, dans l'eau céleste, autrement appellée eau-de-vie de Mathiole, dans le baume tranquille, dans la poudre de l'électuaire de Safran de Mars de Bauderon, dans la composition appellée *Aurea Alexandrina* de Nicolas d'Alexandrie, dans l'onguent *Aregon* de Nicolas de Salerne, dans le *Martiatum*, & dans plusieurs liqueurs composées, qui sont cordiales & céphaliques.

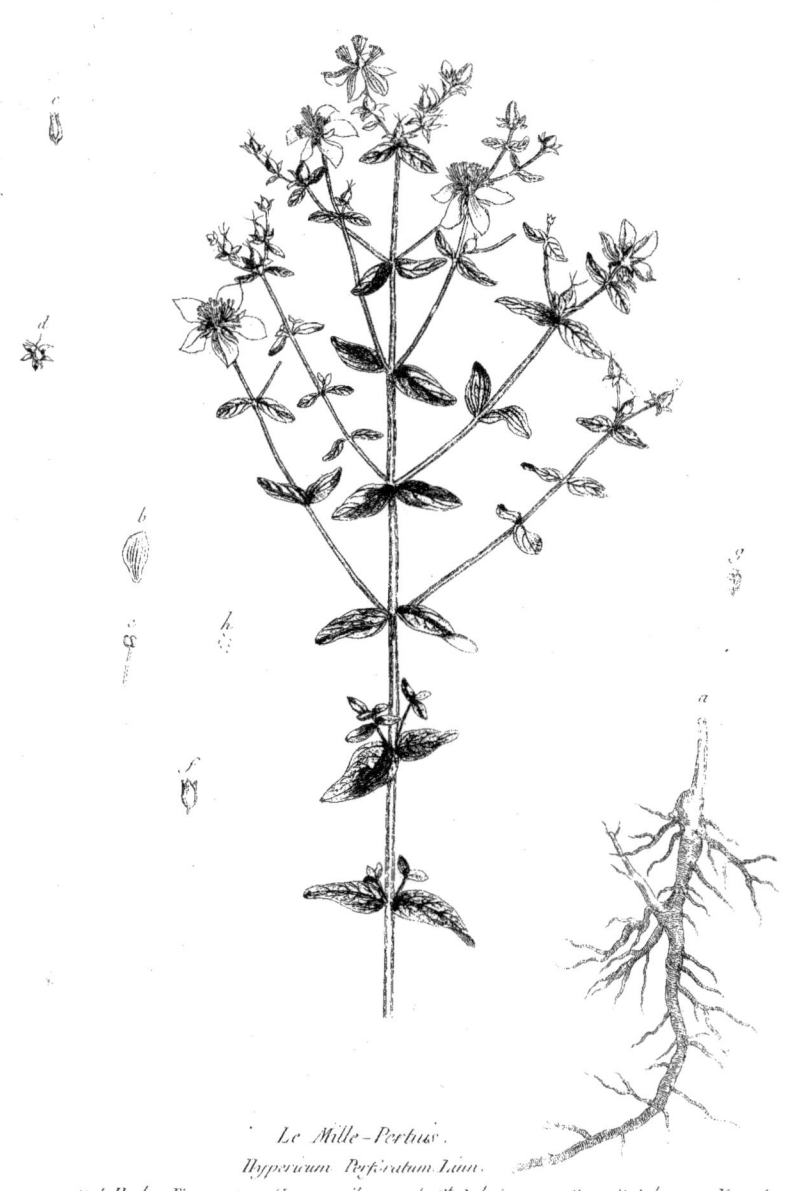

Le Mille-Pertuis.
Hypericum Perforatum. Linn.
Ital. *Herba Rossa.* Esp. *Corazoncillo.* Angl. *St. John's wort.* Allem. *St. Johannes Kraut.*

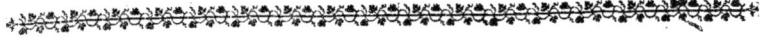

LE MILLE-PERTUIS,

Plante vivace, du nombre des Vulnéraires apéritives.

Hypericum vulgare. C. B. P. 179. *Hypericum perforatum.* L. S. P.

Tournef. class. 6. sect. 5. gen. 1. Linn. Polyadelphia polyandria. Juss. Fam. des Cistes.

Le Mille-pertuis se rencontre communément dans les prairies, dans les bois, le long des chemins & dans les terreins incultes. Sa racine (*a*) est ligneuse & fibreuse : ses tiges s'élevent d'un pied & demi. Elles sont droites, roides, dures, ligneuses, cylindriques, rougeâtres, garnies de branches nombreuses qui sortent des aisselles de chaque feuille. Les feuilles sont opposées deux à deux le long des tiges. Elles sont oblongues, nerveuses, & paroissent percées d'outre en outre d'un grand nombre de petits trous, quand on les expose entre la lumiere & l'œil. La vue seule est insuffisante pour faire un examen judicieux de ces prétendus pertuis. Le microscope détruit le prestige, & n'offre à l'observateur sévere qu'une quantité de petites vésicules lenticulaires, remplies d'une liqueur claire, mais un peu huileuse & transparente : quoique ces points transparents aient fait donner à la plante le nom de Mille-pertuis, ce caractere ne lui est pas exclusivement propre, & plusieurs plantes, dont nous parlons en leur lieu, ont les feuilles pointillées de même.

Les fleurs naissent au sommet des branches : elles sont composées de cinq pétales disposées en rose. Chacun de ces pétales (*b*) est irrégulier, & la pointe qui les termine se dirige constamment dans chaque fleur de droite à gauche, ou de gauche à droite, en se rapprochant de la base. Le bord qui devient le plus étendu par cette courbure, est denté à l'extrémité en maniere de scie très fine, tandis que celui qui lui est opposé, & qui est plus court, par une suite nécessaire, est uni dans toute sa longueur. Les étamines sont rangées autour de l'ovaire, & partagées en trois faisceaux, comme on le voit distinctement dans la fleur qui termine la tige. Les antheres sont testiculaires, comme nous l'avons représenté (*c*) par la figure d'une étamine grandie à la loupe. Le pistil (*d*) est composé de l'ovaire, du stil & de trois stigmates cylindriques; il est attaché au fond du calice, lequel est divisé en cinq segments, & porté dans l'aisselle d'une feuille par un pédicule droit. La maturité convertit le pistil en un fruit (*e*) composé de trois capsules, dont les sommets se séparent à mesure qu'elle se perfectionne. La figure (*g*) offre ce fruit coupé transversalement : il est divisé en trois loges & trois valves, & répand des semences (*h*) oblongues, luisantes, graisseuses, d'une odeur & d'un goût résineux.

Le Mille-pertuis tient un rang distingué dans la Médecine & le premier parmi les vulnéraires. Nous avons peu de plantes plus commune & d'un usage plus famillier. On le donne intérieurement pour emporter les obstructions des visceres, pour pousser le sable & les urines, pour faire mourir les vers, pour dissoudre le sang caillé par quelque coup ou chûte, pour abattre les vapeurs hypochondriaques. Mynsicht & Rolfinsius proposent une teinture excellente des fleurs avec celles d'*Anagallis*. On l'emploie extérieurement pour les blessures, les contusions, la goutte, les rhumatismes, les mouvements convulsifs, les tremblements de nerfs, les plaies des tendons, & généralement pour fortifier les parties & résoudre l'enflure qui survient à celles qui ont été blessées.

On emploie ordinairement les fleurs, & quelquefois les feuilles & les semences, en décoction, en infusion & en extrait. La préparation la plus commune dont on se sert extérieurement, est son huile, qui est ou simple ou composée. La simple se fait en mettant les sommités entre fleurs & graines dans l'huile d'olive exposée au soleil pendant quelques jours ; on réitere l'infusion avec de nouvelles fleurs sur la même huile, jusqu'à ce qu'elle soit d'un rouge foncé. L'huile de Mille-pertuis composée, se fait en infusant une livre de sommités dans deux livres d'huile d'olive, & une livre de vin rosé : après trois jours de macération, on fait bouillir au bain-marie jusqu'à la consomption du vin ; on fait trois infusions de même, & on délaie dans la derniere une livre de térébenthine de Venise, & quatre scrupules de safran. En Provence & en Languedoc on prépare l'huile de Mille-pertuis avec cette liqueur balsamique qui se trouve dans les vessies des feuilles d'orme piquées par les insectes. Trois onces d'huile simple de Mille-pertuis dans huit onces de décoction émolliente, adoucissent les hémorrhoïdes internes ; il faut que le malade la garde un peu de temps : c'est une fomentation interne vulnéraire. Ces huiles sont excellentes pour toutes sortes de blessures ; on en fait même prendre intérieurement demi-once ou une once dans le crachement de sang & la dyssenterie. On fait frotter les parties affligées du rhumatisme, de la colique & des humeurs froides, avec un mélange de deux parties d'huile de Mille-pertuis & d'une de bon esprit de vin : ce mélange est fort résolutif. Il y a peu d'huile ou de baume composée, destiné pour les plaies, où on ne mêle l'huile de Mille-pertuis. Un Chirurgien habile nous a laissé la préparation d'une teinture excellente, qu'il estimoit comme un grand secret pour les maladies dont nous venons de parler, pour toutes sortes de plaies, & pour le rhumatisme : la voici.

Prenez des feuilles de Mille-pertuis épluchées ; faites-les infuser dans une bouteille que vous remplirez de bon esprit de vin, & boucherez ensuite exactement ; laissez-la au soleil un mois, jusqu'à ce que la teinture soit d'un beau rouge ; passez-la ensuite, & faites-y fondre du camphre environ un gros sur demi-livre de cette teinture. L'extrait des fleurs de Mille-pertuis en boutons, digérés pendant deux jours dans l'esprit-de-vin, exprimées ensuite, & l'infusion évaporée en consistance d'extrait, se donne depuis un scrupule jusqu'à un gros. Angelus Sala la prescrit dans la manie, la mélancolie & les égaremens d'esprit qui viennent sans fievre & sans aucune autre cause manifeste. Baglivi en fait grand cas dans la fausse pleurésie. La décoction de Mille-pertuis, l'eau distillée de cette plante & l'infusion de la graine tuent les vers. Suivant Bartholin & Riviere, dans les grandes contusions, dans le soupçon des ulceres dans les reins ou dans la vessie, on fait une conserve avec les fleurs de Mille-pertuis qui est estimée : cette plante entre dans les sirops antinéphrétiques, apéritifs & cachectiques de Charas, dans le sirop d'armoise, dans la poudre contre la rage de Paulmier, dans la thériaque d'Andromaque, la thériaque réformée de Charas, le mithridate, l'huile de scorpion composée, dans l'onguent *Martiatum*, dans le mondicatif d'ache, &c.

La Toute-bonne des Prés.
Salvia Pratensis. Linn.
Ital. Hormino. Allem. Scarlach.

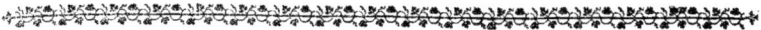

LA TOUTE-BONNE DES PRÉS,

Plante vivace, du nombre des Ophthalmiques.

Horminum pratense, foliis serratis. C. B. P. 238. *Salvia pratensis.* L. S. P.

Tournef. class. 4. sect. 1. gen. 3. Linn. Diandria monogynia. Adans. 15. Fam. des Labiées.

La Toute-bonne des Prés, ainsi nommée de la préférence qu'elle donne à ce genre de pâturage, s'y rencontre communément. Sa racine (*a*) est ligneuse, fibreuse, odorante. Ses tiges s'élevent à la hauteur de deux pieds; elles sont quarrées, roides, creuses, velues & rameuses. Les premieres feuilles s'étendent à terre, les supérieures embrassent la tige où elles sont attachées par de longs pétioles : ces feuilles sont entieres, légérement crenelées en leur bord, chagrinées sur toute leur surface.

Les fleurs sont rangées en épi au sommet de la tige. Elles sont disposées circulairement à chaque nœud où elles sont soutenues par des folioles ; ces fleurs sont labiées, la levre supérieure est faite en faucille ou en casque. Nous avons représenté l'inférieure de profil (*b*) & de face (*c*) ; celle-ci est divisée en trois parties, dont la mitoyene est découpée en cœur ; les étamines y sont attachées. Le pistil (*d*) s'élève du fond du calice & va sortir de la corolle par l'extrémité de la levre supérieure qu'il excede environ du tiers de sa longueur : il est composé de l'ovaire & du stil qui se termine par un double stigmate. Le calice qui est représenté dans la même figure ouvert est divisé en quatre dents aiguës ou plutôt en trois dents, dont la majeure se partage en deux petits onglets.

Toute la corolle est parsemée extérieurement de globules brillants qui la font paroître couverte de poudre d'or : c'est sur la nature même qu'il faut examiner l'éclat quelle s'est plu à répandre sur cette fleur, l'art tâcheroit en vain de l'imiter, ses efforts ne serviroient qu'à déceler son impuissance. Le casque de la corolle est gluant; quatre graines (*e*) anguleuses succedent au pistil & sont attachées au fond du calice qui les enveloppe en faisant, pour ainsi dire, l'office d'une capsule.

La Toute-bonne des Prés est d'une odeur pénétrante & agréable; son suc peut occasionner l'ivresse comme celui de l'Orvale ; elle est, ainsi qu'elle, stomachique, résolutive, stimulante, &c. L'abondance de cette plante dans les prés & la facilité qu'on a à se la procurer, lui pourroient valoir la préférence sur l'*Orvale ou Sclarée* que nous n'obtenons que par la culture dans les climats tempérés, & dont elle a toutes les vertus : on peut consulter pour cet objet la notice de cette derniere.

La Moutarde ou le Seneve
Sinapis Nigra. Linn.
Ital. Mostarda. Angl. Mustard. Allem. Senf.

LA MOUTARDE, ou LE SENEVÉ,

Plante annuelle, du nombre des Errhines.

Sinapi rapi folio. C. B. P. 99. *Sinapi nigra.* L. S. P.

Tournef. claff. 5. fect. 4. gen. 6. Linn. Tetradinamia filiquofa. Adans. 52. Fam. des Cruciferes.

Le Senevé croît naturellement dans les terreins pierreux & aux bords de la mer ; on le cultive dans les champs & dans les jardins. Sa racine (*a*) eft ligneufe & fibreufe. Elle porte des tiges de deux ou trois pieds, moëlleufes, velues & rameufes. Les feuilles naiffent alternativement le long de la tige, portées par des pétioles courts ; elles font découpées inégalement, rudes au toucher, ayant beaucoup de rapport avec celles de la rave. Les branches fortent des aiffelles des feuilles, & portent elles-mêmes des feuilles femblables à celles de la tige, dont elles different cependant en ce qu'elles s'attachent fans le fecours des pétioles & qu'elles font prefque ailées.

Les fleurs naiffent au fommet des tiges, rangées en épi ; ces fleurs font compofées de quatre pétales (*b*) prefque ovales, planes, difpofés en croix, attachés au calice par des onglets droits. Le calice (*c*) eft compofé de quatre feuilles longues & étroites, qui tombent avant la maturité du fruit ; il eft porté à la tige par un pédicule court. Le piftil eft repréfenté dans la même figure attaché au fond du calice. Les fix étamines (*d*) accompagnent le piftil ; leur longueur eft régulièrement inégale : quatre font égales entr'elles & font longues ; les deux autres font courtes & oppofées. Elles s'attachent par leur bafe au-deffous de l'ovaire, autour d'un difque orbiculaire & applati ; les antheres font médiocrement longues : leur pouffiere génitale confifte en molécules très petites, jaunâtres & luifantes. Le fruit ou filique (*e*) renferme les graines (*f*), lefquelles font au nombre depuis trois jufqu'à huit, noires & fphériques.

On ne fait ufage en Médecine & dans les aliments que des femences de cette plante ; elles contiennent beaucoup de fel effentiel & d'huile, felon Lémery. On les emploie intérieurement & extérieurement. La Moutarde eft d'un ufage fi généralement reconnu, que nous n'avons pas cru devoir nous appuyer d'autre autorité que de l'éloge qu'en fait Chomel. C'eft, dit-il, un puiffant fternutatoire & un machicatoire des plus efficaces. On enferme une dragme de cette graine dans un linge après l'avoir concaffée légérement, & on la fait mâcher aux malades menacés d'apoplexie ou de paralyfie ; ce remede les fait cracher abondamment, & foulage auffi ceux qui ont la tête pefante & chargée de pituite : ainfi la graine de Moutarde eft utile dans les affections foporeufes & léthargiques : elle eft bonne auffi aux perfonnes fujettes aux vapeurs hyftériques & hypocondriaques, dans les pâles couleurs, dans le fcorbut & dans les indigeftions ; ainfi on l'emploie avec fuccès. Cette plante eft apéritive, ftomacale, anti-fcorbutique & hyftérique.

La Moutarde qu'on prépare pour relever le goût des viandes, approchée du nez des perfonnes de l'un & de l'autre fexe fujettes aux vapeurs, les foulage dans leurs accès ; elle réveille auffi les léthargiques. Le cataplafme fuivant eft un bon réfolutif, propre dans la goutte fciatique, les rhumatifmes & les tumeurs fquirrheufes. Faites frire des poireaux avec de fort vinaigre après les avoir hachés menu ; & lorfqu'ils feront cuits, faupoudrez-les avec de la graine de Moutarde pilée ; fi vous y en ajoutez beaucoup, ce cataplafme deviendra un véficatoire affez cauftique. Quelques-uns en font un avec la fiente de pigeon, la Moutarde & la Térébenthine, pour l'appliquer dans les endroits ou la goutte fe fait fentir ; mais je crois qu'il faut attendre que l'inflammation foit paffée. Un pareil cataplafme feroit très capable de faire revenir des dartres, dont la fuppuration fupprimée auroit donné occafion à quelque dépôt fur la poitrine ou fur quelque autre partie.

La graine de Moutarde eft bonne pour les engelures crevées, foit en la brûlant fur une pelle chaude, & expofant le pied ou la main fur la vapeur, foit en frottant légérement la partie malade avec la Moutarde ordinaire.

L'huile qu'on obtient de la femence par expreffion, eft bonne pour réfoudre les tumeurs indolentes, en l'appliquant fur la partie malade.

La Coulevrée, Brione ou Vigne Blanche.
Bryonia Alba. Linn.

Ital. *Zucca Salvatica.* Esp. *Neuia, Norca blanca.* Angl. *Bryonye.* Allem. *Stick-Wurts.*

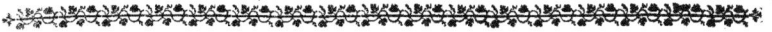

LA BRYONE COULEUVRÉE, ou VIGNE BLANCHE,

Plante vivace, du nombre des Purgatives.

Bryonia aspera sive alba, baccis rubris. C. B. P. 297. *Bryonia alba.* L. S. P.

Tournef. class. 1. sect. 6. gen. 1. Linn. Monœcia. syngenesia. Adans. 28. Fam. des Briones.

La Bryone croît naturellement dans les haies : elle se plairoit difficilement ailleurs. Rien n'est plus propre à favoriser sa course vagabonde que les arbrisseaux, car ses tiges s'étendent jusqu'à la longueur de vingt pieds en serpentant, s'attachant çà & là par le secours des vrilles dont elles sont armées, & se repliant plusieurs fois sur elles-mêmes. Sa racine s'étend profondément en terre, où elle tient fortement. Elle est tendre & cassante, de sorte qu'on ne peut l'arracher que par morceaux, à moins qu'on n'enleve la terre qui l'environne ; ce qui n'est pas commode, en ce que les racines des arbustes qui l'avoisinent ordinairement la défendent des insultes de la bêche. Elle est communément grosse comme le bras, & quelquefois plus, suivant l'âge de la plante, charnue, aqueuse, jaunâtre en dehors, blanche en dedans, se partageant en plusieurs grosses fibres. On est étonné de voir sortir de cette monstrueuse racine deux ou trois petites tiges grêles, foibles, qui s'élevent, comme nous l'avons dit plus haut. Ces tiges périssent tous les ans en automne. Les feuilles sont portées alternativement le long des tiges par des pétioles médiocrement longs. Elles sont palmées, anguleuses, couvertes d'un poil dur qui les rend rudes au toucher. Les fleurs mâles & les fleurs femelles naissent sur des pieds différents. Nous avons représenté (*a*) la branche qui porte les premieres ; la branche (*b*) porte les autres. Les fleurs mâles sont soutenues par des pédicules cylindriques, qui se divisent en plusieurs rameaux, pour porter autant de fleurs monopétales à cinq divisions. Ces pédicules prennent leur naissance à côté du pétiole de chaque feuille, & sont accompagnés d'une vrille ou filet qui se roule en spirale autour des différents corps qu'elle rencontre, pour s'y cramponner & y attacher les branches. Les fleurs femelles naissent de la même maniere, accompagnées d'une feuille & une vrille, mais portées par des pédicules plus courts ; les corolles des unes & des autres se ressemblent, à la grandeur près. La fleur mâle est plus grande que la femelle. Nous avons montré (*c*) la fleur mâle augmentée à la loupe, pour faire voir distinctement la forme des étamines qui sont attachées à la corolle. La même fleur est vue par derriere (*d*), pour montrer la différence des calices ; celui de la femelle (*e*) est posé sur l'ovaire. Dans les deux sexes, la corolle est attachée & fait corps avec les parois du tube du calice. Le pistil est composé de l'ovaire & de trois stigmates qui offrent à-peu-près la même forme que les étamines, mais qui sont de la même couleur que la corolle. A la maturité il devient un fruit (*f*) ou baie à trois loges (*g*), molles, pleines de suc, renfermant des semences (*h*) couvertes de mucilage.

La Couleuvrée contient beaucoup de flegme, d'huile & de sel, au rapport de Lémery.

La racine de cette plante, est fort en usage dans l'enflure, l'hydropisie & les obstructions des visceres, dans la goutte, l'asthme, l'épilepsie, les vapeurs, la paralysie, les vertiges, & la plupart des maladies chroniques, lorsqu'elle est récente ; le suc qu'on en tire par expression s'ordonne depuis deux gros jusqu'à demi-once ; son infusion dans le vin blanc se prend jusqu'à deux onces. Comme ce purgatif est assez violent, & fait quelquefois vomir, on le corrige avec de la crême de tartre, le sel végétal, ou quelque poudre céphalique, comme celle de marjolaine, ou d'origan. L'eau de Bryone se tire ainsi. On découvre la racine dans le printemps, sans l'arracher de terre ; on en coupe la tête de travers ; on creuse ensuite la partie inférieure, & on la recouvre avec celle qu'on a coupée ; on prend garde qu'il n'entre point d'ordures dans la cavité qu'on vient de faire ; le lendemain on la trouve pleine d'une eau, dont une cuillerée purge assez doucement.

Arnoult de Villeneuve assure qu'il a guéri un épileptique avec le suc de la racine, qu'il lui fit boire pendant trois semaines. Mathiole dit qu'il a vu guérir une Dame des vapeurs, laquelle avoit inutilement tenté plusieurs autres remedes ; elle but pendant un an tous les jours un verre de vin blanc où avoit infusé une once de cette racine. Lorsque le suc de Bryone est épuré & reposé, la partie terrestre & farineuse qui se précipite au fond du vaisseau, étant desséchée, s'appelle fécule ; on ne s'en sert guere, & n'a pas grande vertu. La racine de Couleuvrée seche & en poudre s'ordonne depuis un scrupule jusqu'à deux dans demi-verre de vin blanc. Les jeunes pousses ou asperges de Bryone, ses fruits ou baies, ont à-peu-près la même vertu que les racines ; on fait un extrait des unes & des autres avec le vin blanc & l'esprit de vin, dont la dose est jusqu'à une dragme.

Les jeunes pousses & les semences sont purgatives comme la racine. Elles tuent les vers & les autres insectes engendrés dans l'estomac, comme l'a observé Bartholin. M. Ray observe que la racine pilée & appliquée en cataplasme trois ou quatre fois sur les parties affligées de la goutte, les soulage notablement. La poudre de cette racine mêlée avec le miel, & appliquée sur la teigne, en liniment, la guérit, au rapport de Schroderus. Pour la sciatique, prenez un gros morceau de racine de Couleuvrée, creusez-la & la remplissez de colophone pulvérisée, recouvrez-la du morceau que vous aurez ôté, & la pendez au soleil, & recevez dessous, dans un vaisseau de terre, la liqueur qui en découlera, pour en graisser chaudement la partie souffrante. J'ai vu des gens, dit Chomel, qui s'en sont bien trouvés.

La racine de Couleuvrée appliquée extérieurement, est fort résolutive, propre à fondre les loupes & les tumeurs scrophuleuses. Elle entre dans l'onguent Agrippa de Nicolas, dans le diabotanum, & dans l'onguent Arey. On l'emploie dans les lavements depuis une once jusqu'à deux en décoction.

La Jacée des Prés.
Centaurea Jacea. Linn. S. P.
Ital. Giacea. Angl. Knapweed. Allem. Flock-Blume.

LA JACÉE,

Plante vivace, du nombre des Astringentes.

Jacea nigra pratensis latifolia. C. B. P. 271. *Centaurea Jacea.* L. S. P.

Tournef. class. 12. sect. 2. gen. 3. Linn. Syngenesia polygamia frustranea. Adans. 16. Fam. des Composées.

La Jacée croît ordinairement dans les prés; on la rencontre aussi dans les terreins incultes & ombrageux. Sa racine (*a*) est ligneuse, épaisse, ridée, fibreuse. Ses tiges s'élevent à la hauteur d'un pied & demi environ; elles sont droites, anguleuses, cannelées, fermes, remplies de moëlle. Ses feuilles sont attachées alternativement le long de la tige: les premieres sont entieres, dentées irrégulièrement, sans épines, sinuées; celles qui naissent ensuite perdent insensiblement le caractere des premieres & finissent en arrivant au sommet par n'avoir que peu ou point de dentelures. Des aisselles des feuilles sortent des rameaux qui en donnent eux-mêmes de nouveaux, & tous sont garnis de feuilles dont les caracteres sont soumis au même ordre que les précédentes. Les fleurs naissent au sommet des rameaux & de la tige: chacune de ces fleurs est un amas de fleurons hermaphrodites dans le disque, rassemblés sur un placenta commun au fond du calice ou enveloppe. Ce calice est un tube composé de plusieurs rangs d'écailles soyeuses qui se recouvrent successivement comme les tuiles d'un toit.

La corolle ou le fleuron (*b*) est un tube menu à sa base, évasé à son extrémité, découpé en cinq dentelures profondes & posé sur l'embryon. Le pistil traverse la corolle, & les deux stigmates recourbés qui le terminent excedent sa longueur. Les cinq étamines sont attachées à la même hauteur vers le milieu du tube de la corolle alternativement à ses divisions: leurs filets sont très fins, & la poussiere génitale est composée de globules jaunes & transparents. Les graines (*c*) succedent à la fleur.

La Jacée contient beaucoup d'huile & de sel essentiel. Sa racine a une saveur astringente & nauséeuse: les autres parties de la plante ont une saveur douceâtre: toute la plante est astringente, détersive, vulnéraire; employée en gargarisme elle est utile pour les ulceres de la gorge & pour guérir les aphtes de la bouche, les tumeurs des amigdales & de la luette. L'herbe écrasée & appliquée en cataplasme est propre à guérir les hernies.

La poudre qu'on retire de l'herbe & des fleurs séchées s'ordonne dans les bouillons astringents à la dose d'un gros. Cette poudre est astringente & anti-ulcéreuse.

La Jacée differe des chardons par ses têtes qui ne sont point épineuses & du *Cirsium* par ses feuilles qui n'ont point de piquants.

On a donné le nom de *Jacea* à cette plante par rapport à *Jacere*, être couché par terre, parceque plusieurs especes de Jacée ont effectivement leurs tiges couchées à terre.

Ses fleurs paroissent au commencement de l'été & se succedent jusqu'à la fin de cette saison.

La Grande Valeriane.
Valeriana Phu. Linn. S. P.
Ital. Valeriana. Angl. Valerian. Allem. Balorian.

LA GRANDE VALÉRIANE

Plante vivace, du nombre des Hystériques.

Valeriana hortensis, *Phu folio olusatri Diosc.* C. B. P. 264. *Valeriana Phu.* L. S. P.

Tournef. class. 1. sect. 3. gen. 5. Linn. Triandria monogynia. Adans. 20. Fam. des Scabieuses.

La grande Valériane habite les bois, les hautes montagnes: on la trouve communément en Alsace; on la cultive dans les jardins. Sa racine (*a*) est grosse, ridée, garnie de grosses fibres, qui s'étendent horizontalement. Les tiges sont ordinairement hautes de trois pieds, droites, grêles, rondes, lisses creuses & rameuses. Les feuilles, qui sortent de la racine, sont entières ou divisées en trois ou quatre parties ; elles sont oblongues, terminées en pointe, portées par de longs pétioles sillonés dans leur longueur. Les feuilles de la tige sont opposées deux par deux: elles sont profondément découpées ou divisées en plusieurs folioles impaires, lesquelles sont longues & pointues. Les branches naissent dans les aisselles des feuilles, & portent à leur sommet des fleurs disposées en ombelle. Le calice général ou l'enveloppe qui se trouve au point central, d'où partent les pédicules de l'ombelle, est composé de deux feuilles longues, minces & pointues.

Les fleurs naissent, comme nous l'avons dit, au sommet de la tige & des branches ; la corolle est monopétale. C'est un tube (*b*) long, évasé à son extrémité, laquelle est divisée en cinq parties arrondies. Elle est portée par un calice très peu apparent, composé de quelques folioles très minces, longues & velues. Le pistil est placé au milieu: il est composé de l'ovaire, du stil qui traverse & excede le tube de la corolle & se termine par trois stigmates ; les trois étamines qui le fécondent, sont attachées au parois de la corolle : elles sont représentées dans la corolle ouverte (*c*). Après la fructification, le pistil devient une capsule (*d*), dont la tête se développe peu à peu & devient une houppe soyeuse (*e*), dont les soies sont branchues. La graine (*f*) qui est renfermée dans cette capsule est applatie.

La grande Valériane ne fournit guere à la Médecine que ses racines : elles contiennent beaucoup d'huile exalté & de sel volatil ou essentiel. Selon Lémery, elles sont cardiaques, purgatives, vulnéraires, apéritives, propres pour résister au venin, pour fortifier le cerveau & l'estomac. On les fait sécher au soleil & on les réduit en poudre. On en fait un extrait. On retire aussi de l'eau distillée des racines conjointement avec les fleurs, qui se donne jusqu'à six onces pour favoriser les écoulements périodiques. On ordonne, pour la même maladie, la poudre des racines dans le vin blanc ou autre liqueur convenable, depuis un gros jusqu'à deux. L'infusion, la décoction ou les bouillons sont utiles dans les mêmes cas; on y emploie la racine en substance, à la dose depuis deux dragmes jusqu'à une demi-once.

L'usage des racines de cette plante facilite la respiration. Elles conviennent aux enfants tourmentés par les vers. On les emploie avec succès dans l'asthme & dans les obstructions du foie, dans les vapeurs & dans les mouvements convulsifs. Silvius préfere la Valériane à la Pivoine, pour les maladies accompagnées de convulsions. Tournefort, d'après l'évidence, vante ses grands effets dans la passion hystérique & dans les plus violents accès de l'asthme : il ordonne de verser une chopine d'eau bouillante sur une once de racine de Valériane, de retirer le pot du feu & faire boire l'infusion en trois ou quatre verres.

L'infusion des racines est propre à appaiser le crachement de sang. L'herbe fraîche, en cataplasme, dissipe les douleurs des côtés.

La racine entre dans la décoction céphalique, le vinaigre thériacal, l'orviétan, le sirop anti-épileptique, dans le sirop hydragogue de Charas, dans le sirop d'armoise de Rhasis, dans le mithridate, la thériaque, & dans le diabotanum. La grande Valériane fleurit vers le mois de Juin.

Le Navet.
Brassica Napus. Linn. S. P.
Ital. Napa. Angl. Turnep. Allem. Steck rube.

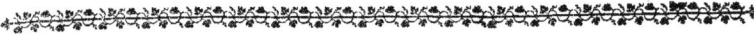

LE NAVET,

Plante bisannuelle, du nombre des Béchiques.

Napus sativa radice albâ. C. B. P. 95. *Brassica Napus.* L. S. P.

Tournef. class. 5. sect. 4. gen. 12. Linn. Tetradinamia siliquosa. Adans. 52. Fam. des Cruciferes.

Le Navet croît naturellement sur les bords sablonneux de la mer, dans les pays froids. Nous l'obtenons abondamment par la voie de la culture. Sa racine (*a*) est charnue, succulente, peu fibreuse. Elle jette d'abord les feuilles radicales, grandes, découpées irrégulierement, se couchant à terre, portées par de forts pétioles cylindriques. (C'est dans cet état qu'on arrache la racine pour en faire usage.) La tige (*b*) s'éleve d'environ deux pieds ; elle porte alternativement des feuilles qui different des radicales pour la forme & pour la couleur. Elles sont entieres, sans découpures, & embrassent la tige. Des aisselles de ces feuilles sortent des rameaux chargés de nouvelles feuilles semblables à celles-ci, par les aisselles desquels ils se ramifient à leur tour. Au sommet de ces rameaux & de la tige on voit sortir de nombreux bouquets de fleurs cruciferes, composées de quatre pétales (*c*), du milieu desquels s'éleve le pistil (*d*), entouré des six étamines, dont deux sont regulierement plus courtes que les quatre autres. Toutes ces parties sont rassemblées au fond du calice (*e*), divisé en quatre parties, & porté par un pédicule court. Le pistil devient une silique (*f*), dont les valves qui s'ouvrent du bas en haut sont séparées par une cloison (*g*) membraneuse & transparente, où s'attachent les semences (*h*).

Le Navet contient beaucoup de phlegme, d'huile & de sel essentiel. On emploie en Médecine sa racine & sa semence ; celle-ci est détersive, incisive, digestive, propre pour résister au venin & pour chasser les mauvaises humeurs par la transpiration. La racine de Navet en décoction est d'un usage très familier dans les bouillons propres pour la poitrine ; la décoction de Navets avec suffisante quantité de sucre, fournit un sirop très estimé pour appaiser la toux invétérée & pour l'asthme.

La meilleure maniere de faire le sirop de Navets, est de les couper par rouelles après les avoir ratissés, d'en remplir un pot de terre, le couvrir ensuite & le boucher exactement avec de la pâte, puis le mettre au four après en avoir tiré le pain ; l'y laisser pendant douze ou quinze heures, puis séparer le jus qui se trouvera au fond du pot, & sur quatre onces de ce jus jetter une once de sucre candi : la dose est d'une cuillerée, ou seule ou mêlée avec un verre de tisane ou d'eau simple ; ce sirop s'emploie avec succès dans des rhumes fort opiniâtres.

La semence du Navet est apéritive ; on en prend deux gros concassés & infusés dans un verre de vin blanc. (Celle du Navet sauvage entre dans le thériaque, sous le nom de *Semen Buniados*).

Elle fournit une huile bonne à brûler, & dont on assaisonne quelques mets. Elle est cordiale ; quelques-uns la broient dans l'eau de chardon bénit ou de scorsonere, au poids d'un gros, & la donnent dans les fievres malignes en émulsion, ainsi que dans la petite vérole & la rougeole.

Schroder assure qu'un gros de cette semence est propre dans la suppression d'urine & la jaunisse, & que son huile calme les tranchées des enfants. La pulpe de Navet passée au tamis & mêlée avec le sucre, est utile dans la toux, & dans les fluxions de la gorge.

Indépendamment de ses vertus médicinales, le Navet est encore un comestible agréable ; on l'associe avec la plupart des viandes, sur-tout avec le canard & le mouton.

On le mange seul assaisonné de différentes manieres ; &, quoiqu'il soit un peu venteux, c'est une nourriture assez saine. Le Navet est aussi d'une grande ressource pour nourrir les bestiaux.

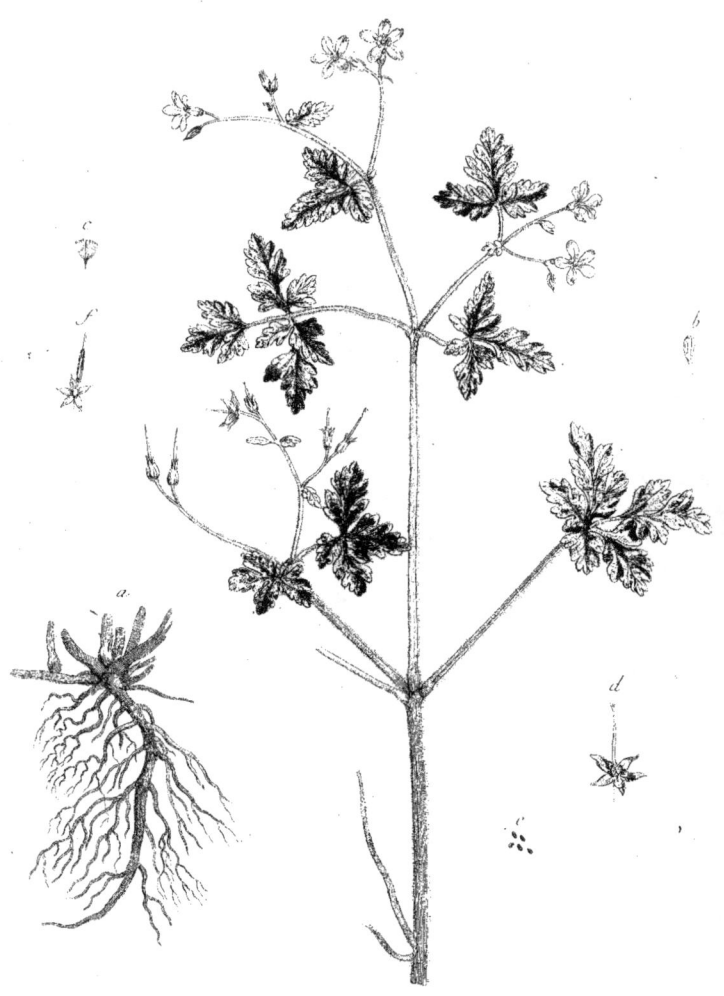

l'Herbe a Robert.

Geranium Robertianum. Linn. S. P.

Ital. Geranio. Esp. Pica di Cigauna. Angl. Herb-Robert. Allem. Ruprechtskraut.

L'HERBE A ROBERT,

PLANTE BISANNUELLE, DU NOMBRE DES ASTRINGENTES.

Geranium Robertianum. C. B. P. 319. *Geranium Robertianum.* L. S. P.

TOURNEF. claſſ. 6. ſect. 7. gen. 8. LINN. Monadelphia decandria. ADANS. 49. Fam. des Géranium.

L'HERBE A ROBERT croît naturellement dans les haies, dans les décombres & ſur les rochers. Sa racine (*a*) eſt menue & fibreuſe. Ses tiges s'élevent d'un pied & demi : elles ſont noueuſes, branchues, rougeâtres, couvertes de poils. Les feuilles ſont oppoſées à la tige, portées par de longs pétioles. Elles ſont diviſées en cinq lobes étroits en leur naiſſance, & chacun de ces lobes eſt découpé en maniere d'aile. Elles ſont couvertes de poils, ainſi que les autres parties de la plante.

Les branches ſortent des aiſſelles des feuilles, & portent, ainſi que la tige, des feuilles du même caractere que celles de la tige. On rencontre ſouvent des variétés dans les unes & les autres, par rapport au nombre de lobes.

Les fleurs naiſſent au ſommet des branches, comme à celui de la tige, ordinairement deux par deux, portées par un pédicule commun qui ſe partage à peu de diſtance des calices. Ces fleurs ſont roſacées, compoſées de cinq pétales (*b*). Les dix étamines (*c*) qui environnent & fécondent le piſtil, ſont réunies, par les filets, à leur origine, en un cylindre qui enveloppe l'ovaire, & qui le touche ſans adhérer à la corolle. Le piſtil eſt compoſé de l'ovaire & du ſtil, qui ſe termine par cinq ſtigmates ; il eſt placé au fond du calice, lequel eſt d'une ſeule piece, diviſée très profondément en cinq parties. L'ovaire eſt compoſé de cinq loges fermées, qui renferment chacune une graine (*e*) ovoïde & qui ſont raſſemblées autour du placenta (*f*).

L'HERBE A ROBERT eſt vulnéraire, aſtringente, on l'emploie avec ſuccès dans les décoctions, pour les cours de ventre & pour la dyſſenterie : dans les pertes de ſang & les hémorrhagies, le ſuc des feuilles & racines pilées eſt regardé comme un ſpérifique. Les gens de la campagne s'en ſervent pour arrêter le ſang de leurs bleſſures. L'Herbe à Robert eſt auſſi réſolutive que vulnéraire ; & j'ai vu, dit Chomel, des perſonnes qui s'en ſont ſervies dans les fluxions & les enflures, en l'appliquant en forme de cataplaſme ſur la partie ſouffrante, ſoit écraſée ou amortie ſur une pelle chaude, ſoit bouillie légerement dans un peu de vin ; on l'emploie utilement pour les maux de gorge, appliquée extérieurement, après l'avoir pilée avec de bon vinaigre. Fabricius Hildanus aſſure que la ſimple décoction de cette plante ſoulage les douleurs du cancer. Hoffman confirme cette propriété. Une pareille décoction, miſe en fomentation ſur la veſſie, ou l'herbe bouillie en cataplaſme, pouſſe les urines & ſoulage les hydropiques. Le même remede ſoulage la bouffiſſure des jambes. Le vin où les feuilles ont macéré pendant la nuit, après les avoir écraſées, arrête les hémorrhagies.

Ethmuller prétend que l'Herbe à Robert, pilé e& appliquée en cataplaſme, eſt très propre pour diſſiper l'enflure des pieds & la bouffiſſure des autres parties du corps, & regarde cette plante comme un remede aſſuré pour cette eſpece d'hydropiſie.

L'Herbe à Robert eſt employée dans le baume polychreſte de Bauderon, & peut être employée dans le *Martiatum.*

La Camomille Romaine.

Anthemis Nobilis. Linn. S. P.

Ital. Camomilla Romana. Angl. Camomile. Allem. Roemische Kamille.

LA CAMOMILLE ROMAINE

Plante vivace, du nombre des Carminatives.

Chamæmelum nobile flore multiplici. C. B. P. 135. *Anthemis nobilis.* L. S. P.

Tournef. class. 14. sect. 3. gen. 5. Linn. Syngenesia polygamia. Adans. 16. Fam. des Composées.

La Camomille romaine croît naturellement dans les campagnes d'Italie. Nous la cultivons dans les jardins, où elle figure agréablement. Sa racine (*a*) est menue, rameuse & fibreuse. Ses tiges sont nombreuses, foibles ; elles s'élevent peu de terre, & se soutiennent rarement droites. Les feuilles sont alternatives à la tige, ailées, découpées profondément en un grand nombre de parties minces, inégales & aiguës.

Les rameaux sortent des aisselles des feuilles & se subdivisent de la même maniere : les uns & les autres sont garnis de feuilles du même caractere que celles de la tige. Les fleurs naissent aux extrémités des branches : elles sont composées d'un amas de fleurons hermaphrodites dans le disque, & de plusieurs rangs de demi-fleurons à la circonférence. Cette multiplicité de demi-fleurons est une monstruosité due à la culture ; &, quoique toutes les monstruosités soient proscrites dans les plantes d'usage en Médecine, & que les fleurs doubles soient uniquement consacrées au plaisir des yeux, celle-ci ne laisse pas d'avoir trouvé grace, & elle est même préférée dans cet état à celui qui lui est naturel, où elle ne porte qu'un rang de demi-fleurons comme les autres fleurs radiées. Chacun des fleurons du centre est un tube (*b*) menu à sa base, évasé à son extrémité, divisé en cinq parties aiguës. Les étamines égalent en nombre les divisions de la corolle, & sont attachées vers le milieu des parois alternativement avec les divisions. Le pistil, qui excede la corolle, est terminé par deux stigmates. Le demi-fleuron (*c*) est un tube court terminé par une languette, dont l'extrémité est découpée en trois parties. Le calice (*d*), qui renferme toutes les parties de la fleur, est composé d'un nombre de petites lames qui environnent le réceptacle qui est placé au centre : il est de forme conique & les semences (*e*) reposent dessus.

La Camomille romaine donne ses fleurs à la Médecine ; elles répandent une odeur forte & agréable, & contiennent beaucoup d'huile à demi exaltée, & de sel essentiel, au rapport de Lémery. On emploie cette plante de la même maniere & conjointement avec le mélilot pour les fomentations & les cataplasmes émolliens, résolutifs & adoucissans.

L'infusion de leurs sommités dans l'eau chaude soulage dans la colique néphrétique & dans la rétention d'urine. La Camomille est utile dans la colique venteuse & dans les tranchées des accouchées, prise en lavement ou en infusion. Simon Pauli loue le vin où ses fleurs ont infusé pour la pleurésie : il faut en même temps appliquer sur le côté du malade une vessie de cochon remplie de la décoction chaude de la plante, & la renouveller de temps en temps. Dans la goutte, la sciatique, les hémorrhoïdes & les maladies où il faut adoucir & résoudre, les fomentations & les cataplasmes faits avec la Camomille sont excellents. L'huile de Camomille faite par l'infusion de la plante dans l'huile d'olive, a les mêmes vertus. Pour les rhumatismes, on y ajoute l'huile de Millepertuis & l'esprit-de-vin camphré en petite dose, pour en faire un liniment. La poudre des fleurs de Camomille est bonne pour les fievres intermittentes. C'est un remede ancien, Dioscoride le recommande. Rivier & Baglivi confirment cette vertu fébrifuge ; & ce dernier Auteur assure en avoir guéri la fievre quarte. Ce fébrifuge est assez familier aux Ecossois & aux Irlandois. Ainsi cette plante est carminative, apéritive, résolutive, adoucissante & fébrifuge.

Cette plante a donné le nom à l'huile & au sirop de Camomille : elle entre dans l'onguent *Martiatum*, dans l'emplâtre *de meliloto* de Mésué, dans l'emplâtre pour la matrice, & dans le cérat de Cumin.

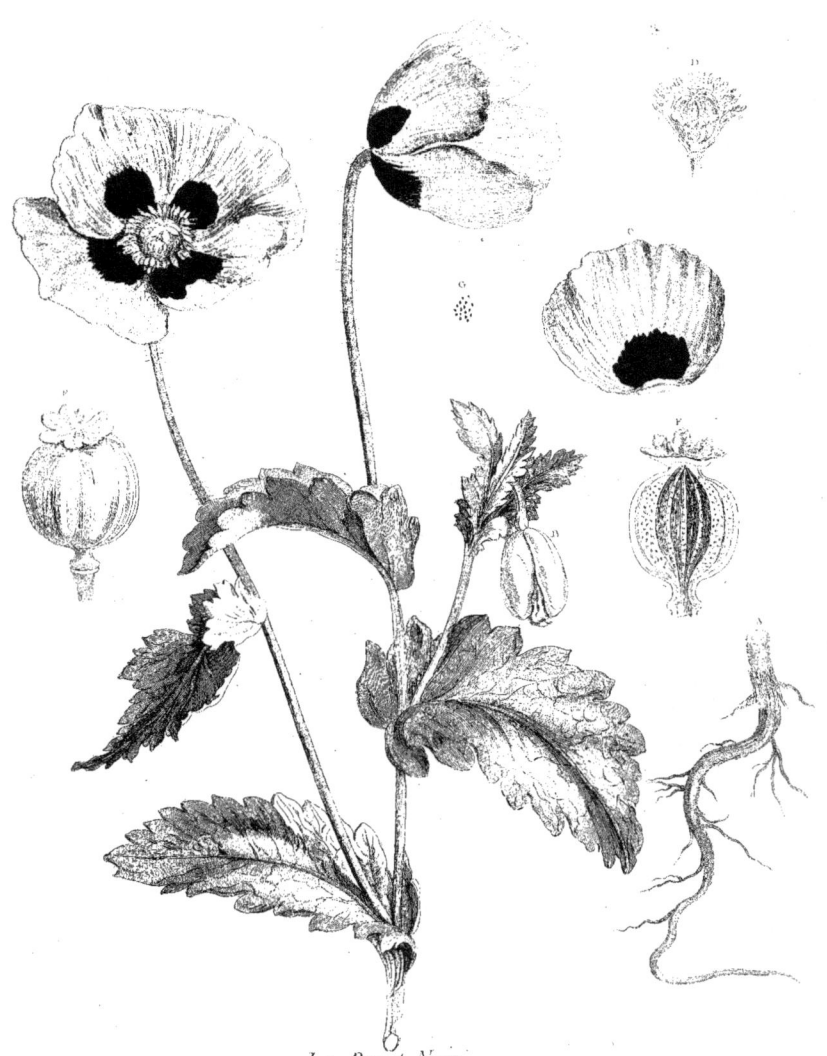

Le Pavot Noir.
Papaver Somniferum. Linn. S.P.
Ital. Papavero Nigro. Angl. Blakpoppy. Allem. Schwartz-mohn.

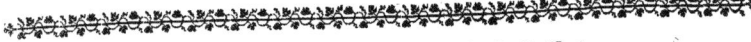

LE PAVOT NOIR,

PLANTE ANNUELLE, DU NOMBRE DES ASSOUPISSANTES.

Papaver hortense nigro semine sylvestre, Diosc. *nigrum*, Plin. C. B. P. 170. *Papaver somniferum*. L. S. P.

TOURNEF. class. 6. sect. 2. gen. 1. LINN. Polyandria monogynia. ADANS. 53. Fam. des Pavots.

LE PAVOT NOIR est un des plus beaux ornemens de nos jardins. La culture, en multipliant le nombre des pétales, augmente le plaisir des yeux. Sa racine (*a*) est simple & peu fibreuse. La tige s'éleve de trois ou quatre pieds, forte, solide, noueuse, cylindrique, lisse, garnie de quelques poils vers le sommet. Les feuilles sont alternatives; elles sont attachées à chaque nœud de la tige, qu'elles embrassent par leur base : elles sont amples, oblongues, irrégulieres, terminées en pointe, découpées inégalement. Les branches sortent des aisselles des feuilles: elles sont garnies elles-mêmes de feuilles semblables à celles de la tige ; elles en different cependant en ce que les découpures sont moins nombreuses à mesure qu'elles approchent du sommet. Les fleurs naissent seules à l'extrémité des branches & de la tige. Elles sont d'abord pendantes, comme on le peut voir à la figure (*b*). Les pétales sont enveloppés dans le calice, dont ils séparent les deux parties par leur gonflement progressif. Quand la fleur commence à s'épanouir, le calice tombe. La branche se releve insensiblement jusqu'au parfait épanouissement. La fleur est composée de quatre pétales (*c*) amples, arrondis, plissés à leur bord, marqués à leur base d'une tache sensible. Ils sont attachés autour de la base de l'ovaire. Les étamines (*d*), qui sont ordinairement au nombre de cent, sont portées par la même base sur un rang plus élevé, & touchent l'ovaire. Les huit stigmates qui terminent le pistil, enveloppent d'abord toute sa partie supérieure; ils s'élevent peu à peu & finissent à la maturité, pour former une espece de couronne au fruit (*e*). Ce fruit est percé immédiatement au-dessous de la couronne d'autant de trous qu'elle a de nervures, avec lesquelles ils sont l'alternative. Ces trous ne sont que les intervalles des lames qui sont attachées aux parois de la capsule qui soutiennent les semences & qui répondent aux nervures de la couronne. Nous avons représenté (*f*) la capsule coupée longitudinalement pour montrer la distribution de ces lames. Les taches dont leur surface est parsemée restent après que les graines (*g*) sont tombées, & indiquent la place que chacune d'elles occupoit. On peut consulter la notice du Pavot blanc, pour voir l'arrangement de ces graines.

Le PAVOT NOIR contient beaucoup de sel essentiel, d'huile & de flegme. On n'emploie en Médecine que les capsules nommées vulgairement *têtes de Pavots*, & la semence : les feuilles & les fleurs entrent rarement dans les remedes. On doit choisir les têtes de Pavots récentes, grosses & bien nourries. Elles sont narcotiques ou somniferes ; on les ordonne en décoction, en infusion ou en sirop. Elles adoucissent la toux, elles épaississent les sérosités âcres qui tombent sur la poitrine, elles abattent les vapeurs, elles arretent les hémorragies & les cours de ventre. Quoique toutes ces vertus soient constatées, on ne sauroit apporter trop de circonspection dans l'usage intérieur de cette plante : la préparation la plus ordinaire, est le sirop de Pavot simple de Mésué, qu'on appelle Diacode, & qui se fait ainsi :

Prenez une livre de têtes de Pavot noir presque mures, deux livres de celles de Pavot blanc ; coupez-les par morceaux, & les mettez dans un vaisseau de terre vernissé, versez dessus sept ou huit livres d'eau bouillante, &, après l'avoir bien bouché, laissez-le sur les cendres chaudes pendant vingt-quatre heures ; faites bouillir ensuite le tout pendant un quart-d'heure, passez & coulez la liqueur avec expression, ajoutez deux livres de sucre, que vous ferez cuire en consistance de sirop. La dose de ce sirop est depuis demi-once jusqu'à une once : on l'ordonne avec succès dans la toux violente & opiniâtre, dans les tranchées de la colique venteuse & néphrétique, sur-tout avec partie égale d'huile d'amandes douces, dans la dyssenterie, le tenesme, dans le flux immodéré des menstrues & des hémorrhoïdes, lorsqu'il est à propos de les arrêter ; car aux femmes en couche & à celles qui sont dans le temps de leurs regles, il faut le défendre. Ce sirop est aussi très utile pour appaiser les douleurs du rhumatisme & de la goutte sciatique.

Le Diacode de Galien se faisoit ainsi : prenez dix têtes de Pavot, laissez-les macérer sur les cendres chaudes pendant vingt-quatre heures, dans une suffisante quantité d'eau ; faites-les cuire jusqu'à ce qu'elles soient molles, pour en tirer le suc, qu'on réduit en consistance d'électuaire avec le sucre ou le raisiné.

Il est nécessaire de remarquer que le sirop de Pavot excite quelquefois le vomissement, à moins qu'on n'ait la précaution de ne point donner d'aliment au malade deux heures devant de le prendre & deux heures après l'avoir pris. Ce sirop est contraire à ceux qui sont sujets aux vapeurs & à la migraine, auxquels il cause des étourdissemens, des nausées & augmente leurs vapeurs. Les fleurs de Pavot peuvent s'employer en infusion comme le thé, dans les tisanes pectorales, dans l'enrouement, la toux, le crachement de sang, la pleurésie, &c. On en met une pincée sur huit onces de liqueur.

Le Pavot noir à les mêmes vertus que le Pavot blanc, mais à un moindre degré. Ce dernier nous donne l'opium (voyez son article). La semence du Pavot donne par expression une huile connue dans les arts sous le nom d'*huile d'œillet*. Dans les provinces où la culture de cette plante forme une branche de commerce, le peuple la substitue à l'huile d'olive dans les aliments, sans qu'il paroisse en résulter aucun accident. Quoi qu'il en soit, cet usage est interdit dans la Capitale, & la précaution que l'on prend aux portes de Paris d'y mêler de l'essence de térébenthine, relegue cette huile chez les ouvriers qui travaillent les peaux, & dans les atteliers des Peintres : ces derniers trouvent de l'avantage à la préférer à l'huile de noix : elle seche pourtant moins vite, mais elle conserve les couleurs plus fraîches ; & les Peintres qui méritent de passer à la postérité, ne devroient rien négliger pour conserver l'éclat des couleurs qui fait le charme le plus séduisant de la peinture.

La Pimprenelle.
Sanguisorba Officinalis. L. S. P.
Ital. Pimpinella. Angl. Burnet. Allem. Bibernell.

LA PIMPRENELLE,

Plante vivace, du nombre des Vulnéraires aperitives.

Pimpinella sanguisorba minor. C. B. P. 160. *Sanguisorba officinalis.* L. S. P.

Tournef. class. 2. sect. 7. gen. 1. Linn. Tetrandria monogynia. Adans. 41. Fam. des Rosiers.

La Pimprenelle se trouve ordinairement dans les prés secs. On l'obtient facilement par la culture. Sa racine (*a*) est longue, cylindrique, grêle, rameuse. Ses tiges s'élèvent d'un pied ou deux ; elles sont rougeâtres, anguleuses. Elles portent des feuilles dans toute leur longueur. Ces feuilles embrassent la tige, elles sont ailées, composées de quinze folioles (plus ou moins), rangées par paires & terminées par une impaire. Ces folioles sont ovales & dentées tout autour assez régulièrement. Les branches sortent des aisselles des feuilles, & portent à leur sommet des fleurs (mâles & femelles) ramassées en épi arrondi : les fleurs mâles sont placées au-dessous des femelles : par cette disposition, on peut juger qu'elles ne répandent leur poussière séminale qu'à l'aide de l'agitation de l'air. Les trente étamines (*b*) dont ces fleurs sont ordinairement composées, penchent vers la terre (comme on l'a démontré dans le bouquet qui est au sommet de la tige) ; cette position sembleroit les éloigner des desseins de la nature, si, comme nous l'avons dit, son projet n'étoit rempli par le secours du vent. Le faisceau d'étamines repose sur un calice d'une seule piece découpé en quatre parties arrondies, lesquelles se roulent en dessous comme nous l'avons représenté dans la figure (*c*), où le calice est vu par derriere avec le pédicule court qui l'attache à la tige. La fleur femelle (*d*) est aussi composée d'un calice monopétale, dont les quatre divisions sont aiguës ; du pistil, dont les deux fils qui tiennent à l'ovaire sont couronnés chacun par un stigmate en forme de houppe. L'ovaire, devenu capsule (*e*) par sa maturité, est partagé par une cloison. La figure (*f*) l'offre coupé transversalement : chacune de ses loges renferme une semence (*g*).

La Pimprenelle contient beaucoup d'huile & de sel essentiel : elle est rafraîchissante, détersive, dessicative, vulnéraire, propre pour la phthisie, & pour arrêter les hémorrhagies, étant prise intérieurement ou appliquée extérieurement.

Tout le monde sait que la Pimprenelle s'employe ordinairement dans les salades, & qu'elle purifie le sang. Ceux qui sont sujets à la gravelle se trouve bien de son infusion dans l'eau commune à froid : quelques-uns en mettent deux ou trois feuilles dans leur verre avant d'y verser le vin, dans lequel ils la laissent tremper quelque temps : tout cela est bon & apéritif, propre à pousser les urines. On ordonne les feuilles de Pimprenelle dans les bouillons & dans les décoctions apéritives & vulnéraires. Cette plante excite les sueurs & pousse les urines ; elle arrête les hémorrhagies ; ainsi elle est astringente aussi bien qu'apéritive ; semblable en cela à plusieurs plantes qui ont ces mêmes vertus, lesquelles, quoique dans l'apparence opposées, sont souvent produites par les mêmes principes, les qualités d'ouvrir & de resserrer étant relatives ; car une plante est réputée apéritive lorsqu'elle a la propriété de diviser & d'inciser les matieres qui sont arrêtées dans les intervalles des fibres de nos viscères, & de leur procurer la fluidité nécessaire pour rentrer dans le commerce des liqueurs par la voie de la circulation, ou pour s'échapper par la transpiration insensible par les pores de la peau. Cette même plante devient astringente, lorsqu'ayant dissipé & emporté les obstructions, comme on vient de l'expliquer, elle donne lieu aux fibres de reprendre leur ressort, lequel étant établi dans son état naturel, resserre les embouchures des urines & des vaisseaux capillaires.

Riviere nous apprend dans ses observations qu'un malade affligé de la dyssenterie fut parfaitement guéri en trois jours par le seul usage de la décoction de Pimprenelle cuite dans l'eau & le beurre.

La Pimprenelle entre dans le syrop d'*Adiantum* de Fernel, dans celui de guimauve du même, dans le sirop d'armoise de Rhasis, dans celui de grande consoude de Fernel, dans le beaume polycreste de Bauderon, dans le mondicatif d'ache, dans le *Martiatum*, & dans l'emplâtre *Gratia Dei* de Nicolas.

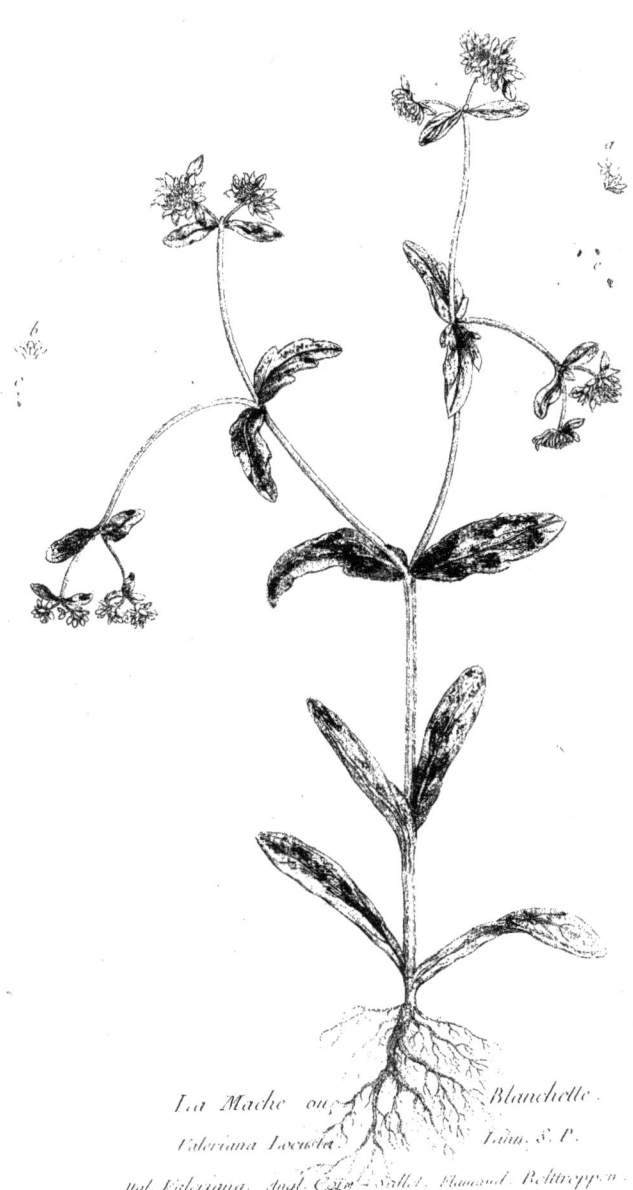

La Mache ou Blanchette.
Valeriana Locusta. Linn. S. P.

LA MACHE, ou BLANCHETTE,

Plante annuelle, du nombre des Rafraichissantes.

Valeriana campestris inodora major. C. B. P. 165. *Valeriana lacusta.* β. *Olitoria.* L. S. P.

Tournef. classs. 2. sect. 3. gen. 6. Linn. Triandria monogynia. Adans. 10. Fam. des Scabieuses.

La Mache est encore connue dans différentes contrées sous les noms de salade de Chanoine, poule-grasse, &c. Elle croît naturellement dans les vignes & le longs des chemins. On la trouve trop communément dans les jardins potagers pour s'amuser à en faire la recherche.

Sa racine est peu considérable ; elle est garnie de fibres nombreuses & petites. Sa tige est ronde, cannelée, noueuse : elle s'élève ordinairement de sept à huit pouces, & excède rarement la hauteur d'un pied. Les feuilles sont attachées deux à deux & opposées le long de la tige : celles d'en bas sont entieres, unies, oblongues, étroites à leur base, assez épaisses, tendres, molles, sans pétioles : celles qui les suivent sont légérement crenelées en leurs bords, & ne different point des précédentes pour les autres caracteres.

A chaque nœud de la tige elles se partagent en deux branches, & celles-ci se subdivisent en même nombre à la naissance de chaque double feuille. Les derniers rameaux qui naissent de ces subdivisions portent à leurs sommets des fleurs ramassées en bouquets. Chacune de ces fleurs est un tube (*a*) court, évasé, dont le bord est divisé en cinq dentelures obtuses. Les étamines, qui sont au nombre de deux ou trois, sont attachées intérieurement vers le milieu des parois de la corolle. Nous les avons représentées dans la figure (*b*), où la corolle est représentée ouverte & augmentée à la loupe, ainsi que la précédente. Le pistil (*c*) est de même augmenté pour en faciliter l'examen : il est composé de l'ovaire du stil, & est terminé par deux ou trois stigmates. L'ovaire devient, par la maturité, une capsule (*d*) partagée en deux ou trois loges, renfermant chacune une semence (*e*) applatie & ridée.

La Mache est assez généralement connue parmi les aliments. Cette plante semble braver les rigueurs de l'hiver, & nous dédommage du bannissement auquel cette saison comdamne la verdure. Le fréquent usage que nous en faisons en salade nous laisse, pour ainsi dire, ignorer ses vertus médicinales. Cependant, outre qu'elle est rafraîchissante, elle est encore apéritive, vulnéraire, détersive & légérement laxative.

Sa racine est d'un goût doux, & presque insipide : ses feuilles ont un goût douceâtre. Simon Pauli l'estime pour appaiser l'ardeur de la fievre & pour adoucir les douleurs de la néphrétique : il l'emploie dans les bouillons de veau & de poulet pour ces sortes de maladies. Taberna Montanus confirme cette vertu. On l'emploie avec succès dans les rhumatismes, pour l'affection hypocondriaque, pour le scorbut & pour la goutte. Enfin cette plante est adoucissante & très capable de corriger l'âcreté des humeurs & la trop grande saumure du sang.

On la nomme *Valerianella*, comme qui diroit *petite Valériane*, parceque la Mâche a quelque ressemblance avec la Valeriane.

Le Chardon Benit
Centaurea Benedicta, Linn. Sp. Pl.
ital. cardo Santo. angl. holy Thistle. allem. cardo Benedikten.

LE CHARDON BÉNIT,

PLANTE ANNUELLE, DU NOMBRE DES DIAPHORÉTIQUES.

Cnicus sylvestris hirsutior, sive Carduus Benedictus. C. B. P. 378. *Centaurea Benedicta.* L. S. P.

TOURNEF. class. 12. sect. 2. gen. 8. LINN. Syngenesia polygamia frustranea. ADANS. 16. Fam. des Composées.

Le CHARDON-BÉNIT croît naturellement en Espagne & dans les provinces méridionales de France : on l'obtient facilement par la culture. Sa racine (*a*) est menue, garnie de quelques fibres blanchâtres. Les tiges s'élevent d'un pied & demi. Elles sont cannelées, velues, rameuses, se portant rarement droit. Les feuilles sont alternes, oblongues, entieres, crenelées; les crenelures forment des sinuosités : elles sont velues & armées d'épines courtes & molles. Les branches sortent des aisselles des feuilles : ces feuilles se rassemblent circulairement à l'extrémité des branches & forment une espece de chapiteau, au centre duquel repose la fleur. La fleur est composée d'un amas de fleurons hermaphrodites rassemblés dans un calice (*b*), dont la structure est particuliere aux autres Chardons ; il a la forme d'une poire, les écailles qui le couvrent sont tuilées. Chacune d'elles est terminée par une épine : ces épines sont simples à la base du calice, deviennent rameuses à mesure qu'elles approchent du sommet, & forment ensemble un grouppe épineux qui se développe par l'épanouissement des fleurons. Le fleuron (*c*) est un tube presque égal dans sa longueur, dont l'extrémité est divisée en cinq segments, qui ne sont point évasés comme dans les fleurs de cette classe. Les étamines sont attachées aux parois de la corolle, & le pistil (*d*) produit la graine (*e*), laquelle est couronnée par une aigrette soyeuse : toutes les graines sont rassemblées autour d'un réceptacle commun dans le fond du calice.

Le CHARDON-BÉNIT contient beaucoup de phlegme, d'huile & de sel essentiel, au rapport de Lémery. Toute la plante est remplie de suc; elle est fort amere au goût. Elle résiste au venin ; elle tue les vers : elle est sudorifique, apéritive & fébrifuge. Les feuilles & la semence sont en usage. L'eau distillée de toute la plante est souvent ordonnée comme la base des potions sudorifiques & cordiales, depuis quatre onces jusqu'à six : Chomel dit que cette eau lui a souvent réussi seule, avec des germes de six œufs, dans la pleurésie : il faut la donner lorsqu'après deux ou trois saignées le malade a de la disposition à suer : ce remede est assez commun. Une poignée de feuilles de cette plante amortie dans le bouillon, & donnée après le frisson des fievres intermittentes, a souvent procuré une sueur assez abondante pour terminer la fievre. G. Hoffman préfere la décoction de cette plante dans le vin pour la fievre, à la poudre des feuilles & à son eau distillée. Le même Auteur en fait cas pour la migraine, la surdité, les vertiges, l'épilepsie, le catarre, & même pour l'hydropisie & la fievre quarte. Demi-dragme de graine de Chardon-Bénit, infusée pendant huit heures dans un verre de bon vin blanc, passé & donné au malade deux heures avant le frisson, est un remede éprouvé dans la fievre quarte.

Le vin fait avec cette plante dans le temps des vendanges, est d'usage en Allemagne, sur-tout pour les maladies chroniques, comme le scorbut. La semence de Chardon-Bénit se donne seule, ou avec la coraline, pour les vers. Le suc de cette plante donné dans la pleurésie après les remedes généraux, procure une expectoration très favorable. On prépare des émulsions avec la semence, son eau distillée, & le sirop de Pavot, pour la même maladie. Simon Pauli recommande la poudre des feuilles pour les vieux ulceres chancreux, les bassinant avec l'eau distillée, & les saupoudrant ensuite : il est bon de faire boire aux malades quelques verrées de la décoction des feuilles, qui, faite dans le vin blanc, se donne aussi avec succès pour les tumeurs scrophuleuses, à la dose d'un petit verre pendant quelques mois tous les matins. Cet Auteur rapporte l'exemple d'une femme, dont les mamelles étoient rongées jusqu'aux côtes, qui en fut guérie. Arnault de Ville-neuve dit avoir vu un homme, dont la chair de la jambe étoit rongée jusqu'à l'os par un vieil ulcere, qui fut guéri de même.

Le Chardon-Bénit est employé dans le vinaigre thériacal, dans le sirop de mélisse composé, dans le sirop anti-scorbutique, l'huile de scorpion de Mathiole, & dans le *martiatum* de Nicolas d'Alexandrie. On emploie les semences dans l'opiate de Salomon de Joubert.

La Mille feuille.
achillea mille folium, Linn.
Ital. Millefolio. Esp. Milhojas yerva. Angl. yarrow. Allem. Blada-Alem. Tansend-blat.

LA MILLE-FEUILLE, ou L'HERBE AU CHARPENTIER,

PLANTE VIVACE, DU NOMBRE DES VULNÉRAIRES ASTRINGENTES

Mille-folium vulgare album. C. B. P. 140. *Achillea Mille-folium.* L. S. P.

TOURNEF. claff. 14. fect. 3. gen. 8. LINN. Syngenefia polygamia fuperflua. ADANS. 16. Fam. des Compofées.

LES grands chemins & les gazons font couverts de Mille-feuille ; il eft peu de climats en Europe où on ne rencontre cette plante. Son utilité l'a rendu recommandable de temps immémorial. Si nous en croyons quelques Hiftoriens, Achille fut le premier à qui le hafard découvrit fes propriétés, & qui fut les mettre en ufage. Le nom d'*Achillea*, fous lequel elle eft connue des Botaniftes, vient à l'appui de cette découverte. Sa racine (*a*) eft ligneufe, fibreufe & traçante. Ses tiges s'élevent d'un pied & demi ; elles font menues, cylindriques, cannelées, roides, velues & rameufes. Les feuilles font alternes, longues, étroites, ailées, découpées profondément, ou plutôt compofées d'un grand nombre de folioles oppofées par paires & terminées par une impaire, lefquelles font elles-mêmes divifées en plufieurs dentelures. Les rameaux fortent des aiffelles des feuilles, & portent les mêmes caracteres que les tiges. Les fleurs naiffent au fommet des unes & des autres, rangées en forme de corymbe applati. Ces fleurs font radiées, compofées d'un amas de fleurons hermaphrodites dans le difque, & ornées d'un cercle de demi-fleurons femelles à la circonférence. Nous avons repréfenté (*b*) le fleuron augmenté au microfcope ; c'eft un tube évafé à fon extrémité & découpé en cinq parties : le demi-fleuron (*c*) auffi augmenté, eft fillonné dans fa longueur, & terminé par trois dentelures. Ils repofent les uns & les autres au fond du calice (*d*), & produifent les femences (*e*).

Il y a une autre efpece de Mille-feuille prefque auffi commune que celle-ci, dont elle ne differe que par la couleur de fes fleurs, qui font purpurines, rouges ou pourpres, & qui figureroient agréablement dans les parterres, où elles offriroient encore de nouvelles variétés par les fecours de la culture : cette efpece eft appellée *Millefolium vulgare purpureum minus.* C. B. P. Elle a les mêmes vertus que la blanche.

La MILLE-FEUILLE eft du nombre des plantes dont on a connu l'ufage avant d'y attacher un nom. Et celui d'Herbe-au-Charpentier, fous lequel elle eft généralement connue, prouve affez que fon crédit étoit établi parmi le peuple avant d'être introduite dans les Pharmacopées. Cette plante répand une odeur légérement aromatique, elle eft âcre & amere au goût. Elle contient beaucoup de fel effentiel & d'huile : elle eft vulnéraire, aftringente & déterfive. On l'emploie intérieurement & extérieurement pour arrêter toutes fortes d'hémorrhagies, foit en infufion & en décoction, foit pilée & appliquée fur les plaies & les coupures, d'où lui vient le nom d'Herbe-au-Charpentier qu'on lui a donné auffi bien qu'aux autres plantes qui ont la propriété d'arrêter le fang, comme la brunelle, la bugle, la grande confoude, l'orpin, &c. La Mille-feuille eft très utile dans les cours déréglé des hémorrhoïdes & des fleurs blanches. Son fuc déterge d'une maniere furprenante les ulceres intérieurs, fur-tout ceux qu'on appelle vomiques du poulmon. Il n'eft guere de meilleur remede pour les matieres purulentes qui coulent après la taille. Dans les hémorrhagies, cours de ventre & incontinences d'urine, on met une petite poignée de cette plante dans les bouillons, ou bien on la prend comme le thé. Chomel dit qu'il en a vu d'excellents effets ; mais les femmes & les filles fujettes au flux hémorrhoïdal, n'en doivent pas trop long-temps continuer l'ufage, qui leur cauferoit une fuppreffion de regles plus fâcheufe que les hémorrhoïdes. Simon Pauli affure avoir connu des femmes enceintes, qui s'étoient garanties de l'avortement, par l'ufage de la décoction de cette plante. Son fuc, à fix onces, avec autant de celui d'ortie, pris en deux dofes à une heure l'une de l'autre, m'a réuffi plufieurs fois, ajoute Chomel, pour arrêter une hémorrhagie furvenue par l'ouverture de quelque vaiffeau fanguin qui fe dégorgeoit dans le canal inteftinal : cet accident étoit arrivé à deux ouvriers en faifant effort pour lever un poids confidérable ; ils avoient déja rendu par le ventre plus de deux pintes de fang : il leur fit donner une forte décoction des mêmes plantes en lavement. On peut donner dans les mêmes cas la poudre de Mille-feuille, à deux gros, qu'on mêle avec de la pâte pour en faire des bifcuits aftringents. L'eau diftillée de cette plante eft très bonne pour l'épilepfie, au rapport de Tabernamontanus. Ses feuilles, légérement pilées & mifes dans le trou de l'oreille, calment la douleur des dents. C'eft un remede éprouvé par des praticiens dignes de foi.

La Mille-feuille entre dans l'eau vulnéraire, dans le baume polycrefte de Bauderon, dans le mondicatif d'ache, dans le *Martiatum*, & dans quelques emplâtres aftringents.

L'Anis
Pimpinella anisum Linn. S. P.
Ital. anice. Angl. anise. Allem. anis.

L' A N I S,

Plante annuelle, du nombre des Carminatives.

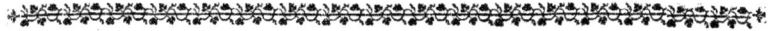

Anifum herbariis. C. B. P. 159. *Pimpinella anifum.* L. S. P.

Tournef. claff. 7. fect. 1. gen. 2. Linn. Pentandria digynia. Adans. 15. Fam. des Ombelliferes.

L'Anis est originaire d'Egypte. Nous l'obtenons facilement par la culture. Sa racine (*a*) est petite & fibreufe. Sa tige arrive rarement à la hauteur d'un pied : elle est cannelée, creufe & rameufe. Les feuilles font portées alternativement à la tige par des pétioles demi-cylindriques en-deffous, plats en-deffus. Elles font divifées en trois lobes, lefquels fe fubdivifent irrégulièrement en plufieurs dentelures. Les rameaux fortent de la fection du pétiole avec la tige ; ils portent des feuilles du même caractere que les précédentes. Les fleurs font difpofées en ombelle. Chaque rameau est terminé par une de ces ombelles. L'ombelle univerfelle est compofée de plufieurs rayons, qui font terminés par les ombelles partielles. Celles-ci font compofées d'un plus grand nombre de rayons que l'ombelle univerfelle. Elles n'ont communément point d'enveloppe univerfelle ni partielle : on voit cependant quelquefois une petite feuille menue à chacune d'elles. C'est au fommet des rayons de l'ombelle partielle que font portées les fleurs. Elles font compofées de cinq pétales égaux, recourbés. Nous avons repréfenté un de ces pétales (*b*) augmenté à la loupe. La fleur (*c*) augmentée de même laiffe voir la difpofition des cinq étamines, lefquelles font l'alternative avec les pétales. Le piftil (*d*) est compofé de l'ovaire, de deux ftils cylindriques & de deux ftigmates. Le calice, qui fait corps avec l'ovaire & qui l'accompagne jufqu'à fa maturité, fous l'apparence d'une pellicule mince, est découpé en cinq petites dents imperceptibles. Le fruit (*e*) fe partage en deux femences (*f*) convexes & cannelées d'un côté & plates de l'autre.

L'Anis ne donne à la Médecine que fa femence. Elle est d'une odeur & d'un goût piquant & agréable. On doit la choifir groffe, bien nourrie, récemment féchée. Elle contient beaucoup d'huile exalté & de fel effentiel.

L'Anis est la premiere des quatre femences chaudes majeures, qui font les femences d'Anis, de Carvi, de Cumin & de Fenouil. On fe fervoit autrefois de l'Anis pour correctif du Séné, & on n'ordonnoit guere d'infufion purgative fans cette femence ; mais on a reconnu par expérience, que les fels fixes font encore plus capables d'atténuer la réfine des purgatifs que l'Anis, le Semen-contra, la Coriandre, &c. Cependant cet ancien ufage fubfifte encore dans plufieurs endroits, où on fait infufer une dragme de femence d'Anis avec deux dragmes de Séné ; & dans les lavements on en fait bouillir avec les autres herbes jufqu'à deux & trois gros pour diffiper les vents, pour appaifer la colique, & dans le cours de ventre. L'Anis est un ftomachique affez utile, car il aide à la digeftion & empêche les crudités. Beaucoup de perfonnes en prennent après le repas, fur-tout celui qui est en dragée & couvert de fucre, connu fous le nom d'*Anis de Verdun* : il est bon pour les enfants fujets au cochemar & aux fuffocations, fuivant Ethmuller. On tire l'huile d'Anis de deux manieres, ou par expreffion ou par diftillation ; l'une & l'autre font excellentes pour la colique venteufe, & pour faire cracher les afthmatiques ; on en met jufqu'à dix gouttes dans un verre de quelque liqueur convenable.

L'anis est employé dans plufieurs teintures, ratafias, & autres fortes de liqueurs qu'on boit après le repas. Il entre auffi dans quelques aliments, comme un affaifonnement qui en releve le goût. A l'égard de la Pharmacie, on l'emploie dans le firop d'Armoife, le firop anti-afthmatique de Charas, la poudre diarrhodon & dans la poudre réjouiffante.

Le Chardon Marie ou l'Artichaud Sauvage.
Carduus Marianus. Linn. S. P.
Ital. *Cardo di Santa Maria.* Angl. *Ladies-Thistle.* Alem. *Marien-Distel.*

117

LE CHARDON-MARIE, ou L'ARTICHAUT SAUVAGE,

PLANTE ANNUELLE, DU NOMBRE DES DIAPHORÉTIQES.

Carduus albis maculis, notatus, vulgaris. C. B. P. 381. *Carduus Marianus.* L. S. P.

TOURNEF. claſſ. 12. ſect. 1. gen. 1. LINN. Syngeneſia polygamia æqualis. ADANS. 16. Fam. des Compoſées.

LE CHARDON-MARIE croît naturellement dans les terreins incultes. On le cultive auſſi dans les jardins. Sa racine (*a*) eſt longue, épaiſſe, garnie d'une nombreuſe quantité de fibres. Sa tige s'éleve d'environ deux pieds. Elle eſt cannelée, couverte d'un duvet blanchâtre. Il ſort quelques rameaux des aiſſelles des feuilles.

Les premieres feuilles ſont amples : elles s'étendent à terre ; celles qui naiſſent enſuite diminuent graduellement juſqu'au ſommet de la tige, à laquelle elles ſont attachées alternativement. Toutes ces feuilles ſont preſque ailées multi-angulaires : chaque angle eſt armé d'une épine dure ; & les feuilles ſe terminent en fer de lance. Elles ſont toutes maculées par des veines blanches qui ſe ramifient d'une infinité de manieres. La diverſité des figures qu'offrent ces veines, montre, d'une maniere bien ſenſible, l'immenſe variété de la nature dans ſes productions : chaque genre, chaque eſpece préſente, au premier coup d'œil, une uniformité conſtante ; mais un examen ſcrupuleux diſſipe la premiere illuſion, & l'obſervateur ne peut voir, ſans étonnement & ſans admiration, dans chaque eſpece preſque autant de différence que les eſpeces en fourniſſent entr'elles. Les fleurs naiſſent au ſommet de la tige & des rameaux : elles ſont compoſées, ainſi que les autres fleurs à fleurons, d'un amas de fleurons hermaphrodites dans le diſque & à la circonférence. Chacun d'eux eſt un tube (*b*) menu à ſa baſe, évaſé à ſon extrémité & diviſé en cinq dentelures profondes : le gonflement qui ſe voit au milieu de la corolle recele les étamines qui ſont attachées aux parois par leur baſe : leurs filets ſont très fins. Les antheres ſont longues, parallélipipedes, terminées au ſommet par une petite pointe triangulaire, & fendues en deux par le bas, aſſez profondément. C'eſt ſur le dos de cette fente qu'elles ſont attachées aux filets. Le piſtil excede de beaucoup la longueur des dents de la corolle ; il eſt compoſé de l'ovaire, du ſtil & d'un ſeul ſtigmate. Les graines (*c*) ſont couronnées par une aigrette (*d*) qui ſe détache facilement.

Le CHARDON-MARIE contient beaucoup de ſel & d'huile, ſelon Lémery. Cet Auteur prétend que ſa racine eſt bonne à manger, mais ſon amertume ne contribueroit pas à rendre cet aliment agréable. Les ſemences & les feuilles ont un goût amer comme la racine. Les ſemences ſont recommandées par Ethmuller en émulſion pour les fleurs blanches. Lindanus donne, comme un remede aſſuré contre la rage, l'infuſion de deux gros de cette ſemence dans le vin.

Les feuilles & la racine donnent une eau diſtillée, dont on ſe ſert utilement à l'extérieur pour les ulceres, en appliquant deſſus des linges imbibés de cette liqueur. Le même remede peut s'employer pour ſoulager les cancers.

Mathiole croit la décoction de cette plante propre à déboucher les obſtructions du foie & des reins. Quelques Auteurs regardent la ſemence comme un ſpécifique contre l'hydropiſie. Quoi qu'il en ſoit, cette plante eſt d'un uſage familier en Médecine dans tous les cas où le Chardon-bénit eſt employé. On ſe ſert indifféremment de l'une ou l'autre de ces plantes, auxquelles on a reconnu les mêmes propriétés. Voyez l'article Chardon-bénir.

La Sanicle
Sanicula Europæa. Linn. S. P.
Ital. Sanicola. Angl. Sanicle. Allem. Sanickel.

LA SANICLE,

Plante vivace, du nombre des Vulnéraires astringentes.

Sanicula officinarum. C. B. P. 319. *Sanicula europæa.* L. S. P.

Tournef. claff. 7. fect. 9. gen. 1. Linn. Pentendria digynia. Adans. 15. Fam. des Ombelliferes.

La Sanicle se rencontre dans les bois. Elle se plaît dans les endroits humides & couverts. Sa racine (*a*) est de la grosseur du doigt, brune en dehors, blanche en dedans, garnie de plusieurs fibres fortes qui se ramifient. Il sort d'abord de terre plusieurs feuilles radicales portées par de longs pétioles sillonnés dans leur longueur. La tige s'élève d'un pied & demi ou environ : elle est cannelée, droite, ferme & rameuse. Les feuilles caulinaires sont alternes : elles sont soutenues par des pétioles moins longs que ceux des radicales. La base de ces pétioles est une membrane large, qui embrasse le contour de la tige, sans cependant y faire l'anneau. Toutes ces feuilles sont divisées en cinq lobes étroits à leur base, larges, terminées en pointe, & dentées à leur extrémité. Les feuilles, ainsi divisées, sont communément appellées par les Botanistes, feuilles palmées ou digitées, à cause du rapport de leur figure avec celle de la main. Ces noms, attribués à un nombre de feuilles qui n'ont souvent qu'un très foible rapport, ne portent pas à l'imagination une idée bien nette de l'objet représenté : c'est pourtant la méthode la plus simple qu'on ait trouvée jusqu'à présent pour ne point embarrasser la mémoire d'un fatras de mots qui nuiroient encore plus aux progrès de la Botanique que des peintures insuffisantes.

Les fleurs sont disposées en ombelles axillaires & terminales, c'est-à-dire que les unes sortent des aisselles des feuilles (ou de la section du pétiole avec la tige), & les autres sont au sommet des tiges. Ces noms représentatifs sont tirés de la Méthode du savant M. Adanson. Nous avons cru ne pas devoir omettre une remarque du même Auteur, pour déterminer le caractère des ombelles. Une feuille de la plante, dit-il, placée sur le pédicule de l'ombelle, quelque court qu'il soit, nous apprend que cette ombelle est terminale : c'est à quoi il faut avoir attention, si l'on veut éviter de prendre ces petites branches pour des ombelles axillaires ou opposées aux feuilles.

L'ombelle universelle est composée de plusieurs rayons qui soutiennent les ombelles partielles. L'assemblage de feuilles qui l'accompagne à l'origine des rayons, qu'on appelle enveloppe universelle, paroît formé des feuilles mêmes de la plante. Les enveloppes partielles, quoique composées de feuilles beaucoup plus petites que celles de la tige, se ressentent encore de leur caractère. Les fleurs sont ramassées en tête au sommet des rayons de l'enveloppe partielle ; elles sont rosacées. Chacune d'elles est composée de cinq pétales (*b*) égaux, recourbés : les cinq étamines qui sont placées dans les intervalles des pétales sont représentées (*c*) dans la fleur ouverte. Le pistil (*d*) qui est placé au centre, est composé de l'ovaire, de deux stils & de deux stigmates, qui ne sont point distingués des stils. Le calice (*e*) accompagne l'ovaire jusqu'à sa maturité en l'enveloppant sous l'apparence d'une pellicule fine : il fait corps avec lui. On le reconnoît par cinq petites dents qui couronnent l'ovaire. Cette figure & les précédentes sont représentées plus grandes que nature. Le fruit (*f*) est hérissé de poils durs, il se partage en deux parties, l'une ovoïde (*g*), & l'autre plane (*h*).

La Sanicle contient beaucoup d'huile & de sel essentiel, au rapport de Lémery. Sa racine a un goût amer. On ne fait guere usage que des feuilles : elles sont vulnéraires, astringentes, détersives, consolidantes. On emploie avec succès, pour les ulceres internes & externes, le suc de ces feuilles, depuis un gros jusqu'à trois. L'eau distillée des mêmes feuilles peut lui être substituée ; mais, comme elle en a les vertus à un moindre degré, on est obligé de doubler les doses. Les feuilles pilées & appliquées détergent & consolident les plaies externes : elles passent pour être spécifiques dans toutes sortes d'hémorragies, sur-tout pour les pertes de sang des femmes. Elles entrent dans les potions, dans les tisanes & les décoctions vulnéraires, on s'en sert, comme de la brunelle, pour faire des injections dans les plaies profondes : on en prend, comme des autres vulnéraires, à la manière du thé, une pincée infusée dans demi-septier d'eau bouillante pendant demi-quart-d'heure ; passez-la ensuite, & y ajoutez peu de sucre. Le cataplasme de Sanicle bouillie dans le vin, résout l'exomphale dans sa naissance, selon le rapport de quelques Auteurs. La Sanicle entre dans l'eau vulnéraire & dans quelques emplâtres & baumes pour les blessures.

LE CERFEUIL,

Plante annuelle, du nombre des Hépatiqes.

Chærophyllum sativum. C. B. P. 152. *Scandix cerefolium.* L. S. P.

Tournef. class. 7. sect. 2. gen. 6. Linn. Pentandria digynia. Adans. 15. Fam. des Ombelliferes.

Le Cerfeuil, que nous entretenons dans nos climats par les secours de la culture, croît sans soins dans les pays septentrionaux. Sa racine (*a*) est menue & fibreuse. Les tiges s'élevent d'un pied & demi : elles sont cylindriques, cannelées, lisses, branchues. Les feuilles naissent alternativement le long de la tige : elles sont divisées en plusieurs rameaux ou ailes impairs : la longueur graduelle de ces rameaux rend la feuille de forme triangulaire ; & les folioles qui les composent donnent la même forme à chacun d'eux. L'origine des pétioles qui soutiennent les feuilles est membraneuse, large, & embrasse le contour de la tige & des branches, sans cependant former l'anneau. Les fleurs sont disposées en ombelle. L'enveloppe universelle est portée par un long pédicule, dont la base est insérée dans la membrane qui soutient le pétiole de la feuille ; les enveloppes partielles qui soutiennent chacune six ou huit fleurs, sont garnies à l'insertion des pédicules de deux folioles entieres, étroites & pointues. Les fleurs (*b*) sont composées de cinq pétales (*c*), en forme de cœur ; chacune de ces fleurs est portée par un pédicule court, que nous avons montré dans la figure (*d*), où la fleur est vue par derriere. Les fleurs sont toutes hermaphrodites. Les cinq étamines (*e*) sont portées sur le sommet de l'ovaire. Elles tombent après l'avoir fécondé, & le laissent dans l'état où nous l'avons représenté (*f*) ; (toutes ces figures sont augmentées à la loupe). L'ovaire devient à sa maturité un fruit ou silique (*g*) partagée en deux loges par une cloison membraneuse : les deux valves qui les recouvrent s'ouvrent longitudinalement du bas en haut (*h*), & laissent échapper deux semences (*i*) sillonnées d'un côté, planes & luisantes de l'autre.

Le Cerfeuil contient beaucoup de flegme, d'huile à demi exaltée & de sel essentiel. Sa racine est légerement âcre ; ses feuilles ont une odeur & une saveur aromatiques.

Tout le monde sait que les feuilles de cette plante sont d'un usage très familier dans la cuisine & pour la fourniture des salades. On en met aussi dans les bouillons & dans les décoctions apéritives, propres à déboucher le foie & les reins, pour pousser les urines & le gravier, pour faciliter le mouvement des liqueurs, entretenir la circulation du sang & le purifier.

Dans la jaunisse, les pâles couleurs & l'enflure, le jus de Cerfeuil, pris à trois ou quatre onces avec autant de bouillon de veau, est un remede qui n'est pas à mépriser. La décoction de cette plante est très utile extérieurement : on l'applique sur le ventre en fomentation pour la colique : on en bassine les femmes accouchées & les parties menacées d'érésipele ou d'inflammation. On peut en cela la regarder comme une plante vulnéraire, détersive & apéritive. En effet, après les chûtes & les coups violents, où il y a lieu de craindre quelque épanchement de sang, le Cerfeuil pris intérieurement, ou le marc de la plante appliqué sur les parties meurtries, dissout le sang caillé.

Camérarius donne le Cerfeuil, passé par la poêle avec le beurre & appliqué sur le ventre, comme un grand remede pour appaiser les tranchées ; & Simon Pauli, pour la rétention d'urine. M. Tournefort dit avoir vu des gens rendre quatre livres d'urine tout à la fois par l'effet d'un pareil cataplasme, auquel on avoit ajouté autant de bétoine que de Cerfeuil. Cette plante aide à la digestion, & soulage ceux qui sont sujets à la migraine & au vertige.

Riviere assure avoir vu réussir dans l'anasarque le suc tiré du Cerfeuil, à la dose de deux onces, avec autant de vin blanc, en prenant cette potion plusieurs matins de suite.

Chomel dit avoir vu réussir pour le mal des yeux, & sur les tumeurs des jambes, le cataplasme fait avec une poignée de Cerfeuil pilé, un jaune d'œuf frais, un demi-poisson de lait & suffisante quantité de mie de pain ; il faut l'appliquer un peu chaud. Egales parties d'huile d'olive & de jus de Cerfeuil mêlées ensemble, en consistance de liniment, appaisent la douleur des hémorrhoïdes. On en est encore soulagé en recevant, le plus chaud qu'il est possible, la fumée de la décoction de Cerfeuil dans du lait. On verse cette décoction dans un bassin sur lequel on s'assied.

Le Cerfeuil.
Scandix Cerefolium. L. S. P.
Ital. Cerfoglio. Angl. Chervil. Allem. Kœrbel-Kraut.

Le Pavot blanc
Papaver Somniferum Lam. S. P.
Ital. Papavero Bianco. Angl. White poppy.
Allem. Weissermohn.

LE PAVOT BLANC,

PLANTE ANNUELLE, DU NOMBRE DES ASSOUPISSANTES.

Papaver hortense femine albo. C. B. P. 170. *Papaver somniferum* L. S. P.

TOURNEF. claff. 6. fect. 1. gen. 1. LINN. Polyandria monogynia. ADANS. 53. Fam. des Pavots.

LA DESCRIPTION que nous avons donnée du Pavot noir avec beaucoup de détails, nous difpenfe de les répéter ici. Nous nous contenterons de dire en général que le Pavot blanc a des fleurs en rofe, compofées le plus fouvent de quatre pétales blancs, & qu'elles tombent promptement. On a repréfenté (*a*) la racine, fon piftil (*b*), fa coque (*c*) garnie intérieurement de plufieurs lames minces qui paroiffent (*d*), & auxquelles font attachées de très petites graines (*e*) arrondies. La racine & la plante font empreintes d'un fuc laiteux & amer. Les graines ont une faveur douce, comme un mêlange d'huile & de farine.

Il nous tarde d'arriver à l'hiftoire de la célèbre propriété de cette plante. On fait qu'elle donne l'*Opium*, & fes facultés fomniferes font fi répandues, qu'on a regardé les Pavots comme l'emblème de l'ennui, de l'engourdiffement & du fommeil. Cette métaphore commune eft très bien fondée ; mais ce qui doit étonner, c'eft la finguliere diverfité des opinions & des faits au fujet de la fubftance adouciffante & narcotique que produit la liqueur figée, retirée par la contufion & l'expreffion des têtes de Pavots blancs. Nous n'entrerons pas ici dans l'hiftoire des différentes manieres dont on recueille l'*Opium*, ou le fuc du Pavot. Je dis le fuc , parceque les graines font peu ou point fomniferes, & ceci doit nous accoutumer encore à ne pas fuppofer dans toutes les parties des plantes un accord de propriétés & une identité de vertus qu'elles n'ont effectivement pas. De quelque maniere que l'on prépare l'*Opium*, de quelque pays qu'il nous foit apporté, cela eft affez indifférent, pourvu qu'il foit bon, &, fi j'ofe le dire, légitime ; car c'eft une des drogues fur lefquelles s'eft le plus exercée la malheureufe induftrie des revendeurs mercénaires, & la féconde avidité des Charlatans. Ecoutez d'un côté les partifans de cette fubftance réfino-gommeufe que les Turcs récoltent, emploient & vendent. Ses préparations fortifient & recréent les efprits, & créent dans le cerveau qu'elles enivrent agréablement des fantaifies douces & des illufions délicieufes. Les Turcs en mangent, ou pour fe procurer des fonges voluptueux, ou pour augmenter leur courage à la veille d'un combat. Un Médecin fameux renonceroit à l'exercice de fon art, s'il falloit renoncer à l'*Opium*. Voilà d'un côté des panégyriques bien faftueux ; mais de l'autre, quel déchaînement & quelles allégations finiftres ! Ses adverfaires conviennent bien qu'il commence par donner une bonne humeur factice ; mais à cette gaieté artificielle, forcée & dangereufe, fuccedent le bégaiement, le hoquet, l'anxiété, le vomiffement, les fyncopes, l'aliénation de l'efprit, les vertiges, le ris fardonique, la ftupidité, la rougeur au vifage, le gonflement des levres, les difficultés de la refpiration, la fureur, les fueurs froides, la défaillance, la léthargie profonde, & enfin la mort. Que conclure d'affertions auffi difparates ? Ce qu'on peut en inférer raifonnablement, c'eft que fouvent on difpute faute de s'entendre, & qu'on eft du même avis fans le favoir. Les partifans de l'*Opium*, en nous faifant un fi grand étalage de fon effet fur les Turcs & fur d'autres Etrangers, ne doivent pas diffimuler que le changement de climat n'influe & fur les vertus d'une drogue & fur les difpofitions des corps qui la reçoivent. Ils ont d'ailleurs raifon de foutenir les bons effets de l'*Opium* pris avec ménagement & dans les circonftances convenables. A l'aide de ces précautions, il peut recréer la laffitude, égayer la mélancolie, foulager la douleur ; &, caufant aux nerfs un étourdiffement qui les réveille, agit fur eux d'une maniere bienfaifante. Mais en revanche, les ennemis de l'*Opium* font bien fondés à fe récrier contre la fréquence pernicieufe de fon ufage, ou contre la multiplication immodérée de fes dofes. Ce fuc narcotique eft dangereux dès qu'il eft inutile ; & quand fa préfence ne peut produire de bien, elle fait beaucoup de mal. Appliqué extérieurement avec peu de précaution, il relâche les nerfs, & mene de la ftupeur & de la paralyfie à la diffolution de la machine. Pris intérieurement, fon ufage trop continué engourdit, enivre, dégoûte, abat ; &, s'il ne tranche pas toujours la vie, il l'abrege fouvent. C'eft au Médecin habile de diriger vers le bien du malade, les propriétés palliatives de l'*Opium* ; c'eft à lui de prévenir les ravages de cette fubftance meurtriere, qui mine infenfiblement les refforts de l'être & qui peut devenir funefte dans des mains ignorantes ou téméraires. Le péril continuel auquel l'*Opium* expofe ceux qui ofent s'en fervir, nous défend d'entrer ici, fur fa préparation & fon ufage, dans des détails qu'il faut abfolument abandonner à la prudence & à la circonfpection des gens de l'art. C'eft à eux d'en déterminer les dofes, de les agmenter ou de les réduire, d'après l'état du malade, les befoins du tempérament & les circonftances de la maladie. On ne fauroit rien donner de précis là-deffus, & c'eft là furtout que les regles générales doivent être foumifes à une foule d'exceptions particulieres. Au refte, la propriété enivrante & deftructive de l'*Opium* a fait recourir à cette drogue quelques-uns de ces infenfés qui brifent volontairement les liens de leur exiftence, & qui s'imaginent que le froid mortel circulant pefamment dans leurs veines avec l'*Opium*, les dérobera infenfiblement au fardeau de la vie, en leur épargnant l'horreur des approches de la mort. Ce moyen ne leur a pas réuffi.

Le Bon Henri
Chenopodium bonus Henricus. L. S. P.
Ital. Buon Arigo. Angl. English Mercury. Alem. Guter Heinrich.

LE BON-HENRI,

Plante vivace, du nombre des Emollientes.

Lapathum unctuosum folio triangulo. C. B. P. 115. *Chenopodium, Bonus Henricus.* L. S. P.

Tournef. class. 15. sect. 2. gen. 4. Linn. Pentendria digynia. Adans. 35. Fam. des Blitum.

Le Bon-Henri croît naturellement dans les terreins incultes, parmi les décombres & le long des chemins. Sa racine (*a*) est ligneuse, garnie de grosses fibres, attachée profondément en terre. Ses tiges sont nombreuses : elles s'élevent d'un pied & demi ou deux pieds, ordinairement droites, quelquefois couchées à terre : elles sont cannelées, creuses, légérement velues. Les feuilles sont portées alternativement par de longs pétioles : elles ont la forme d'un fer de fleche : elles sont minces, sinuées accidentellement. Les branches sortent de l'angle des pétioles, avec la tige : elles portent elles-mêmes des feuilles qui ne different de celles de la tige que par la grandeur.

Les fleurs naissent au sommet de la tige & des branches, rangées en épi : elles sont monopétales. La corolle est un petit tube, dont l'extrémité est divisée en cinq segments aigus. Nous l'avons représentée (*b*) ouverte & augmentée au microscope. La même figure offre les cinq étamines, qui font l'alternative avec les divisions de la corolle. Leurs antheres sont sphériques & excedent la longueur du tube.

Le pistil (*d*) est composé de l'ovaire & de deux stils, dont les stigmates ne sont point distincts. Toute la fleur repose dans un calice hémisphérique (*c*), lequel est bordé d'une membrane fort mince qui embrasse étroitement des semences (*e*) réniformes.

Le nom de cette plante nous retrace une idée chere, & on se persuaderoit volontiers que ses qualités sont sans nombre, en ce qu'il semble faire allusion avec celui d'un de nos meilleurs Souverains. Quelles que soient ses vertus, leur nombre ne permet pas de supposer qu'on ait voulu faire de comparaison. Elle contient beaucoup d'huile & de sel essentiel, selon Lémery. On l'appelle dans plusieurs endroits épinard sauvage ; aussi peut-elle être substituée aux épinards dans les aliments. Elle tient le ventre libre. Le Chevalier Von-linné rapporte qu'on en fait cet usage dans le nord, & qu'on y mange ses tiges comme les jeunes pousses d'asperges.

Elle est émolliente & laxative. Dodonée assure qu'on l'applique utilement sur les plaies nouvelles, en cataplasme, après avoir coupé & écrasé les feuilles : ce remede réunit la plaie, & la conduit à une prompte cicatrice. Le même Auteur ajoute que cette plante est propre à nettoyer les ulceres & les plaies où la vermine commence à s'engendrer ; qu'elle a la propriété de les détruire : ainsi on peut la regarder comme vulnéraire & détersive.

Simon Pauli l'estime aussi résolutive & anodyne. Il en recommande fort le cataplasme pour la goutte, dont elle appaise merveilleusement les douleurs, en appliquant toute la plante bouillie sur la partie affligée. Cet Auteur rapporte, comme une espece de miracle, la cure qu'il fit d'un Consul tourmenté de la goutte au gros doigt du pied, sur lequel il fit appliquer le cataplasme suivant.

Prenez trois poignées de feuilles de Bon-Henri, avant qu'il soit en fleur, fleurs seches de sureau & de camomille, de chacune deux poignées ; hachez-les ensemble, & faites-les bouillir dans suffisante quantité d'eau de sureau, jusqu'à ce qu'elles soient en pourriture ; ajoutez-y demi-once de gomme caragne, demi-gros de camphre, & faites-en un cataplasme. Le malade fut guéri parfaitement en trois jours.

La Cymbalaire
Antirhinum Cymbalaria. Linn.
Allem. Zimbalkraut.

LA CYMBALAIRE,

Plante annuelle, du nombre des Astringentes.

Cymbalaria. C. B. P. 306. *antirrhinum Cymbalaria.* L. S. P.

Tournef. claff. 3. fect. 4. gen. 2. Linn. Didynamia angiofpermia. Adans. 17. Fam. des Perfonnées.

La Cymbalaire croît communément dans les vieilles murailles, fur les rochers. Elle eft abondante aux environs de Paris, dans les jardins, où elle fe multiplie fi prodigieufement, qu'il eft prefque impoffible de la détruire. Sa racine (*a*) eft menue, garnie d'une infinité de fibres très déliées, par le moyen defquelles elle s'infinue dans les interftices de la pierre où elle s'attache fortement. Ses tiges s'étendent ordinairement de la longueur d'un pied. Dans l'ordre naturel des plantes en général, la direction eft toujours plus ou moins verticale. Notre plante, au contraire, cherche toujours la pente, & elle ne rampe que lorfqu'une furface horizontale arrête la direction naturelle de fon port, de forte que les tiges font fufpendues par la racine. Ses tiges font nombreufes. Nous n'en avons repréfenté qu'une partie, pour éviter la confufion. Les feuilles font portées alternativement par de longs pétioles: elles font prefque rondes, divifées en cinq ou fept fegments. Les branches, ainfi que les fleurs, fortent des aiffelles. Elles portent elles-mêmes des feuilles de même caractere que celles de la tige; elles font nombreufes. Leur quantité rend la plante touffue. Les fleurs naiffent, comme nous l'avons dit, dans les aiffelles des feuilles : elles font portées par des pédicules à-peu-près de même longueur que les pétioles. Elles font irrégulieres, monopétales, de la figure d'un mufle, comme celles du mufle de veau, mais plus petites, terminées à la partie inférieure par une queue femblable à la pointe d'un capuchon. Cette fleur a cinq étamines, dont une eft ftérile. Elle eft vue de profil (*b*), & fa levre fupérieure eft repréfentée (*c*), & fa levre inférieure (*d*). Quand ces fleurs font paffées, il leur fuccede un fruit ou une efpece de coque. Cette coque eft divifée en deux capfules ou loges (*e*), qui font remplies de petites femences plates, fphériques (*f*), & bordées d'une aile prefque imperceptible. Les feuilles font tendres, remplies de fuc, & d'un goût tirant fur l'amer. Toute la plante, felon Lémery, contient beaucoup de phlegme, médiocrement d'huile, peu de fel effentiel. Nous aurons peu de chofe à dire de fes vertus. Le même Chymifte dit qu'elle eft aftringente, rafraîchiffante, humectante. Des indications auffi vagues n'apprennent pas grand'chofe; mais on eft fouvent obligé de fe borner à ces généralités, faute d'expériences qui conftatent les propriétés véritables, ou même faute de propriétés plus abondantes dans le végétal qu'on décrit. L'Hiftorien de la nature n'a pas encore, fur toutes fes productions, les détails qu'un ufage plus attentif & des obfervations multipliées pourront découvrir. Nous n'avons là, pour ainfi dire, que les premieres pages de ce livre immenfe que la nature met fous les yeux des hommes. Au refte, cet article ne feroit encore que trop long, fi l'on vouloit y copier aveuglément tout ce qu'on trouveroit à ce fujet dans certains livres de Botanique. Nous laiffons à la patience infatigable de certains Ecrivains le foin minutieux de copier ce fatras de formules ufées & de recettes incertaines. Nous obferverons pourtant que s'il eft une fcience à laquelle puiffent nuire le goût & la manie des compilations, c'eft fur-tout l'Hiftoire Naturelle. Il n'eft que trop aifé de transcrire des fecrets, des pratiques, des formules qui fe trouvent par-tout, qui fouvent n'ont pas dans leur origine des garants bien fûrs, ou qui n'ont leur application que dans des cas très rares. Réduits à glaner ce qu'on a dit de plus fûr dans une partie où les découvertes ne font pas communes, nous aimons mieux avouer à nos Lecteurs la ftérilité de nos recherches & les bornes de nos connoiffances, que de chercher à y fuppléer par le charlatanifme des compilations infideles. Nous trouvons dans Lémery que la Cymbalaire, prife en décoction, arrête les pertes de fang. Ajoutons à cette obfervation quelques remarques étymologiques. On dérive le nom de Cymbalaire du mot grec *Kumbos*, en latin *cavitas*, en françois, *creux, cavité*, parcequ'en effet les feuilles de cette plante font un peu creufées. Tournefort, Parkinfon & d'autres Botaniftes ont mis dans les caracteres de cette plante, la reffemblance de fes feuilles à celles du Lierre : de là viennent les épithetes d'*hederacea*, & d'*hederaceo folio*. Nous ne nous appefentirons pas fur une autre étymologie, indiquée dans les livres que nous avons fous les yeux. La cavité remarquée dans les feuilles a mérité à la plante le nom de *Nombril de Vénus*, (*Umbilicus Veneris*). Les Botaniftes ont eu quelquefois, comme on voit, affez de galanterie dans l'imagination, pour affimiler à des objets agréables les feuilles ou les fleurs dont la dénomination leur appartenoit. Ce nom d'*Umbilicus Veneris* eft auffi celui d'une autre plante ; voyez fon article.

L'Agripaume ou la Cardiaque.
Leonorus Cardiaca, Linn. S. P.
Ital. Agripalma. Angl. Mother-wort. Allem. Herzgespannkraut.

124

L'AGRIPAUME, ou LA CARDIAQUE,

PLANTE VIVACE, DU NOMBRE DES ALEXITERES.

Marrubium Cardiaca dictum. C. B. P. 230. *Leonorus Cardiaca.* L. S. P.

TOURNEF. claff. 4. fect. 1. gen. 6. LINN. Didynamia gymnofpermia. ADANS. 15. Fam. des Labiées

L'AGRIPAUME se rencontre communément dans les terreins rudes & pierreux, contre les haies, au pied des murailles & dans les terreins incultes. Sa racine (*a*) eft forte & longue, garnie d'un grand nombre de fibres près de la furface de la terre. La beauté de fon port pourroit lui valoir une place dans les grands parterres, où elle donneroit une belle verdure durant toute la belle faifon. Les tiges font nombreufes. Elles s'élevent à la hauteur d'un homme; elles font quadrangulaires & fermes. Les feuilles font portées deux à deux le long des tiges: celles d'en bas font divifées en leur bord: à mefure qu'elles approchent du fommet, elles perdent leurs divifions, & finiffent par n'être que lancéolées. Chacune d'elles eft portée par un fort pétiole qui la foutient horifontalement. Les branches fortent deux à deux des angles que forment les pétioles avec la tige, & portent les mêmes caractères qu'elle.

Les fleurs naiffent vers le fommet de la tige dans les mêmes angles qui plus bas donnent naiffance aux branches. Nous avons repréfenté la fleur fous plufieurs points de vue, & plus grande que nature, pour en faciliter l'examen: elle eft montrée de profil dans la figure (*b*). L'ouverture ronde qui eft à la bafe de la corolle, fert de paffage au piftil. La figure (*c*) offre la fleur auffi de profil avant fon épanouiffement, & montre d'une maniere fenfible le poil qui couvre la corolle. Dans la figure (*d*) on voit la fleur de face. La levre fupérieure eft obtufe & arrondie à fon extrémité, beaucoup plus longue que l'inférieure. Celle-ci eft divifée en trois parties, dont la mitoyenne eft un peu plus large que les latérales. Les quatre étamines font attachées aux parois de la corolle, ainfi que dans les autres fleurs labiées.

Le piftil (*e*) eft compofé de l'ovaire, du ftil & de deux ftigmates. Il repofe au fond du calice (*f*), lequel eft un tube divifé en cinq dents aiguës, évafé à fon extrémité, & diminué à fa bafe comme on l'a repréfenté (*g*) vu par derriere. Les quatre graines (*h*) compofoient l'embryon avant fa maturité, & la ficcité les fépare.

L'AGRIPAUME contient beaucoup de fel effentiel & d'huile, au rapport de Lémery. Toute la plante répand une odeur forte. On l'emploie en décoction à la dofe d'une poignée; on en fait des tifanes, & on la prend en poudre. Elle eft cordiale, déterfive, atténuante & deffficative. Plufieurs Auteurs la recommandent dans la cardialgie des enfants & dans la palpitation de cœur. Son ufage favorife les écoulements périodiques. Elle aide l'accouchement, facilite la refpiration & excite l'urine. Elle paffe pour réparer les efprits, étant prife en poudre.

LE MARRUBE BLANC,

PLANTE VIVACE, DU NOMBRE DES HYSTÉRIQUES.

Marrubium album vulgare. C. B. P. 230. *Marrubium vulgare.* L. S. P.

TOURNEF. claff. 4. fect. 3. gen. 2. LINN. Didynamia gymnofpermia. ADANS. 25. Fam. des Labiées.

Les terreins incultes & les bords des chemins abondent en Marrube blanc. La rigueur des faifons n'a qu'un foible empire fur ce robufte végétal. On le rencontre encore l'hiver après que les gelées ont détruit les plantes voifines. Sa racine (*a*) eft fimple, ligneufe & fibreufe. Ses tiges font ordinairement nombreufes & raffemblées par paquets; elles s'élevent à la hauteur d'un pied; elles font quarrées, noueufes, couvertes de poils courts & cotonneux.

Les feuilles font oppofées deux à deux à chaque nœud de la tige, où elles font portées par des pétioles affez longs: ces feuilles font ovales, crenelées en leur bord, extrêmement ridées, couvertes d'un léger duvet, femblable à celui des tiges, qui les fait paroître de couleur blanchâtre, quoiqu'elles foient naturellement d'un affez beau verd, comme il eft aifé de le remarquer à celles qui croiffent dans un terrein gras: alors le duvet forme une nuance moins fenfible qu'à celles qui naiffent dans un fol fec, pierreux ou fablonneux.

Les branches fortent auffi des nœuds de la tige, & portent les mêmes caracteres qu'elle. Les fleurs naiffent vers le haut des branches, rangées circulairement autour des nœuds qui fupportent les feuilles: elles font compofées d'un feul pétale (*b*) à deux levres; la fupérieure (*c*) eft relevée & fendue en deux dans prefque toute fa longueur; l'inférieure (*d*) eft divifée en trois parties, dont la moyenne eft large & découpée en cœur, & les deux latérales étroites & arrondies. Les quatre étamines font attachées intérieurement à la corolle, de maniere que chacune des levres en porte deux.

Le piftil (*e*) eft compofé de l'ovaire, du ftil, & eft terminé par un feul ftigmate; il repofe au fond du calice (*f*), lequel eft un tube que nous avons repréfenté ouvert (*g*), qui eft divifé depuis cinq jufqu'à dix dents minces & aiguës. Une partie de ces dents fe recourbent en dedans comme pour protéger la maturité de l'embryon. L'ovaire donne quatre graines (*h*) ovoïdes & noirâtres.

Le MARRUBE BLANC eft regardé par M. de Juffieu comme une des plantes dont les vertus foient le mieux conftatées. Toute la plante rend une odeur aromatique, forte & agréable; elle contient beaucoup de fel effentiel & d'huile, au rapport de Lémery. On employe les feuilles & les fommités dans les infufions & les décoctions apéritives & hyftériques. Une petite poignée de Marrube blanc, infufée ou bouillie légerement dans du bouillon de veau, ou même dans l'eau fimple, eft un très bon remede dans l'afthme, dans les toux continuelles & dans les rhumes opiniâtres.

Cette plante eft un grand fondant & un bon apéritif. Foreftus, Harthman & Zacutus la recommandent pour les tumeurs du foie, même celles qui font fquirreufes. Chomel dit avoir vu guérir deux perfonnes d'un fquirre dans la région du foie, par un long ufage de l'infufion d'une petite poignée de feuilles de Marrube blanc dans un demi-feptier de vin blanc, qu'elles ont continué pendant plufieurs mois tous les matins. M. Ray affure que la décoction du Marrube blanc eft très utile dans l'affection hypocondriaque & la paffion hyftérique.

On prépare un firop de Marrube appellé *Syrupus de praffio*, dont une ou deux onces s'ordonnent avec fuccès pour la fuppreffion des mois; on y joint quelques préparations de Mars pour rendre le remede plus efficace. Le Marrube blanc entre dans les pilules d'Agaric, dans *l'Hiera-diacolocynthidos*, dans *l'Hiera-Logodii*, dans la thériaque & dans la poudre *Diapraffii* de Nicolas d'Alexandrie.

Marrubium vient, à ce que l'on prétend, du mot hébreu *marrob* qui fignifie *fuc amer*: Stapel tire ce nom du mot latin *marcidum*, qui fignifie *flétri*, à caufe que les feuilles du Marrube font ridées, & comme flétries.

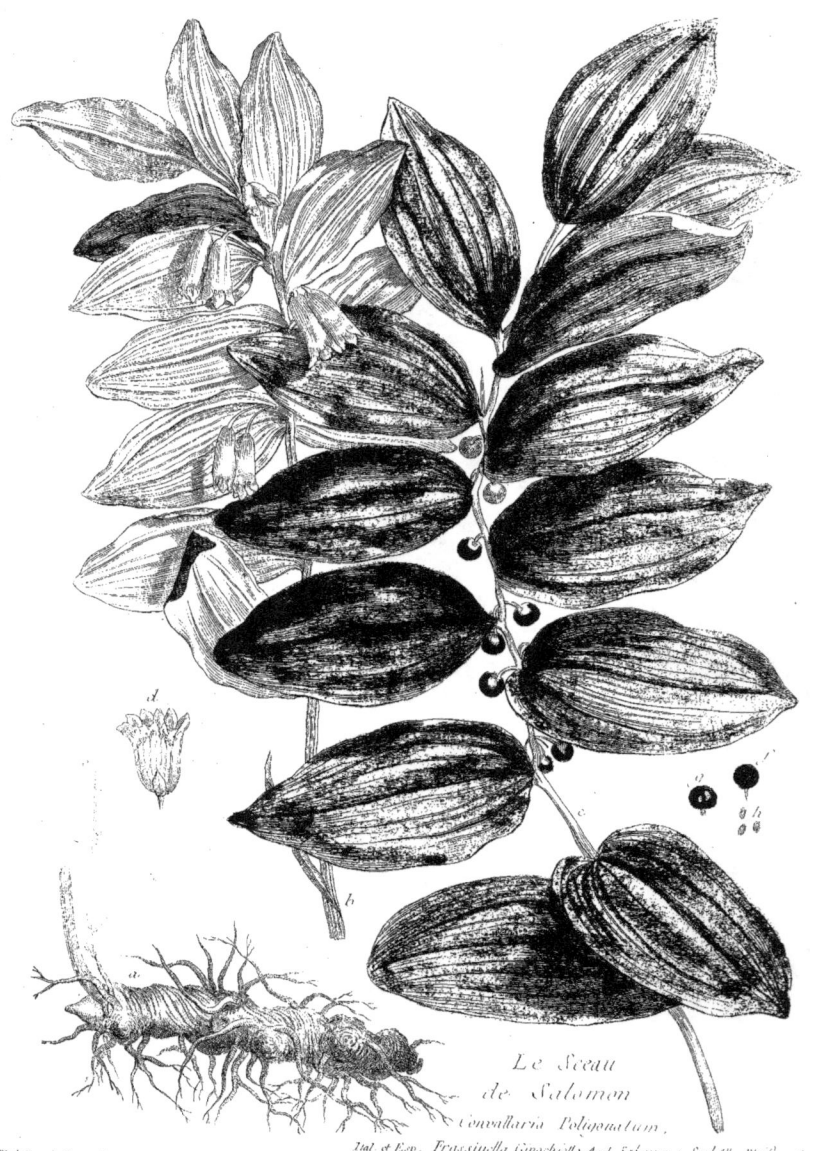

Le Sceau de Salomon
Convallaris Polygonatum

LE SCEAU DE SALOMON,

Plante vivace, du nombre des Astringentes.

Polygonatum latifolium vulgare. C. B. 303. *Convallaria Polygonatum.* L. S. P.

Tournef. claff. 1. fect. 2. gen. 2. Linn. hexandria monogynia. Adans. 8. Fam. des Liliacées.

On a donné à cette plante le nom de Sceau de Salomon par rapport à la configuration de sa racine (*a*), parcequ'on a cru trouver dans les nœuds multipliés & dans la naissance des rejettons quelque ressemblance avec un cachet : cette racine est couchée horizontalement à fleur de terre ; elle produit beaucoup de rejettons. La tige s'éleve d'environ un pied & demi, elle est simple. Nous en avons représenté deux pour faire voir la feuille dans ses différents sens. La tige (*b*) qui porte les fleurs montre les feuilles par dessous ; & la tige (*c*), portant les fruits, offre le dessus. C'est de ce sens qu'elle s'offre ordinairement à la vue dans les bois. Les feuilles sont rangées le long de la tige alternativement, & se terminent par une impaire ; elles sont ovales, terminées en pointe : leurs nervures sont longitudinales. Les fleurs naissent deux à deux & quelquefois seules dans les aisselles des feuilles, portées par des pédicules foibles, qui les laissent pencher derriere la tige. Les fleurs sont monopétales : l'extrémité de la corolle est divisée en six dents. Nous avons montré cette corolle (*d*) avec les étamines qui s'attachent à ses parois. Le pistil (*e*) sort du fond de la corolle : il est composé d'un ovaire, d'un stile, & d'un seul stigmate : il devient un fruit ou baie charnue (*f*), coupé transversalement (*g*), contenant les semences (*h*) dures & ovoïdes.

La racine du Sceau de Salomon a un goût douceâtre. Elle contient du flegme, de l'huile & du sel essentiel. Cette plante croît naturellement dans les bois, où elle se multiplie par ses racines qui tracent. Ces parties sont d'un usage très familier pour les descentes. Chomel dit en avoir souvent donné à des enfants avec succès : pour cela on en fait infuser une once coupée par morceaux dans demi-septier de vin blanc pendant vingt-quatre heures, qu'on fait boire ensuite en deux ou trois prises chaque jour : il faut continuer pendant huit ou quinze jours, & appliquer sur l'hernie de la même racine pilée & un bandage par-dessus ; des personnes plus avancées en âge s'en sont fort bien trouvées. Mathiole fait grand cas de la conserve des racines pour la même maladie. Schroder assure que quatorze ou quinze fruits de notre plante provoquent le vomissement : on dit qu'un gros de sa racine fait de même ; cependant Chomel assure qu'il n'a pas trouvé que ceux à qui il a fait prendre l'infusion dont je viens de parler, aient eu la moindre nausée. Cette plante, étant astringente, peut être fort utile dans les fleurs blanches. Palmer, après M. Herman, nous la donne pour un bon remede contre la goutte, si l'on en fait boire l'infusion faite dans la biere. Sa racine est excellente pour les échimoses & meurtrissures, c'est pour cet effet qu'elle entre dans l'emplâtre d'Adrianus à Mynsicht. Sennert & Ethmuller confirment cette vertu, soit qu'on en applique la racine pilée sur la partie meurtrie, soit cuite & en cataplasme. Quelques-uns en font un avec deux parties de cette racine & une de grande consoude, cuites dans peu d'eau, & passées ensuite par le tamis : il faut l'appliquer en cataplasme un peu chaudement. C'est Ethmuller qui propose cette formule.

La tisane avec la racine de Sceau de Salomon est bonne pour la gravelle. Son eau distillée décrasse le teint & l'embellit, au rapport de Cesalpin. La décoction de toute la plante guérit la gale & les autres maladies de la peau.

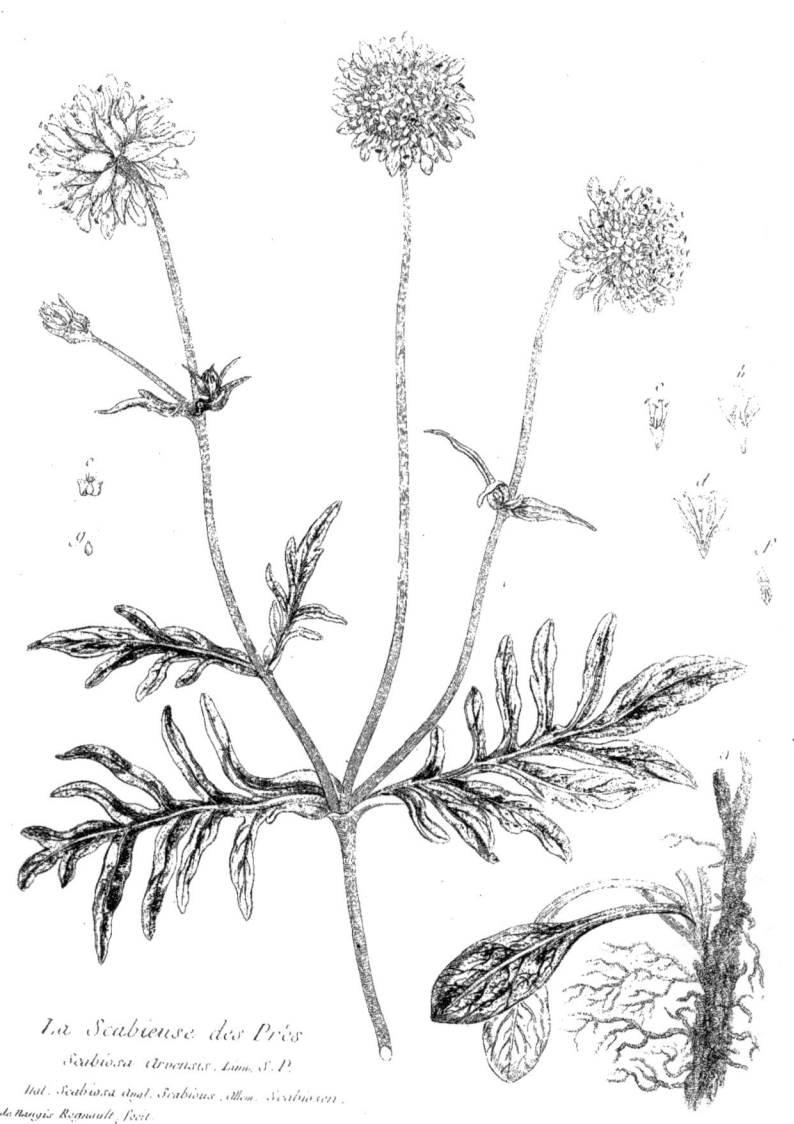

La Scabieuse des Prés
Scabiosa arvensis. Lam. S. P.

LA SCABIEUSE DES PRÉS,

PLANTE VIVACE, DU NOMBRE DES DIAPHORÉTIQUES.

Scabiosa pratensis hirsuta, quæ officinarum. C. B. 269. *Scabiosa arvensis.* L. S. P.

TOURNEF. class. 12. sect. 6. gen. 1. LINN. Tetrandria monogynia. ADANS. 10. Fam. des Scabieuses.

La SCABIEUSE DES PRÉS croît assez communément dans les champs & le long des haies. Sa racine (*a*) est un pivot garni de fibres rameuses : elle porte d'abord des feuilles radicales de forme oblongue, soutenues par de longs pétioles qui font partie de la feuille. La tige s'élève d'environ deux pieds : elle est ronde, creuse, velue, & rude au toucher. Les feuilles caulinaires sont ailées ; elles naissent opposées deux à deux le long de la tige, qu'elles embrassent par leur réunion : elles sont amples, découpées en lanieres & velues comme la tige. Les branches naissent dans les aisselles des feuilles, & portent les mêmes caractères que la tige. Les feuilles perdent de leurs divisions à mesure qu'elles approchent du sommet. Les fleurs naissent au sommet de la tige & des branches ; elles sont composées d'une multitude de fleurons rassemblés dans un calice commun ; lequel est divisé en plusieurs folioles, comme il est démontré dans la fleur vue par derriere : toutes ces folioles entourent un réceptacle convexe. Les fleurons du disque (*b*) different de ceux de la circonférence : ils sont monopétales, divisés en quatre ou cinq découpures presque égales, portés par un calice particulier (*c*) qui repose sur le réceptacle commun. Les fleurons de la circonférence (*d*) sont portés par des calices semblables : les découpures sont inégales : la dent extérieure est constamment plus grande que les autres. Tous ces fleurons ont quatre étamines, & un pistil qui ne differe dans les uns & dans les autres que par la grandeur, comme on le voit dans les deux précédentes figures. L'embryon est droit & simple, enfermé dans un corps charnu, représenté ouvert (*e*), formant le fruit (*f*), lequel est surmonté d'une radicule qui pointe vers le Ciel. La graine est représentée nue (*g*).

La SCABIEUSE DES PRÉS est d'un goût légèrement amer : elle contient du sel essentiel & de l'huile. Le suc ou la plante pilée s'applique extérieurement pour guérir la gale.

Les feuilles & les fleurs de cette plante sont employées pour faire l'eau distillée de Scabieuse, qu'on ordonne communément avec celle de Chardon-bénit, & à même dose, pour les potions diaphorétiques & cordiales. Cette plante est aussi très propre à faciliter l'expectoration dans les maladies de la poitrine ; son suc, depuis trois onces jusqu'à six, est sudorifique, alexitere, béchique & vulnéraire. On prétend qu'il est excellent dans les ulceres & les abscès des parties internes. Dans la petite vérole, la rougeole & les fievres malignes, on fait suer avec un demi-gros de thériaque & un demi-grain de laudanum dans six onces d'eau de Scabieuse. On fait un sirop avec le suc exprimé de toute la plante, qui est très propre pour les maladies de la peau : il faut en même temps bassiner les parties malades avec la décoction de la plante, à laquelle on ajoute trois cuillerées d'eau-de-vie camphrée sur chaque pinte de liqueur : cette décoction est bonne pour les dartres ; mais il faut les bassiner avec pendant un mois, & user pendant ce temps-là du sirop. L'eau distillée de Scabieuse, bue par cuillerées, abat les vapeurs. Taberna-Montanus dit que son suc, mêlé avec un peu de borax & de camphre, emporte ces taches blanches que l'on voit souvent sur la cornée.

Fallope & Valeriola assurent que cette plante est un des meilleurs remedes qu'on puisse employer pour le charbon. Ce dernier Auteur se servoit avec succès du mélange suivant.

Prenez des sucs de grande consoude, de la Scabieuse & du souci sauvage, une once de chacun ; de la vieille thériaque, quatre scrupules ; un gros de sel avec deux jaunes d'œufs ; mêlez le tout ensemble & en faites une espece d'onguent que vous appliquerez sur le charbon après l'avoir scarifié. L'escarre tombée, on acheve la guérison avec l'onguent d'ache, ou celui qu'on vient de décrire. M. Garidel a souvent éprouvé ce remede avec succès.

LE MÉLILOT, ou MIRLIROT,

Plante bisannuelle, du nombre des Carminatives.

Melilotus officinarum Germaniæ. C. B. 331. *Trifolium Melilotus officinalis.* L. S. P.

Tournef. claff. 10. fect. 4. gen. 3. Linn. Diadelphia decandria. Adans. 43. Fam. des Légumineufes.

Le Mélilot croît abondamment dans les prés ; on le rencontre le long des chemins, dans les lieux fecs & arides, & fur les vieilles murailles. Sa racine (*a*) eft fibreufe : elle s'étend profondément en terre. Ses tiges s'élevent plus ou moins, fuivant la qualité des terres. Il s'en trouve de très baffes, & on en a vu à la hauteur d'un homme : elles font ordinairement droites, quelquefois couchées à terre. Les feuilles font alternes, portées par de longs pétioles, compofées de trois folioles ovales, légèrement dentées. La foliole impaire s'éloigne des autres, par la prolongation du pétiole. La bafe de ce pétiole eft garnie de deux ftipules. Les branches fortent de cette même bafe & portent des feuilles du même caractere que les tiges. Les fleurs naiffent au fommet des unes & des autres, rangées en épi terminal ; elles font portées par un pédicule court & foible, lequel eft accompagné de la bafe d'une feuille florale imperceptible. Chacune de ces fleurs eft compofée, comme toutes les légumineufes, de l'étendard ou pétale fupérieur (*b*), de deux latéraux (*c*), de la carène ou pétale inférieur (*d*), du piftil (*e*), qui eft enveloppé par le faifceau d'étamines (*f*) : ce faifceau eft repréfenté ouvert (*g*). Les dix étamines qui le compofent fe réuniffent à leur bafe par une membrane légere, qui forme un tube. Toutes les parties de la fleur font raffemblées dans le calice (*h*), lequel eft divifé en cinq dents. Le piftil devient un fruit légumineux à deux valves (*i*), qui s'ouvrent longitudinalement, comme nous l'avons repréfenté (*k*), & renferme deux à quatre graines (*l*) ovoïdes & applaties.

Le Mélilot contient beaucoup d'huile à demi exaltée & de fel effentiel. Toute la plante eft d'ufage en Médecine. Elle eft non feulement carminative, mais adouciffante & émolliente, réfolutive & apéritive. Ses fleurs s'emploient par préférence à fes feuilles ; on les mêle avec les fleurs de Camomille, une petite poignée de chacune, qu'on fait bouillir légèrement dans deux pintes d'eau : cette tifane eft propre à modérer les douleurs de la colique, à calmer les inflammations du bas-ventre, & à foulager les malades affligés de la rétention d'urine. Dans les lavements carminatifs, émollients & adouciffants, rien n'eft plus en ufage que le Mélilot & la Camomille dans l'eau commune, ou dans du bouillon de tripes, & on ajoute quelques gouttes d'huile d'anis à la décoction paffée. On emploie auffi ces plantes dans les cataplafmes réfolutifs, dans les bains & demi-bains, pour la colique néphrétique. Faites bouillir quelques poignées de Mélilot & de Camomille dans une quantité d'eau fuffifante ; trempez dans cette décoction un morceau de drap ou de flanelle de la largeur du bas-ventre, & après l'avoir exprimé légèrement, appliquez-le le plus chaud que vous pourrez fur le ventre ; renouvellez cette fomentation de deux heures en deux heures, & couvrez le ventre de linges chauds. Chomel dit que ce remede lui a fouvent réuffi dans la colique venteufe, dans l'hydropifie tympanite, & dans la tention douloureufe du bas-ventre : lorfqu'il eft menacé d'inflammation, on peut y ajouter des herbes émollientes, dont nous parlerons ci-après.

Simon Pauli employoit la fomentation fuivante dans la pleuréfie. Prenez des fommités de Mélilot, de Pariétaire, deux poignées ; de guimauve, une poignée & demie ; de fleurs de Camomille, demi-poignée ; faites bouillir le tout dans une quantité d'eau fuffifante, pour en faire de fréquentes fomentations fur le côté.

Pour les tumeurs des bourfes, on fait bouillir des oignons de lis, des feuilles de ciguë & de jufquiame : on les paffe par le tamis ; fur une demi-livre de cette pulpe ou bouillie, on ajoute une once de poudre de fleurs de Mélilot, de Camomille & de petite Abfinthe : fi ce mélange eft un peu trop folide, on l'humecte avec un peu d'huile rofat ou d'huile de vers, ou quelques gouttes d'huile fœtide de tartre : quelques-uns ajoutent les quatre farines réfolutives. Ce cataplafme eft propre pour les tumeurs des autres parties. Le fuc des fleurs de Mélilot, ou l'infufion de ces parties dans l'eau bouillante, appaife l'inflammation des yeux ; fur-tout fi, après l'avoir retirée du feu, on y ajoute un peu d'efprit-de-vin camphré, & qu'on paffe le tout par un linge pour en féparer le camphre inutile.

L'eau diftillée des fleurs de Mélilot eft d'une odeur affez agréable. Céfalpin remarque qu'elle augmente celle des autres eaux aromatiques avec lefquelles on la mêle ; c'eft pour cela qu'on l'emploie dans l'eau de Cordoue.

Le Mélilot a donné le nom à l'emplâtre de Mélilot ; il entre dans quelques autres compofitions, entre autres, dans l'emplâtre de cire fi eftimé pour les contufions.

La Chélidoine ou l'Éclaire.
Chelidonium Majus Lann.

LA CHELIDOINE, ou L'ECLAIRE,

Plante vivace, du nombre des Ophthalmiques.

Chelidonium majus vulgare. C. B. P. 144. *Chelidonium majus.* L. S. P.

Tournef. claff. 5. fect. 6. gen. 1. Linn. Polyandria monogynia. Adans. 53. Fam. des Pavots.

La Chelidoine fe rencontre abondamment au pied des vieux murs, dans les foffés, dans les maffifs des parcs, & le long des villages. Sa racine (*a*) eft un pivot garnit de groffes fibres rondes, tendres, faciles à rompre, creufes & remplies d'un fuc jaune, qui fe répand dans toutes les parties de la plante. Cette racine porte ordinairement plufieurs tiges qui s'élevent d'environ un pied & demi. Nous avons montré les bafes coupées près de la racine pour faire voir l'abondance du fuc dont elles font empreintes. Ces tiges font rondes & velues, creufes comme les fibres de la racine. Les feuilles naiffent alternativement le long de la tige; elles font compofées de plufieurs folioles inégales, découpées régulierement, rangées deux à deux fur une même côte, terminées par une triple foliole conftamment plus grande que les autres, defquelles la grandeur dim inue à mefure qu'elles approchent de la bafe du pétiole : toutes ces folioles fe communiquent plus ou moins par la membrane foliaire qui regne le long du pétiole. Le pétiole embraffe une partie de la tige par le moyen d'une membrane large qui lui fert de bafe. Les branches fortent de la bafe des pétioles, & portent des feuilles femblables à celles de la tige.

Les fleurs font portées au fommet des branches par de longs pédicules cylindriques & velus, lefquels fe divifent à leur extrémité en plufieurs rayons comme les ombelles; chacun de ces rayons ou péduncules porte une fleur à quatre pétales (*b*), au centre defquelles s'éleve le piftil (*c*) qui eft terminé par un ftigmate ovoïde couché; il eft entouré de trente étamines, dont les bafes s'attachent au péduncule du calice, au deffous du piftil. Le calice eft compofé de deux feuilles ovales qui enveloppent les pétales avant leur épanouiffement, qui font colorées comme eux, & qui tombent auffi-tôt que ceux-ci n'ont plus befoin de leur fecours. Le piftil devient, en mûriffant, une filique longue, repréfentée ouverte (*d*), a deux valves féparées par une cloifon membraneufe (*e*), qui fait l'office de placenta; elle eft bordée de deux nervures, auxquelles s'attachent alternativement les graines (*f*).

La Chelidoine contient beaucoup de fel effentiel & d'huile. Le fuc, dont toutes les parties de la plante font remplies, eft d'une odeur forte & d'un goût âcre & amer. On emploie toute la plante en Médecine : l'eau diftillée qu'on en retire eft en ufage pour nettoyer les ulceres qui fe forment aux glandes des paupieres. Son fuc, mêlé avec pareille quantité d'eau rofe, fait le même effet : on applique fur l'œil de petites compreffes trempées dans cette liqueur. Le fuc d'Eclaire feule guérit les taies, étant un puiffant déterfif. On s'en fert non feulement pour les ulceres, les démangeaifons & pour les autres maladies des yeux, mais encore pour la gale & les ulceres des autres parties du corps, pour les contufions & les meurtriffures. L'herbe pilée ou bouillie, appliquée en cataplafme avec un peu d'eau-de-vie, eft un très bon réfolutif. Le fuc jaune de cette herbe, mis fur les verrues, après leur avoir coupé & découvert les racines, les guérit affez furement, comme fait le fuc laiteux du tithymale & des autres plantes âcres & corrofives.

La racine de cette plante, lavée & coupée par morceaux, infufée enfuite dans de fort vinaigre avec du fel, fournit un remede qui n'eft pas à méprifer pour en baffiner les dartres : trois poignées de fes feuilles hachées, mêlées avec l'avoine ou le fon, font bonnes pour la toux des chevaux.

Le remede fuivant eft utile dans les vapeurs, & pour les maladies du poumon, qu'on appelle confomption.

Mettez dans un alambic en digeftion pendant huit jours douze livres d'éclaire, trente-fix écreviffes de riviere, dépécées & pilées légerement, deux livres de miel; lutez l'alambic, & diftillez au bain marie : l'eau qu'on en tire fe boit depuis deux onces jufqu'à quatre : elle eft propre auffi pour les ulceres des yeux.

L'Eclaire eft un excellent apéritif & hépatique : l'infufion d'une bonne pincée de fes feuilles, macérées à froid pendant la nuit dans un verre de petit-lait, avec un gros de crème de tartre, guérit la jauniffe & les pâles couleurs. La racine de cette plante à une once, infufée dans chopine de vin blanc, avec demi-once de teinture de Mars, eft utile dans l'hydropifie : on paffe cette infufion, & on en fait prendre trois onces deux fois par jour. Cette racine paffe pour cordiale & fudorifique; & Julien Poulmier, Médecin de la Faculté de Paris, la recommande dans la pefte : il en faifoit boire le fuc avec le vin blanc & un peu de vinaigre rofat, & cette potion excitoit une fueur falutaire. Cette racine entre dans plufieurs compofitions cordiales & alexiteres, dans l'onguent de la Comteffe, & dans le Diabotanum.

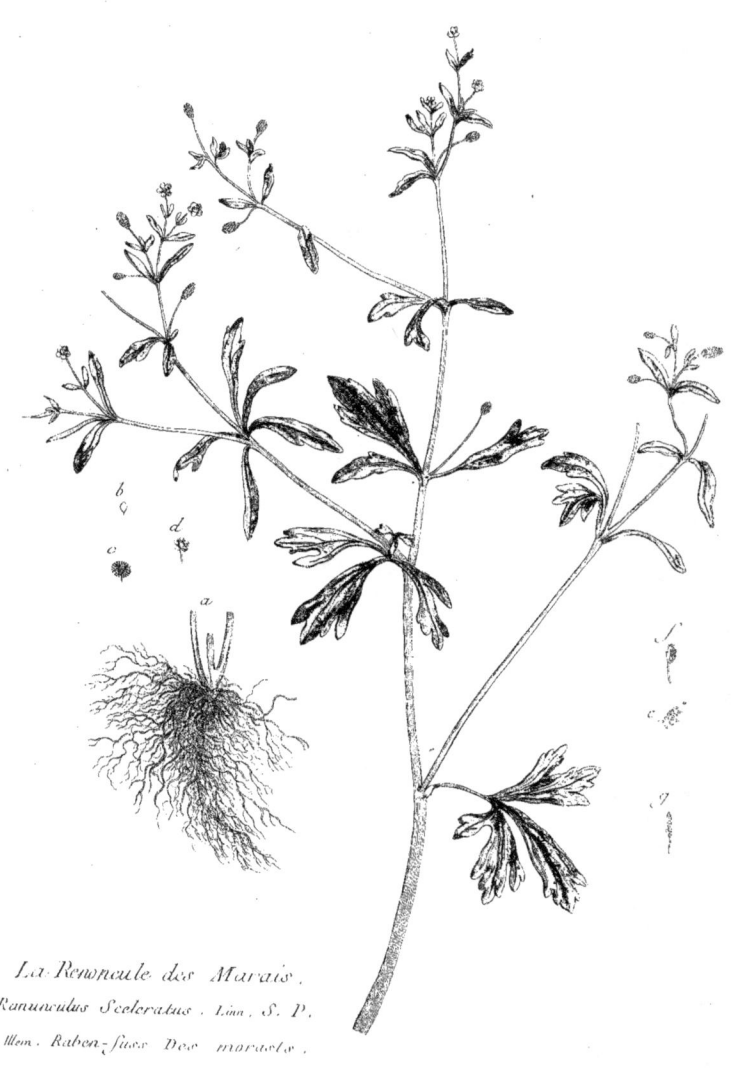

La Renoncule des Marais.
Ranunculus Sceleratus. Linn. S. P.
Allem. Raben-fuss Des marais.

LA RENONCULE DES MARAIS,

Plante annuelle, du nombre des Caustiques.

Ranunculus palustris apii folio levis. C. B. P. 180. *Ranunculus sceleratus.* L. S. P.

Tournef. class. 6. sect. 8. gen. 3. Linn. Polyandria poligynia. Adans. 55. Fam. des Renoncules.

De toutes les espèces de Renoncules celle des marais est la plus malfaisante, & celle qui mérite le plus qu'on en donne une description exacte, pour mettre les amis de l'humanité & les propriétaires de bestiaux à portée de la détruire, pour les raisons qu'on verra ci-après. On la rencontre communément dans les terreins humides, près des eaux croupissantes, au bords de quelques étangs, & particuliérement dans les marais, d'où elle a tiré son nom. Sa racine (*a*) est creuse & fibreuse. Ses tiges s'élevent d'environ un pied ; elles sont légérement cannelées, creuses & rameuses. Les feuilles naissent alternativement le long de la tige ; celles d'en bas sont portées par des pétioles dont la base est membraneuse & forme un léger gonflement à son insertion avec la tige. Ces pétioles semblent n'être qu'une partie de la feuille qui se prolonge depuis la base jusqu'au centre, où elle se divise en trois lobes, dont le mitoyen est allongé & dentelé à son extrémité assez symmétriquement, & les latéraux sont découpés profondément & inégalement, & se terminent aussi par quelques dentelures : les feuilles qui naissent vers le milieu de la tige n'ont point ces pétioles ou cette partie de la feuille prolongée ; elles ont au reste les mêmes caractères des précédentes, qu'elles perdent cependant à mesure qu'elles naissent plus près du sommet de la tige & des branches, où elles finissent par n'être plus que de petites feuilles longues, étroites, sans aucune dentelure.

Les branches sortent des aisselles des feuilles ; elles produisent de nouveaux rameaux, & portent des feuilles de la seconde espèce que nous venons de décrire, celles d'en bas ne se trouvant qu'à la tige.

Les fleurs naissent au sommet de la tige & des branches : elles sont portées par de petits rameaux qui font l'office des pédicules. Elles sont rosacées, composées de cinq pétales (*b*) ovales, terminés à leur base par un onglet, où se trouve placé un cornet, comme dans les autres espèces de Renoncules ; ce cornet devient imperceptible par la petitesse de la fleur. Les soixante étamines (*c*) sont rangées autour du pistil (*d*), lequel est placé au centre d'un calice composé de cinq feuilles rondes, dont la chûte n'attend pas la maturité du fruit. Le pistil devient un fruit (*f*) composé d'une multitude de capsules attachées autour du placenta (*g*) renfermant de petites semences (*e*) brunes & lisses.

La Renoncule des Marais a la réputation d'être propre à résoudre les tumeurs scrophuleuses ; mais les dangers auxquels on s'expose en maniant cette plante inconsidérément, doivent engager à recourir à d'autres remedes : ses vertus, appliquée extérieurement, sont très bornées, & ses qualités malfaisantes effraient. Prise intérieurement à la plus petite quantité, elle est mortelle. Son action sur le diaphragme excite des convulsions horribles, qui se manifestent sur les traits du visage, & occasionnent une espèce de rire qu'on a nommé *Ris Sardonique*, à cause du nom de *Sardonia, seu herba Sardoa*, que porte aussi cette plante, parcequ'elle croissoit autrefois abondamment en Sardaigne : le ravage qu'elle fait dans l'estomac est bientôt suivi de la mort, si l'on n'a promptement recours aux vomitifs & aux remedes onctueux pour en émousser la causticité.

Son action sur les bestiaux n'est pas aussi bien avérée ; mais nous croyons, ainsi que beaucoup d'observateurs, que c'est au moins une nourriture nuisible pour eux.

LE SERPENTAIRE,

Plante vivace, du nombre des Hépatiques.

Dracunculus polyphyllus. C. B. P. 195. *Arum Dracunculus.* L. S. P.

Tournef. claff. 3. fect. 1. gen. 2. Linn. Gynandria polyandria. Adans. 56. Fam. des Arum.

La Serpentaire se trouve naturellement dans les provinces méridionales de France ; on l'obtient dans les climats tempérés par la voie de la culture, on la rencontre fréquemment en Bretagne. Sa racine (*a*) est une grosse bulbe charnue, garnie de plusieurs fibres ; elle ne porte qu'une seule tige, haute d'environ trois pieds, grosse, cylindrique, lisse, tachetée de marques brunes comme la peau d'un serpent ; cette marbrurea valu à la plante le nom de Serpentaire. Les feuilles sont portées par de longs & forts pétioles (*b*) ; elles sont composées de plusieurs folioles au nombre depuis cinq jusqu'à dix ; ces folioles sont entieres, longues & terminées en pointe, rangées sur deux divisions du pétiole qui se partagent & s'étendent latéralement ; & réunies à leur base par une membrane commune qui les y attache. La fleur est ordinairement solitaire au sommet de la tige ; cette fleur (*c*) est composée d'une seule feuille irreguliere terminée en pointe, large à sa base, se roulant sur elle-même comme un cornet ; par ce roulement elle forme une espece de tube dans lequel sont renfermées les parties sexuelles. Les étamines sont rangées en anneau au-dessus des ovaires qu'elles touchent, elles sont au nombre de six cents, suivant M. Adanson. Le pistil est composé de deux à trois cents ovaires, d'un stil court, & du stigmate (*d*) qui a la figure d'une corne. Les ovaires deviennent par la maturité autant de baies molles, cylindriques, rangées en épi (*e*) autour de la base du pistil. Nous avons représenté une de ces baies entiere (*f*), & coupée transversalement (*g*) : elles sont partagées en trois loges qui renferment les semences (*h*).

La fleur de la Serpentaire est d'une odeur désagréable. La plante contient beaucoup de sel essentiel & fixe, & de l'huile. Sa racine est purgative ; elle détache les humeurs grossieres, pituiteuses & visqueuses ; elle purge les sérosités ; on la fait sécher & on la prend en poudre. La dose en est depuis un scrupule jusqu'à une dragme. Ses feuilles sont détersives & vulnéraires ; on les estime propres pour résister au venin, contre les morsures des serpents. La racine de cette plante est très âcre & très brûlante lorsqu'elle est fraîchement tirée de terre, mais seche & mise en poudre ; elle perd son âcreté, & on en donne depuis un demi-gros jusqu'à un gros, avec un peu de sucre & de cannelle en poudre pour les pâles couleurs, dans la jaunisse, les embarras du foie & des autres visceres ; on la mêle dans les opiates mésentériques & apéritifs. Cette plante est hépatique, apéritive, béchique, purgative, vulnéraire & détersive. La racine dissout & fond la limphe épaisse & glaireuse, qui, dans l'asthme & dans la veille toux, enduit ordinairement les vésicules du poumon, & qui, dans la cachexie, le scorbut, les fievres intermittentes, & les maladies longues & opiniâtres, corrompt le levain des premieres voies, & farcit les visceres. Demi-once de racine de Serpentaire fraîche, pilée & passée par le tamis, mêlée avec trois gros de menthe & un peu d'absinthe en poudre, & malaxée ensemble avec suffisante quantité de miel & de suc de coing mêlé en pareille quantité, font un opiate excellent pour purger les cachectiques. Antoine Constantin s'en servoit avec succès. Les feuilles de Serpentaire pilées & appliquées sur les ulceres des hommes & des chevaux, les nettoient en peu de temps : l'eau distillée est aussi détersive & nettoie le visage ; le suc de sa racine porté dans le nez avec une tente faite exprès, consume le polype du nez, selon Riviere. Si ce suc est trop âcre, il faut y mêler la décoction ou l'eau de Plantain.

l'Hélianthème, Fleur du Soleil ou Hyssope des garigues.
Cistus Helianthemum L. S. P.
La Flora del Sole. Mez. Heyden 5005.

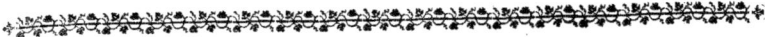

L'HELIANTHÈME, ou LA FLEUR DU SOLEIL,

PLANTE VIVACE, DU NOMBRE DES VULNÉRAIRES ASTRINGENTES.

Chamæciſtus vulgaris, flore luteo. C. B. P. 465. *Ciſtus Helianthemum.* L. S. P.

TOURNEF. claſſ. 6. ſect. 3. gen. 9. LINN. Polyandria monogynia. ADANS. 54. Fam. des Ciſtes.

LA FLEUR DU SOLEIL eſt commune dans les pâturages ſecs, dans les bois & dans les terreins incultes. Sa racine (*a*) eſt fibreuſe; ſes tiges ſont nombreuſes, grêles, cylindriques, velues, couchées à terre, de la hauteur de ſept à huit pouces. Les feuilles ſont oppoſées deux à deux le long de la tige; elles ſont oblongues, entieres, ſans crenelures, couvertes de quelques poils, portées par de courts pétioles, à l'origine deſquels ſortent deux ſtipules lancéolées. Les fleurs naiſſent au ſommet des tiges, diſpoſées en épi lâche. Ces fleurs ſont portées par des pédicules foibles; elles ſont roſacées, compoſées de cinq pétales (*b*). Le piſtil (*c*) eſt placé au centre de la corolle. Il eſt compoſé de l'ovaire, du ſtil & d'un ſtigmate hémiſphérique; il eſt entouré par les cent étamines (*d*). Toute la fleur repoſe dans le calice (*e*), lequel eſt compoſé de trois feuilles perſiſtantes. L'ovaire devient à ſa maturité une capſule (*f*) à trois loges & trois valves, comme on le voit dans la figure (*g*), où elle eſt repréſentée ouverte. Chacune des loges renferme pluſieurs ſemences (*h*) menues & preſque rondes.

L'HELIANTHÈME contient beaucoup de ſel eſſentiel & d'huile au rapport de Lémeri. Elle eſt vulnéraire, propre pour arrêter les cours de ventre, & les hémorrhagies, étant priſe en décoction. On ſe ſert communément des feuilles d'Helianthème, rarement des racines & jamais des fleurs; des feuilles, on fait des décoctions dans de l'eau, on s'en ſert en gargariſmes, bouillies dans du vin. Le nom & la qualité de vulnéraire ſont attribués à un ſi grand nombre de plantes, dont les effets ſont néanmoins tous différents, qu'il eſt à propos d'expliquer ce qu'on entend par remede vulnéraire. La propriété vulnéraire en général peut être attribuée à tout remede capable de guérir une plaie, ou extérieure ou intérieure, ſoit qu'elle ſoit récente & accompagnée d'hémorrhagie, ſoit qu'elle ſoit ancienne ou ulcérée, ſoit enfin qu'il y ait intérieurement des dépôts d'humeurs extravaſées, ou des obſtructions dans le voiſinage de la plaie, qui empêchent la réunion & la cicatrice. On comprend aſſez par le mot d'aſtringent, que les plantes vulnéraires auxquelles on donne ce nom, ſont celles qui peuvent en reſſerrant les vaiſſeaux arrêter le ſang, & ſuſpendre les hémorrhagies ſi dangereuſes dans la plupart des plaies nouvelles. Ces plantes s'appliquent extérieurement, & on en fait prendre intérieurement l'infuſion ou le ſuc. Ces plantes ne ſont pas ſeulement employées dans les bleſſures, ou dans les chûtes, on s'en ſert auſſi avec ſuccès dans les cours de ventre & dans la dyſſenterie; dans le flux immodéré des mois & des hémorrhoïdes, dans les fleurs blanches & dans toutes les évacuations exceſſives.

On ne peut trop réclamer contre les uſages abuſifs, & nous avons cru à propos de remettre ſous les yeux le ſentiment de Chomel, touchant les faltrancks ou *vulnéraires ſuiſſes.* Nous croyons, dit-il, devoir combattre un préjugé général & dangereux ſur l'uſage des vulnéraires en infuſion pour les coups, contre-coups, chûtes, accidents malheureuſement trop fréquents & dont les ſuites ſont preſque toujours fâcheuſes. Dès que quelqu'un a reçu un coup, ou fait une chûte, on ne manque preſque jamais de faire avaler une forte infuſion de *vulnéraires ſuiſſes*, & de continuer cette infuſion au moins neuf jours de ſuite; après quoi on s'imagine être à l'abri de tout danger. Deux inconvéniens ſuivent cette mauvaiſe pratique, le premier de ſe fier à cette infuſion, & de ne pas recourir à la ſaignée qui eſt indiſpenſable; le ſecond de donner au malade une boiſſon capable d'allumer le ſang, de procurer la fievre & d'augmenter l'embarras déja formé. Il eſt bien plus prudent de diminuer le volume du ſang, de le calmer, d'empêcher qu'il ne s'engorge dans la partie bleſſée, & ſur-tout de procurer une circulation douce, facile, libre, dégagée, dans un cas où preſque toujours elle eſt ſuſpendue, troublée & dans le plus grand déſordre. L'infuſion des *vulnéraires ſuiſſes* eſt donc le plus ſouvent pernicieuſe. Chomel dit avoir employé en pareil cas & toujours avec ſuccès l'eſprit de ſel dulcifié, tant extérieurement qu'intérieurement, à doſe convenable, ſuivant l'âge & le tempérament. Trente gouttes ſuffiſent dans une décoction de chiendent pour une pinte priſe dans la journée. On en doit donner beaucoup moins pour un enfant que pour une grande perſonne. On peut auſſi en frotter la tête, ſoit qu'elle ait porté dans la chûte, ſoit qu'elle ſoit ſeulement ébranlée & affectée par le contre-coup.

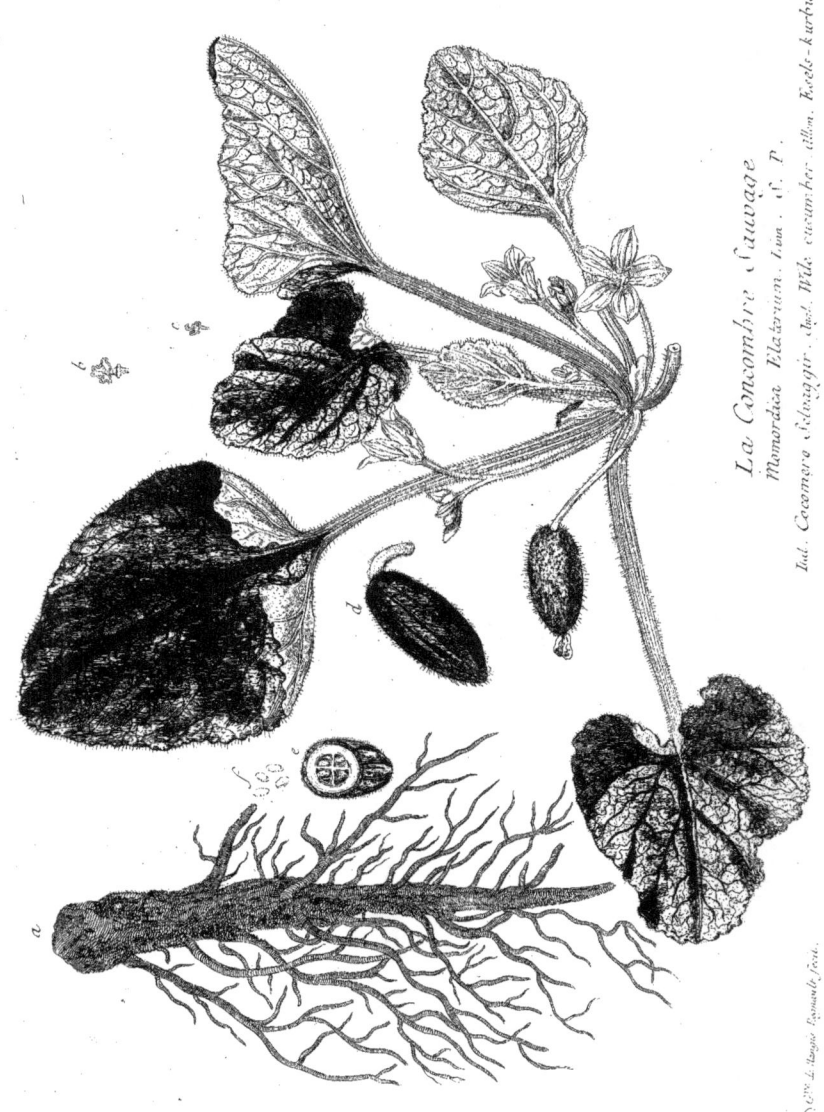

La Concombre Sauvage
Momordica Elaterium. Lin. C. P.
Ital. Cocomero Selvaggio. Angl. Wild cucumber. allem. Esels-kurbis.

133

LE CONCOMBRE SAUVAGE,

Plante annuelle, du nombre des Purgatives.

Cucumis sylvestris asinus dictus. C. B. P. 314. *Momordica Elaterium.* L. S. P.

Tournef. class. 1. sect. 6. gen. 5. Linn. Monoecia syngenesia. Adans. 18. Fam. des Briones.

Le Concombre sauvage croît ordinairement dans les terreins pierreux & parmi les décombres. Sa racine (*a*) est charnue, longue, épaisse, garnie de grosses fibres. Les tiges sont couchées à terre, elles rampent & s'attachent aux objets qui les environnent sans le secours des vrilles qui sont communes aux plantes de cette famille ; elles sont épaisses, armées d'un grand nombre de poils durs & piquants. Les feuilles sont alternes, entieres, en forme de cœur, légèrement crenelées en leur bord, portées par de longs pétioles, forts & cannelés. Ces pétioles sont, ainsi que les feuilles, couverts de poils semblables à ceux de la tige. Cette plante porte des fleurs mâles & femelles sur le même pied ; toutes ces fleurs sont monopétales, portées par de longs pédicules, qui sont velus comme les autres parties de la plante ; ces fleurs sont solitaires ou portées deux à deux sur le même pédicule : la corolle est divisée en cinq feuilles égales ; elle est attachée & fait corps avec les parties du tube du calice, qui est comme elle d'une seule piece & partagée en cinq divisions aiguës, qui sont l'alternative avec celles de la corolle. Les trois étamines qui constituent la fleur mâle sont réunies par leurs sommets ; elles sont représentées (*b*) augmentées à la loupe, & la figure (*c*) les montre de leur grandeur naturelle. Le pistil qui caractérise la fleur femelle, devient un fruit (*d*) velu & sillonné dans sa longueur, partagé en quatre loges, comme on l'a démontré dans le fruit coupé transversalement (*e*) : il renferme des semences (*f*) applaties, lisses & luisantes.

Toute la plante est empreinte d'un suc fœtide.

Pour peu qu'on touche au fruit en le pressant quand il est mûr, il se creve par la pointe & lance avec violence son suc & ses semences par tout le visage. La raison en est que son écorce ou la peau qui le couvre, s'étant fort attendrie & tendue par la maturité, principalement à son extrémité, elle s'y rompt à la moindre compression qu'on fait en touchant ce fruit ; d'autant plus que leur suc visqueux, qui étoit fort pressé sous cette peau, est poussé & déterminé par le même pressement à sortir par la pointe, entraînant avec lui les semences : or, comme l'ouverture est petite, la matiere est lancée en droite ligne, qui va ordinairement au visage, parcequ'on a la tête baissée, lorsqu'on touche au Concombre pour le cueillir. Ce suc entrant dans les yeux, communique son âcreté & y cause de l'inflammation, ce qu'on peut soulager en les lavant promptement avec de l'eau de Plantain.

Sa racine & son fruit sont employés en Médecine ; ils contiennent beaucoup de phlegme, d'huile & de sel âcre.

On emploie ordinairement le fruit dont on tire le suc, lequel, épaissi par l'évaporation, est l'*Elaterium* dont nos Anciens se servoient si familièrement. On substitue les feuilles de cette plante à son fruit, pour cette préparation. C'est un violent purgatif, qu'on n'ordonne présentement que dans les vieilles maladies, lorsqu'il y a des obstructions invétérées à emporter, ou des matieres vermineuses à détruire : la dose en est de douze ou quinze grains. Le miel où le Concombre sauvage a bouilli, se donne à une once ou deux au plus en lavement ; il est excellent pour les personnes sujettes aux vapeurs, & celles qui ne sont pas réglées. La poudre de la racine du Concombre sauvage s'ordonne jusqu'à demi-dragme au plus, & on prescrit l'extrait de toute la plante à la même dose.

Les feuilles sont moins purgatives que la racine, & celle-ci moins que son fruit. L'*Elaterium* est un puissant hydragogue, qui incise & atténue, par ses particules âcres & salines, les viscosités qui s'amassent dans les couloirs.

M. Garidel avance que c'est un des plus sûrs remedes pour évacuer les eaux contenues dans la cavité de l'abdomen, ayant cet avantage au-dessus des autres hydragogues, de rétablir le ressort des fibres relâchées, après avoir vuidé les sérosités par les canaux excrétoires des glandes intestinales. Il vante fort les observations de M. Lister, qui releve le mérite de l'*Elaterium*, tant vanté des Anciens, & négligé des Modernes ; mais il convient que cela peut être vrai en Angleterre, & qu'il ne hasarderoit pas en Provence, pays chaud, d'en donner aussi hardiment, le regardant comme un remede capable de causer des fontes dangereuses.

M. Lister le donne depuis un grain jusqu'à dix, dans la conserve d'Absinthe, le Cotignat, ou le vin d'Espagne.

Plusieurs Modernes préferent à l'*Elaterium*, l'extrait qu'ils tirent de la racine avec l'esprit-de-vin, qu'ils corrigent avec une teinture aromatique.

Suivant les observations de Riviere, les feuilles en cataplasme sont propres pour résoudre les tumeurs scrophuleuses : la racine a les mêmes vertus.

M. Garidel a éprouvé que les feuilles pilées & appliquées sur le cancer ulcéré, le détergent mieux qu'aucun autre remede. L'*Elaterium* entre dans l'extrait panchimagogue de Crollius, dans l'onguent Agrippa de Nicolas de Salerne, dans l'onguent Aregon du même Auteur, dans celui d'Arthanita de Mesué, & dans le Diabotanum.

L'Eufraise
Euphrasia Officinalis. Linn.
Ital. et Esp. Eufragia. Angl. Eyebright. Alem. Augentrost.

L'EUPHRAISE,

Plante annuelle, du nombre des Ophthalmiques.

Euphrasia officinarum. C. B. P. 233. *Euphrasia officinalis.* L. S. P.

Tournef. class. 3. sect. 4. gen. 6. Linn. Didynamia angiospermia. Adans. 27. Fam. des Personnées.

L'Euphraise croît abondamment dans les bruyeres, au bord des bois, dans les terreins arides où elle fleurit sur la fin de l'été. Sa racine (*a*) est menue, simple, ligneuse, tortueuse. Elle pousse une petite tige cylindrique, velue, qui ne s'éleve guere plus haut de sept à huit pouces. Ses feuilles sont alternes, ovales, bordées de petites dents aiguës portées à la tige par des pétioles très courts. Les rameaux qu'elle porte assez souvent, s'attachent à la base de la tige alternativement au-dessous des premieres feuilles. Ils portent des feuilles semblables à celles de la tige. Toutes ces feuilles sont luisantes & veinées. Les fleurs naissent dans les aisselles des feuilles dans presque toute la longueur de la tige & des branches. Ces fleurs sont monopétales & irrégulieres, partagées en deux levres, comme on l'a représenté dans la figure (*b*). La levre supérieure est relevée & découpée, & l'inférieure (*c*) est divisée en trois parties égales; lesquelles se subdivisent en deux parties obtuses. La corolle est blanche, couverte de quelques raies violettes & d'une tache jaune au centre des divisions de la levre inférieure. Les quatre étamines (*d*) sont représentées attachées à la levre supérieure. La fleur repose dans un calice à quatre dents aiguës, qui est porté à la tige par un pédicule très court.

Quoique ces fleurs soient partagées en deux levres, elles n'ont point été rangées parmi les fleurs labiées. M. Tournefort les a mises dans la classe des fleurs irrégulieres d'une seule piece, & M. Adanson les fait entrer dans la famille des personnées. L'embryon qui est placé au fond du calice (*e*), devient une capsule (*f*) partagée en deux loges & deux valves, contenant de petites semences (*g*).

L'Euphraise contient peu de sel & d'huile, elle est détersive astringente. On l'emploie intérieurement & extérieurement. Elle est estimée propre à éclaircir, fortifier, & même rétablir la vue; on l'ordonne en poudre intérieurement, depuis un gros jusqu'à trois, dans un verre d'eau de fenouil, ou de verveine; il faut en continuer l'usage pendant quelques mois: on en tire l'eau par la distillation, qu'on donne à cinq ou six onces aussi intérieurement. Le vin qu'on prépare dans le temps de la vendange avec cette plante, la mettant dans le vin doux, qu'on fait boire ensuite lorsqu'il est bien éclairci, est un remede vanté par Arnaud de Ville-neuve, mais que Pena & Lobel n'estiment pas tant que la poudre d'Euphraise. Cette plante est un fondant propre à déboucher les visceres, & à rétablir la fluidité des liqueurs. On a été dans l'usage de la fumer, comme on fait le tabac, pour les fluxions des yeux; cela ne réussit pas si bien que la poudre. L'Euphraise entre dans les pilules optiques de Mésué.

M. Garidel fait une observation sur l'usage de cette plante, fort utile, & que Chomel dit avoir reconnue très véritable par l'expérience; que cette plante ne convient pas dans toutes les maladies des yeux; qu'il est nécessaire d'en examiner la cause, & le tempérament des malades; car son usage est pernicieux à ceux qui souffrent des fluxions chaudes sur les yeux, & dont la masse des humeurs & sur-tout la lymphe est chargée d'un sel âcre, comme il arrive dans cette espece d'ophthalmie seche, où il ne découle sur les yeux qu'un peu d'humeur âcre & brûlante, de même que dans ceux dont les esprits animaux sont dissipés, & la masse du sang appauvrie; car dans cette derniere circonstance, il faut des remedes tempérants & rafraîchissants.

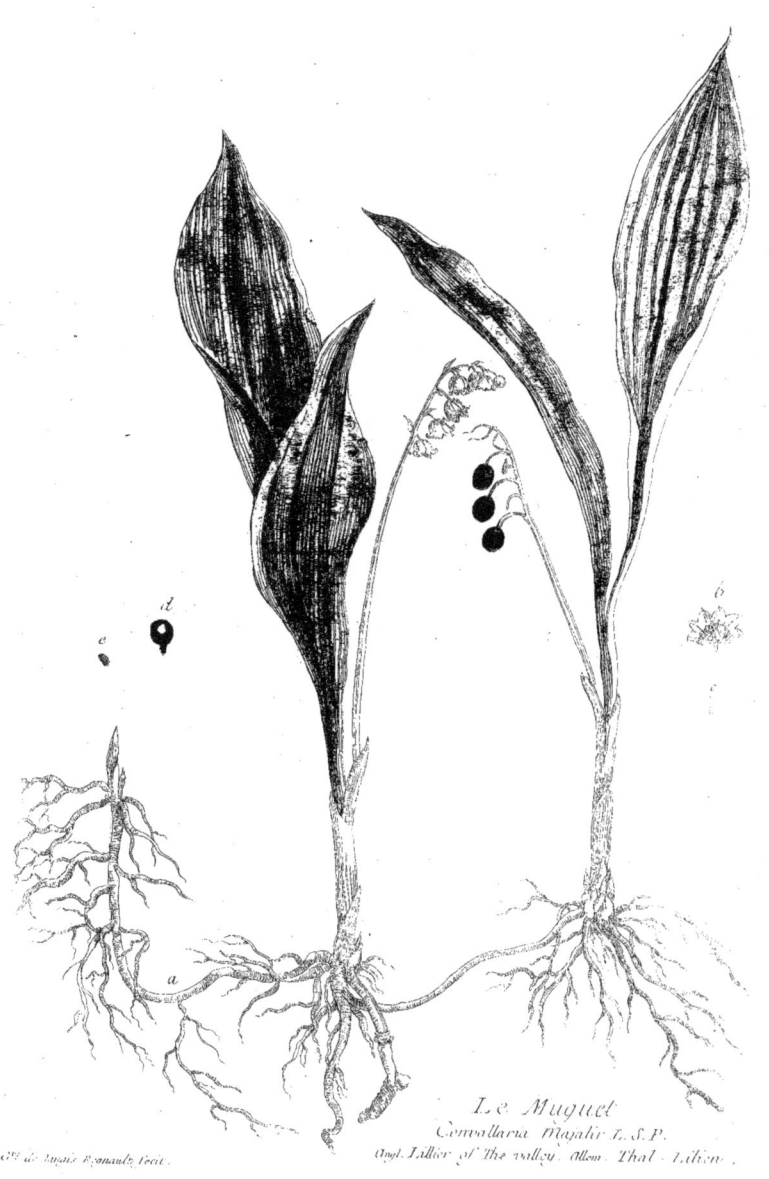

LE MUGUET,

PLANTE VIVACE, DU NOMBRE DES CÉPHALIQUES.

Lilium convallium album. C. B. 304. *Convallaria majalis.* L. S. P.

TOURNEF. claff. 1. fect. 2. gen. 1. LINN. hexandria monogynia. ADANS. 8. Fam. des Liliacées.

L'ODEUR DU MUGUET lui fait tenir un rang auffi diftingué parmi les plantes deftinées à nos plaifirs, qu'entre celles que le befoin a fait rechercher pour notre foulagement. Il eft très commun dans les bois ; Cependant fon abondance ne détruit point fon crédit : fon naturel fauvage lui ferme, ou au moins lui rend très difficile, l'entrée de nos jardins. Sa racine (*a*) eft noueufe, elle trace horizontalement à fleur de terre, elle porte des tiges baffes. Nous en avons repréfenté deux, l'une chargée de fleurs & l'autre de fruits; elles portent ordinairement deux feuilles amples, entieres, lancéolées, dont les nervures font nombreufes & longitudinales. Ces feuilles partent de la racine & s'embraffent par leur bafe, elles font couvertes dans cette partie par une gaîne compofée de plufieurs membranes, qui les emboîtent en fe recouvrant graduellement. La tige qui porte les fleurs, eft enveloppée à fa bafe par cette même gaîne ; elle eft cannelée, haute de fix à huit pouces, portant à fon fommet des fleurs difpofées en grappe & rangées d'un feul côté ; portées par des pédicules foibles, qui les laiffent pancher vers la terre. Chacun de ces pédicules eft accompagné à fa bafe par une feuille florale prefque ovale & terminée en pointe. Les fleurs font monopétales, en forme de cloche, divifées à leur bord en quatre ou cinq fegments. Nous avons repréfenté la corolle ouverte (*b*), qui laiffe voir les parties fexuelles. Les étamines s'attachent à la bafe du tube. Le piftil (*c*) eft placé au centre : il eft compofé de l'embryon, d'un ftil court & d'un ftigmate tefticulaire : il devient un fruit ou baie charnue. On en a repréfenté plufieurs attachés à la tige, occupant la place qui étoit auparavant par les fleurs fufpendues à des pédicules alongés par la maturité : cette baie eft repréfentée (*d*) coupée tranfverfalement ; elle eft remplie d'une pulpe fucculente ; elle contient plufieurs femences (*e*) ovales, dures & d'un goût amer.

On ne fait ufage en Médecine que des fleurs ; elles font ameres, ainfi que la graine, & contiennent beaucoup d'huile exaltée & de fel volatil. Cette plante tient le premier rang entre les céphaliques ; on fait fécher les fleurs du Muguet à l'ombre, & on les réduit en poudre, laquelle eft un fternutatoire affez puiffant, qu'on ordonne pour décharger le cerveau dans la paralyfie & dans les fluxions de la tête, fur-tout dans l'épilepfie & dans les vertiges : on les diftille & on en fait une conferve : l'eau diftillée fe donne à quatre onces, & la conferve à demi-once. L'efprit tiré des fleurs par leur infufion dans l'eau-de-vie ou l'efprit-de-vin, eft propre à calmer la frayeur des hypocondriaques, & à ranimer les perfonnes épuifées par les femmes. Simon Pauli s'en fervoit pour l'épilefie des enfants, dont il oignoit l'épine du dos.

Les racines de cette plante étoient autrefois d'un ufage plus familier que les fleurs. Elles excitent l'éternuement avec plus de violence.

Les fleurs de Muguet entrent dans la poudre anti-épileptique de Charas, dans la poudre fternutatoire, & dans celle qu'il appelle céphalique.

LE FRAISIER,

Plante vivace, du nombre des Apéritives.

Fragaria vulgaris. C. B. P. 326. *Fragaria vesca.* L. S. P.

Tournef. classf. 6. sect. 8. gen. 7. Linn. Icosandria polygynia. Adans. 41. Fam. des Rosiers.

Nous n'entreprenons point la description de toutes les variétés que la culture a fait éprouver au Fraisier pour satisfaire la curiosité & le goût ; cette espece-ci ne le cede en rien aux autres pour la délicatesse des ses fruits, & le parfum qu'ils exhalent leur mérite sans doute la préférence. On le trouve communément dans les bois, où il semble se multiplier pour augmenter nos plaisirs. Sa racine (*a*) est fibreuse & chevelue ; ses tiges sont rampantes ou s'élevent peu : il sort de sa racine des rejettons qui tracent ; ce sont de longs filets qui s'étendent çà & là, & qui prennent des racines de distance en distance, par le secours desquelles la plante se multiplie continuellement. Les feuilles radicales sont soutenues par de longs pétioles velus, ainsi que la tige ; elles sont divisées en trois folioles ovales, terminées en pointes, denrelées en maniere de scie. Les feuilles caulinaires sont semblables aux radicales ; elles n'en different que par les pétioles qui sont plus courts.

Les fleurs sont portées quatre ou cinq sur un même pédicule ; les feuilles florales qui accompagnent la division de ces pédicules sont longues, étroites, unies & sans dentelures. Les fleurs sont rosacées, composées de cinq pétales (*b*). Le pistil (*c*) est entouré de vingt étamines. Le calice (*d*) est un tube évasé divisé en dix feuilles. Il persiste jusqu'à la maturité du fruit. Le pistil, en mûrissant, devient au printemps un fruit ovoïde, mou & charnu, connu de tout le monde sous le nom de Fraise, couvert d'environ cent capsules nues, renfermant chacune une graine (*e*).

Les Fraises, comme comestible, sont rafraîchissantes : elles appaisent la chaleur de l'estomac. On les mange ordinairement au dessert, arrosées d'eau ou de vin & de sucre : le vin les rend plus difficiles à digérer, parcequ'elles s'aigrissent dans l'estomac, & y causent des crudités nuisibles au genre nerveux. Les Fraises, mangées avec excès, portent à la tête.

On ne peut trop recommander le soin de laver les Fraises avant que d'en manger, parceque les crapauds & les serpents, qui en aiment l'odeur, repairent souvent sous les Fraisiers.

La Fraise contient beaucoup de flegme, d'huile exaltée, & de sel essentiel. Elle humecte, elle fortifie le cœur & le cerveau ; elle passe par les urines & par la transpiration : elle purifie le sang ; elle résiste au venin. La feuille & la racine du Fraisier sont apéritives par les urines, & un peu astringentes par le ventre.

La racine de cette plante est fort en usage dans les tisanes ordinaires rafraîchissantes & apéritives, & dans celles qu'on appelle le bouillon rouge, à cause que la racine d'oseille qui y entre, lui donne cette couleur. Le Fraisier est utile dans toutes les longues maladies, sur-tout lorsqu'on soupçonne quelque altération dans le foie. Rulandus faisoit la boisson ordinaire de ses malades de la décoction de la racine de Fraisier, bouillie avec les raisins secs & la réglisse, & un peu de canelle. Cette boisson est utile dans l'asthme & dans la vieille toux. Son fruit est un aliment aussi sain qu'il est d'une saveur agréable ; il fournit une eau distillée, également propre intérieurement pour tempérer l'ardeur des entrailles, qu'extérieurement pour embellir & décrasser la peau. Il entretient le cours des urines, adoucit l'âcreté de la bile, & convient dans les fievres.

Pour empêcher les engelures de revenir, on frotte en été les endroits qui en sont affligés pendant l'hiver, avec les Fraises, & on les applique dessus pendant la nuit. On emploie les feuilles de Fraisier dans le mondicatif d'ache & dans le *marriatum*

Le Coqueret ou Alkekenge.
Phisalis Alkekengi. L. S. P.
Ital. Alcachengio. Angl. Winter-cherry. Allem. Iudenkirschen-kraut.

LE COQUERET, ou L'ALKEKENGE,

Plante vivace, du nombre des Apéritives.

Solanum veficarium. C. B. P. 166. *Phyfalis Alkekengi.* L. S. P.

Tournef. claff. 2. fect. 3. gen. 6. Linn. Pentandria monogynia. Adans. 18. Fam. des Solanum.

Le Coqueret croît naturellement dans les vignobles, aux lieux ombrageux & dans les terrreins humides. Sa racine (*a*) eft garnie de groffes fibres. Les tiges s'élevent d'environ un pied; elles font droites, légerement velues. Les feuilles naiffent deux à deux fans être oppofées; elles font attachées du même côté de la tige. Elles font alternes, entieres, fans crenelures, de forme ovale, terminées en pointes, foutenues par de longs pétioles. Les fleurs naiffent dans les aiffelles des feuilles ordinairement folitaires; elles font monopétales. La corolle eft un tube (*c*) évafé à fon extrémité, divifé en cinq fegments; elle eft repréfentée ouverte (*b*), elle laiffe voir les cinq étamines qui font attachées à fes parois par leur bafe. Le piftil (*d*) eft compofé de l'embryon, d'un ftil & d'un ftigmate fphérique. La fleur repofe dans le calice (*e*), lequel eft d'abord un tube en godet, découpé en cinq dents aiguës, dans lequel le piftil fubfifte encore quelque temps après la chûte du pétale; il eft foutenu à la tige par un long pédicule. Il fe renfle en mûriffant, fe referme & devient une veffie membraneufe & fibrée (*f*), dans laquelle le fruit eft renfermé. Ce fruit eft une baie molle, ronde, charnue, que nous avons repréfentée dans la veffie ouverte (*g*): elle eft remplie de fuc. La figure (*h*) l'offre coupée tranfverfalement pour montrer l'arrangement de fes graines (*i*), lefquelles font applaties & chagrinées. On a toujours placé les Alkekenges entre les efpeces de *Solanum*; mais M. Tournefort a trouvé à propos d'en faire un genre féparé, feulement à caufe des veffies qu'elles portent.

L'on ne fait ufage en Médecine que des fruits du Coqueret; ils contiennent beaucoup de phlegme, de fel effentiel & d'huile.

Ils font propres pour exciter l'urine, pour faire fortir la pierre, la gravelle, pour la colique néphrétique; pour purifier le fang : on les emploie ordinairement en décoction, & quelquefois féchés & pulvérifés. On écrafe dans un verre de vin trois ou quatre de ces fruits qu'on fait prendre dans la rétention d'urine, & aux hydropiques. Le vin d'Alkekenge, à la dofe de quatre onces, pris tous les matins, eft un remede très utile à ceux qui ont la gravelle : on le fait ainfi. Dans le temps des vendanges on laiffe cuver avec le moût une quantité de ces fruits à-peu-près égale aux raifins, puis on l'entonne, & on le conferve pour le befoin. Dans la colique néphrétique, quatre ou cinq fruits de Coqueret, écrafés dans une émulfion ordinaire, foulagent les malades.

Diofcoride fe fervoit de ces fruits dans la jauniffe, auffi bien que dans la rétention d'urine. Le fuc tiré par expreffion, & clarifié, s'emploie à la dofe d'une once dans les mêmes occafions; on le fait épaiffir en confiftance d'extrait qu'on donne à demi-once au plus. Braffavole affure qu'une perfonne qui fouffroit de cruelles douleurs de néphrétique, fut guérie par l'ufage du fuc d'Alkekenge. On en prépare des trochifques dont M. Lémery donne une bonne defcription. Ces fruits entrent dans le firop de Chicorée, & dans le firop anti-néphrétique de Charas.

Le Beccabunga à Feuilles rondes.
Veronica Beccabunga. Linn.
Angl. Brookline, Allem. Bachbrungen.

LE BECCABUNGA,

Plante vivace, du nombre des Anti-scorbutiques.

Beccabunga major officin. C. B. P. 52. *Veronica Beccabunga.* L. S. P.

Tournef. claff. 1. fect. 5. gen. 5. Linn. Diandria monogynia. Adans. 17. Fam. des Perfonnées.

Le Beccabunga croît abondamment dans les fontaines & au bord des ruiffeaux. Sa racine (*a*) eft noueufe & fibreufe; fes tiges s'élevent d'environ un pied, le plus ordinairement rampantes (1) & quelquefois droites (2) : elles font quadrangulaires, articulées, comme la racine, par des nœuds de diftance en diftance : ces nœuds rejettent de nouvelles racines, & la plante trace & fe multiplie par leur fecours. C'eft auffi à chacun de ces nœuds que s'attachent les feuilles qui font oppofées deux à deux : elles font ovales, liffes, légérement dentelées. Les branches font nombreufes ; elles naiffent dans les aiffelles des feuilles, & portent les mêmes caracteres de la tige.

Les fleurs naiffent, ainfi que les branches, dans les aiffelles des feuilles au fommet de la plante, arrangées en épis fur des rameaux cylindriques, où elles font foutenues alternativement par des pédicules foibles, lefquels font accompagnés à leur bafe d'une feuille florale oblongue, terminée en pointe, fans dentelure. Les fleurs font monopétales ; c'eft un tube (*b*) évafé, divifé en quatre parties arrondies : les étamines font attachées aux parois de la corolle dont elles excedent les divifions. Le piftil (*c*) eft compofé de l'ovaire & du ftil qui eft terminé par un ftigmate fphérique. Toute la fleur repofe dans le calice (*d*), lequel eft un tube évafé & divifé en quatre fegments aigus.

L'embryon devient, par fa maturité, une capfule (*e*) partagée en deux loges & quatre valves (*f*), & renferme de petites femences menues & ovoïdes (*g*).

Le Beccabunga à feuilles longues, nommé par Linnæus *Veronica anagallis*, differe peu de celui-ci ; les feuilles font plus longues & les dentelures plus nombreufes ; fes tiges font ordinairement droites, & les fleurs plus diftantes les unes des autres fur leurs épis. Ces deux efpeces fleuriffent vers les mois de Mai & Juin. Les vertus de l'une & de l'autre font les mêmes.

Cette plante contient beaucoup de fel effentiel, d'huile & de phlegme, au rapport de Lemery. Elle eft déterfive, apéritive & vulnéraire ; fon ufage en falade eft propre aux tempéraments chauds & fecs, & chaffe les mauvaifes odeurs de la bouche.

Le Beccabunga fe trouve ordinairement mêlé avec le creffon d'eau ; fon ufage eft femblable à celui du creffon d'eau, auffi-bien que la dofe & la maniere de le préparer. Le fuc de Beccabunga, depuis deux onces jufqu'à quatre, dans un verre de petit-lait, foulage les fcorbutiques ; lorfqu'ils ont des taches fur le corps, ou quelque membre engourdi, on les expofe au bain de vapeurs préparé avec cette plante. Foreftus recommande fort le firop fait avec le fuc de Beccabunga, & celui de l'herbe aux cuillers. Il y a des gens qui, pour guérir les dartres & purifier le fang, font prendre, pendant deux ou trois mois, régulierement tous les matins, un gros ou demi-gros de conferve des feuilles de Beccabunga. Sa décoction eft apéritive & hyftérique, pouffant également les urines & les écoulements périodiques. Cette plante eft auffi vulnéraire.

Simon Paulli affure que le cataplafme fait avec cette plante appaife la douleur des hémorrhoïdes & les guérit. Sa décoction eft bonne pour réfoudre les tumeurs qui furviennent aux jambes & aux pieds des fcorbutiques.

Le Tabouret ou La Bourse à Pasteur.
Thlaspi Bursa Pastoris, Linn.
Ital. Bursa Pastori. Esp. Paquesillo. Angl. Sheepheardspurse. Allem. Taschen-kraut.

139

LE TABOURET, ou LA BOURSE A PASTEUR,

Plante annuelle, du nombre des Fébrifuges.

Bursa pastoris major folio sinuato. C. B. P. 208. *Thlaspi Bursa pastoris.* L. S. P.

Tournef. class. 5. sect. 2. gen. 6. Linn. Tetradynamia siliculosa. Adans. 52. Fam. des Cruciferes.

Le Tabouret est une de ces plantes que la nature prend plaisir à prodiguer ; on la rencontre par-tout ; le longs des grands chemins on la foule aux pieds ; les vieilles masures & les veilles murailles en sont couvertes. Sa racine (*a*) est petite & fibreuse ; elle pousse plusieurs feuilles radicales qui s'étendent à terre par rayons. Ces feuilles sont longues, entieres, découpées profondément & inégalement. Nous les avons représenté attachées à la racine dans l'état où elles sont dans le commencement de leur croissance. Elles gagnent en étendue & en dimension à mesure que la tige s'éleve ; elles sont susceptibles de beaucoup de variété. La tige s'éleve d'environ un pied & demi ; les feuilles de sa base participent des caracteres de celles de la racine : celles qui les suivent en different essentiellement ; elles sont entieres, pointues, sans découpures, terminées à leur base par deux oreilles qui embrassent la tige, ainsi que celles qui les précedent. Les branches sortent des aisselles des feuilles & en portent des nouvelles qui ressemblent à celles-ci. Les fleurs naissent au sommet de la tige & des branches alternativement, rangées en épi lâche, portées par des pédicules foibles. Ces fleurs (*b*) sont composées de quatre pétales égaux, arrondis, attachées au fond d'un calice divisé en quatre parties, dont les divisions font l'alternative avec le pétale, comme nous l'avons démontré dans la fleur vue par derriere (*c*). Le pistil (*d*) est entouré de six étamines (*e*), dont quatre sont longues & égales, & les deux autres sont constamment courtes. Le pistil devient un fruit plat, en forme de cœur, représenté à la branche supérieure de la plante ; le même (*f*) est ouvert & renferme des semences menues qui s'attachent des deux côtés d'une nervure qui traverse les valves. C'est la figure de ce fruit qui a valu à la plante les noms de Bourse, Boursette, &c.

Quoique nous ayons fait nos efforts pour représenter fidélement cette plante, les différentes qualités de terrein lui font éprouver tant de variétés, que nous n'avons pu en entreprendre le détail. Nous devons seulement prévenir que ces différences ne sont gueres sensibles que dans les feuilles, qui sont tantôt rondes, tantôt pointues, plus ou moins grandes : les variétés se font sentir aussi dans les découpures.

La Bourse a Pasteur contient beaucoup d'huile & médiocrement de sel. Cette plante passe pour être fébrifuge, prise intérieurement comme l'Argentine, & appliquée extérieurement sur le poignet en épicarpe, après l'avoir broyée & imbibée de vinaigre de cette maniere.

Prenez toute la plante, feuilles & graines la plus fraîche que vous pourrez trouver ; pilez-la & l'imbibez d'une cuillerée de fort vinaigre, & ajoutant une bonne pincée de sel ; mettez-en sur les poignets lorsque le frisson commence, & couchez le malade chaudement ; laissez le remede vingt-quatre heures, & le réitérez si la fievre revient. On fait des épicarpes de plusieurs manieres avec la Boursette, y ajoutant la racine de Plantain rond, un peu de Safran & de Camphre. Ces sortes de remedes ne sont pas des plus sûrs ; mais aussi ne doit-on pas les mépriser. Tous les Auteurs conviennent que la Boursette est astringente & vulnéraire ; propre dans toutes sortes d'hémorrhagies, même dans les cours de ventre & dans la dyssenterie : on en donne le suc à quatre onces ; on l'emploie dans les tisanes, dans les lavements & dans les cataplasmes. Elle est d'un grand secours dans les pertes de sang des femmes, & dans les fluxions accompagnées d'inflammation. Sa semence a la même vertu que celle de l'Argentine & se donne à la même dose. Simon Pauli assure, après Taberna Montanus, que l'usage de Boursette guérit parfaitement la Gonorrhée ; mais ce ne doit être qu'après qu'elle a bien coulé, & lorsqu'après avoir doucement purgé le malade, le flux est blanc, & qu'il est à propos de l'arrêter.

Le Grand Plantain ou Plantain à Bouquet.
Plantago Major
Ital. Plantaggine. Angl. Broad-leaved plantain. Allem. Wegerich.

LE GRAND PLANTAIN ou PLANTAIN A BOUQUET,

PLANTE ANNUELLE, DU NOMBRE DES VULNÉRAIRES ASTRINGENTES.

Plantago latifolia sinuata. C. B. P. 189. *Plantago major.* L. S. P.

TOURNEF. class. 2. sect. 2. gen. 4. LINN. Tetrandria monogynia. ADANS. 19. Fam. des Jasmins.

Le grand Plantain croît communément dans les prairies & le long des grands chemins. Sa racine (*a*) est courte & ligneuse. Ses feuilles sont radicales, alternes, disposées circulairement, ovales, lisses, à sept nervures, soutenues par de longs pétioles sillonnés dans leur longueur, & velus. Au centre de ces feuilles il sort de la racine plusieurs tiges nues, anguleuses, arrondies, velues, qui portent à leur sommet des fleurs rangées en épi long : ces fleurs sont monopétales. Nous en avons représenté une (*b*) augmentée à la loupe, avec les quatre étamines qui excedent beaucoup l'ouverture du tube. La corolle est représentée ouverte (*c*) : elle est divisée en quatre dents, qui se terminent en pointe. Le pistil est placé au fond du tube ; il est composé de l'ovaire, du stil & d'un seul stigmate. La fleur repose dans le calice (*d*), lequel est composé de quatre feuilles, & porté à la tige par un pédicule très court : ces deux figures sont augmentées, ainsi que la premiere. Le pistil devient, en mûrissant, une capsule (*e*) ovale, anguleuse, à deux loges & deux valves, s'ouvrant horizontalement comme on le voit dans la figure (*f*), & renfermant plusieurs semences (*g*) menues & oblongues.

Le grand Plantain contient beaucoup d'huile & de phlegme, & médiocrement de sel.

Cette plante est d'un usage très familier : on se sert des feuilles qu'on applique toutes fraîches sur les blessures & sur les contusions ; on donne le suc depuis deux onces jusqu'à quatre pour des fievres intermittentes. Chomel dit avoir vu des malades qui en ont été guéris. Tragus estime le Plantain pour les phthisiques. La tisane & son eau distillée sont utiles dans la dyssenterie, dans le crachement de sang, & dans les hémorrhagies de quelque nature qu'elles soient. Pour les hémorrhoïdes on pile le Plantain, on en fait un onguent avec du beurre frais qu'on fait fondre ensemble ; on en frotte la partie souffrante avec le bout d'un poireau : ce remede est très salutaire. Sa semence, prise à un gros dans du lait, a souvent réussi à Chomel pour les cours de ventre, ou mise en poudre & avalée dans du bouillon : c'est un remede familier aux gens de la campagne. Dans les collyres, on emploie communément l'eau de Plantain distillée avec l'eau rose, pour appaiser l'inflammation des yeux. Cammerarius donnoit le suc de toute la plante avec l'eau rose & le sucre. Dans la gonorrhée, on ordonne l'eau de Plantain en injection, lorsqu'il s'agit de l'arrêter ; c'est une méthode pernicieuse. Simon Pauli se servoit utilement de l'extrait de Plantain, & de la décoction de salsepareille pour guérir le pissement de sang qui survenoit après la gonorrhée.

Le cataplasme fait avec les feuilles de Plantain & la mousse qui croît sur les pruniers, cuites ensemble dans le vin, passe pour un bon remede pour les hernies, étant appliqué sur la partie. Riviere assure qu'un demi-gros de semence de Plantain avalée dans un œuf, est capable de prévenir l'avortement. M. Boyle propose pour le vomissement & le crachement de sang, le remede suivant : Prenez six onces de racines de grande consoude fraîche & ratissée, pilez-la dans un mortier avec un peu de sucre, & faites-en une espece d'électuaire avec le suc d'une douzaine de poignées de feuilles de Plantain.

Schwenfeld recommande la fomentation des feuilles de Plantain en décoction pour la chûte de l'anus. Pour les cuissons & démangeaisons de cette partie, Etmuller conseille la décoction des feuilles de cette plante, dans laquelle on fera fondre un petit morceau d'alun : on peut lui substituer son eau distillée. On se sert aussi du Plantain avec succès, en faisant cette décoction dans l'eau de chaux, pour dessécher les ulceres des jambes.

Cette plante entre dans l'eau vulnéraire, & dans la poudre contre la rage, de Paulmier. Dans les maux de gorge le gargarisme de Plantain est excellent.

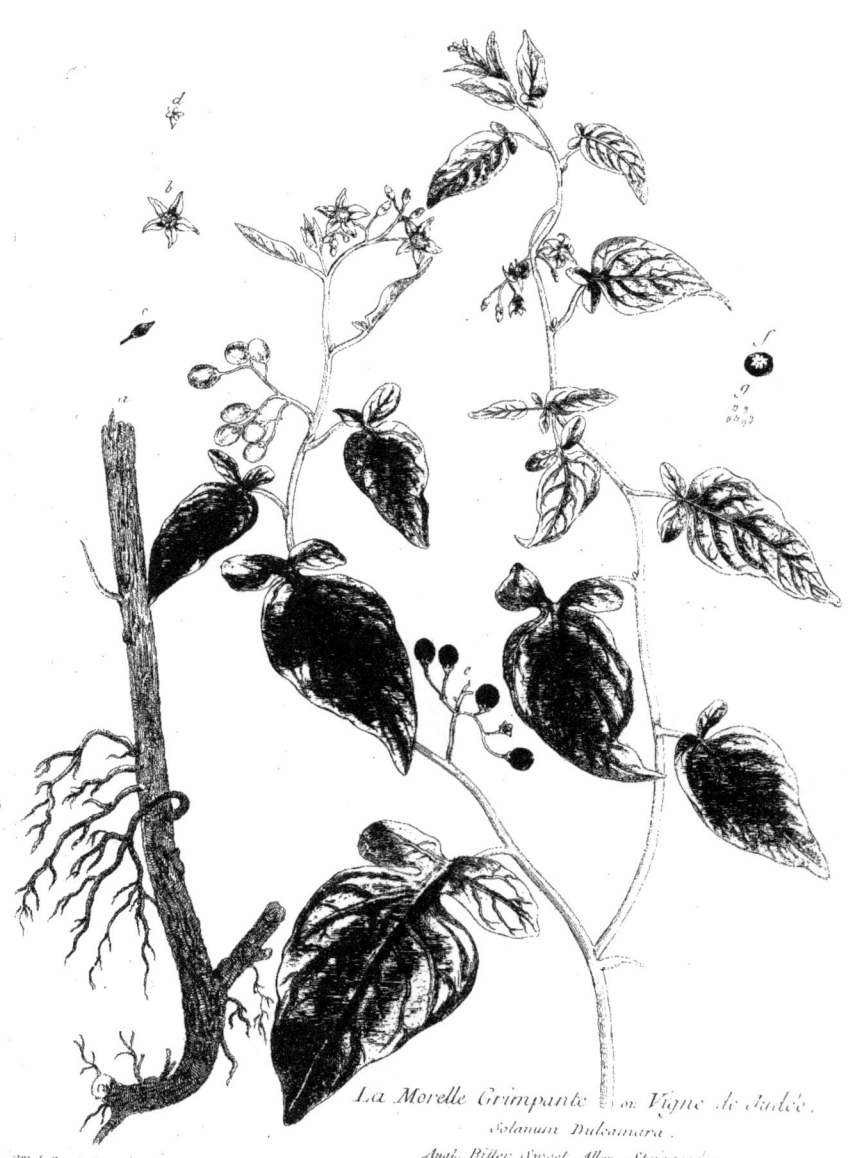

La Morelle Grimpante ou *Vigne de Judée*.
Solanum Dulcamara.
Angl. *Bitter Sweet*. Allem. *Steigender*.

LA MORELLE GRIMPANTE ou VIGNE DE JUDÉE,

Plante vivace, du nombre des Assoupissantes.

Solanum scandens, seu Dulcamara. C. B. P. 167. *Solanum Dulcamara.* L. S. P.

Tournef. class. 2. sect. 6. gen. 1. Linn. Pentandria monogynia. Adans. 28. Fam. des Solanum.

La Vigne de Judée, connue aussi sous le nom de Douce-Amere, se rencontre ordinairement dans les terreins humides, au bord des fossés, dans les haies, & le long des ruisseaux. Sa racine (*a*) s'étend profondément en terre : elle est ligneuse, branchue, garnies de fibres fortes & rameuses, difficiles à tirer de terre. Ses tiges s'élevent communément de trois à quatre pieds, & quelquefois jusqu'à cinq & six : elles s'attachent aux arbrisseaux voisins, ou rampent à terre; rarement elles sont verticales : elles sont grêles, ligneuses, fragiles, couvertes d'une écorce verte pendant qu'elles sont encore jeunes, mais qui, en vieillissant, devient blanchâtre & rude au toucher : elles sont remplies de moëlle & rameuses.

Les feuilles sont alternes, entieres, lisses, ovales, terminées en pointe, sans crenelures, découpées seulement à leur origine en deux oreilles, portées à la tige par des pétioles courts & cylindriques. Les branches sortent des pétioles, & portent les mêmes caracteres des tiges. Les fleurs, au contraire, naissent alternativement opposées aux feuilles, disposées en grappe, soutenues par de petits rameaux cylindriques, qui se divisent en plusieurs pédicules qui supportent chacun une fleur (*b*) monopétale, divisée en cinq segments pointus ; l'extrémité de ces divisions se roule assez ordinairement en dessous. Les étamines sont attachées à la corolle & se rassemblent par leurs antheres : elles couvrent le pistil (*c*) qui est placé au centre de la corolle, & repose, ainsi qu'elle, au fond du calice (*d*), lequel est un tube menu à sa base, évasé à son extrémité, terminé par cinq petites divisions. Le calice accompagne le fruit jusqu'à la maturité du fruit (*e*) : c'est une baie ovoïde, charnue, pleine de suc. Nous l'avons représenté coupé transversalement (*f*) pour faire voir l'arrangement des graines (*g*), lesquelles sont blanchâtres & lisses.

La Vigne de Judée contient beaucoup d'huile & de sel essentiel. L'odeur des fleurs est désagréable; le goût des fruits est visqueux; celui des tiges est d'abord amer, mais la douceur succede à cette amertume. M. Adanson dit que la décoction de ses tiges ou sarments, bue long-temps & en quantité, guérit la gale, la goutte, & sur-tout les maladies vénériennes. Les feuilles & les baies, prises en infusion ou en décoction, sont dessicatives, digestives, résolutives, détersives, propres pour les obstructions du foie, pour les hernies, pour dissoudre le sang caillé à la suite des chûtes violentes. Quoique l'usage intérieur des baies de cette plante soit moins suspect que celui des baies de Morelle à fruit noir, on n'en doit user qu'avec circonspection ; & les feuilles, les tiges, & les racines quelquefois de cette plante, sont les seules parties qu'on employe avec sécurité. Tragus assure qu'on guérit les vieilles jaunisses avec un verre de vin blanc, dans lequel on a fait bouillir légèrement la tige de cette plante coupée menu : on en met une livre sur deux livres de liqueur, dans un pot bien bouché; on la laisse consommer d'un tiers. Camérarius recommande la racine de cette plante dans l'hydropisie, & pour purger les sérosités. Il la fait bouillir dans l'eau, & ajoute à cette décoction deux verres de vin trempé d'eau salée : on peut aussi mettre environ une poignée de la racine sur une chopine d'eau, & la donner ensuite à deux ou trois prises dans la matinée.

Le suc de Morelle, mélangé avec un blanc d'œuf, est excellent pour calmer l'inflammation du prépuce, qui accompagne les chancres de cette partie, suivant Palmes. Jean Prévôt, dans son Traité de Médecine des Pauvres, range cette plante parmi les purgatifs de la bile. Parkinson confirme par l'expérience cette propriété. Sebitius assure que cette plante pilée & appliquée en forme de cataplasme sur les mamelles tuméfiées par l'épaississement du lait, le résout facilement. M. Ray, après le Docteur Hulse, rapporte que le cataplasme fait avec les feuilles de cette espece de *solanum*, & la semence de lin, bouillies dans le vin muscat, est excellent pour résoudre toutes sortes de tumeurs, & pour dissiper les contusions.

La décoction des feuilles de Morelle est bonne pour les femmes tourmentées d'urines âcres & de fleurs blanches : elles peuvent s'étuver souvent avec la décoction d'une poignée de ses feuilles dans une pinte d'eau.

La Mercuriale Mâle et Femelle.
Mercurialis annua. L.
Ital. *Mercorella.* Esp. *Mercuriale.* Angl. *Mercury.* Allem. *Bingelkraut.*

LA MERCURIALE ou LA FOIROLE,

Plante annuelle, du nombre des Emollientes.

I. *Mercurialis spicata, sive fœmina*. II. *Mercurialis testiculata, sive mas*. C. B. P. 1 2 1. *Mercurialis annua*. L. S. P.

Tournef. class. 15. sect. 6. gen. 3. Linn. Dioecia enneandria. Adans. 45. Fam. des Tithymales.

La Mercuriale mâle (I.) & la Mercuriale femelle (II.) sont représentées dans la planche. L'attribution des sexes n'est pas d'accord avec les phrases génériques de Gaspard Bauhin, qui, conformément avec Pline, Dioscoride, &c. a cru que la figure testiculaire des fruits suffisoit pour ranger au masculin la plante qui les porte. Tournefort, à qui nous avons l'obligation d'avoir débrouillé le chaos de la Botanique, a lui-même respecté cette erreur accréditée. Il étoit réservé aux Savants de nos jours de pénétrer le secret de la génération des plantes ; & il n'est plus permis de douter de la faculté que la Nature accorde à la semence prolifique des étamines, de se transporter par le secours de l'air pour féconder le pistil qui doit, par sa fructification, régénérer la plante. Elle croît dans les jardins, les vignes & les champs cultivés. La racine (*a*) est fibreuse. Ses tiges s'élevent d'environ un pied : elles sont anguleuses, noueuses, lisses & rameuses. Les feuilles sont entieres, oblongues, terminées en pointes, dentées en maniere de scie, portées par de courts pétioles. Les rameaux naissent, ainsi que les fleurs, dans les aisselles des feuilles. Les fleurs mâles (tige I.) sont rangées en épis, sur des rameaux longs & cylindriques. Ses fleurs sont composées d'étamines seulement (*b*) : elles sont portées par un calice divisé en trois segments, quelquefois en quatre. Nous avons représenté une des étamines (*c*) augmentée à la loupe. Ses fleurs ne portent point de fruit ; leur destination n'est pas de porter de fruit, c'est aux fleurs femelles (tige II.). Les fleurs (*f*) sont composées du pistil & de deux nectars pointus, insérés sur chaque côté du germe, portés dans un calice semblable à celui de la fleur mâle qui accompagne l'embryon (*d*) jusqu'à sa maturité. La figure (*e*) représente le fruit mûr ; il est, comme nous l'avons déja dit, de figure testiculaire, hérissé de poils durs, divisé en deux capsules, que nous avons montrées ouvertes (*g*), qui renferment chacune une graine (*h*).

La Mercuriale est connue depuis nombre de siecles. Les Anciens prétendoient que leur Dieu Mercure avoit mis le premier cette plante en usage : elle contient beaucoup d'huile, de flegme & de sel essentiel ; son goût est nitreux & désagréable.

On emploie indifféremment ces deux especes, qui se trouvent communément dans les jardins ; leur usage ordinaire est d'entrer dans les décoctions émollientes & laxatives, sur-tout dans les lavements qu'on ordonne aux femmes en couche, & dans les suppressions des regles. On prépare un miel avec le suc des feuilles de Mercuriale, qu'on ordonne à deux onces dans les mêmes maladies. Ethmuller nous apprend qu'on peut faire des pessaires pour la même fin, avec cette plante, sur-tout si on y ajoute la poudre de myrrhe, le safran, & les trochisques alhandal, avec le suc de Mercuriale. Il y a des Praticiens qui font prendre trois onces de suc de Mercuriale avec deux ou trois gros de teinture de Mars aux filles dont les mois sont supprimés, & aux femmes qu'on croit stériles. Nos Anciens conviennent que cette plante est purgative : on en prépare un sirop simple & composé. Le sirop simple s'ordonne à une ou deux onces pour lâcher le ventre, pour pousser les urines & les vuidanges. Celui qui est composé s'appelle sirop de longue vie, ou de gentiane, que l'on prépare différemment ; les uns y ajoutent le suc de la racine de flambe, les autres n'y en mettent point. Quelques-uns retranchent du sirop de longue vie la gentiane, qui le rend, selon eux, trop âcre & trop piquant, & ils y substituent le quinquina ; cependant, quand on emploie la racine de gentiane en infusion dans le vin blanc, on ne doit pas craindre cet inconvénient. C'est pour cela que la composition de M. Tournefort paroît la meilleure. Chomel dit en avoir fait préparer de cette maniere, dont on s'est bien trouvé pour tenir le ventre libre, pour purifier le sang, fortifier l'estomac & faciliter la digestion, pour dissiper certaine bouffissure qui menace d'hydropisie, pour préserver de la sciatique & du rhumatisme. En voici la préparation.

Prenez six livres de miel blanc, quatre livres de suc de Mercuriale, une livre de suc de bourrache : mêlez le tout dans une bassine sur le feu, & le passez au travers de la chausse, sans le faire bouillir : ajoutez-y ensuite trois demi-septiers de vin blanc, dans lequel on aura fait infuser, pendant vingt-quatre heures, deux onces de racines de gentiane coupée menu ; mettez le mélange sur le feu, & remuez bien les sucs avec le vin & la gentiane ; passez ensuite sans faire bouillir, puis faites cuire ce que vous aurez passé en consistance de sirop, que vous garderez pour le besoin : la dose est d'une ou deux cuillerées, à jeun, qu'on délaie dans un verre d'eau tiede, & on ne mange que deux heures après. M. Garidel prétend que ce sirop ne convient pas à ceux qui sont d'un tempérament sec, mélancolique, ni même aux bilieux, sur-tout dans les pays chauds, comme en Provence ; mais dans les pays septentrionaux, où il peut être plus utile que nuisible.

La Mercuriale entre dans le lénitif, dans le catholicon, & dans quelques autres compositions. Quelques-uns font bouillir une poignée de cette plante dans un bouillon de veau, qu'ils prennent à jeun pour lâcher le ventre.

La Grande Joubarbe.
Sempervivum tectorum. L. S. P.
Ital. *Sempreviva maggiore.* Angl. *Great house-leek.*
Allem. *Grosse hous-wurzel.*

LA GRANDE JOUBARBE,

PLANTE VIVACE, DU NOMBRE DES RAFRAÎCHISSANTES.

Sedum majus vulgare. C. B. P. 283. *Sempervivens tectorum.* L. S. P.

TOURNEF. claff. 6. fect. 7. gen. 1. LINN. Dodecandria dodecagynia. ADANS. 33. Fam. des Joubarbes.

La grande Joubarbe croît ordinairement dans les vieilles murailles, fur les toits des maifons, parmi les anciens décombres & dans les rochers. Sa racine (a) eft petite & fibreufe; elle pouffe d'abord un amas de feuilles radicales, raffemblées en forme d'hémifphere. Ses feuilles font oblongues, terminées en pointe, bordées de poils courts, convexes en dehors, applaties en dedans, charnues, épaiffes, fucculentes. Ces paquets de feuilles radicales fe multiplient chaque année, & l'on peut les tranfplanter dans toutes fortes de terreins : tous les fols font propres à la plante; on la conferve même des années entieres dans un vafe d'eau.

La grande Joubarbe eft long-temps à donner des fleurs; après plufieurs années il s'éleve du milieu des feuilles une tige haute d'un pied, droite, rougeâtre, pleine de moëlle, revêtue de feuilles plus étroites que les radicales, & qui leur reffemblent dans les autres caracteres ; elles font rangées alternativement autour de la tige qu'elles accompagnent jufqu'à la maturité du fruit, alors elles fe deffechent & périffent : les feuilles radicales ont l'avantage fur celles-ci, de conferver leur verdeur même au milieu des glaces & des frimats. Les fleurs naiffent au fommet de la tige difpofées en panicules terminales & axillaires; chaque rameau fort de l'aiffelle d'une feuille; ils font alternes, cylindriques, couverts de poils courts ainfi que la tige, & portent plufieurs fleurs foutenues par des pédicules courts. Les fleurs font ordinairement compofées de douze pétales (b) étroits, pointus, velus, portant chacun une étamine, dont la bafe eft attachée à celle du pétale. Le piftil (c) eft compofé de douze à quinze ovaires, qui font terminés par autant de ftigmates; il repofe fur le placenta qui eft au centre du calice (d) : les divifions du calice égalent le nombre des pétales ; ce nombre n'eft pas toujours conftant, on en rencontre affez fouvent treize. Les ovaires qui compofent le piftil ne changent point de forme en mûriffant; chacun d'eux devient une capfule (e) à une feule loge remplie de femences (f) nombreufes & menues.

La grande Joubarbe contient beaucoup de phlegme & d'huile, & médiocrement de fel.

Les feuilles de cette plante font d'un ufage très familier dans l'inflammation des hémorrhoïdes ; on en fait un onguent avec du beurre frais, dans lequel on les fait cuire en certaine confiftance. Cette plante eft déterfive, aftringente ; quelquefois même elle eft réfolutive ; fouvent auffi elle eft répercuffive, & fon ufage demande quelque circonfpection, fur-tout pour la goutte; car il eft dangereux de l'appliquer deffus d'abord, & lorfque l'inflammation eft confidérable. Dans l'efquinancie, on fait avec fuccès gargarifer le malade avec fon eau diftillée ; & on applique fur la gorge, des écreviffes de riviere pilées avec fes feuilles, ou bien en gargarifme avec les fucs d'écreviffes & de Joubarbe pilés enfemble. Dans la defcente de matrice & dans les ulceres profonds, ces fucs peuvent être quelquefois employés en injection.

On applique affez ordinairement les feuilles de Joubarbe fur les corps des pieds & fur les nodus des goutteux. M. Tournefort ajoute que rien n'eft meilleur pour les chevaux fourbus, que de leur faire boire chopine du fuc de cette plante. On en donne quatre onces dans les fievres intermittentes fans aucun froid marqué ; ce remede convient aux fievres lentes, mêlé avec un bouillon aux écreviffes & aux tortues. Le fuc de Joubarbe, mêlé avec l'huile de noix & battu, eft excellent pour la brûlure & l'éréfipele ; mais il faut y ajouter une quatrieme partie d'efprit-de-vin. Le fuc feul adoucit, humecte & guérit les fentes de la langue, caufées par l'ardeur de la fievre maligne. Cette plante, pilée & appliquée en cataplafme au front, calme les délires qui accompagnent les fievres ardentes.

l'Heliotrope ou l'Herbe aux Verrues.
Heliotropium Europæum L. S. P.
Alem. Krebs-blume, Sonnen-Wirbel.

144

L'HÉLIOTROPE ou HERBE AUX VERRUES,

Plante annuelle, du nombre des Vulnéraires détersives.

Heliotropium majus Dioscoridis. C. B. P. 253. *Heliotropium Europæum.* L. S. P.

Tournef. class. 1. sect. 4. gen. 9. Linn. Pentandria monogynia. Adans. 14. Fam. des Bourraches.

L'Héliotrope croît dans les champs, le long des chemins, dans les terreins sablonneux, & parmi les décombres. Sa racine (*a*) est simple & ligneuse. Sa tige s'éleve d'environ un pied : elle est cylindrique, remplie de moëlle, légérement velue, & rameuse. Les feuilles naissent alternativement le long de la tige : elles sont entieres, ovales, sans crenelures, soutenues par de longs pétioles sillonnés dans leur longueur, & bordés par une membrane qui s'étend jusqu'à la feuille. Les branches sortent des aisselles des feuilles, & portent elles-mêmes de nouvelles feuilles semblables à celles de la tige.

Les fleurs naissent au sommet de la tige & des branches rangées en épis, portées toutes d'un même côté sur des rameaux opposés aux feuilles : ces fleurs sont monopétales. La corolle est un tube menu à sa base, évasé en bassin à son extrémité, divisé en dix segments inégaux ; les cinq grands sont arrondis & égaux entre eux ; les cinq autres sont aussi égaux entre eux, & remplissent les sections des cinq premiers. Nous avons représenté une de ces corolles (*c*) augmentée à la loupe & vue par derriere. La figure (*b*) offre la même corolle ouverte, qui laisse voir les étamines, lesquelles sont attachées par leur base un peu au-dessus de l'origine du tube. Les antheres des étamines sont parallélipipedes, marquées de quatre sillons longitudinaux, & s'ouvrent en deux loges par les sillons latéraux : elles sont attachées par le dos un peu au-dessus de leur base aux filets, & font corps avec eux. La poussiere génitale consiste en corpuscules ovoïdes, très petits, blanchâtres & transparents.

Le pistil (*d*) est composé de l'ovaire, d'un stil très court & d'un stigmate conique. Le calice (*e*), qui porte la fleur, est attaché au rameau par un pédicule court ; il est divisé en cinq dents aiguës, & velu de même que les rameaux & la tige.

Le pistil devient, par sa maturité, un fruit (*f*) à quatre capsules arrondies & rassemblées, contenant chacune une semence (*g*) anguleuse d'un côté, & convexe de l'autre, de couleur cendrée.

L'Herbe aux Verrues contient beaucoup d'huile & de sel essentiel, au rapport de Lemery. Elle est propre pour résister à la gangrene, pour déterger les ulceres putrides, pour les scrophules, pour la goutte, pour appaiser la douleur de tête, étant appliquée extérieurement : on en donne aussi intérieurement pour exciter l'urine, & pour favoriser les écoulements périodiques.

Le suc de cette plante est corrosif, & fait tomber les poireaux appellés verrues, d'où vient son nom. On doit la cueillir vers les mois d'Avril & Mai, parcequ'alors elle est dans sa plus grande vigueur. Avant que de l'appliquer dessus, il faut avoir la précaution d'en couper une partie. Ce suc est aussi très utile pour les ulceres carcinomateux & les ambulans, pour les dartres vives & les vieilles plaies. Cette plante étant très détersive, Dioscoride prétend que la décoction d'une poignée dans l'eau, purge assez bien la bile & la pituite. Des Auteurs modernes assurent que l'infusion de ses feuilles fait mourir les vers ; on dit aussi qu'étant malaxée avec de l'huile de vers elle fond les tumeurs les plus dures. Chomel dit avoir vu des gens dignes de foi lui assurer que cette plante écrasée & mise sous la plante des pieds arrête les pertes de sang.

La Matricaire.
Matricaria Parthenium. Linn.
Ital. Amarella. Esp. Madricaria. Angl. Feddewem. Allem. Mutterkraut.

LA MATRICAIRE,

Plante vivace, du nombre des Hystériques.

Matricaria vulgaris, seu sativa. C. B. P. 133. *Matricaria Parthenium.* L. S. P.

Tournef. class. 14. sect. 3. gen. 4. Linn. Syngenesia polygamia superflua. Adans. 16. Fam. des Composées.

La Matricaire est quelquefois bisannuelle : elle croît naturellement dans les pays chauds : on la cultive facilement dans nos climats. Sa racine (*a*) est rameuse & fibreuse : elle produit un grand nombre de tiges qui s'élevent à la hauteur de deux pieds : elles sont cannelées, lisses, moëlleuses & branchues. Les feuilles radicales sont pinnées, composées de plusieurs folioles rangées par paires, & terminées par une impaire, portées sur un long pétiole cylindrique ; chacune de ces folioles est découpée profondément, & comme divisée en plusieurs lobes. Les feuilles caulinaires sont alternes, sessiles, de la forme des folioles radicales, accompagnées à leur origine de deux folioles qui portent les mêmes caracteres qu'elles. Les branches sortent des aisselles des feuilles, & portent chacune à leur sommet un double pédicule où naissent les fleurs : ces fleurs naissent deux à deux, comme nous venons de le dire ; elles sont radiées, composées d'un amas de fleurons hermaphrodites dans le disque, & de plusieurs demi-fleurons à la circonférence ; chacun de ces fleurons est un tube (*b*) renflé vers le milieu, évasé à son extrémité, & divisé en cinq segments. Le pistil, qui est au centre, est terminé par trois stigmates recourbés ; les étamines sont attachées à la même hauteur, vers le milieu du tube de la corolle, alternativement à ses divisions, dont elles égalent le nombre : elles n'excedent point le tube. Le demi-fleuron (*c*) est un tube court, menu à sa base, terminé par une languette ovale, sillonnée dans sa longueur, divisée en trois petites dents à son extrémité. Ces deux dernieres figures sont augmentées à la loupe. Toutes les parties de la fleur sont rassemblées sur un réceptacle hémisphérique, qui est au centre de l'enveloppe ou calice (*d*). Les graines (*e*) sont attachées sur ce réceptacle ; elles sont sans aigrette.

    Le nom de cette plante caractérise ses propriétés ; son usage principal est pour les maladies de la matrice : elle contient beaucoup d'huile exaltée, & de sel essentiel & volatil. On emploie les feuilles & les fleurs de cette plante dans les infusions & dans les décoctions hystériques : on en laisse infuser une poignée dans un demi-septier de vin blanc, pendant la nuit, & on en donne l'infusion à jeun, pendant quelques jours, pour les pâles couleurs. Quelques Auteurs prétendent que la seule application des feuilles sous la plante des pieds provoque les mois. Chomel dit avoir vu des gens qui, pour se guérir du mal de dents, avoient mis dans leurs oreilles des feuilles de Matricaire broyées entre les doigts, lesquels lui ont assuré avoir été guéris ; mais c'est un remede violent, qui, en soulageant d'un coté, attire souvent une fluxion sur les oreilles, plus dangereuse que le mal de dents.

    Chesneau loue le cataplasme fait avec les feuilles de Matricaire, appliqué sur la tête, pour appaiser la migraine ; ce remede n'est pas à mépriser, sur-tout lorsque les malades se plaignent du froid dans cette partie, où quelques-uns disent qu'ils sentent comme des glaçons. Cette plante, pilée & appliquée sur les endroits où la goutte se fait sentir, en soulage les douleurs.

    La Matricaire n'est pas seulement hystérique & céphalique, elle est aussi très propre contre les vers : l'eau où elle a macéré les tue, & rétablit les levains de l'estomac, par son amertume. Simon Pauli préparoit une légere infusion avec la Matricaire, les fleurs de camomille, & un peu d'armoise, & la faisoit boire aux femmes sujettes aux vapeurs : ces plantes, en lavement, les soulagent beaucoup, sur-tout lorsqu'on y ajoute une once de miel de concombre sauvage. G. Hofman, après Tragus & Brassavola, assure que le suc de la Matricaire, au poids de quatre onces, purge la pituite & la bile noire, & qu'il enleve les obstructions.

    Les Anglois & les Allemands la rangent parmi les fébrifuges, ce qui lui a fait donner le nom de *feberten*.

    Le sirop de ses feuilles, & la conserve qu'on en prépare, font passer les urines, & en adoucissent les conduits.

    La Matricaire entre dans le sirop d'armoise de Rhasis, dans l'onguent contre les vers, & dans l'emplâtre de *vigo de ranis*.

L'iris ou la Flambe.
Iris Germanica. Linn. Sp. Pl.
Ital. Iride. Angl. Common Flower de Luce. Allem. Blaue-lilgen.

L'IRIS, ou LA FLAMBE,

PLANTE VIVACE, DU NOMBRE DES PURGATIVES.

Iris vulgaris Germanica, *five fylveftris*. C. B. P. 30. *Iris Germanica*. L. S. P.

TOURNEF. claff. 9. fect. 1. gen. 3. LINN. Triandria monogynia. ADANS. 8. Fam. des Liliacées.

L'IRIS croît communément dans les bois, fur les vieux murs, & fur les toits des chaumieres. Sa racine (*a*) eft charnue, noueufe & rampante, garnie de groffes fibres. M. Tournefort remarque comme un caractere particulier à cette plante, que fa racine eft charnue & fans tunique. Nous ajouterons à cette remarque celle de M. Adanfon. C'eft, dit-il, un tubercule rond, charnu, qui, quoiqu'enveloppé de quatre à fix feuilles qui forment autour de lui autant de gaînes entieres difpofées par étages, doit être regardé comme une racine traçante, mais fort raccourcie, puifqu'il fe reproduit, comme toutes les racines traçantes, par fa partie fupérieure, au moyen d'un tubercule qui fe forme au-deffus du premier dès qu'il commence à fe pourrir; ce qui le diftingue des bulbes qui ne fe reproduifent que par les côtés, & qui d'ailleurs ne font point des racines, mais des tiges en raccourci, ou, fi l'on veut, des yeux ou des bourgeons. Il fort de la racine plufieurs paquets de feuilles applaties en forme de glaive, fermes, roides, difpofées en éventail, pliées en deux, renfermant fucceffivement les jeunes feuilles comme dans une gaîne. Les bornes du format ne nous ont pas permis de donner à ces feuilles toute leur étendue: elles s'élevent jufqu'à un pied & demi.

La tige s'eleve ordinairement de deux pieds; elle eft cylindrique, articulée par plufieurs nœuds, de chacun defquels il fort une feuille alterne, fimple, terminée en pointe. Ces feuilles embraffent une partie de la tige par leur bafe. Les rameaux fortent des aiffelles des feuilles; ils portent des feuilles du même caractere de celles de la tige, & portent, chacun à leur fommet, ainfi que la tige, une fleur feule. Cette fuperbe fleur eft compofée de fix pétales. Les trois fupérieurs, dont un eft repréfenté feul (*b*), fe rejoignent à leur fommet; les trois inférieurs font recourbés: ils font tous menus à leur bafe, ovales & amples à leur extrémité. Les inférieurs font couverts d'un fillon barbu vers leurs bafes. Le piftil (*c*) eft compofé de l'ovaire, du ftil, & de trois ftigmates foliés. La figure de ces ftigmates les a fait regarder par beaucoup d'Auteurs comme des pétales. M. Tournefort dit à ce fujet ce c'eft dans cette rencontre que l'on doit bien être convaincu combien il importe de diffequer avec exactitude les différentes parties des fleurs. Les trois étamines font adhérentes au piftil, & leurs antheres font recouvertes par les ftigmates. Les ftigmates du piftil font ordinairement de la même couleur que la fleur dans laquelle il fe trouve. Nous l'avons repréfenté d'une autre couleur, ainfi que le pétale féparé, pour faire voir d'un coup d'œil les deux nuances les plus communes fous lefquelles la fleur d'Iris fe préfente. Le fruit (*d*) qui fuccede au piftil, eft une capfule oblongue, à trois loges & trois valves; elle renferme les femences (*e*) qui font placées en recouvrement les unes fur les autres.

La racine d'Iris eft d'ufage en Médecine: elle eft âcre au goût: on en tire le fuc par expreffion, & on l'ordonne depuis une once jufqu'à quatre dans l'hydropifie qui commence. Chomel dit en avoir vu de très bons effets; mais il faut continuer ce remede trois ou quatre fois, & même plus, de deux jours l'un. Le meilleur correctif du fuc d'Iris eft la crême de tartre, ou le cryftal minéral. On fait fondre demi-once de l'une ou de l'autre dans fix onces d'eau bouillante; on y ajoute deux onces de fuc d'Iris, qu'on laiffe dépurer; on le fait prendre enfuite au malade.

Antoine Conftantin, Auteur de la Pharmacopée Provençale, donnoit cette racine en diverfes manieres, qu'on peut voir, page 70 de fon ouvrage; en opiate, pilules, tablettes, &c.

M. Garidel a obfervé que cette racine excite de cruelles tranchées, ce que Braffavola & d'autres Praticiens ont éprouvé. Sa préparation avec les fels fixes doit raffurer ceux qui s'en veulent fervir. Mefué la corrige avec le maftic & le fpicanard.

Sennert mêle le fuc dépuré avec la manne, pour en corriger l'âcreté.

M. Garidel remarque en bon Phyficien, que le ventre des hydropiques n'obéit guere qu'aux plus violents purgatifs, à caufe du relâchement des fibres des inteftins; & que pour les guérir il ne fuffit pas de procurer de grandes évacuations d'eaux, fi on ne travaille au rétabliffement du baume du fang, dont le défaut produit cette abondance de férofités crues & indigeftes.

La fleur d'Iris eft incifive, apéritive & céphalique. On pulvérife la racine de cette plante après l'avoir fait fécher, & on la fait entrer dans les poudres fternutatoires. Les Parfumeurs du Languedoc & de la Provence tirent la pulpe de la racine d'Iris après l'avoir fait cuire, & ils l'étendent fur des toiles pour les parfumer.

On tire de la fleur bleue de l'Iris une efpece d'extrait ou de pâte verte qu'on appelle *verd d'Iris*; il fert pour peindre en miniature.

Le nom d'Iris a été donné à cette plante à caufe des couleurs de fes fleurs, qui reffemblent à celles de l'arc-en-ciel.

La Véhote ou Véronique Femmelle.
Antirrhinum Spurium. Linn. Sp. Pl.
Ital. Veronica Femina.

147

LA VELVOTE, ou VÉRONIQUE FEMELLE,

Plante annuelle, du nombre des Apéritives.

Elatine folio subrotundo. C. B. P. 252. *Antirrhinum spurium.* L. S. P.

Tournef. class. 3. sect. 4. gen. 2. Linn. Didynamia angiospermia. Adans. 27. Fam. des Personnées.

La Velvote croît dans les bleds : on la trouve abondamment après la moisson parmi le chaume. Sa racine (*a*) est pivotante, menue & fibreuse. Ses tiges s'élevent de sept à huit pouces : elles sont grêles, légèrement velues, rougeâtres. Ses feuilles sont alternes & opposées, ovales, terminées en pointe, portées par des pétioles courts. Il naît quelques rameaux dans les aisselles des feuilles, qui sont eux-mêmes garnis de feuilles semblables à celles de la tige ; c'est aussi des aisselles des feuilles que sortent les fleurs soutenues par des pédicules cylindriques, longs & foibles. Ses fleurs sont monopétales : elles représentent la figure d'un mufle (*b*) ; le derriere de la fleur est armé d'un éperon.

Les étamines sont renfermées dans le tube de la corolle. Nous avons représenté (*c*) les deux qui sont ordinairement fertiles, attachées à la levre supérieure de la corolle.

Le pistil (*d*) est placé au fond du calice (*e*) : il est composé de l'ovaire, du stil & d'un stigmate sphérique : le calice dans lequel repose la fleur, est divisé en cinq segments aigus. Le fruit (*f*) qui succede au pistil est une capsule recouverte par trois valves, dont une est représentée (*h*) : elle est séparée en deux loges : elle est représentée dans la figure (*g*), coupée transversalement, & laisse voir l'arrangement des graines (*i*).

La Velvote s'emploie comme la Véronique, en infusion, en décoction, ou distillée ; elle est vulnéraire, détersive & adoucissante ; elle est même résolutive, & Césalpin la recommande pour les tumeurs scrophuleuses, pour la lepre, pour l'hydopisie, la goutte, les dartres & le cancer. On fait boire avec succès, deux fois par jour, trois onces de suc, ou six onces de l'eau de cette plante distillée au bain-marie. On fait un onguent avec la Velvote très utile pour les ulceres, pour les hémorrhoïdes, les écrouelles, & pour toutes les maladies de la peau. En voici la composition telle que l'a décrit M. Tournefort.

Faites macérer pendant vingt-quatre heures les feuilles de cette plante dans autant de vin blanc qu'il en faut pour la couvrir ; exprimez le suc, & le faites bouillir jusqu'à la diminution du tiers, ajoutant autant de saindoux qu'il en faut pour lui donner la consistance d'onguent.

Quelques-uns estiment cette plante dans les décoctions astringentes qu'on ordonne pour les cours de ventre.
La Velvote fleurit ordinairement vers les mois de Juillet & d'Août.

LA SARRIETTE,

Plante annuelle, du nombre des Céphaliques.

Satureia hortensis, sive Cunila sativa Plinii. C. B. P. 218. *Satureia hortensis.* L. S. P.

Tournef. class. 4. sect. 3. gen. 9. Linn. Didynamia gymnospermia. Adans. 25. Fam. des Labiées.

La Sarriette croît naturellement en Italie, en Languedoc & en Provence : on la naturalise dans les climats tempérés par le secours de la culture. Sa racine (*a*) est un pivot garni de fibres grosses, longues, fortes & rameuses. Ses tiges s'élevent à la hauteur d'un pied : elles sont droites, noueuses, légérement velues, rougeâtres & branchues. Les feuilles sont opposées à chaque nœud de la tige où elles sont attachées par leurs bases : elles sont longues, étroites, terminées en pointes & unies. Les branches sortent des aisselles des feuilles, & portent les mêmes caracteres que la tige.

Les fleurs naissent dans les aisselles des feuilles, ramassées cinq à six autour de chaque nœud de la tige : elles sont labiées ; chacune d'elles est un tube (*b*) menu à sa base, renflé vers son milieu, & terminé par deux levres, dont la supérieure est retroussée, obtuse & fendue ; la levre inférieure est rabattue & divisée en trois parties, dont la mitoyenne est découpée en forme de cœur. Les quatre étamines sont attachées aux parois de la corolle, comme nous l'avons représenté dans la figuré (*c*) où cette corolle est ouverte par le milieu de la levre inférieure. Les antheres ou sommets des étamines sont ovoïdes, fendues dans leur moitié inférieure, & attachées au-dessus de cette fente aux filets avec lesquels elles font corps, marquées de trois sillons longitudinaux sur leur face intérieure, & s'ouvrent en deux loges par ceux des côtés. La poussiere séminale est un amas de corpuscules ovoïdes, lisses, blancs & transparents.

Le pistil est composé de quatre ovaires distincts, rapprochés autour d'un stil qui leur est commun sans leur être attaché ; le stil est terminé par deux stigmates recourbés & parallèles ; il est placé au fond du calice (*d*), lequel calice est un tube court, divisé en cinq dents aiguës. Nous l'avons représenté ouvert pour laisser voir les quatre ovaires qui deviennent autant de graines (*e*) hémisphériques.

La Sarriette est apéritive, pénétrante, atténuante ; elle fortifie l'estomac, elle aide à la respiration ; elle excite l'urine & les écoulements périodiques aux femmes ; elle appaise les douleurs des oreilles, elle résout les tumeurs, elle fortifie les nerfs & la vue : on s'en sert intérieurement & extérieurement.

La Sarriette est aussi communément employée dans la cuisine pour relever le goût des viandes, que dans la médecine, pour l'utilité des malades. Cette plante est si bonne pour l'estomac, que Tragus l'appelle la Sausse aux pauvres gens. Cette épitethe nous amene naturellement au sentiment d'un Savant aussi zélé qu'infatigable pour le bien de l'humanité (M. Barbeu du Bourg). Peu de gens, dit-il, font attention aux plantes communes, & encore moins en étudient les propriétés. On tire à grands frais des Indes, ou pour le moins de l'Arabie, de quoi guérir la plus petite incommodité, tandis que les grands, les vrais remedes sont la nourriture de nos paysans. Les Allemands la mêlent aux choux pommés, qu'ils font confire au sel & au vinaigre, pour les conserver long-temps. Skenkius & Lottichius ont observé que dans l'affection soporeuse on seringue avec succès dans l'oreille la décoction de Sarriette, pour réveiller les malades. Cette décoction est utile en gargarisme pour le relâchement de la luette, & pour l'inflammation des amygdales.

L'Eupatoire de Mésué.
Achillea ageratum. L. S. P.
Allem. Wohlriechende bertram.

L'EUPATOIRE DE MESUÉ,

Plante vivace, du nombre des Stomachiques.

Ageratum foliis serratis. C. B. P. 224. *Achillea Ageratum.* L. S. P.

Tournef. class. 14. sect. 3. gen. 9. Linn. Syngenesia polygamia superflua. Adans. 16. Fam. des Composées.

Cette espece d'Eupatoire aime les pays chauds : on la trouve communément sur les bords de la mer, en Italie & en Languedoc. Sa racine (*a*) est un pivot garni de fibres fortes & rameuses ; elle pousse d'abord plusieurs feuilles radicales, longues, étroites, obtuses, découpées dans toute leur longueur ; les découpures bordées de dents très fines : elles sont portées par de longs pétioles. Il s'éleve d'entre elles des tiges droites, cylindriques, fermes & branchues. Les feuilles caulinaires different essentiellement des radicales : elles sont petites, oblongues, terminées en pointe, garnies tout autour de dents aiguës, attachées alternativement à la tige sans pétioles, accompagnées à leur origine de petites feuilles semblables à elles. Les branches sortent des aisselles des feuilles, & portent les mêmes caracteres de la tige.

Les fleurs naissent au sommet de la tige & des branches, disposées en corymbe : elles sont nombreuses & ramassées, soutenues par des pédicules rameux ; chacune de ces fleurs est un amas de fleurons. Nous avons représenté un de ces fleurons (*b*) augmenté au microscope (*c*) ; il est menu à sa base, gonflé vers son milieu, évasé en bassin à son extrémité, & divisé en cinq segments.

Le pistil est placé au centre de la corolle, dont il excede les divisions du tiers de sa longueur : il est composé de l'ovaire, du stil, & d'un seul stigmate. Les étamines sont attachées aux parois de la corolle comme dans toutes les fleurs à fleurons. Tous les fleurons sont rassemblés dans une enveloppe ou calice commun (*d*), lequel est composé de plusieurs lames minces. Les graines (*e*) reposent au fond de ce calice : elles sont longues, lisses & sans aigrettes.

On emploie cette plante comme l'espece de menthe qu'on appelle le coq, & plusieurs Auteurs lui en ont donné le nom ; les feuilles & les fleurs s'ordonnent en infusion & en décoction de la même maniere & pour les mêmes maladies. Mesué l'estime pour les maladies du foie, & pour emporter les obstructions des autres visceres ; c'est pour cette raison qu'il l'a appellée Eupatoire. L'huile d'olive, dans laquelle on a fait infuser cette plante, est bonne pour faire mourir les vers : on en frotte le nombril des enfants avec du coton qui en est imbibé, & on le laisse quelque temps sur cette partie.

L'Eupatoire de Mesué a donné le nom au sirop & aux trochisques d'Eupatoire du même Auteur ; elle entre aussi dans le *dialacca magna*, & dans le *diacucurmæ* du même. Fernel le prescrit dans son catholicon simple.

La Maroute, ou la Camomille Puante.
Anthemis Cotula. L. S. P.
Ital. Cola, Caula. Angl. May-weed. Allem. Kroeten-dill. Hand. Anth.

LA MAROUTE, ou LA CAMOMILLE PUANTE,

PLANTE ANNUELLE, DU NOMBRE DES CARMINATIVES.

Chamæmelum fœtidum. C. B. P. 135. *Anthemis Cotula.* L. S. P.

TOURNEF. claff. 14. fect. 3. gen. 5. LINN. Syngenefia polygamia fuperflua. ADANS. 16. Fam. des Compofées.

La Maroute croît communément le long des chemins & dans les terreins incultes. Sa racine (*a*) eft petite & fibreufe. Ses tiges s'élevent d'un pied au plus : elles font cylindriques, remplies de fuc, portant un grand nombre de branches qui rendent la plante touffue. Les feuilles font alternes, découpées profondément & inégalement. Les rameaux naiffent alternativement le long de la tige ; ils portent des feuilles dans leur longueur, femblables à celle de la tige, & foutiennent à leur fommet chacun une fleur radiée, compofée d'un amas de fleurons hermaphrodites, dans le difque, & de plufieurs demi-fleurons à la circonférence. Chacun des fleurons (*b*) eft un tube menu à fa bafe, gonflé vers le milieu, évafé à fon extrémité, & divifé en cinq dents aiguës. Le piftil, qui eft logé au centre de la corolle, eft compofé de l'embryon & du ftil, qui eft terminé par deux ftigmates paralelles recourbés ; il excede la corolle du tiers de fa longueur. Les étamines font attachées intérieurement vers le milieu du tube de la corolle, dont elle n'excede point l'extrémité. Le demi-fleuron (*c*) eft un tube dont l'extrémité devient une languette divifée en trois dentelures. Les fleurons & les demi-fleurons fe raffemblent fur le réceptacle (*d*), lequel eft conique & garni de lames extrêmement fines, arrangées circulairement, & qui font l'office de calice, comme il eft repréfenté, vu par dehors, dans la figure (*e*), ainfi que dans les deux fleurs qui font au-deffous des deux dernieres figures, dans la planche, & que l'on voit par derriere. Les graines (*f*) repofent fur le réceptacle : elles font menues & fans aigrettes.

La Maroute a une odeur forte & fétide, & un goût amer ; fon odeur lui a valu le furnom de Camomille puante : elle eft très âcre. On rapporte que des perfonnes ont reffenti de vives douleurs, & ont eu les bras & les jambes couvertes de cloches, pour en avoir ramaffé une certaine quantité.

Cette plante eft d'ufage en Médecine : on l'emploie ordinairement pour les maladies de la matrice ; elle eft hyftérique & carminative ; elle abat les vapeurs ; elle eft propre à exciter les écoulements périodiques : on emploie l'herbe & les fleurs en lavement & en bains de vapeurs.

La décoction de la Maroute, en cataplafme & en fumigation, eft autant utile aux femmes affligées des vapeurs de matrice que le caftor, fuivant le rapport de Tragus. Quelques-uns fe fervent avec fuccès de fon fuc à deux ou trois onces pour les écrouelles ; ce remede eft en ufage en Angleterre ; à Paris, on l'emploie utilement pour les hémorrhoïdes en fumigation : on peut, dans un befoin, s'en fervir en lavement & en cataplafme, à la place des autres efpeces de Camomille.

Cette plante a donné le nom à l'huile & au firop de Camomille : elle entre dans l'onguent *martiatum*, dans l'emplâtre *de meliloto* de Mefué, dans l'emplâtre pour la matrice, & dans le cérat de Cumin.

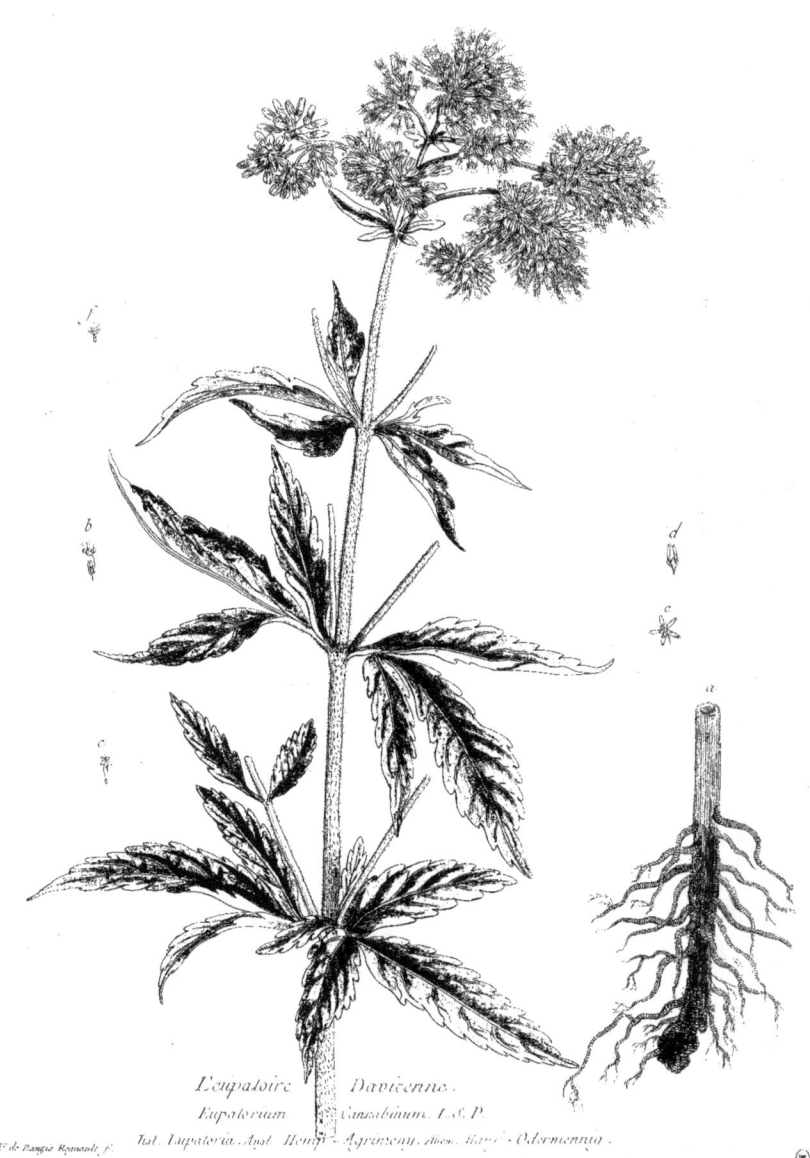

L'eupatoire Davienne.
Eupatorium Cannabinum. L. S. P.

L'EUPATOIRE D'AVICENNE,

Plante vivace, du nombre des Hépatiques.

Eupatorium Cannabinum. C. B. P. 320. *Eupatorium Cannabinum.* L. S. P.

Tournef. class. 12. sect. 3. gen. 6. Linn. Syngenesia polygamia æqualis. Adans. 16. Fam. des Composées.

L'Eupatoire d'Avicenne croît communément dans les terreins humides, le long des ruisseaux, dans les prés & dans les bois. Sa racine (*a*) est un pivot garni de plusieurs fibres rameuses. Ses tiges s'élevent de quatre à cinq pieds : elles sont droites, cylindriques, remplies d'une moëlle blanchâtre, cotonneuses & rameuses. Ses feuilles sont opposées deux à deux le long de la tige, où elles sont attachées par leur base : elles sont composées de trois à cinq folioles digitées ; ces folioles sont longues, découpées dans leur longueur, & terminées en pointe. Les rameaux sortent des aisselles des feuilles, & portent des feuilles aussi opposées, mais simples, ainsi que celles du sommet des tiges. Les fleurs naissent au sommet de la tige & des branches, disposées en corymbe, portées par des pédicules cylindriques & rameux, opposés à la tige dans les aisselles des feuilles : elles sont nombreuses. Chacune de ces fleurs (*b*) est composée d'un amas de fleurons hermaphrodites, dans le disque & à la circonférence, qui sont ordinairement au nombre de cinq. Nous avons représenté un des fleurons (*c*) augmenté à la loupe : c'est un tube menu à sa base, égal dans sa longueur, évasé à son extrémité, & divisé en cinq segments aigus. Le pistil excede les divisions par deux stigmates égaux, recourbés, lesquels terminent le stil qui traverse la corolle, & pose sur l'ovaire. Les étamines sont attachées vers le milieu des parois de la corolle dont elle n'excedent point la longueur. L'amas de fleurons qui composent la fleur est assemblé dans un calice (*d*) oblong, tuilé, composé de dix écailles linéaires, dont cinq longues & cinq courtes qui les recouvrent. Nous avons montré le détail de ces écailles dans le calice ouvert (*e*). Ces deux dernieres figures sont aussi augmentées à la loupe. Les semences (*f*) succedent à la fleur : elles sont contenues par le calice sur un réceptacle nud ; elles sont oblongues & couronnées par une aigrette soyeuse.

Les bons effets que cette plante produit, & que l'expérience a confirmés, sont appuyés de l'aveu des meilleurs Praticiens. Elle est hépatique, apéritive, hystérique, béchique & vulnéraire. Schroder l'estime propre dans la cachéxie, dans la toux, le catarre : elle favorise & excite les écoulements périodiques. L'herbe s'applique avec succès sur les plaies : on la mêle avec la fumeterre, dans le petit-lait, pour les maladies de la peau & pour les pâles couleurs. Le suc de ses feuilles à deux onces, son extrait à un gros, & la tisane qu'on prépare avec une poignée de ses feuilles, dans une pinte d'eau, bouillies légérement, y ajoutant un peu de sucre, ou demi-once de réglisse pour en corriger l'amertume, sont des remedes capables de lever les embarras des visceres qui succedent aux longues maladies, sur-tout aux fievres intermittentes, & qui font tomber les malades dans des bouffissures & des enflures qui les conduisent quelquefois à l'hydropisie : lors même qu'elle est confirmée, & après qu'on a fait la ponction aux malades, l'usage de cette plante, prise comme le thé, ou dans les bouillons, leur est utile : on bassine aussi avec succès leurs jambes avec sa décoction. Chomel dit en avoir vu plusieurs fois l'expérience, & dit même avoir guéri trois personnes enflées considérablement, par la seule tisane de cette plante. Les feuilles bouillies, & appliquées en cataplasme sur les tumeurs, particuliérement celles des bourses, les dissipent aisément. Le même Auteur ajoute que sans le secours de la ponction il a vu des hydroceles guéries par la seule application de cette herbe. Gesner assure avoir éprouvé par lui-même que cette plante purge la pituite par haut & par bas assez abondamment, & plus surement que l'hellébore ; il employoit les fibres de sa racine en décoction dans le vin. Chomel dit qu'il en a donné à des hydropiques, jusqu'à une once dans un demi-septier de vin, sans avoir reconnu cet effet. Une petite poignée de fleurs & de feuilles d'Eupatoire, en infusion ou en décoction dans une pinte d'eau, facilite les urines.

LE VÉLAR, ou LA TORTELLE,
Plante annuelle, du nombre des Béchiques.

Eryſimum vulgare. C. B. P. 100. *Eryſimum officinale.* L. S. P.

Tournef. claſſ. 5. ſect. 4. gen. 10. Linn. Tetradynamia ſiliquoſa. Adans. 52. Fam. des Cruciferes.

Le Vélar croît abondamment le long des grands chemins, parmi les haies, & dans les terreins incultes & ſecs. Sa racine (*a*) s'étend profondément en terre : elle eſt garnie de groſſes fibres rameuſes. Ses tiges s'élevent de deux ou trois pieds : elles ſont fermes, cylindriques, couvertes d'un poil court & dur, & branchues. Les feuilles ſont portées alternativement à la tige : elles ſont grandes, découpées profondément & inégalement ; la forme de leurs découpures varie à l'infini. Les branches ſortent des aiſſelles des feuilles, & portent elles-mêmes des feuilles du même caractere que celles de la tige.

Les fleurs naiſſent alternativement au ſommet de la tige des branches ; celles-ci s'alongent latéralement à meſure que les fruits ſuccedent aux fleurs, de ſorte qu'elles ont quelquefois un pied de longueur. Les fleurs ſont cruciferes (*b*), compoſées de quatre pétales (*c*) diſpoſés en croix : ils ſont ovales ; la baſe eſt un onglet droit, de la longueur du calice. Le piſtil (*d*) eſt repréſenté dans la fleur demi-ouverte ; il ſort du fond du calice, & eſt terminé par un ſtigmate ſphérique. Les étamines (*e*) ſont attachées par leur baſe à celle de l'ovaire ; elles ſont au nombre de ſix, dont quatre ſont conſtamment longues, & les deux autres courtes : les deux courtes ſont oppoſées l'une à l'autre. Le calice, qui ſoutient toutes les parties de la fleur, eſt compoſé de quatre folioles ovales, oblongues & colorées : elles tombent à meſure que leur office ceſſe d'être néceſſaire ; ces quatre dernieres figures ſont augmentées au microſcope pour en faciliter l'examen. Au piſtil ſuccede une ſilique longuette, menue, couchée le long du rameau, partagée en deux loges & deux valves par une cloiſon membraneuſe (*g*). Les valves s'ouvrent longitudinalement du bas en haut, comme on le voit dans la figure (*f*), & répandent les ſemences (*h*) qui étoient attachées aux deux faces de la cloiſon membraneuſe.

On emploie le Vélar pour faire le ſirop du Chantre, ſi eſtimé pour rétablir la voix & guérir l'enrouement. Ce ſirop peut ſe faire ſimplement avec une forte décoction, ou avec le ſuc de la plante & du ſucre, dont la doſe eſt depuis demi-once juſqu'à une once, dans un verre de tiſane pectorale. Le ſirop d'*Eryſimum* de Lobel eſt fort compoſé ; car outre pluſieurs plantes béchiques, quelques-unes céphaliques y ſont employées ; ſavoir, les fleurs de romarin, de ſtœchas & de bétoine. On fait avec les feuilles & les fleurs du Vélar une tiſane, en mettant une poignée de la plante ſur chaque pinte d'eau réduite à trois demi-ſeptiers ; on y ajoute de la régliſſe : ces préparations ſont excellentes pour la toux invétérée, & l'embarras du poumon cauſé par des matieres épaiſſies. Dioſcoride recommande la graine d'*Eryſimum* à ceux qui crachent des matieres purulentes. Lobel confirme les obſervations de cet Auteur.

Le Vélar eſt un grand réſolutif pour les tumeurs des mamelles & pour le cancer.

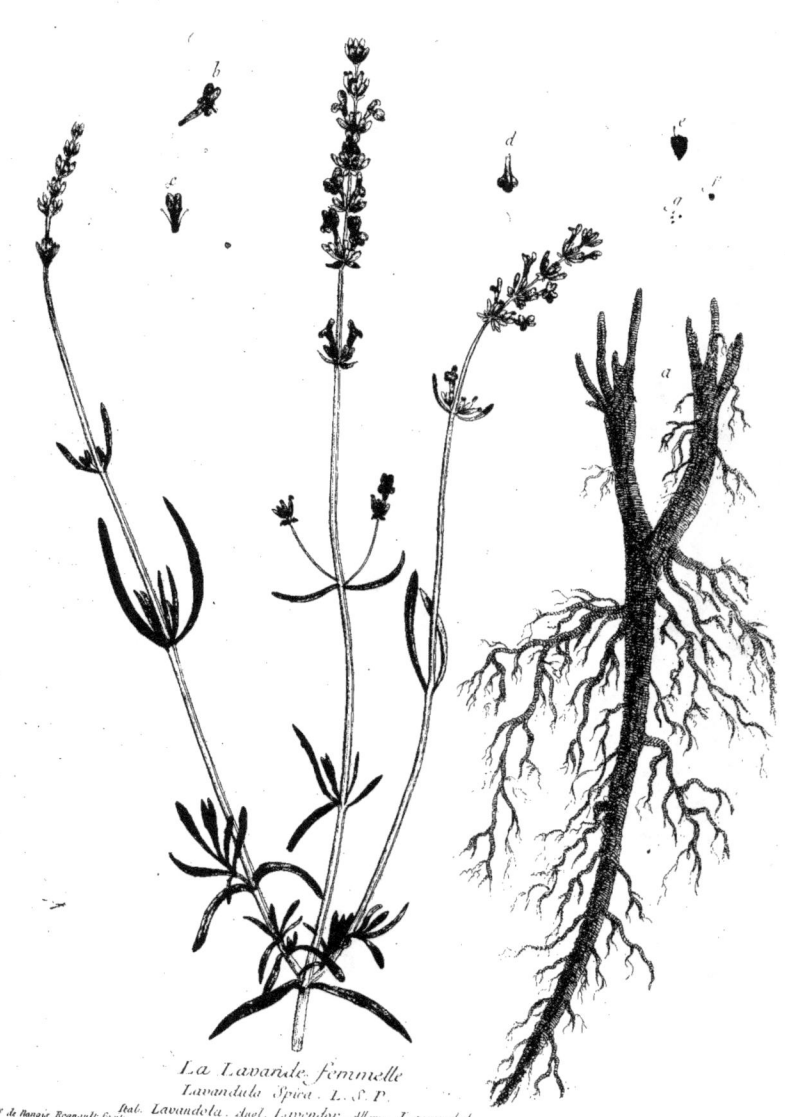

La Lavande femelle
Lavandula Spica. L. S. P.
Ital. Lavandola. Angl. Lavender. Allem. Lavendel.

LA LAVANDE FEMELLE, ou COMMUNE,

Plante vivace, du nombre des Céphaliques.

Lavandula angustifolia. C. B. P. 216. *Lavandula spica.* L. S. P.

Tournef. class. 4. sect. 3. gen. 11. Linn. Didynamia gymnospermia. Adans. 25. Fam. des Labiées.

La Lavande est naturelle aux pays méridionaux ; on la cultive avec succès dans les climats tempérés. Sa racine (*a*) est ligneuse ; c'est un pivot garni de grosses fibres rameuses qui s'attachent fortement en terre. Ses tiges s'élevent de deux pieds : elles sont ligneuses, grêles, quadrangulaires & branchues. Les feuilles sont opposées deux à deux le long de la tige & des branches, alternativement disposées en croix : elles sont longues, étroites, entieres, & terminées en pointes. Les branches sortent des aisselles des feuilles, & portent les mêmes caracteres que la tige. Les fleurs naissent au sommet de la tige & des branches, rangées en épis, disposées par anneaux, accompagnées à leur base par des feuilles florales, quelquefois semblables & quelquefois différentes de celles de la tige ; ces fleurs sont labiées. Chacune d'elles est un tube (*b*) menu à sa base, s'élargissant vers son extrémité, où il se divise en deux levres, dont la supérieure (*c*) est relevée, étendue & partagée en deux parties arrondies ; la levre inférieure (*d*) est divisée en trois parties aussi arrondies, & à-peu-près égales. Les quatre étamines sont attachées deux à deux à chacune des levres. Le pistil est placé au fond du calice, que nous avons représenté ouvert (*e*) ; il est composé de l'ovaire, du stil & de deux stigmates, dont l'un est beaucoup plus petit que l'autre, ce qui fait qu'au premier coup d'œil on n'en apperçoit qu'un : nous devons cette remarque aux studieuses observations de M. Adanson. L'embryon (*f*) est composé de quatre graines (*g*) réunies au fond du calice qui se referme pour protéger leur maturité.

On emploie les feuilles & les fleurs de cette espece de Lavande parcequ'elle est plus commune en ce pays, où on l'éleve dans les potagers : on se sert plus ordinairement des épis chargés de fleurs, soit pour les décoctions céphaliques & nervales, soit pour en tirer par la distillation, de l'huile essentielle, qui est fort estimée pour les maladies du cerveau, pour les vapeurs hystériques, & pour l'épilepsie. On en fait avaler huit ou dix gouttes dans quelque liqueur convenable ; on s'en sert pour aromatiser les sels volatils urineux, dont les personnes sujettes aux vapeurs se servent si familiérement : on fait aussi par infusion dans l'huile d'olive, une huile de Lavande appellée huile de spic ou d'aspic, laquelle est également propre aux Arts & à la Médecine. L'huile de spic qui se vend chez les Droguistes n'est souvent que de l'huile de térébenthine parfumée à Marseille avec de l'huile essentielle de Lavande. Schenckius & Sennert avertissent que pour connoître si elle est sophistiquée, il n'y a qu'à en mettre dans une cuiller ; demi-heure après elle est évaporée, & il n'y reste que la térébenthine. Quand l'huile de Lavande est pure, elle ne fait pas seulement mourir les vers, mais aussi les poux & leur œufs ; on en graisse un papier brouillard que l'on applique sur la tête des enfants. Quatre ou cinq gouttes d'huile essentielle de Lavande, dans une cuillerée de vin prise à jeun, dissipent la migraine, & fortifient l'estomac : la même huile, mêlée avec celle de millepertuis & de camomille, fait une excellent liniment pour les rhumatismes, la paralysie & les mouvements convulsifs.

Les fleurs de Lavande, distillées avec du vin ou de l'eau-de-vie, donnent une espece d'*eau de la Reine d'Hongrie* assez agréable. Les sommités de Lavande chargées de fleurs & de graines séchées proprement, sont excellentes prises en infusion comme le thé, pour le vertige, le tremblement des mains, les mouvements convulsifs, les affections soporeuses, la paralysie, le bégaiement, & les autres maladies des nerfs. Ce remede convient aussi aux asthmatiques, & à ceux dans lesquels le sang croupit par le défaut de circulation.

Rondelet donne la recette suivante pour les accouchements laborieux : Prenez semence de Lavande demi-gros, semence de plantain & de chicorée, de chacun deux scrupules, poivre un scrupule : le tout mis en poudre, délayez-le dans trois onces d'eau de chicorée, & autant de celle de chevrefeuille. Zacutus estime la conserve des fleurs de Lavande pour rétablir le cours des écoulements périodiques, & pour fortifier l'estomac.

Ses fleurs entrent dans la décoction céphalique, dans le sirop anti-épileptique, dans le sirop de stœchas, dans la poudre céphalique odorante de Charas, & dans la poudre pour embaumer les corps. L'huile essentielle entre dans le baume apoplectique.

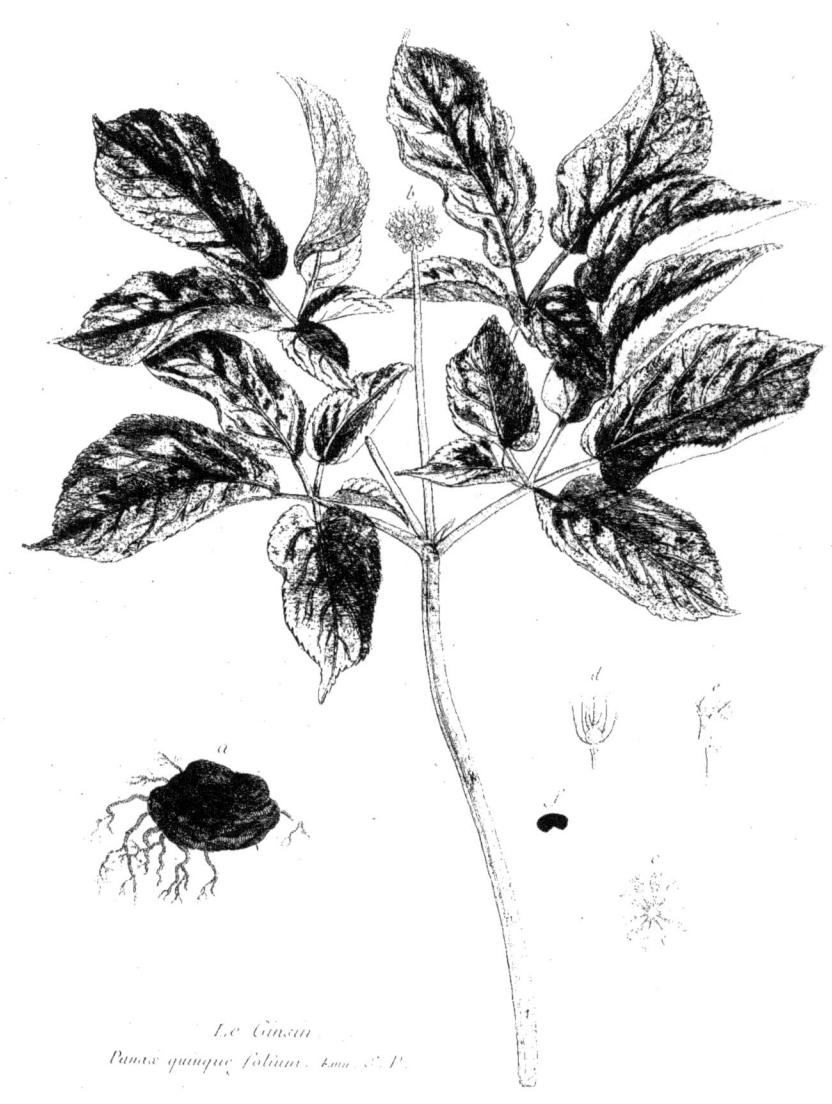

Le Ginsin
Panax quinque folium.

LE GINSIN, ou GENS-ENG,

Plante vivace, du nombre des Alexiteres.

Aureliana Canadenſis. P. Lafiteau. Gins. 51. *Panax quinquefolium.* L. S. P.

Tournefort ne l'a point connu. Linn. Polygamia diocecia. Adans. 15. Fam. des Ombelliferes.

Le Ginsin, que les Chinois nomment *Pet-ſi*, & les Iroquois *Garentoguen*, quoique naturel à la Chine, ſe trouve auſſi, ſuivant M. Linnæus, dans la Virginie, au Canada, & dans la Penſylvanie. Sa racine (*a*) a été décrite par pluſieurs Auteurs. Comme nous n'avons pas trouvé ces deſcriptions conformes à la nature, voici à quoi elles ſe réduiſent. La racine a deux pouces de longueur, & eſt à-peu-près de la groſſeur du petit doigt, un peu raboteuſe, brillante, & comme tranſparente, le plus ſouvent partagée en deux branches, quelquefois en un plus grand nombre, fibreuſe vers ſa baſe, rouſſâtre en dehors & jaunâtre en dedans. Le mot chinois *gen-geng* ſignifie *homme*, & le mot *guarent-oguen* ſignifie *racine qui repréſente le corps de l'homme*, parceque l'on a trouvé de la conformité entre la figure de cette plante & les cuiſſes humaines. Elle eſt repréſentée dans la planche (*a*) peinte d'après le naturel telle qu'elle nous a été procurée au jardin du Roi, par le Jardinier de Sa Majeſté. C'eſt un tubercule charnu, applati & ridé, qui porte une tige unique, ronde, haute de huit à neuf pouces; à ſon ſommet elle ſe partage en quatre pétioles cylindriques, qui portent chacun une feuille digitée, compoſée de cinq folioles diſtinctement ſéparées & ſoutenues par les diviſions du pétiole. Ces folioles ſont inégales entre elles; celle du milieu eſt conſtamment plus grande que les deux ſuivantes, & celles-ci plus grandes que celles qui font la baſe de la feuille : elles ſont ovales, terminées en pointe, & dentelées également tout autour. Du ſommet de la tige, au centre des quatre pétioles s'éleve un pédicule droit & cylindrique, qui ſoutient à ſon ſommet l'ombelle unique (*b*). Tous les rayons de l'ombelle, qui ſoutiennent les fleurs, ſont raſſemblés par une enveloppe univerſelle, compoſée de pluſieurs lames minces, longues & pointues, comme on peut le voir dans la figure (*c*) où nous avons repréſenté géométralement la diſpoſition des rayons & de l'enveloppe ; cette figure eſt augmentée à la loupe. Nous avons augmenté la fleur (*e*) au microſcope : elle eſt compoſée de cinq pétales ovales & pointus qui ſont attachés au calice, lequel eſt un tube gonflé à ſa baſe, & découpé à ſon extrémité en cinq ſegments, dont la pointe fait l'alternative avec les pétales. Les parties ſexuelles (*d*) ſont placées au fond du calice : elles ſont compoſées du piſtil, lequel eſt un ovaire ſphérique, couronné par deux ſtigmates qui reſſemblent à des cornes, & des cinq étamines qui ſont attachées autour de la baſe de l'ovaire, qui excede la longueur du piſtil, & dont les antheres ſont ſphériques & ſpongieuſes ; cette derniere figure eſt, ainſi que la fleur, augmentée au microſcope. A chacune des fleurs il ſuccede un fruit de la forme, de la grandeur & de la couleur qu'il eſt repréſenté dans la figure (*f*).

La racine du Ginſin eſt la ſeule partie de la plante qui ſoit d'uſage en Médecine. Les Chinois la regardent comme une panacée univerſelle. Il n'eſt point, ſelon eux, de maladie qui réſiſte à l'efficacité du Ginſin ; ils la croient merveilleuſe pour réparer dans un inſtant les forces perdues par l'abus des plaiſirs de l'amour, & pour inſpirer auſſi-tôt, pourvu qu'on boive & mange ſobrement. Cette reſtriction, dit M. *Valmont de Bomare*, dans ſon Dictionnaire d'Hiſtoire naturelle, (ouvrage où il a traité d'une maniere curieuſe & intéreſſante le détail de la récolte & de la préparation du Gens-eng,) nous paroît aſſez judicieuſe, & être du préjugé de tous les pays. Il eſt étonnant qu'on n'ait pas auſſi attribué au Gens-eng la propriété de guérir les maladies vénériennes. Les Médecins Hollandois le recommandent dans les convulſions, la ſyncope, les vertiges, & pour fortifier la mémoire : il faut prendre garde d'en faire trop d'uſage, car il allume le ſang ; c'eſt pourquoi on l'interdit aux jeunes gens, & à ceux qui ſont d'une conſtitution chaude. Au reſte la cherté & la rareté de cette racine font qu'on en uſe peu.

On apporte la racine ſeche de la Hollande, où l'on dit qu'on l'a vendue au poids de l'or; mais il en eſt venu depuis ce temps-là, & elle n'eſt plus ſi chere. Le ver s'y met quand on la garde long-temps, & elle ſe carie. On en voyoit autrefois peu en France. En dépouillant l'éloge du Ginſin du merveilleux que les Chinois y ont attaché, on convient avec eux qu'il purifie le ſang, qu'il eſt propre à réparer les eſprits, à chaſſer les mauvaiſes humeurs par la tranſpiration, & à réſiſter au venin. La doſe eſt depuis un demi-ſcrupule juſqu'à un ſcrupule.

Le Fenouil Commun.
Anethum Foeniculum. L.S.P.
Angl. Sweet fennel. Allem. Süsser fenchel.

LE FENOUIL COMMUN,

Plante bisannuelle, du nombre des Apéritives.

Fœniculum vulgare Germanicum. C. B. P. 147. *Anethum fœniculum.* L. S. P.

Tournef. class. 7. sect. 2. gen. 1. Linn. Pentandria digynia. Adans. 15. Fam. des Ombelliferes.

Le Fenouil abonde dans les terreins pierreux, & dans les vignes, aux pays méridionaux : on l'obtient assez facilement dans les climats tempérés, par la voie de la culture. Sa racine (*a*) est un pivot cylindrique, garni de quelques fibres rameuses. Ses tiges s'élevent de quatre à cinq pieds : elles sont nombreuses, droites, cylindriques & cannelées. Les feuilles naissent alternativement le long de la tige, où elles sont portées sur un pétiole membraneux, dont la base embrasse le contour de la tige, sans cependant y faire l'anneau : elles sont grandes, divisées en plusieurs ailes, lesquelles se subdivisent en nombre de filets rameux & terminés en pointe. Les rameaux sortent de la section des pétioles, & portent les mêmes caracteres que la tige. Les fleurs sont disposées en ombelles : elles sont portées par des rameaux qui naissent le long de la tige opposés aux feuilles ; le sommet de la tige & des branches est aussi terminé par une de ces ombelles. Le centre des rayons qui soutiennent les fleurs n'a point d'enveloppe universelle, cependant il se rencontre quelquefois à leur base une feuille large qui leur tient lieu d'enveloppe : les ombelles partielles n'en ont point non plus. Les fleurs sont portées à l'extrémité des rayons par des petits pédicules cylindriques : ces fleurs sont rosacées. Nous en avons représenté une (*d*) augmentée à la loupe. Elles sont composées de cinq pétales (*c*) recourbés. Les cinq étamines sont l'alternative avec les pétioles qu'elles excedent en longueur : elles environnent l'embryon (*b*), lequel est un ovaire qui est au-dessous de la fleur, & qui est terminé par deux stils cylindriques, & deux stigmates qui ne sont point distingués des stils : il repose dans un calice à peine visible avec lequel il fait corps, & qui l'accompagne jusqu'à sa maturité ; il devient alors un fruit ovale (*e*) composé de deux semences (*g*) convexes, cannelées d'un côté & applaties de l'autre : elles se séparent naturellement & restent suspendues aux deux divisions du pédicule, comme on les voit représentées (*f*).

La racine du Fenouil a une saveur aromatique ; toute la plante a un goût âcre, aromatique & pénétrant : elle est résolutive, carminative, diurétique, sudorifique, stomachique, pectorale & fébrifuge. Plusieurs Auteurs, entre autres Simon Pauli, estiment la décoction de ses racines & de ses graines dans la fievre maligne, la petite vérole, & dans la rougeole : on fait boire le suc des racines depuis trois jusqu'à six onces, au commencement de l'accès des fievres intermittentes. Zacutus s'en servoit comme d'un bon sudorifique. Arnaud de Villeneuve recommande l'usage de la graine du Fenouil pour conserver & pour rétablir la vue ; Tragus est de ce sentiment. L'eau distillée est en usage dans les collyres, pour en bassiner les yeux. L'huile essentielle de la graine de Fenouil, prise à douze ou quinze gouttes, dans un verre de lait coupé, ou de la tisane pectorale, soulage les asthmatiques, & calme la toux opiniâtre : elle est aussi très utile dans la colique, à six ou huit gouttes. La Fenouillette, qui n'est autre chose que l'esprit-de-vin imbu de cette huile essentielle, fait le même effet à une ou deux cuillerées, sur-tout dans la colique venteuse & dans les indigestions.

On emploie la semence de Fenouil concassée, avec les semences résolutives, pour les fomentations. Les feuilles & les racines, bouillies dans de l'eau d'orge ou de riz, font venir le lait aux nourrices.

La racine de Fenouil entre dans le sirop d'armoise, dans celui de bétoine, dans celui d'eupatoire & d'hysope de Mesué, dans celui *de prassio* & des cinq racines du même Auteur. On emploie la graine dans le sirop de chicorée composé, dans celui d'épithym, dans le looch de poumons de renard de Mesué, dans sa poudre *diagalanga*, dans le mithridate, dans la thériaque, dans la confection Hamech, dans les pilules optiques de Mesué, & dans les pilules de rhubarbe. Les feuilles entrent dans la composition de l'eau vulnéraire.

La graine de Fenouil est une des quatre semences chaudes majeures, qui sont le Fenouil, le Carvi, le Cumin & l'Anis.

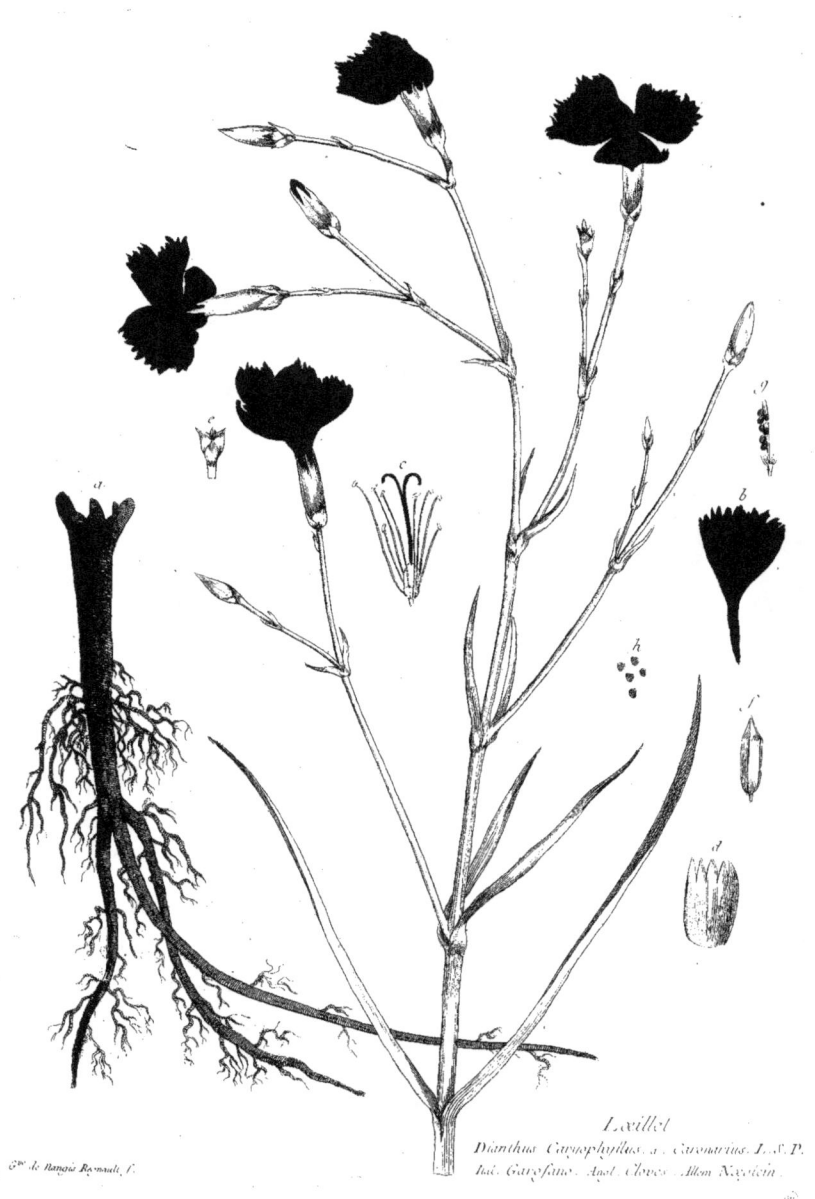

L'œillet
Dianthus Caryophyllus. a. Coronarius. L. S. P.
Ital. Garofano. Angl. Cloves. Allem. Nägelein.

L'ŒILLET,

Plante vivace, du nombre des Alexiteres.

Caryophyllus hortensis simplex flore majore. C. B. P. 207. *Dianthus caryophyllus.* L. S. P.
Tournef. class. 8. sect. 1. gen. 1. Linn. Decandria digynia. Adans. 34. Fam. des Alsines.

L'Œillet est originaire des îles Moluques, & quoique né sous la Zone Torride, il s'est pour ainsi dire, naturalisé dans nos climats. Sa racine (*a*) est un pivot dont l'extrémité se partage en plusieurs rameaux qui s'étendent latéralement : elle est garnie de nombre de fibres rameuses qui l'attachent fortement en terre. Ses tiges s'élèvent de deux ou trois pieds : elles sont droites, lisses, articulées de distance en distance par des nœuds d'où sortent les feuilles ; ces feuilles sont opposées deux à deux & disposées en croix le long de la tige : elles sont entières, longues, étroites, unies, terminées en pointes. Chacune des feuilles se réunit à sa base avec celle qui lui est opposée, par une gaîne fort courte, que la tige enfile en faisant corps avec elle. Les branches naissent, ainsi que les feuilles, aux nœuds de la tige : elles portent de nouveaux rameaux, & des feuilles semblables aux précédentes. Les fleurs naissent au sommet de la tige & des branches : elles sont caryophyllées, composées de cinq pétales (*b*), dont la base est un onglet de la longueur du calice, & le limbe est plan, élargi & crenelé à son sommet. Les dix étamines environnent le pistil (*c*), lequel est composé de l'ovaire, de deux fils & de deux stigmates égaux & recourbés. Toutes les parties de la fleur sont rassemblées dans le calice que nous avons représenté ouvert (*d*) ; c'est un tube long, divisé à son extrémité en cinq dentelures aiguës, & dont la base repose dans une espece de double calice (*e*) qui est composé de quatre écailles ovales & terminées en pointe. Le pistil devient à sa maturité une capsule (*f*) à une seule loge qui s'ouvre en quatre parties, au centre de laquelle est placé le réceptacle (*g*) autour duquel sont attachées les graines (*h*).

La beauté des fleurs, l'agréable odeur qu'elles exhalent, & l'immense variété dont la culture les rend susceptibles, méritent à l'Œillet le rang le plus distingué parmi les plantes curieuses.

Les fleurs de cette plante ne sont pas seulement l'objet de la curiosité des Fleuristes, elles sont encore très utiles à la Médecine. Entre le grand nombre d'especes d'Œillers qu'on éleve dans les jardins, on choisit les Œillets les plus simples ; cette espece-ci est la plus de crédit en Médecine : on en cultive des champs entiers aux environs de Paris, autant pour son usage que pour l'employer à faire des ratafias : on n'emploie que les pétales de la fleur : on choisit les plus rouges & les plus odorants : on en fait un sirop & une conserve qu'on ordonne sous le nom de *tunica*, depuis demi-once jusqu'à une once & demie. La décoction de ces fleurs est un excellent cordial. Simon Pauli assure avoir guéri une infinité de personnes avec ce remede, lesquelles étoient affligées de fievres très malignes ; cette décoction les faisoit suer ou uriner selon les divers efforts de la nature ; elle leur fortifioit le cœur & calmoit leur soif. Dans les potions cordiales les plus tempérées, le sirop d'Œillet est employé, lors même que la fievre est violente ; on le délaie alors dans l'eau distillée d'*alleluia*, sans y ajouter de thériaque ni d'autres remedes violents ou sudorifiques. On fait infuser les fleurs d'Œillet dans l'eau-de-vie, & on y ajoute du sucre pour en faire un ratafia, qui est estimé comme un excellent remede pour les indigestions & pour les vents.

On regarde le vinaigre d'Œillets rouges comme anti-pestilentiel : on en prend deux cuillerées le matin pour se garantir du mauvais air, on se frotte les tempes, & on respire des linges imbibés de cette liqueur : elle est cordiale, & son odeur & sa saveur sont agréables.

Nous avons cru devoir ajouter, pour la satisfaction des Curieux, une note sur la culture des Œillets doubles. Quoique l'ouvrage d'où nous avons tiré cet extrait soit dans les mains de tout le monde, nous croyons qu'on ne sera pas fâché de la retrouver ici.

On les peut élever de graines, de marcottes & d'œilletons ; mais on les multiplie plus souvent par les marcottes que l'on sépare des pieds, que par la graine ; car les fleurs qui viennent sur les pieds élevés de graine deviennent sauvages, & donnent des fleurs plus petites & variées, mais moins odorantes & simples, quoique la semence ait été tirée d'Œillets à fleurs doubles.

La terre qu'on donne aux Œillets doit être réglée sur l'espece dont ils sont : les *violets*, les *pourprés*, les *rouges*, les *piquetés*, demandent une terre composée d'un tiers de sable noir, qui se trouve sur le bord des eaux ; l'autre tiers, moitié de terreau de cheval & moitié de terreau de vache, bien pourris, & un tiers de terre douce & moëlleuse, le tout mêlé, passé à la claie & au crible, quand on veut les empoter : les *incarnats* veulent une terre composée moitié de terreau bien pourri, moitié de sable noir ou de terre taupiniere. La marcotte des Œillets dure depuis le vingt Juillet jusqu'au mois d'Août : elle se fait au milieu du nœud, près de la racine. Dans l'hiver il faut les garantir du froid, au moyen des paillassons ou de la serre ; arroser au besoin, & les éloigner des murailles afinque l'air circule autour d'eux également. Il faut encore ménager les feuilles, soutenir les tiges avec des baguettes, & les y attacher avec des fils ; ôter les nœuds du dard & du pied, afin que le maître bouton réussisse ; faire la guerre aux poux verds, aux pucerons, aux chenilles, & particuliérement aux perce-oreilles, qui ruinent cette fleur. On récolte la graine à la fin de Septembre, & on la seme à la fin de Mars.

www.ingramcontent.com/pod-product-compliance
Lightning Source LLC
Chambersburg PA
CBHW071548240526
45470CB00022B/5